C++游戏编程：
创建3D游戏

GAME PROGRAMMING IN C++:
CREATING 3D GAMES

[美] 桑贾伊·马达夫（Sanjay Madhav） 著

王存珉 王燕 译

人民邮电出版社

北 京

图书在版编目（CIP）数据

C++游戏编程：创建3D游戏 / （美）桑贾伊·马达夫
(Sanjay Madhav) 著；王存珉，王燕译. -- 北京：人
民邮电出版社，2019.10（2023.12重印）
ISBN 978-7-115-51406-6

Ⅰ. ①C… Ⅱ. ①桑… ②王… ③王… Ⅲ. ①游戏程
序－C++语言－程序设计 Ⅳ. ①TP317.6

中国版本图书馆CIP数据核字(2019)第107225号

版 权 声 明

◆ 著　　　[美]桑贾伊·马达夫（Sanjay Madhav）
　　译　　　王存珉　王　燕
　　责任编辑　吴晋瑜
　　责任印制　焦志炜

◆ 人民邮电出版社出版发行　　北京市丰台区成寿寺路 11 号
　　邮编　100164　电子邮件　315@ptpress.com.cn
　　网址　http://www.ptpress.com.cn
　　固安县铭成印刷有限公司印刷

◆ 开本：787×1092　1/16
　　印张：26.25　　　　　　　　2019 年 10 月第 1 版
　　字数：613 千字　　　　　　 2023 年 12 月河北第 11 次印刷
　　著作权合同登记号　图字：01-2018-4179 号

定价：99.00 元
读者服务热线：(010)81055410　印装质量热线：(010)81055316
反盗版热线：(010)81055315
广告经营许可证：京东市监广登字20170147号

内容提要

　　本书主要介绍用 C++进行 3D 电子游戏编程的方法，并深入探讨游戏开发人员在实际工作中所使用的相关技术和系统。

　　本书包括 14 章和 1 个附录（附录 A）。第 1～5 章主要介绍 2D 电子游戏的内容和电子游戏编程的核心概念；第 6～14 章主要介绍并讲解 3D 电子游戏编程的内容，其中第 8 章的内容既适用于 2D 环境下的电子游戏编程，也适用于 3D 环境下的电子游戏编程；附录 A 涵盖一些 C++中的重要概念，包括引用、队列、指针、动态分配等。

　　本书以实际游戏项目为主线，详细讲解了开发相应项目所需的知识及开发设计过程中采用的实现方法。

　　本书适合使用 C++语言进行电子游戏开发的初级或中级开发人员阅读，也可供使用其他语言开发游戏（或使用其他游戏开发框架开发游戏）的技术人员参考，还可作为高等院校相关专业的参考用书（本书所涵盖内容相当于大学课程设置中一个半学期的教学量）。

致我的家人和朋友们：感谢你们的支持！

译者序

本书作者桑贾伊·马达夫（Sanjay Madhav）是美国南加州大学的一名高级讲师，自 2008 年起，一直在美国南加州大学任教。从事教师工作之前，他参与过多个顶尖游戏项目的编程开发工作。兼备多年实战技能和理论教学经验的他，深知 C++ 语言在游戏编程中的重要性。因此，本着培养人才之目的，作者围绕 C++ 语言详细介绍了电子游戏编程方面的基础知识。

本书尤其适合游戏编程爱好者了解电子游戏编程的基础知识，对有志进入游戏行业的计算机编程人员相关能力的提升可起到一定的促进作用。

本书结构清晰，内容丰富，既包括电子游戏程序基础知识的讲解，又提供了实际游戏项目的源代码。建议读者在阅读本书时，在计算机上编译执行相应的程序代码，并观察运行情况，以获得更好的效果。这种方法能够更好地帮助读者理解并掌握本书内容。

在本书的翻译过程中，译者本着忠于原著的原则，力求如实传达作者的思想，展现作者对本书的期待，并对原作中存在的勘误进行了小心求证。但限于自身水平，书中难免会有不足之处，敬请广大读者指正。

作为 IT 技术人员，在大学读书期间，我就对电子游戏编程产生了浓厚的兴趣，但苦于当时互联网未及现在这般普及，相应的书籍更是少之又少，所以对电子游戏编程知识掌握得一知半解。此次有幸能够参与本书的翻译工作，让我得以更深刻地理解了电子游戏编程的知识，也让我当年的疑惑烟消云散。相信本书也能让同样热衷于游戏编程的你受益匪浅。

——王存珉

作为有着十五六年翻译经验的老译员，在翻译过程中，本着对读者负责的态度，我细心推敲、研读原作，努力确保译作忠于原文、条理清晰、言简易懂。感谢有此机会参与本书的翻译，也希望我们终不辱使命，让优秀的原著通过译作大放光彩。

——王燕

作者简介

桑贾伊·马达夫（Sanjay Madhav）是美国南加州大学的一名高级讲师，主讲多门编程和电子游戏编程课程。自 2008 年起，他一直在南加州大学任教。在加入南加州大学之前，Sanjay 曾为 Electronic Arts、Neversoft 和 Pandemic Studios 等多个电子游戏开发商工作，负责游戏编程等工作。他参与开发的游戏包括《荣誉勋章之血战太平洋》《托尼霍克极限滑板 8》《指环王：征服》和《破坏者》。

Sanjay 还是《游戏编程算法与技术》的作者和《多人游戏编程》的共同作者。他拥有南加州大学的计算机科学学士学位和硕士学位，目前正在南加州大学攻读计算机科学博士学位。

前言

电子游戏现已成为最受欢迎的娱乐形式之一。据游戏研究公司 Newzoo 的《全球游戏市场报告》估算，早在 2017 年，游戏领域的收入就已超过 1000 亿美元。这一惊人的金额足以显示出这一领域的受欢迎程度。然而，相对于如此大的市场规模，游戏程序员明显处于短缺状态。

随着游戏呈爆发式发展，游戏编程技术也变得愈发大众化。借助某个流行的游戏引擎和工具，哪怕仅有一位开发人员，也可以独立开发出备受赞誉的热门游戏。对游戏设计师而言，这些工具就如魔法棒一样神奇。既然如此，那学习如何使用 C ++进行游戏编程又有什么用呢？

如果退一步来看，读者会发现，很多游戏引擎和工具的核心部分都是采用 C ++编写的。这意味着，使用这些工具所创建的每个游戏，其背后的技术最终都离不开 C ++。

此外，凭借性能和易用性的完美结合，C++至今依然是那些发布最受欢迎游戏（包括《守望先锋》《使命召唤》和《神秘海域》）的顶尖开发人员主要采用的编程语言。因此，如果想要加入那些顶尖的游戏公司，开发人员需要深入了解游戏编程——尤其是基于 C++的。

本书针对现实环境中游戏开发人员所使用的许多技术和系统展开了深入探讨。其中涉及的很多内容均源自作者在南加州大学近十年间授课教学中采用的电子游戏编程课程。通过学习本书中所使用的方法，许多学生都成功地迈入了电子游戏行业。

此外，本书还重点关注了实际游戏项目演示中集成代码的真实工作实现。至关重要的一点是，要了解一个游戏中涉及的所有系统如何协同工作。出于这个原因，在阅读本书时，读者应把源代码放在手边以供参考。

在写本书时，笔者分别使用了微软 Visual Studio 2017 和苹果 Xcode 9 开发环境，所以读者可以在个人电脑（Windows）和苹果操作系统（macOS）上运行随本书所提供的所有代码。本书的源代码可在异步社区下载。

有关设置开发环境的说明参见第 1 章。

读者对象

如果你是一名程序员，熟悉 C++并且想要学习进行 3D 电子游戏编程的方法，那么本书正是为你而准备的。如果你不熟悉 C++，可以通过附录 A 对 C++的一些概念进行复习、回顾。但是，如果读者对 C++知之甚少甚至毫无基础，那么建议你在阅读本书之前，先学习一下 C++——可以选择阅读 Eric Roberts 写的《Programming Abstractions in C++》。此外，要阅读本书，你还需要熟悉一些常用的数据结构，包括动态数组（向量）、树型结构和图结构，同时还需要回顾一些高中阶段的代数知识。

本书适合学术领域的读者、业余爱好者以及想要扩展游戏编程知识的初级或中级水平的游戏程序员阅读。书中的内容相当于或者稍多于大学课程设置中一个半学期的教学量。

本书内容结构

本书之所以按照目前的顺序编写，是为了引导读者逐章阅读第 1～14 章。但是，如果读者对某些特定主题的内容并不感兴趣，也可以查阅图 P-1，了解各章之间的相关性。

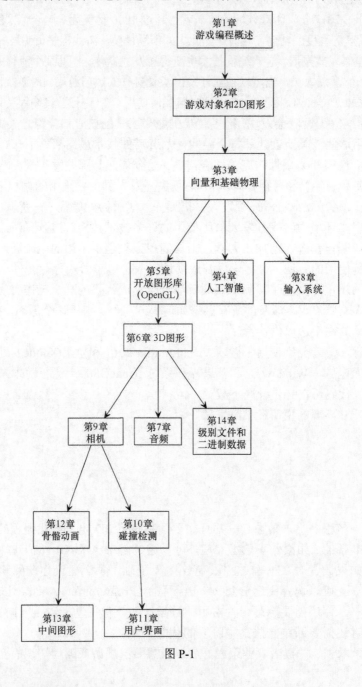

图 P-1

在前面几章中，读者能学到的核心概念都是关于 2D 游戏的。从第 6 章开始（除了第 8 章），所有内容都是关于 3D 游戏的。

本书各章涵盖的内容如下。

- 第 1 章：主要讲解游戏编程的基本概念，以及如何启动和运行游戏。此外，本章还介绍了 Simple DirectMedia Layer（SDL）函数库。
- 第 2 章：讨论了程序员该如何组织游戏中的对象，并且探讨了其他的 2D 图形概念，例如翻页动画等。
- 第 3 章：介绍了对所有游戏程序员而言都极其重要的工具——数学向量。此外，本章还针对运动和碰撞应用，探讨了物理学方面的基础知识。
- 第 4 章：探讨了制作由计算机控制的游戏角色的方法，包括状态机和路径查找等概念。
- 第 5 章：探讨了该如何创建 OpenGL 渲染引擎，包括执行顶点着色引擎和像素着色引擎，内容涉及对矩阵的讨论。
- 第 6 章：着重介绍了如何将迄今创建的代码用于 3D 游戏，包括如何来表示视图、投影和旋转等。
- 第 7 章：介绍了如何使用优秀的 FMOD API（应用编程接口）来引导音频系统，涵盖 3D 位置音频等内容。
- 第 8 章：讨论了如何针对处理键盘、鼠标和游戏控制器事件设计更加强大的输入系统。
- 第 9 章：示范了如何实现多种不同的 3D 相机，包括第一人称相机、跟拍相机和轨道拍摄相机等。
- 第 10 章：深入研究了游戏碰撞检测的方法，包括球体、平面、线段和盒子等。
- 第 11 章：着眼于实现菜单系统和平视显示器（HUD）元素，如雷达和瞄准仪。
- 第 12 章：介绍了如何激活 3D 中的角色。
- 第 13 章：探讨了一些中间图形主题，包括如何实现延迟渲染。
- 第 14 章：讨论了如何加载和保存级别文件，以及如何编写二进制文件格式。
- 附录 A：回顾了贯穿整本书的几个 C ++主题，包括内存分配和回收等。

每一章都包含一个相应的游戏项目（如前所述，提供有源代码）、推荐的阅读材料以及一些练习题。这些练习题通常会指导读者在本章中所实现的代码基础上添加其他功能。

本书体例

新术语以**粗体**显示。代码以等宽字体显示。小代码段有时显示为独立段落：

```
DoSomething();
```

更长的代码段以代码清单的形式给出，如代码清单 P.1 所示。

代码清单 P.1　代码清单实例

```
void DoSomething()
{
```

```
    // Do the thing
    ThisDoesSomething();
}
```

有些段落会不时作为注释、提示、侧边栏和警告出现，如下所示：

注释

包含一些有关实施更改或其他值得注意的功能的有用信息。

提示

提示了如何在代码基础上，添加某些附加功能。

警告

提出了需要警惕的特定陷阱。

侧边栏

　　侧边栏是与本章主要内容并无太多密切关系的讨论。这些内容很有趣，但与理解本章核心主题关系不大。

资源与支持

本书由异步社区出品，社区（https://www.epubit.com/）为您提供相关资源和后续服务。

配套资源

本书为读者提供示例源代码。读者可登录异步社区本书页面进行下载。

提交勘误

作者和编辑尽最大努力来确保书中内容的准确性，但难免会存在疏漏。欢迎您将发现的问题反馈给我们，帮助我们提升图书的质量。

如果您发现错误，请登录异步社区，按书名搜索，进入本书页面，单击"提交勘误"，输入勘误信息，单击"提交"按钮即可。本书的作者和编辑会审核您所提交的勘误，确认并接受后，将赠予您异步社区的 100 积分（积分可用于在异步社区兑换优惠券、样书或奖品）。

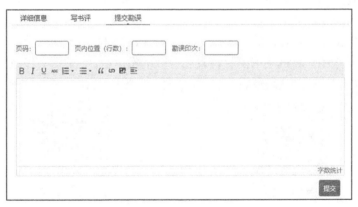

扫码关注本书

扫描下方二维码，您将会在异步社区微信服务号中看到本书信息及相关的服务提示。

与我们联系

我们的联系邮箱是 contact@epubit.com.cn。

如果您对本书有任何疑问或建议，请发邮件给我们，并在邮件标题中注明本书书名，以便我们更高效地做出反馈。

如果您有兴趣出版图书、录制教学视频，或者参与图书翻译、技术审校等工作，可以发邮件给我们；有意出版图书的作者也可以到异步社区在线提交投稿（直接访问 www.epubit.com/selfpublish/submission 即可）。

如果您是学校、培训机构或企业，想批量购买本书或异步社区出版的其他图书，也可以发邮件给我们。

如果您在网上发现有针对异步社区出品图书的各种形式的盗版行为，包括对图书全部或部分内容的非授权传播，请您将怀疑有侵权行为的链接发邮件给我们。您的这一举动是对作者权益的保护，也是我们持续为您提供有价值的内容的动力之源。

关于异步社区和异步图书

"**异步社区**"是人民邮电出版社旗下 IT 专业图书社区，致力于出版精品 IT 技术图书和相关学习产品，为作译者提供优质出版服务。异步社区创办于 2015 年 8 月，提供大量精品 IT 技术图书和电子书，以及高品质技术文章和视频课程。更多详情请访问异步社区官网 https://www.epubit.com。

"**异步图书**"是由异步社区编辑团队策划出版的精品 IT 专业图书的品牌，依托于人民邮电出版社近 30 年的计算机图书出版积累和专业编辑团队，相关图书在封面上印有异步图书的 LOGO。异步图书的出版领域包括软件开发、大数据、AI、测试、前端、网络技术等。

异步社区

微信服务号

致谢

　　虽然这并非第一次著书，但撰写本书也是一个尤为漫长的过程。在此，我要感谢本书的责任编辑 Laura Lewin，是她给予了我极大的耐心，等待本书成稿足足两年。此外，我要感谢 Pearson 的其他成员，包括该书的策划编辑 Michael Thurston。

　　我还要对该书的技术编辑 Josh Glazer、Brian Overland 和 Matt Whiting 在此期间所付出的努力表示谢意。技术审查的工作非常关键，它是确保书籍内容准确，并且让目标受众感到浅显易懂的关键。

　　同时，我要感谢南加州大学信息技术项目的所有同仁，尤其是帮助完成我所教授的游戏课程的同仁们，他们是：Josh Glazer、Jason Gregory、Clark Kromenaker、Mike Sheehan 和 Matt Whiting。该课程为我写书带来了很多灵感。此外，我还要感谢过去几年间的优秀助教们，因为涉及人数太多，在此不便一一列举。

　　最后，我还要感谢我的父母和姐姐 Nita 一家。没有他们的支持、激励和指导，我就不会有机会写书。此外，我还要感谢我的朋友们，例如 Kevin，他对于我因为忙着写书而不能一同去看最新的电影、不能出去共进晚餐或者不能参加社交活动给予了充分理解。那么，我想，我现在有时间……

目录

游戏编程概述

本章先介绍设置开发环境及访问本书源代码的方法，然后讲解实时游戏背后的核心概念：游戏循环、游戏如何随时间更新，以及游戏输入和输出的基础知识。在本章中，读者将看到如何实现经典游戏《Pong》一个版本的源代码。

1.1 设置开发环境

尽管使用文本编辑器就可以编写任何程序的源代码，但是，专业开发人员通常会使用**集成开发环境**（IDE）。集成开发环境的优点是，除了提供文本编辑功能，还能提供代码自动完成和调试功能。本书的代码同时适用于 Microsoft Windows 和 Apple macOS（苹果操作系统），而集成开发环境（IDE）的选择取决于平台的选择。针对 Windows，本书使用的是 Microsoft Visual Studio；针对 macOS，本书使用的是 Apple Xcode。本章的后续内容，针对在各自平台上设置这些环境分别进行了简要说明。

1.1.1 Microsoft Windows

对于 Windows 开发来说，最受欢迎的集成开发环境（IDE）是 Microsoft Visual Studio。此外，Visual Studio 已经成为最受 C++游戏开发商欢迎的集成开发环境（IDE），大部分计算机和控制台开发商都倾向于选择集成开发环境（IDE）。

本书使用 Microsoft Visual Studio Community 2017，该软件可以通过其官网免费下载。安装 Visual Studio Community 2017 需要使用 Microsoft Windows 7 或更高版本操作系统。

当运行 Visual Studio 的安装程序时，系统会询问要安装哪些"工作负载"。至少要确保选择"C ++工作负载游戏开发"。此外，其他负载或选项可以按照需要自行选择。

> 警告
>
> **Visual Studio 具有不同版本**　Microsoft Visual Studio 套件中还有其他几款产品，包括 Mac 版 Visual Studio Code 和 Visual Studio。这两款产品都不同于 Visual Studio Community 2017，请注意安装正确版本！

1.1.2   Apple macOS

在 macOS 上，针对 macOS 程序开发，Apple 提供有免费 Xcode IDE、iOS 和其他相关平台。本书的代码适用于 Xcode 8 和 Xcode 9。请注意，Xcode 8 需要 macOS 10.11 El Capitan 或更高版本，而 Xcode 9 需要 macOS 10.12 Sierra 或更高版本。要安装 Xcode，到苹果应用商店（Apple App Store）并搜索"Xcode"，便可找到。在首次运行时，Xcode 会询问是否要启用调试功能，请确保选择"是"。

1.2   获取本书的源代码

大多数专业开发人员都会使用**源代码控制**系统，这是因为此类系统除了许多其他功能，还能够保留源代码的历史记录。这样，如果代码变化导致意外行为发生，也可以很容易地返回到前面已知的代码可运行版本。

此外，通过源代码控制，多名开发人员之间可以实现更加便捷的协作。

广为流行的一个源代码控制系统是由 Linux fame 的 Linus Torvalds 开发的 Git。

在 Git 中，术语**版本库**是指寄存在源代码控制下的具体项目。针对 Git 版本库，GitHub 网站提供了简单创建与管理功能。

本书的源代码可以单击异步社区图书详情页的"配套资源"下载。

针对每一章，源代码都有一个单独的目录（或文件夹）。例如，本章的源代码位于"Chapter 01"目录下。在该目录中，Microsoft Visual Studio 参考"Chapter01-Windows.sln"文件；Apple Xcode 参考"Chapter01-Mac.xcodeproj"文件。在继续阅读后续内容之前，读者须确保自己能够编译本章代码。

1.3   C++标准库以外的程序库

C ++标准程序库仅支持文本控制台的输入和输出，没有任何内置图形库。因此，要在 C ++程序中实现图形，程序员必须从众多可用的外部程序库中选用一个。

然而，许多程序库都是基于特定平台的，这意味着，它们只能在一个操作系统或一类计算机上运行。例如，Microsoft Windows 应用程序设计接口（API）可以创建由 Windows 操作系统提供支持的窗口和其他用户界面（UI）元素。但是，由于显而易见的原因，Windows API 无法在 Apple macOS 上运行。同样，macOS 也自有一套无法在 Windows 上使用的程序库。游戏程序员在代码编写过程中无法做到始终避免使用基于特定平台的程序库，例如，使用 Sony PlayStation 4 控制台的游戏开发人员必须使用由 Sony 提供的程序库。

值得庆幸的是，本书坚持使用跨平台的程序库，这意味着程序库能够在许多不同的平台上运行。本书的所有源代码同时适用于 Windows 和 MacOS 的最新版本。尽管未进行 Linux 支持测试，但游戏项目通常也可应用于 Linux。

本书使用的基础（程序）库之一是 "Simple DirectMedia Layer"（简称 "SDL"，可参阅其官网文档）。SDL 库是一个使用 C 语言编写的跨平台游戏开发库，该程序库支持许多功能，包括创建窗口、创建基本 2D 图形、处理输入数据和输出音频等。SDL 库是一个完全轻量级的程序库，可应用于许多平台，包括 Microsoft Windows、Apple macOS、Linux、iOS 和 Android。

在第 1 章中，唯一需要用到的外部程序库就是 SDL 库。在随后的章节中，我们会用到其他程序库，届时会逐一介绍。

1.4　游戏循环和 Game 类

游戏程序和其他程序之间的最大不同在于：只要游戏程序在运行中，每一秒都需要对游戏进行多次更新。游戏循环是用于控制整个游戏程序整体流程的一个循环。像其他循环一样，游戏循环具有在每次循环时要执行的代码，并且游戏循环具有循环条件。对于游戏循环，只要玩家没有退出游戏程序，循环就得持续运行。

游戏循环的每一次迭代就是一帧。如果游戏以 60 帧/秒（FPS）的帧频运行，则意味着，每一秒，游戏循环都会完成 60 次迭代。许多实时游戏都是以 30 帧/秒（FPS）或 60 帧/秒（FPS）的帧频运行。通过每秒运行多次迭代，即使只是定时更新，游戏仍会给人一种连续运动的错觉。术语"帧速率"可与帧频（FPS）互换使用，即"60 帧速率"跟"60 帧/秒（FPS）"所表达的意思相同。

1.4.1　关于"帧"的详解

在较高层面上，游戏会在每一帧执行以下步骤：
① 处理任何输入；
② 更新游戏世界；
③ 生成任何输出。

这 3 个步骤中的每一步都比最初表面上看起来的更有深度。例如，第 1 步"处理任何输入"清楚地表明要检测来自各种设备的任何输入，包括键盘、鼠标或控制器等，但这些输入可能并不是游戏的唯一输入。考虑一个支持多玩家在线模式的游戏，在这种情况下，通过互联网接收的数据作为游戏输入。在某些类型的手机游戏中，另外的一种输入可能是相机所能拍摄到的内容，或者也可能是全球定位系统（GPS）信息。最终，游戏的输入取决于游戏的类型和其所运行的平台。

第 2 步"更新游戏世界"是指仔细检查游戏世界中的每个对象，并根据需要对其进行更新。这可能会涉及数百甚至数千个对象，包括游戏世界中的人物、用户界面部分，以及影响游戏的其他对象——即使这些对象是不可见的。

　　关于第 3 步"生成任何输出",最明显的输出是图形。但是还有其他输出,例如音频(包括音效、音乐和人物对话)。再举一个例子,大多数单机游戏都有力反馈特效,例如,当游戏中出现令人兴奋的事情时,控制器会振动。而对于多玩家在线游戏,额外的输出则是通过互联网发送给其他玩家的数据。

　　考虑一下如何将这种游戏循环应用于 Namco 公司经典街机游戏《吃豆人》(《Pac-Man》)的简化版本。对于这个游戏的简化版本,假定游戏直接从迷宫中的"吃豆人"开始。在"吃豆人"走完迷宫或者死亡之前,游戏程序会继续保持运行。在这种情况下,游戏循环的"过程输入"阶段只需读入操纵杆输入。

　　游戏循环的"更新游戏世界"阶段会基于来自操纵杆的输入,对"吃豆人"进行更新,然后对 4 个幽灵、微丸和用户界面进行更新。此更新代码的一部分必须确定"吃豆人"是否会撞上幽灵。伴随着移动,"吃豆人"还能吃掉任何微丸或水果。因此,循环的更新部分也需要对此进行检查。因为幽灵完全是由人工智能(AI)控制的,所以,必须同时对其逻辑进行更新。最后,根据"吃豆人"正在做的事情,用户界面可能会需要对其显示的数据进行更新。

> **注释**
>
> 这种类型的游戏循环是单一线程的,这意味着该循环不会利用能同时执行多个线程的现代中央处理器(CPU)。制作一个支持多线程的游戏循环是一个非常复杂的过程,对于小型游戏而言,不需要该过程。要了解有关多线程游戏循环的更多知识,可以参阅 Jason Gregory 的书,详见 1.9 节的列表。

　　经典《吃豆人》游戏的"生成任何输出"阶段中唯一的输出是音频和视频。代码清单 1.1 给出了伪代码,该伪代码显示了《吃豆人》简化版本的游戏循环可能的样子。

代码清单 1.1　《吃豆人》游戏循环伪代码

```
void Game::RunLoop()
{
    while (!mShouldQuit)
    {
        // Process Inputs
        JoystickData j = GetJoystickData();

        // Update Game World
        UpdatePlayerPosition(j);

        for (Ghost& g : mGhost)
        {
            if (g.Collides(player))
            {
                // Handle Pac-Man colliding with a ghost
            }
            else
            {
                g.Update();
```

```
        }
    }

    // Handle Pac-Man eating pellets
    // ...

    // Generate Outputs
    RenderGraphics();
    RenderAudio();
    }
}
```

1.4.2　实现一个骨骼 Game 类

到目前为止，你可以利用代码中游戏循环的基本知识来创建一个 Game 类。该类包含初始化和关闭游戏，以及运行游戏循环的代码。如果你对 C ++语言知识感到生疏，或许首先需要做的是阅读附录 A 中的内容，因为本书其余部分内容的讲解都是基于"熟悉 C ++语言"这一前提。此外，在阅读的同时，手边备有本章的源代码会很有帮助，这将有助于了解所有代码段是如何组合在一起的。

代码清单 1.2 显示了头文件 Game.h 中 Game 类的声明。由于该声明引用了 SDL_Window 指针，因此代码中还需要用到主要 SDL 库的头文件 SDL / SDL.h（如果不想使用该文件，可以在代码中使用前置声明）。许多成员函数的名称都是不言自明的，例如，Initialize 函数会初始化 Game 类，Shutdown 函数会关闭游戏，RunLoop 函数会运行游戏循环。最后，ProcessInput 函数、UpdateGame 函数和 GenerateOutput 函数与游戏循环的 3 个步骤分别对应。

目前，仅有的成员变量是：指向窗口的指针（要在 Initialize 函数中创建）和表示游戏是否应该继续运行游戏循环的布尔（bool）变量。

代码清单 1.2　Game 类的声明

```
class Game
{
public:
    Game();
    // Initialize the game
    bool Initialize();
    // Runs the game loop until the game is over
    void RunLoop();
    // Shutdown the game
    void Shutdown();
private:
    // Helper functions for the game loop
    void ProcessInput();
    void UpdateGame();
    void GenerateOutput();
```

```
// Window created by SDL
SDL_Window* mWindow;
// Game should continue to run
bool mIsRunning;
};
```

有了这个声明，你可以开始在代码中 Game.cpp 的源文件里实现成员函数了。

Game 类的构造函数简单地将 mWindow 初始化为空指针 nullptr，并将 mIsRunning 初始化为 true。

Game::Initialize 函数

如果初始化成功，则 Initialize 函数返回 true；否则，返回 false。在代码中，你需要使用 SDL_Init 函数对 SDL 库进行初始化。该函数接收一个单一的参数（参数值为所有子系统按位-或的计算值）来进行初始化。目前，代码中只需对视频子系统进行初始化，具体做法如下：

```
int sdlResult = SDL_Init(SDL_INIT_VIDEO);
```

请注意，SDL_Init 函数会返回一个整型数。如果该整型数为非零值，则表示 SDL 库初始化失败。在这种 SDL 库初始化失败的情况下，Game :: Initialize 函数应该返回 false。因为，如果 SDL 库初始化没有成功，游戏则无法继续：

```
if (sdlResult != 0)
{
    SDL_Log("Unable to initialize SDL: %s", SDL_GetError());
    return false;
}
```

使用 SDL_Log 函数是将信息输出到 SDL 库控制台的一种简单方法。该函数使用与 C 语言 printf 函数相同的句法，因此，该函数支持将变量输出到 printf 说明符，例如，将 %s 输出到 C 风格字符串，将 %d 输出到整型数。SDL_GetError 函数返回一个作为 C 风格字符串的错误消息，这就是它会作为 %s 参数进入该代码的原因。

SDL 库包含多个不同的子系统，在代码中可以使用 SDL_Init 函数对其进行初始化。表 1-1 显示了最常用的子系统。关于完整子系统列表，请参阅维基百科中的 SDL API 参考内容。

表 1-1   SDL 库子系统标志位的解释说明

标志位	子系统
SDL_INIT_AUDIO	音频设备管理、回放和录音
SDL_INIT_VIDEO	创建窗口的视频系统，与 OpenGL 库和 2D 图形相连接
SDL_INIT_HAPTIC	力反馈子系统
SDL_INIT_GAMECONTROLLER	支持控制器输入设备的子系统

如果 SDL 库成功完成了初始化，下一步便是通过 SDL_CreateWindow 函数创建一个

窗口，就像任何其他 Windows 或 MacOS 程序所使用的窗口一样。

SDL_CreateWindow 函数会接收多个参数：窗口标题、左上角的 *x/y* 坐标、窗口的宽度/高度，以及可选的任何窗口创建标志：

```
mWindow = SDL_CreateWindow(
    "Game Programming in C++ (Chapter 1)", // Window title
    100,   // Top left x-coordinate of window
    100,   // Top left y-coordinate of window
    1024,  // Width of window
    768,   // Height of window
    0      // Flags (0 for no flags set)
);
```

就 SDL_Init 函数调用来说，代码中应该验证 SDL_CreateWindow 函数是否成功。如果失败，mWindow 会被置为 nullptr 空指针，因此，要添加以下检查：

```
if (!mWindow)
{
    SDL_Log("Failed to create window: %s", SDL_GetError());
    return false;
}
```

正如初始化标志一样，可能会有几个窗口创建标志，如表 1-2 所示。和以前一样，在代码中可以使用一个按位-或（bitwise-OR）的运算传入多个标志。虽然许多商业游戏都使用全屏模式，但是如果游戏以窗口模式运行，调试代码的速度则会更快，这就是本书要避开全屏模式的原因。

表 1-2　　　　　　　　　　　　　　　　窗口创建标志位的解释说明

标志位	结果
SDL_WINDOW_FULLSCREEN	使用全屏模式
SDL_WINDOW_FULLSCREEN_DESKTOP	在当前桌面分辨率下使用全屏模式（并忽略 SDL_CreateWindow 的宽度/高度参数）
SDL_WINDOW_OPENGL	为 OpenGL 图形库添加支持
SDL_WINDOW_RESIZABLE	允许用户重调整窗口大小

如果 SDL 初始化和窗口创建成功，Game :: Initialize 函数则会返回 true。

Game::Shutdown 函数

Shutdown 函数所完成的功能正好与 Initialize 函数的相反。首先，Shutdown 函数会通过调用 SDL_DestroyWindow 函数来销毁 SDL_Window 对象，然后再使用 SDL_Quit 函数关闭 SDL 库：

```
void Game::Shutdown()
{
    SDL_DestroyWindow(mWindow);
    SDL_Quit();
}
```

Game::RunLoop 函数

RunLoop 函数会保持游戏循环的迭代运行，直到 mIsRunning 的值变为 false，此时函数返回，游戏停止运行。因为对于游戏循环的各个阶段，存在有 3 个对应的辅助函数，所以 RunLoop 函数只是在循环中调用这些辅助函数：

```
void Game::RunLoop()
{
    while (mIsRunning)
    {
        ProcessInput();
        UpdateGame();
        GenerateOutput();
    }
}
```

目前，代码中不必实现这 3 个辅助函数，这意味着一旦进入循环，游戏就不会再做任何事情。在本章剩余部分，我们在代码中要继续构建这个 Game 类，并实现这些辅助函数。

1.4.3　Main 函数

尽管 Game 类是游戏行为容易可得的封装类，但是任何 C++ 程序的入口点都是 main 函数。因此必须实现 main 函数（在源文件 Main.cpp 中），如代码清单 1.3 所示。

代码清单 1.3　main 函数的实现

```
int main(int argc, char** argv)
{
    Game game;
    bool success = game.Initialize();
    if (success)
    {
        game.RunLoop();
    }
    game.Shutdown();
    return 0;
}
```

main 函数的这一实现首先构造了 Game 类的一个实例 game；然后调用实例的 Initialize 函数，如果游戏成功初始化则该函数返回 true，否则该函数返回 false。如果 game 实例初始化成功，则通过调用 game 实例的 RunLoop 函数进入游戏循环；最后，一旦循环结束，在 game 实例上调用 Shutdown 函数。

一旦有了上面这段代码，便可以运行游戏项目了。当运行游戏项目时，你会看到一个空白窗口，如图 1-1 所示（在 macOS 环境上，该窗口可能会显示为黑色）。当然，存在一个问题：游戏永远不会结束！因为没有相应代码来更改 mIsRunning 成员变量的值，所以游戏循环永远不会结束。此外，RunLoop 函数永远不会返回。自然，下一步操作是通过允许玩家退出游戏来解决这个问题。

图 1-1　创建一个空白窗口

1.4.4　基本输入处理

在任何桌面操作系统中，用户可以在应用程序窗口上执行多个操作，例如，用户可以移动窗口、最小化或最大化窗口、关闭窗口（和程序）等。用于表示这些不同行为的常用方法是使用事件。当用户要执行某些操作时，程序会从操作系统接收事件，并且能够选择如何对这些事件给出响应。

SDL 库管理一个从操作系统接收事件的内部队列。此队列包含许多不同窗口操作的事件，以及与输入设备相关的事件。对于每一帧，游戏都必须轮询队列中的任何事件，并选择忽略或处理队列中的每个事件。对于某些事件，例如移动窗口，忽略该事件则意味着 SDL 库将自动处理该事件。但对于其他事件，忽略事件则意味着什么都不会发生。

因为事件是一种输入，所以在 ProcessInput 函数中实现事件处理是有意义的。由于在任何给定帧上，事件队列都可能会包含多个事件，因此必须遍历队列中的所有事件。如果 SDL_PollEvent 函数在队列中找到一个事件，则会返回 true。因此，ProcessInput 函数的基本实现就是：在其调用 SDL_PollEvent 函数返回值为 true 的情况下，不停地继续调用 SDL_PollEvent 函数，直至事件队列中不再有任何事件：

```
void Game::ProcessInput()
```

```
{
    SDL_Event event;
    // While there are still events in the queue
    while (SDL_PollEvent(&event))
    {
    }
}
```

请注意，SDL_PollEvent 函数通过指针（变量 event 的地址）接收 SDL_Event 事件。变量 event 会存储刚刚从事件队列中移除的有关事件的所有信息。

尽管当前版本的 ProcessInput 函数会使得游戏窗口更快地响应，但是玩家仍无法退出游戏。这是因为代码中只是简单地从事件队列中删除了所有事件，却没有对这些事件做出响应。

给定一个 SDL_Event 对象 event，该对象的 type 成员变量（event.type）会包含所接收到事件的类型。因此，常见的方法是创建一个基于 PollEvent 循环内的 switch 开关：

```
SDL_Event event;
while (SDL_PollEvent(&event))
{
    switch (event.type)
    {
        // Handle different event types here
    }
}
```

SDL_QUIT 是一个有用事件，当玩家尝试关闭窗口（单击窗口上的 X 按钮，或使用键盘快捷键）时，游戏会接收到该事件。在代码中可以更新以下代码，以便游戏程序在看到队列中的 SDL_QUIT 事件时，将变量 mIsRunning 设置为 false：

```
SDL_Event event;
while (SDL_PollEvent(&event))
{
    switch (event.type)
    {
        case SDL_QUIT:
            mIsRunning = false;
            break;
    }
}
```

现在，在游戏正在运行时，单击窗口上的 X 按钮会使得 RunLoop 函数内部的 while 循环终止，进而会关闭游戏并退出程序。但是，如果希望在玩家按下 Esc 键时退出游戏，该怎么办？虽然可以检查与此相对应的键盘事件，但是有一种更简单的方法——使用 SDL_GetKeyboardState 函数获取键盘的整个状态，该函数会返回一个指向数组的指针，该数组包含键盘的当前状态：

```
const Uint8* state = SDL_GetKeyboardState(NULL);
```

对于给定的数组，可以通过使用键对应的 SDL_SCANCODE 值查询索引到此数组中的特定键，例如，如果玩家按下 Esc 键，则以下设置可将 mIsRunning 设置为 false：

```
if (state[SDL_SCANCODE_ESCAPE])
{
    mIsRunning = false;
}
```

将所有这些结合在一起就会产生当前版本的 ProcessInput 函数，如代码清单 1.4 所示。现在，在运行游戏时，玩家可以通过关闭窗口或按 Esc 键来退出游戏。

代码清单 1.4　Game :: ProcessInput 函数的实现

```
void Game::ProcessInput()
{
    SDL_Event event;
    while (SDL_PollEvent(&event))
    {
        switch (event.type)
        {
            // If this is an SDL_QUIT event, end loop
            case SDL_QUIT:
                mIsRunning = false;
                break;
        }
    }

    // Get state of keyboard
    const Uint8* state = SDL_GetKeyboardState(NULL);
    // If escape is pressed, also end loop
    if (state[SDL_SCANCODE_ESCAPE])
    {
        mIsRunning = false;
    }
}
```

1.5　基本的 2D 图形

在实现游戏循环的"生成任何输出"阶段之前，你需要了解 2D 图形是如何服务于游戏的。

现今大多数显示器（无论是电视机、电脑显示器和平板电脑，还是智能手机）都是使用**光栅图形**的，这意味着显示器具有图片元素的二维网格（或**像素**）。这些像素可以单独显示不同数量的光线和不同颜色。这些像素的强度和颜色结合起来，会为观看者创造一种连续图像的感觉。放大光栅图形的一部分会使得每个像素变得可辨别，如图 1-2 所示。

图 1-2   放大局部图像显示不同像素

　　光栅显示的**分辨率**是指像素网格的宽度和高度。例如，1920 像素×1080 像素的分辨率，通常被称为 1080p，意味着共有 1080 行像素，且每行包含 1920 个像素点。类似地，3840 像素×2160 像素的分辨率，被称为 4K，意味共有 2160 行像素，且每行包含 3840 个像素点。

　　彩色显示器混合各种颜色，叠加后会创建针对每个像素的特定色调。一种常见的方法是将 3 种颜色混合在一起：红色、绿色和蓝色（缩写为 **RGB**）。这些 RGB 颜色通过不同强度的结合，可创建一个颜色范围（或**色域**）。虽然许多的现代显示器也支持 RGB 以外的颜色格式，但大多数电子游戏都是以 RGB 格式输出最终颜色的。将显示器上所显示的 RGB 值转换为其他值，是游戏程序员工作范围之外的事情。

　　然而，在图形计算中，许多游戏内部都使用了不同的颜色表示法。例如，许多游戏内部都使用 alpha（α）值支持透明度。缩写词 **RGBA** 是指 RGB 颜色和一个附加的 alpha（α）组件。添加 alpha（α）组件允许游戏中的某些对象（如窗口）具有一定的透明度。但是，由于很少有显示器支持透明度，因此游戏最后需要计算最终的 RGB 颜色以及任何所感知到的透明度。

1.5.1　颜色缓冲区

　　对于显示 RGB 图像的显示器，你必须知道每个像素的颜色。在计算机图形中，**颜色缓冲区**是在内存中包含整个屏幕颜色信息的一个位置。显示器可以使用颜色缓冲区来绘制内容屏幕。将颜色缓冲区想象成一个二维数组，其中每个 (x, y) 索引都对应着屏幕上的一个像素。在游戏循环。"生成输出"阶段的每一帧中，游戏都会将图形输出写入颜色缓冲区。

　　颜色缓冲区的内存使用取决于表示每个像素的位数，即被称为"颜色深度"。例如，在常用的 24 位**颜色深度**中，红色、绿色和蓝色均使用 8 位。这意味着会有 2^{24} 种即 16777216 种独特的颜色。此外，如果还想要游戏存储 8 位的 alpha 值，那么对于颜色缓冲区中的每个像素，总共会需要占用 32 位的缓冲区空间。用于 1080p 像素的目标分辨率，每像素占用 32 位的颜色缓冲区共使用 1920×1080×4 字节，即大约 7.9 MB 的内存空间。

> **注释**
>
> 许多游戏程序员还会使用术语"帧缓冲（framebuffer）"来引用内存中所包含的每
> 帧颜色数据的位置。其实，帧缓冲的更精确定义是：它是颜色缓冲和其他缓冲（例如
> 深度缓冲和模板缓冲）的组合。为了清楚起见，本书引用了特定缓冲区。

最近的一些游戏每个 RGB 组件使用 16 位，这增加了独特颜色的数量。当然，这也会使得色彩缓冲的内存使用量翻倍，1080p 分辨率需要的内存约高达 16 MB。鉴于大多数视频卡都有着几千兆字节的视频内存可用，这看起来似乎无关紧要。但是当考虑到尖端游戏的所有其他内存使用时，这里 8MB，那里 8MB，总的内存使用量会迅速增加起来。尽管在撰写本书时，大多数显示器都不支持 16 位/颜色，但是目前有些制造商会提供支持颜色深度高于 8 位/颜色的显示器。

给定一个 8 位元/颜色的值，在代码中可以通过两种方法引用该值。一种方法涉及简单地使用与每种颜色（或**通道**）的位数相对应的无符号整数，因此，对于 8 位元/通道的颜色深度，每个通道的值都介于 0 和 255 之间。另一种方法是，对 0.0~1.0 的小数位进行取整处理。

使用小数位的一大优点是，无论潜在的颜色深度如何，一个值都会产生大致相同的颜色。例如，无论红色的最大值是 255（每种颜色 8 位），还是 65535（每种颜色 16 位），标准化的 RGB 值（1.0, 0.0, 0.0）都会产生纯红色。但是无符号整数 RGB 值（255, 0, 0）只有在 8 位/颜色时，才会产生纯红色。在 16 位/颜色时，（255, 0, 0）所产生的几乎是黑色。

这两种表示法之间的转换非常直观。给定一个无符号整数值，将其除以最大无符号整数值，可得到标准化数值。相反，给定一个标准化的十进制值，将其乘以最大无符号整数值，可得到一个无符号整数值。现在，正如 SDL 库所期望的，在代码中应该使用无符号整数。

1.5.2　双缓冲区

正如本章前面所提到的，游戏每秒都会进行多次更新（以 30FPS 或 60FPS 的通用帧速率）。如果游戏以相同的帧速率更新颜色缓冲区，则会产生运动的错觉，这与翻页显示运动物体的方式很相似。

但是，**刷新频率**或显示器更新的频率可能与游戏的帧速率并不相同。例如，大多数 NTSC（美国国家电视系统委员会）制式电视显示器的刷新频率都是 59.94 Hz，这意味着它们的刷新速度略低于每秒 60 次。但是，一些较新的计算机显示器则支持 144 Hz 的刷新频率，速度是前者的两倍以上。

此外，目前的显示技术尚不能一次性更新整个屏幕。更新过程总是沿用某个更新顺序——逐行、逐列，或者按照棋盘形式等。无论显示器所采用的是哪种更新模式，整个屏幕的更新都需要几分之一秒的时间才能够完成。

假定游戏写入颜色缓冲区，并且显示器从相同颜色缓冲区中读取数据。由于游戏帧速率的时间设置可能与显示器的刷新频率无法直接匹配，因此显示器很可能会在游戏写入缓冲区的同时，从颜色缓冲区读取数据。这可能会产生问题。

例如，假定游戏将 A 帧的图形数据写入颜色缓冲区。显示器随后开始从颜色缓冲区中读取数据，从而将 A 帧显示在屏幕上。但是，在显示器完成将 A 帧绘制到屏幕上之前，游戏会用 B 帧的图形数据重写颜色缓冲区。结果就是，显示器会在屏幕上显示部分 A 帧内容和部

分 B 帧内容。如图 1-3 所示，针对这个被称为**屏幕撕裂**（screen tear）的问题进行了说明。

撕裂……

图 1-3　使用向右平移的相机模拟屏幕撕裂

消除屏幕撕裂需要做出两个改变：首先，要创建两个颜色缓冲区，而不是让游戏和显示器共享一个颜色缓冲区；其次，在每一帧上，游戏和显示器将各自使用的颜色缓冲区互换。这个想法是，使用两个独立的缓冲区，游戏可以向一个（**后台缓冲区**）写入数据，与此同时，显示器可以从另一个（**前台缓冲区**）读取数据。在帧完成更新之后，游戏和显示器交换缓冲区。由于使用了两个颜色缓冲区，这种技术被称为**双缓冲区**。

举一个更为具体的例子，考虑图 1-4 所示的过程。在 A 帧上，游戏将其图形输出写入缓冲区 X，显示器将缓冲区 Y 绘制到屏幕（其为空）。在这个过程完成后，游戏和显示器交换其各自所使用的缓冲区。然后，在 B 帧上，游戏将其图形输出绘制到缓冲区 Y，而显示器将缓冲区 X 显示到屏幕上。在 C 帧上，游戏返回到缓冲区 X，显示器返回到缓冲区 Y。这两个缓冲区之间的互换会一直持续到游戏程序关闭。

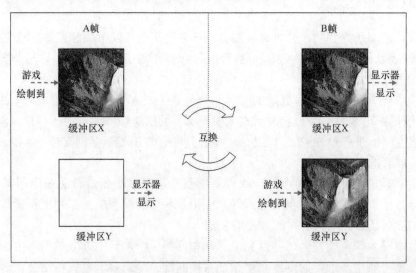

图 1-4　在游戏的每一帧上，双缓冲区涉及的游戏和显示器使用的缓冲区的互换

但是，双缓冲区本身并不能消除屏幕撕裂。如果在游戏想要写入 X 时，显示器正在绘制缓冲区 X，则仍会发生屏幕撕裂。不过，只有游戏更新速度特别快时，这种情况才会发生。解决该问题的方法是：等待显示器完成缓冲的绘制后，再进行互换。换句话说，如果游戏想要交换回

缓冲区 X 时显示器仍然在绘制缓冲区 X，那么游戏必须等待，直到显示器完成缓冲区 X 的绘制过程。开发人员将此方法称为**垂直同步**（vsync），以显示器即将刷新屏幕时发送的信号命名。

使用垂直同步法，在显示器准备就绪之前，游戏可能需要偶尔等待几分之一秒的时间。这意味着游戏循环可能无法达到 30FPS 或 60FPS 的精确目标帧频。一些玩家认为，这会导致帧频出现不可接受的卡机现象。因此，是否启用垂直同步法的决定取决于游戏或玩家。一个好的主意是，在引擎中提供垂直同步法作为备选项，以便可以在偶尔的屏幕撕裂或偶尔的卡机现象间做出选择。

显示技术的最新进展试图通过基于游戏的变化而**自适应刷新频率**来解决这个难题。通过这种方法，游戏会告诉显示器它何时要进行刷新，而不是显示器告诉游戏其何时要进行刷新。这样，游戏和显示器就会同步。这是一种两全其美的办法，既可消除屏幕撕裂现象，又能消除帧频卡机现象。然而，在撰写本书时，自适应刷新技术仅适用于某些高端计算机显示器。

1.5.3　实现基本的 2D 图形

SDL 库拥有一套绘制 2D 图形的简单功能。由于本章的重点是 2D，因此将在代码中继续使用这些功能。从第 5 章开始，代码将要切换到适用于图形的 OpenGL 库，因为该库同时支持 2D 和 3D。

Initialization 函数和 Shutdown 函数

要使用 SDL 库的图形代码，需要在代码中通过 SDL_CreateRenderer 函数构造一个 SDL_Renderer 对象。术语"**渲染器（renderer）**"通常是指用于绘制图形的任何系统，包括 2D 图形和 3D 图形。因为在每次绘制图形时，都需要引用这个 SDL_Renderer 对象，所以首先要向 Game 类添加一个 mRenderer 成员变量：

```
SDL_Renderer* mRenderer;
```

接下来，在创建窗口之后，在 Game :: Initialize 函数中创建渲染器：

```
mRenderer = SDL_CreateRenderer(
   mWindow, // Window to create renderer for
   -1,      // Usually -1
   SDL_RENDERER_ACCELERATED | SDL_RENDERER_PRESENTVSYNC );
```

SDL_CreateRenderer 的第一个参数是窗口指针（保存在 mWindow 中），其第二个参数用于指定使用哪个图形驱动程序。如果游戏有多个窗口，这可能会是相关的参数。但是如果只有一个窗口，则默认值设置为"-1"，"-1"是指让 SDL 库做出决定。与其他 SDL 库创建函数一样，最后一个参数用于初始化参数标志。在这里，可选择使用加速渲染器（意味着要利用图形硬件），并启用垂直同步法。这两个标志是针对 SDL_CreateRenderer 函数仅有的标志位解释说明。

与 SDL_CreateWindow 函数一样，如果 SDL_CreateRenderer 函数无法初始化渲染器，则会返回空指针 nullptr。与初始化 SDL 库一样，如果渲染器未能初始化，则 Game :: Initialize 函数会返回 false。

要关闭渲染器，只需在 Game :: Shutdown 函数中添加对 SDL_DestroyRenderer 函数的调用即可：

```
SDL_DestroyRenderer(mRenderer);
```

基本绘制设置

在较高的层次上，使用任何图形库对游戏进行绘制通常包含以下步骤：

① 将后台缓冲区清除为一种颜色（游戏的当前缓冲区）；

② 绘制整个游戏场景；

③ 互换前台缓冲区和后台缓冲区。

首先，让我们思考第一步和第三步。因为图形是输出，所以将图形绘制代码放入 Game ::
GenerateOutput 函数中是有意义的。

要清除后台缓冲区，首先需要用 SDL_SetRenderDrawColor 函数指定一种颜色。
该函数会接收一个指向渲染器的指针和 RGBA 四元组件（每个组件的取值范围为
从 0 到 255）。例如，要将颜色设置为 100%不透明的蓝色，可使用以下代码片段：

```
SDL_SetRenderDrawColor(
    mRenderer,
    0,   // R
    0,   // G
    255, // B
    255  // A
);
```

接下来，调用 SDL_RenderClear 函数，将后台缓冲区清除为当前需绘制的颜色：

```
SDL_RenderPresent(mRenderer);
```

下一步是绘制整个游戏场景——现在跳过该步骤。

最后一步，如果要互换前台缓冲区和后台缓冲区，可调用 SDL_RenderPresent 函数：

```
SDL_RenderPresent(mRenderer);
```

有了这段代码，如果现在运行游戏，则会看到一个填充好的蓝色窗口，如图 1-5 所示。

图 1-5　绘制以蓝色为背景的游戏

1.5.4　绘制墙壁、一个球和一支球拍

本章的游戏项目是制作电子游戏《Pong》的一个经典版本，其中，球在屏幕上移动，玩家控制可以击打该球的球拍。制作《Pong》版本，对于任何一名有抱负的游戏开发人员来说，都是一种仪式——其意义类似于第一次学习如何编程时，制作 "Hello World!" 程序。本节介绍如何通过绘制矩形来代表《Pong》中的对象。由于这些都是游戏世界中的对象，因此要在清除后台缓冲区之后，但在互换前台缓冲区和后台缓冲区之前，在 Generate Ouput 函数中绘制这些对象。

对于绘制填充的矩形，SDL 库有一个 SDL_RenderFillRect 函数。这个函数会接收 SDL_Rect 参数，来表示矩形的边界，并使用当前绘制颜色来绘制一个填充矩形。当然，如果坚持使用与背景相同的绘制颜色，就无法看到任何矩形。所以，需要将绘制颜色更改为白色：

```
SDL_SetRenderDrawColor(mRenderer, 255, 255, 255, 255);
```

接下来，要绘制矩形，在代码中需要通过 SDL_Rect 结构体来指定尺寸。矩形有 4 个参数：矩形在屏幕左上角的 x / y 坐标，以及矩形的宽度/高度。请记住，在 SDL 渲染中，与许多其他 2D 图形库一样，屏幕的左上角是（0, 0），正向 x 是向右，正向 y 是向下。

例如，如果要在屏幕顶部绘制一个矩形，可以使用以下 SDL_Rect 结构体变量的声明：

```
SDL_Rect wall{
    0,         // Top left x
    0,         // Top left y
    1024,      // Width
    thickness // Height
};
```

在这里，左上角的 x / y 坐标是(0, 0)，这意味着矩形将位于屏幕的左上角。将矩形的宽度硬编码为 1024，对应于窗口的宽度。（一般来说，不赞成像现在所做的这样，假定一个固定窗口大小。在后面的章节中，应该删除代码中这种假定。）变量 thickness（厚度）是设置为 15 的整型常量（const int），这样就可以很容易地调整墙壁的厚度。

最后，使用 SDL_RenderFillRect 函数来绘制矩形，通过指针传入 SDL_Rect 结构体：

```
SDL_RenderFillRect(mRenderer, &wall);
```

然后，游戏会在屏幕的顶部绘制一面墙壁。只需更改 SDL_Rect 参数，就可以使用类似的代码来绘制屏幕底部的墙壁和屏幕右侧的墙壁。例如，屏幕底部的墙壁可以使用与屏幕顶部的墙壁相同的矩形，除了左上角的 y 坐标可能是 768-thickness（厚度）。

然而，由于两个对象最终都会在游戏程序循环的 UpdateGame 阶段进行移动，因此针对球和球拍的硬编码矩形是不可行的。虽然将球和球拍作为类来表示是有道理的，但是在讲述第 2 章的内容之前，本书不会对此再进行相关讨论。在此期间，你可以在代码中使用成员变量来存储两个对象的中心位置，并基于这些位置来绘制矩形。

首先，声明一个具有 x 组件和 y 组件的简单 Vector2 结构体：

```
struct Vector2
{
```

```
    float x;
    float y;
};
```

到现在为止，将 vector（而不是 std :: vector）看作为坐标的简单容器。
我们将在第 3 章中更加详细地探讨向量的相关内容。

接下来，将两个 Vector2 类型的变量作为成员变量添加到 Game 类中：一个用于存储球拍的位置 mP（addlePos）；另一个用于存储球的位置（mBallPos）。然后游戏 Game 类的构造函数会将它们初始化为合理的初始值：球定位到屏幕中心的位置，球拍定位到屏幕左侧中心的位置。

使用这些成员变量，可以在 GenerateOutput 中绘制出球和球拍的矩形。但是，请记住，成员变量代表着球拍和球的中心点，而代码是按照左上角的点定义 SDL_Rect 结构体变量的。要从中心点转换到左上角点，只需分别从 x 坐标和 y 坐标中减去宽度/高度的一半即可。例如，下面的矩形便适用于球：

```
SDL_Rect ball{
    static_cast<int>(mBallPos.x - thickness/2),
    static_cast<int>(mBallPos.y - thickness/2),
    thickness,
    thickness
};
```

这里的静态强制转换将 mBallPos.x 和 mBallPos.y 从浮点型转换为整型（SDL_Rect 结构体所使用的类型）。不管怎样，除了球拍的宽度和高度是不同的尺寸，在代码中可以对球拍的绘制执行类似计算。

使用所有的这些矩形，基本的游戏画面现在可以正常工作了，如图 1-6 所示。下一步是实现游戏循环内的 UpdateGame 阶段，该阶段将实现球和球拍的移动。

图 1-6　一个绘制有墙壁、一支球拍和一个球的游戏

1.6　更新游戏

大多数电子游戏都有"时间"的概念。对于实时游戏，开发人员可以在几分之一秒内测量这种时间进展。例如，对于以 30FPS 运行的游戏，每帧间的流逝时间大约为 33ms（毫秒）。请记住，即使游戏似乎具有连续运动，但这仅仅是一种错觉。游戏循环实际上是每秒运行数次，游戏循环的每次迭代都会以离散的时间步长更新游戏。因此，在 30FPS 的例子中，游戏循环的每次迭代都应该模拟游戏中 33ms 的时间进展。本节着眼于在编写游戏时如何考虑这种不连续时间进展。

1.6.1　真实时间和游戏时间

区分真实世界的**真实时间**（即真实世界里流逝的时间）和**游戏时间**（即游戏世界里流逝的时间）非常重要。尽管真实时间和游戏时间通常是 1:1 的对应关系，但是情况并非总是如此。以一个处于暂停状态的游戏为例，虽然在现实世界中时间可能会大量流逝，但游戏根本没有向前推进。直到玩家取消暂停之后，游戏时间才会恢复更新。

在很多其他实例中，真实时间和游戏时间也可能会发生分歧。例如，一些游戏具有"枪弹时间"游戏机制的特征，该特征会降低游戏速度。在这种情况下，游戏时间必须以比实际时间慢得多的速度更新。此外，许多体育游戏都具有加速时间特征。在美式足球游戏中，游戏可以以两倍于真实时钟的速度进行更新，而不需要玩家在每节比赛都坐满 15 分钟，即每节只需要 7.5 分钟。有些游戏甚至可能会出现反向的时间推进，例如《波斯王子：时之刃》（《Prince of Persia：The Sands of Time》）具有独特的游戏机制，即玩家可以将游戏时间退回到之前的某个时间点。

通过所有这些方式，真实时间和游戏时间可能会发生偏离，很明显，游戏循环的"更新游戏"阶段应该考虑到流逝的游戏时间。

1.6.2　根据增量时间的游戏逻辑

早期的游戏程序员会假设一个特定的处理器速度，因此，游戏程序会有一个特定的帧速率。游戏程序员可能会假设在一个 8 MHz 处理器上编写代码，并且如果编写的代码适用于那些处理器，代码就合格了。当假设一个固定帧速率时，游戏循环内更新敌人位置的代码可能看上去像下面这样：

```
// Update x position by 5 pixels
enemy.mPosition.x += 5;
```

如果上述代码在 8 MHz 处理器上以所期望的速度移动敌人，那么其在 16 MHz 处理器上会发生什么情况呢？因为游戏循环的速度提高了一倍，敌人现在也会以两倍速度移动。

这可能是对玩家具有挑战性的游戏与不可能的游戏之间的差异。想象一下，在现代处理器上运行这个游戏，其速度会快上上千倍。游戏立刻结束！

为了解决这个问题，游戏程序使用**增量时间**（delta time）。增量时间的定义是：自上一帧以来，流逝的游戏时间总量。要将前面的代码转变为使用增量时间，游戏程序不应考虑每帧移动多少像素，而应考虑每秒移动多少像素。这样，如果理想的移动速度是每秒 150 像素，那么下面的代码则更加灵活：

```
// Update x position by 150 pixels/second
enemy.mPosition.x += 150 * deltaTime;
```

现在，无论帧速率是多少，游戏代码都能正常工作。在 30 FPS 时，增量时间约为 0.033s。因此，游戏里的敌人每帧会移动 5 个像素，每秒总共移动 150 个像素。在 60 FPS 时，游戏里的敌人将会每帧只移动 2.5 个像素，每秒移动的像素仍然会是 150 个。在 60 FPS 的情况下，移动肯定会更加平滑一些，但总的说来，每秒移动的速度保持不变。

因为增量时间适用于许多不同的帧速率，根据经验，游戏世界中的所有一切都应该根据增量时间进行更新。

为了帮助计算增量时间，SDL 库提供了一个 SDL_GetTicks 成员函数，该函数会返回从调用 SDL_Init 函数开始，到当前时间点所流逝的毫秒数。通过在成员变量中保存前一帧 SDL_GetTicks 函数的返回结果，在代码中可以使用 SDL_GetTicks 函数获取当前值来计算增量时间。

首先，要声明一个 mTicksCount 成员变量（在 Game 类的构造函数中将它初始化为零）：

```
Uint32 mTicksCount;
```

其次，通过使用 SDL_GetTicks 函数，可以创建 Game::UpdateGame 函数的首次实现。

```
void Game::UpdateGame()
{
    // Delta time is the difference in ticks from last frame
    // (converted to seconds)
    float deltaTime = (SDL_GetTicks() - mTicksCount) / 1000.0f;
    // Update tick counts (for next frame)
    mTicksCount = SDL_GetTicks();

    // TODO: Update objects in game world as function of delta time!
    // ...
}
```

考虑一下，第一次调用 UpdateGame 函数时会发生什么。由于 mTicksCount 从 0 开始，因此最终会得到 SDL_GetTicks 函数返回的某个整数值（自 SDL_Init 函数初始化以来的毫秒数），将此整数值除以 1000.0f，可获得以秒为单位的增量时间。接下来，将调用 SDL_GetTicks 函数所得到的当前值保存在变量 mTicksCount 中。在下一帧中，包含增量时间的代码行会根据 mTicksCount 的旧值和新值（通过 SDL_GetTicks 函数取得）计算出新的增量时间。这样，在每一帧上，都可以根据自上一帧以来的流逝时间来计算增量时间。

尽管可以让游戏模拟以系统允许的任何帧速率运行似乎是一个好主意，但实际上可能会存在一些问题。最值得注意的是，任何依赖于物理现象的游戏（例如具有跳跃的平台游戏），根据帧速率不同，在行为上都会有所不同。

虽然这个问题有着更为复杂的解决方法，但最简单的方法就是实施**帧限制**，帧限制会迫使游戏循环停止运行并进行等待，一直等待到目标时间指定的增量时间为止。

例如，假设目标帧速率为 60FPS。如果一帧仅用 15ms 便完成了，则帧限制会要求等待额外的 1.6ms，以便达到 16.6ms 的目标时间。

为了方便，SDL 库还提供了一种帧限制的方法，例如，要确保帧之间的时间间隔至少相差 16ms，可以将以下代码添加到 UpdateGame 函数的开始部分：

```
while (!SDL_TICKS_PASSED(SDL_GetTicks(), mTicksCount + 16))
  ;
```

此外，在代码中还必须注意增量时间的值不要太高。最值得注意的是，当在调试器中执行游戏代码时会发生下述情况。例如，如果游戏程序在调试器中的某个断点暂停 5s，那么最终会有一个巨大的增量时间，并且所有内容都会在游戏模拟中向前跳跃很远。要解决这个问题，可以将增量时间限制为最大值（如 0.05f）。这样，游戏模拟就不会在任何一帧上跳得太远。经由上述讨论，可产生代码清单 1.5 中的 Game∷UpdateGame 函数的版本。虽然代码中还没有更新球拍或球的位置，但至少在计算增量时间的值。

代码清单 1.5　Game::UpdateGame 函数的实现

```
void Game::UpdateGame()
{
  // Wait until 16ms has elapsed since last frame
  while (!SDL_TICKS_PASSED(SDL_GetTicks(), mTicksCount + 16))
    ;
  // Delta time is the difference in ticks from last frame
  // (converted to seconds)
  float deltaTime = (SDL_GetTicks() - mTicksCount) / 1000.0f;

  // Clamp maximum delta time value
  if (deltaTime > 0.05f)
  {
    deltaTime = 0.05f;
  }
  // TODO: Update objects in game world as function of delta time!
}
```

1.6.3　更新球拍的位置

在《Pong》游戏中，玩家会根据输入来控制球拍的位置。假定玩家想用 W 键向上移动球拍，使用 S 键向下移动球拍。不按下任何键或者按下两个键都意味着球拍不动。

可以通过使用整型数类型的 mPaddleDir 成员变量来设置球拍移动的具体情况：如果球拍不移动，则设置 mPaddleDir 为 0；如果球拍向上移动（负 y 轴），则设置 mPaddleDir

为-1；如果球拍向下移动（正 *y* 轴），则设置 mPaddleDir 为 1。

由于玩家通过键盘输入来控制球拍的位置，因此需要在 ProcessInput 函数中输入代码，以便根据输入来更新 mPaddleDir 成员变量的值：

```
mPaddleDir = 0;
if (state[SDL_SCANCODE_W])
{
   mPaddleDir -= 1;
}
if (state[SDL_SCANCODE_S])
{
   mPaddleDir += 1;
}
```

注意如何对变量 mPaddleDir 进行加法和减法操作，这种操作确保了即使玩家同时按下两个键，mPaddleDir 值仍为 0。

接下来，在 UpdateGame 函数中，可添加代码，以便基于增量时间来更新球拍的位置：

```
if (mPaddleDir != 0)
{
   mPaddlePos.y += mPaddleDir * 300.0f * deltaTime;
}
```

在此，读者可根据球拍的移动方向、300.0f 像素/秒的移动速度和增量时间来更新球拍的 *y* 坐标位置。如果 mPaddleDir 的值为-1，则球拍会向上移动；如果 mPaddleDir 的值为 1，则球拍会向下移动。

然而，上述代码存在一个问题是：上述代码段允许球拍离开屏幕。要解决这个问题，可以为球拍的 *y* 坐标添加边界条件。如果球拍的 *y* 坐标位置太高或太低，代码会将其 *y* 坐标移回到有效位置：

```
if (mPaddleDir != 0)
{
   mPaddlePos.y += mPaddleDir * 300.0f * deltaTime;
   // Make sure paddle doesn't move off screen!
   if (mPaddlePos.y < (paddleH/2.0f + thickness))
   {
      mPaddlePos.y = paddleH/2.0f + thickness;
   }
   else if (mPaddlePos.y > (768.0f - paddleH/2.0f - thickness))
   {
      mPaddlePos.y = 768.0f - paddleH/2.0f - thickness;
   }
}
```

在这里，paddleH 变量是一个描述球拍高度的常量。有了上述代码段，目前玩家可以向上、向下移动球拍，并且球拍不会再离开屏幕。

1.6.4   更新球的位置

更新球的位置要比更新球拍的位置更加复杂一些。首先，球会同时在 *x* 轴和 *y* 轴方向上移动，而不仅是在一个方向上移动。其次，球需要从墙壁和球拍上反弹，因而其移动方向会发生改变。因此，在代码中需要在表示球的**速度**（速率和方向）的同时，还要执行**碰撞检测**，以确定球是否会与墙壁产生碰撞。

要表示球的速度，需要添加另一个名为 mBallVel 的 Vector2 类型的成员变量。初始化变量 mBallVel 为（-200.0f，235.0f），这表示球开始在 x 轴方向上以-200 像素/秒移动，在 y 轴方向上以 235 像素/秒移动。（换句话说，球向左斜下方向移动。）

要根据速度更新球的位置，需要将以下两行代码添加到 UpdateGame 函数中：

```
mBallPos.x += mBallVel.x * deltaTime;
mBallPos.y += mBallVel.y * deltaTime;
```

这就像更新球拍的位置一样，只是现在还要更新球在 x 轴和 y 轴 2 个方向上的位置。

接下来，需要通过编写代码，使球从墙壁上反弹，用于确定球是否与墙壁碰撞的代码跟用于检查球拍是否会离开屏幕的代码相似。例如，如果球的 y 轴方向的位置小于或等于球的高度，则球会与顶部墙壁产生碰撞。

这里存在一个重要的问题：当球与墙壁碰撞时，该怎么办？例如，假定球在碰撞到顶部墙壁之前向上和向右移动。在这种情况下，游戏程序会希望球在碰撞到顶部墙壁之后开始向下和向右移动。同样，如果球碰撞到底部墙壁，游戏程序会希望球开始向上移动。对于此问题的见解是：球从顶部墙壁或底部墙壁弹离时，需要逆转球的 y 轴方向速度，如图 1-7（a）所示。类似地，球碰撞左边的球拍或右边的墙壁时，应该逆转球的 x 轴方向速度。

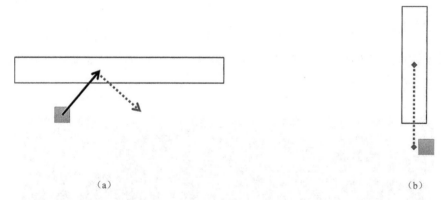

（a）　　　　　　　　　　　　　　　　　　　（b）

图 1-7　（a）球碰撞顶部墙壁，开始向下移动；（b）球和球拍之间的 y 轴方向差异太大

对于顶部墙壁的情况，根据以上见解，会产生如下代码：

```
if (mBallPos.y <= thickness)
{
    mBallVel.y *= -1;
}
```

但是，这段代码存在一个关键问题。假定球与顶部墙壁在 A 帧上发生碰撞，那么以上代码段就会逆转球的 y 轴方向速度，使球开始向下移动。在接下来的 B 帧上，球试图离开墙壁，但移动得不够远。由于球依然还处在与墙壁碰撞的状态，以上代码会再次逆转球的 y 轴方向速度，这意味着球又开始向上移动。然后，在随后的每一帧中，上述代码都会继续逆转球的 y 轴方向速度，因此球会永远卡在顶部墙壁上。

要解决球被卡住的这个问题，需要在代码内进行一次额外检查，那就是：只有当球与顶部墙壁发生碰撞并且球向着顶部墙壁移动时（意味着球的 y 轴方向速度为负时），才会逆

转球的 y 轴方向速度：

```
if (mBallPos.y <= thickness && mBallVel.y < 0.0f)
{
    mBallVel.y *= -1;
}
```

这样，如果球与顶部墙壁碰撞，在球弹离顶部墙壁时，不会逆转球的 y 轴方向速度。

球碰撞底部墙壁和右侧墙壁的代码与碰撞顶部墙壁的代码非常相似。然而，球碰撞球拍的代码却会稍微复杂一些。首先，需要计算球的 y 轴坐标位置和球拍的 y 轴坐标位置之间距离的绝对值。如果此距离大于球拍高度的一半，则球对于球拍就会太高或太低（打不到球），如图 1-7（b）所示。此外，还需要检查球的 x 轴位置与球拍的 x 轴位置的对齐情况，以及检查球没有正要离开球拍。满足所有这些条件意味着球会与球拍发生碰撞，在代码中应该逆转球的 x 轴方向速度：

```
if (
    // Our y-difference is small enough
    diff <= paddleH / 2.0f &&
    // Ball is at the correct x-position
    mBallPos.x <= 25.0f && mBallPos.x >= 20.0f &&
    // The ball is moving to the left
    mBallVel.x < 0.0f)
{
    mBallVel.x *= -1.0f;
}
```

完成上述这段代码后，球和球拍现在都在屏幕上移动，如图 1-8 所示。至此，简单版本的《Pong》游戏就完成了！

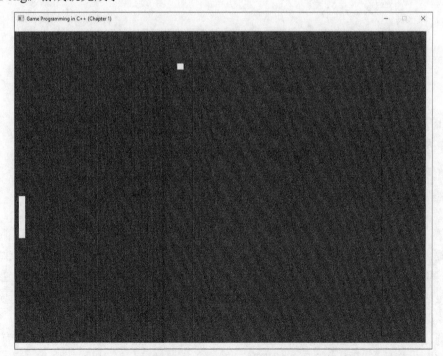

图 1-8   《Pong》的最终版本

1.7 游戏项目

本章的游戏项目实现了对完整《Pong》游戏代码的构建。为了控制球拍，玩家要使用 W 键和 S 键。当球离开屏幕时，游戏结束。本章的游戏项目代码可以从本书的 GitHub 资源库中查找到（位于第 1 章子目录中）。在 Windows 环境下，打开 Chapter01-windows.sln；在 Mac 环境下，打开 Chapter01-mac.xcodeproj。（有关如何访问配套资源的说明，请参阅本章的开头部分。）

1.8 总结

实时游戏通过循环（被称为"游戏循环"）可每秒完成多次更新。该循环的每次迭代都是一帧，例如，60 帧/秒意味着每秒有 60 次游戏循环迭代。完成每一帧，游戏循环都会有 3 个主要阶段：处理输入、更新游戏世界和生成输出。输入不仅涉及诸如键盘和鼠标之类的输入设备，还涉及网络数据、重放数据等。输出包括图形、音频和力反馈控制器。

大多数显示器都使用光栅图形技术，即显示屏包含像素网格。网格的大小取决于显示器的分辨率。游戏会维持一个颜色缓冲区，该区为每个像素保存颜色数据。大多数游戏都使用双缓冲技术，即有两个颜色缓冲区，游戏和显示屏之间交替使用这两个颜色缓冲区。双缓冲技术有助于减少发生"屏幕撕裂"的次数（即屏幕同时显示两帧的部分）。为了消除"屏幕撕裂"，游戏程序还必须启用垂直同步，这意味着，只有当显示器准备就绪时，缓冲区才能进行互换。

为了使游戏能够以可变的帧频正常工作，开发人员需要根据增量时间（帧之间的时间间隔）编写所有游戏逻辑。因此，游戏循环的"更新游戏世界"阶段应该考虑增量时间。开发人员可以进一步添加帧限制，以确保帧频不超过某个设置上限。

在本章中，我们结合了上述所有这些不同的技巧，创建了经典电子游戏《Pong》的简单版本。

1.9 补充阅读材料

Jason Gregory 在其所写的书中用了数页内容来讨论游戏循环的不同构想，包括一些游戏是如何更好地利用多核 CPU 的。Jason Gregory 还有许多针对所使用的各种程序库的优秀在线参考文献，示例如下。

- Jason Gregory. Game Engine Architecture, 2nd edition. Boca Raton: CRC Press, 2014.

● SDL API Reference. Accessed June 15, 2016.

1.10   练习题

本章的两道练习题都围绕修改《Pong》游戏的版本展开。第一道练习题涉及添加第二个玩家；第二道练习题涉及添加对多个球的支持。

1.10.1   练习题 1

《Pong》游戏的原始版本支持双人玩家。拆去屏幕右侧的墙壁，用玩家 2 使用的另一个球拍取代墙壁。针对第二个球拍，通过使用 I 键和 K 键分别向上、向下移动球拍。支持第二个球拍，需要复制第一个球拍的所有功能：球拍位置成员变量、球拍运动方向成员变量、处理玩家 2 输入数据的代码、绘制球拍的代码以及更新球拍的代码。最后，务必要更新球的碰撞代码，以便球能够正确地跟两个球拍产生碰撞。

1.10.2   练习题 2

许多弹球游戏都支持"多球"，而多球游戏就是多个球同时参与游戏。事实证明，对《Pong》游戏来说，多个球也很有趣！为了支持多个球，创建一个包含两个 Vector2 的 Ball 结构体：其中一个 Vector2 用于存储位置，另一个 Vector2 用于存储速度。接下来，为 Game 类创建一个 std :: vector <Ball>容器类型的成员变量，用于存储这些不同的球的位置和速度。然后更改 Game :: Initialize 函数中的代码，以初始化不同球的位置和速度。在 Game :: UpdateGame 函数中，更改球更新部分的代码，以使代码不再使用单独的 mBallVel 和 mBallPos 变量，而是在使用 std :: vector 容器内的所有球。

第 2 章

游戏对象和 2D 图形

大多数游戏都有许多不同的角色和其他对象，而一个重要的决定是如何表现这些对象。本章首先会介绍不同的对象表示法。接下来，会通过引入精灵（sprite）、精灵动画和滚动背景，继续讨论 2D 图形技术。本章最后会通过应用所涵盖技术的横向卷轴演示来结束讨论。

2.1 游戏对象

在第 1 章中所创建的《Pong》游戏不必使用单独的类来表现墙壁、球拍和球。相反，Game 类是使用成员变量来跟踪游戏中不同元素的位置和速率。虽然这种方法适用于非常简单的游戏，但却是一种不具扩展性的解决方案。术语"**游戏对象（game object）**"是指在游戏世界中进行更新的、绘制的或者更新并绘制的任何事物。表示游戏对象的方法有多种。一些游戏会采用对象层次结构，一些则会采用组合，还有一些则会采用更加复杂的方法。无论如何实现，游戏都需要某种方法，来对这些游戏对象进行跟踪和更新。

2.1.1 游戏对象的类型

一种常见的游戏对象类型是：在游戏循环的"更新游戏世界"阶段，对每一帧进行更新，并且在"生成输出"阶段，对每一帧进行绘制。任何角色、生物或其他可移动对象都属于这种类型。例如，在游戏《超级马里奥兄弟》中，马里奥、每一个敌人以及所有动态块都是要进行更新并绘制的游戏对象。

有时，开发人员会将需要绘制但不需要更新的游戏对象称为"**静态对象（static object）**"。这些对象对玩家是可见的，但并不需要更新，例如在游戏关卡背景下的建筑物。在大多数游戏中，建筑物都不会移动，或者不会攻击玩家，却是通过屏幕能够看到的。

相机（camera）是关于会进行更新、但不会绘制到屏幕上的一个游戏对象实例。另一个例子是**触发器**（trigger），它会基于另一个对象的碰撞而促使事情发生。例如，在恐怖游戏中，当玩家靠近门时，游戏会安排让僵尸出现。玩家在这种情况下，游戏关卡设计师会放置一个触发器对象，当玩家靠近时，该对象会检测到玩家并且触发生成僵尸的动作。实现触发器的方法之一就是对每一帧进行更新，以便检查与玩家碰撞的一个不可见的盒子。

2.1.2　游戏对象模型

游戏对象模型有很多，表示游戏对象的方法也有很多。本节讨论一些游戏对象模型的类型，并在这些方法之间做出权衡。

作为类层次结构的游戏对象

游戏对象模型方法之一是：在标准面向对象类层次结构中，声明游戏对象。由于所有游戏对象都继承自一个基本类，因此有时标准面向对象类层次结构也被称为**单一整体式类层次结构**。

要使用这一对象模型，首先需要一个基本类：

```
class Actor
{
public:
    // Called every frame to update the Actor
    virtual void Update(float deltaTime);
    // Called every frame to draw the Actor
    virtual void Draw();
};
```

然后，不同的角色会有不同的子类：

```
class PacMan : public Actor
{
public:
    void Update(float deltaTime) override;
    void Draw() override;
};
```

同样，在代码中可以声明 Actor 类的其他子类。例如，可能会有一个继承自 Actor 类的 Ghost 类。于是，每个单独的鬼（ghost）都能够拥有继承自 Ghost 类的属于自己的类。图 2-1 阐明了这种类型的游戏对象类层次结构。

这种方法的缺点是：每个游戏对象都必须拥有基本类对象（在这种情况下，为 Actor 类）的所有属性和函数，例如，该方法假定每个 Actor 类都可以更新和绘制。但如前所述，可能会存在不可见的对象，因此，针对这些对象调用绘制（Draw）是一种时间的浪费。

随着游戏功能的增加，问题也会变得愈加明显。假定游戏中的许多（并非全部）角色都需要移动。在《吃豆人》游戏中，鬼和《吃豆人》都需要移动。但是，微丸（pellet）不移动。一种方法是：将移动相关的代码放入 Actor 类中，但并非所有 Actor 类的子类都需要该代码。或者，可以使用 Actor 类和其任何需要移

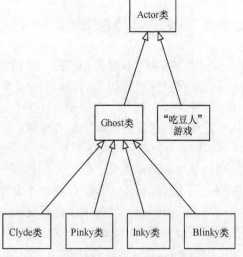

图 2-1　《吃豆人》游戏的部分类层次结构

动的子类之间新建的 MovingActor 类来扩展层次结构。然而，这会增加类层次结构的复杂性。

此外，当两个处于兄弟位置的子类稍后需要彼此共享特征时，具有大的类层次结构会相应增加难度。例如，《侠盗猎车手》（《Grand TheftAuto》）的一个游戏场景中应该有一个车辆 Vehicle 基本类。从这一基本类开始，创建两个子类：LandVehicle 类（针对穿越地面的车辆）和 WaterVehicle 类（针对水上交通工具，如小船），可能是有意义的。

但是，如果设计师有一天决定增加一辆两栖车，会发生什么？可以尝试创建一个被称为 AmphibiousVehicle（两栖车辆）类的新子类，该新建子类应同时继承自 LandVehicle 类和 WaterVehicle 类。然而，这需要应用到多重继承，而且意味着 AmphibiousVehicle 类是沿着两条不同路径继承自 Vehicle 基本类的。这种被称为**"钻石型继承"**的层次结构可能会引起问题，因为子类可能会继承虚拟函数的多个版本。出于这个原因，建议避免使用钻石型继承这种层次结构。

具有组件的游戏对象

许多游戏使用**基于组件**的游戏对象模型来取代单一整体式层次结构。这种模型已经变得越来越流行，尤其是 Unity 游戏引擎对这种游戏模型的使用越来越多。在这种方法中，有一个游戏对象类，但是没有任何游戏对象子类。相反，游戏对象类拥有实现所需功能的一个组件对象集合。

例如，在前面看过的单一整体式层次结构中，Pinky 类是 Ghost 类的一个子类，而 Ghost 类又是 Actor 类的一个子类。但是，在基于组件的模型中，Pinky 类是一个包含 4 个组件的 GameObject 实例，这 4 个组件包括 PinkyBehavior、CollisionComponent、TransformComponent 和 DrawComponent，如图 2-2 所示。

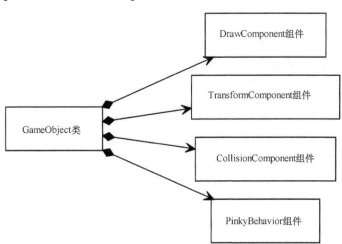

图 2-2 构成 Ghost Pinky 类的组件

这些组件中的每一个都具有该组件所需的特定属性和功能，例如，DrawComponent 组件能将对象绘制到屏幕上，TransformComponent 组件能保存对象在游戏世界中的位置和变换。

实现组件对象模型的方法是：使用针对组件的类层次结构。该类层次结构的深度通常非常浅。给定一个基本组件（Component）类，随后 GameObject 类就会有一个组件集合：

```
class GameObject
{
public:
    void AddComponent(Component* comp);
    void RemoveComponent(Component* comp);
private:
    std::unordered_set<Component*> mComponents;
};
```

注意：GameObject 类只包含添加和删除组件的功能。

这就使得追踪不同类型组件的系统成为必需。例如，每个 DrawComponent 组件都可以注册到 Renderer（渲染器）对象中。这样，当要绘制帧时，Renderer 对象就会知道所有活动的 DrawComponent 组件。

基于组件的游戏对象模型的优点是：可以更容易地将功能只添加到需要它的特定游戏对象中。任何需要绘制的对象都会有一个 DrawComponent 组件，但不需要绘制的对象就不会有这个组件。

然而，纯组件系统的缺点是：在同一个游戏对象中，组件之间的相关性并不明确，例如，为了知道应该在哪里绘制对象，DrawComponent 组件很可能需要了解 TransformComponent 组件。这意味着 DrawComponent 组件很可能需要向所拥有的 GameObject 类询问其 TransformComponent 组件。根据实现的不同，查询可能会成为一个明显的执行瓶颈。

作为具有组件层次结构的游戏对象

本书中所使用的游戏对象模型是单一整体式层次结构和组件对象模型的混合体。在某种程度上，这是受 Unreal Engine 4 中所使用的游戏对象模型所启发。该模型有一个具有几个虚拟函数的 Actor 基本类，但每个角色还具有一个组件容器（vector）。代码清单 2.1 展示了 Actor 类的声明，该声明中省略了一些 getter 和 setter 函数。

代码清单 2.1　Actor 类的声明

```
class Actor
{
public:
    // Used to track state of actor
    enum State
    {
        EActive,
        EPaused,
        EDead
    };
    // Constructor/destructor
    Actor(class Game* game);
    virtual ~Actor();

    // Update function called from Game (not overridable)
    void Update(float deltaTime);
    // Updates all the components attached to the actor (not overridable)
    void UpdateComponents(float deltaTime);
    // Any actor-specific update code (overridable)
    virtual void UpdateActor(float deltaTime);
```

```
    // Getters/setters
    // ...

    // Add/remove components
    void AddComponent(class Component* component);
    void RemoveComponent(class Component* component);
private:
    // Actor's state
    State mState;
    // Transform
    Vector2 mPosition; // Center position of actor
    float mScale;      // Uniforms scale of actor (1.0f for 100%)

    float mRotation;   // Rotation angle (in radians)
    // Components held by this actor
    std::vector<class Component*> mComponents;
    class Game* mGame;
};
```

Actor 类拥有多个显著特征。状态枚举可跟踪角色的状态。例如，当角色处于 EActive 状态时，Update 函数只更新角色，当处于 EDead 状态时，会通知游戏删除角色。Update 函数首先会调用 UpdateComponents 函数，然后再调用 UpdateActor 函数。UpdateComponents 函数会遍历所有组件，并对每一组件依次进行更新。UpdateActor 函数的基本实现为空，但 Actor 类的子类能够在重写 UpdateActor 函数中编写自定义行为。

此外，Actor 类会由于多种原因而需要访问 Game 类，原因包括：创建其他角色。一种方法是：使游戏对象成为一个**单例模式**，在该设计模式中，有一个单独的可全局访问的类实例。但是，如果事实证明实际上需要多个类实例，那么单例模式可能会引发问题。本书取代单例模式，使用一种被称为**依赖注入**的方法。在该方法中，角色的构造函数会接收一个指向 Game 类的指针。然后，角色可以使用该指针创建另一个角色（或访问任何其他所需要的 Game 函数）。

和第 1 章中的游戏项目一样，Vector2 代表 Actor 的位置。Actor 还支持缩放（使角色变大或变小）和旋转（使角色旋转）。请注意，旋转是以弧度为单位，而不是用度数。

代码清单 2.2 包含了 Component 组件类的声明。mUpdateOrder 成员变量是值得注意的。该变量允许某些组件在其他组件之前或之后进行更新，这在很多情况下都很有用。例如，跟踪玩家的相机 camera 组件可能会在移动组件、移动玩家之后，再进行更新。为了保持这种排序，只要添加一个新组件，Actor 类中的 AddComponent 函数就会对组件容器进行排序。最后，请注意，Component 类会有一个指向其所在的角色的指针。这样，组件就可以访问转换数据，以及其认为必要的任何其他信息。

代码清单 2.2　Component 类的声明

```
class Component
{
public:
    // Constructor
    // (the lower the update order, the earlier the component updates)
    Component(class Actor* owner, int updateOrder = 100);
    // Destructor
    virtual ~Component();
    // Update this component by delta time
```

```
    virtual void Update(float deltaTime);
    int GetUpdateOrder() const { return mUpdateOrder; }
protected:
    // Owning actor
    class Actor* mOwner;
    // Update order of component
    int mUpdateOrder;
};
```

目前，Actor 类和 Component 类的实现均未说明玩家的输入设备，本章的游戏项目只使用特殊的案例代码进行输入。我们会在第 3 章重新讨论如何将输入合并到混合游戏对象模型中。

这种混合方法可以更好地避免单一整体式对象模型中的较深的类层次结构，同时，该层次结构的深度也要比基于纯组件的模型更好。混合方法虽然不能完全消除组件间通信开销的问题，但通常也能避开这些问题。这是因为每个角色都有着诸如转换数据的临界特性。

其他方法

还有很多方法适用于游戏对象模型。一些模型使用接口 interface 类来声明有区别的可能功能，然后，每个游戏对象可实现对其进行表示的必要接口。其他方法可进一步扩展组件模型，并且完全消除包含性的游戏对象。或者，这些方法会使用组件数据库，该类数据库可跟踪带有数字标识符的对象。还有一些其他方法，可通过其属性对对象进行定义。在这些系统中，向对象添加健康属性，则意味着该对象会受伤或受到损坏。

使用任何游戏对象模型，每种方法都有其优缺点。但是，本书坚持使用混合方法，因为对具有一定复杂性的游戏而言，这是一种很好的折中方法，并且也相对有效。

2.1.3　将游戏对象融入游戏循环中

将混合游戏对象模型融入游戏循环中需要一些代码，但过程并不复杂。首先，将两个指向 Actor 的 std :: vector 类型的容器变量添加到 Game 类：一个 vector 容器变量包含活动的角色对象（mActors），另一个 vector 容器变量包含挂起的角色对象（mPendingActors）。在代码中需要挂起 actor 对象是用来处理以下情况：在更新 actor 对象时（进而遍历 mActors 容器），游戏程序决定创建新的角色对象。在这种情况下，不能将新建的角色对象元素添加到 mActors 容器中，因为正在对其进行迭代。相反，游戏程序需要将此新建的角色对象添加到 mPendingActors 容器中，而且在迭代完成之后，将这些角色对象元素转移到 mActors 容器中。

接下来，要创建接收 Actor 指针的两个函数：AddActor 函数和 RemoveActor 函数。AddActor 函数将角色所指对象添加到 mPendingActors 容器或者 mActors 容器中，具体添加到哪个容器，取决于当前是否正在更新所有 mActor 元素（通过布尔类型的成员变量 mUpdatingActors 来表示）：

```
void Game::AddActor(Actor* actor)
{
    // If  updating actors, need to add to pending
    if (mUpdatingActors)
    {
```

```
      mPendingActors.emplace_back(actor);
   }
   else
   {
      mActors.emplace_back(actor);
   }
}
```

同样，RemoveActor 会从两个容器中，将角色对象从其所在的一个容器中删除。

然后，需要更改 Game 类的 UpdateGame 函数，以便更新所有角色对象，如代码清单 2.3 所示。在计算增量时间之后，如第 1 章所述，要循环遍历 mActor 容器中的每一个角色对象，并在每个角色对象上调用 Update 函数。接下来，要将任何挂起的角色对象移动到主要的 mActor 容器中。最后，要查看是否存在已经死亡的任何角色对象，如果有，将其删除。

代码清单 2.3　用 Game::UpdateGame 函数更新角色

```
void Game::UpdateGame()
{
   // Compute delta time (as in Chapter 1)
   float deltaTime = /* ... */;

   // Update all actors
   mUpdatingActors = true;
   for (auto actor : mActors)
   {
      actor->Update(deltaTime);
   }
   mUpdatingActors = false;

   // Move any pending actors to mActors
   for (auto pending : mPendingActors)
   {
      mActors.emplace_back(pending);
   }
   mPendingActors.clear();

   // Add any dead actors to a temp vector
   std::vector<Actor*> deadActors;

   for (auto actor : mActors)
   {
      if (actor->GetState() == Actor::EDead)
      {
         deadActors.emplace_back(actor);
      }
   }

   // Delete dead actors (which removes them from mActors)
   for (auto actor : deadActors)
   {
      delete actor;
   }
}
```

向游戏的 mActors 容器中添加和删除角色对象，也会增加代码的复杂度。在游戏类的构造函数和析构函数中，Actor 对象会自动添加到游戏中来，或从游戏中删除。然而，这意味着必须细心编写循环遍历 mActor 容器和删除角色对象（例如在 Game :: Shutdown 函数中）的代码：

```
// Because ~Actor calls RemoveActor, use a different style loop
while (!mActors.empty())
{
    delete mActors.back();
}
```

2.2　精灵

精灵（sprite）是 2D 游戏中的一个可视对象，通常被用于表示角色、背景和其他动态对象。大多数 2D 游戏都有几十个甚至几百个精灵。对于手机游戏，精灵数据占整个游戏下载大小的很大部分。由于精灵在 2D 游戏中的广泛使用，尽可能有效地使用精灵是非常重要的。

每个精灵都有一个或多个与之关联的图像文件。这些图像文件有许多不同的图像文件格式，并且游戏是基于平台和其他约束来使用不同的格式，例如，PNG 是一种压缩图像格式，因此，PNG 格式的这些文件占用的磁盘空间更少。但硬件本身不能绘制 PNG 文件，所以这类文件需要更长的加载时间。一些平台推荐使用图形硬件友好的格式，如 PVR（适用于 iOS）和 DXT（适用于 PC 和 Xbox）。因为图像编辑程序普遍支持 PNG 类型的文件，所以本书坚持使用 PNG 文件格式。

2.2.1　加载图像文件

对于只需要 SDL 库的 2D 图形游戏，加载图像文件的最简单方法是使用 SDL 图像库。第一步是使用 IMG_Init 函数初始化 SDL 图像，IMG_Init 函数会接收需要初始化的文件格式的标志参数。要支持 PNG 类型的图像文件，要将以下函数调用添加到 Game :: Initialize 函数中：

```
IMG_Init(IMG_INIT_PNG)
```

表 2-1 列出了所支持的 SDL 图像文件的格式。注意，SDL 库已经能支持没有 SDL Image（SDL 图像）的 BMP 文件格式，这就是此表中没有 IMG_INIT_BMP 标志的原因。

表 2-1　　　　　　　　　　　　　　　　　SDL 图像文件格式

标志位	格式
IMG_INIT_JPG	JPEG
IMG_INIT_PNG	PNG
IMG_INIT_TIF	TIFF

初始化 SDL 图像后，可以使用 IMG_Load 函数将映像文件加载到 SDL_Surface：

```
// Loads an image from a file
// Returns a pointer to an SDL_Surface if successful, otherwise nullptr
SDL_Surface* IMG_Load(
   const char* file // Image file name
);
```

接下来，`SDL_CreateTextureFromSurface` 函数会将 `SDL_Surface` 转换为 `SDL_Texture`（这是 SDL 绘制时所需的）：

```
// Converts an SDL_Surface to an SDL_Texture
// Returns a pointer to an SDL_Texture if successful, otherwise nullptr
SDL_Texture* SDL_CreateTextureFromSurface(
   SDL_Renderer* renderer, // Renderer used
   SDL_Surface* surface    // Surface to convert
);
```

以下函数封装了该图像加载过程：

```
SDL_Texture* LoadTexture(const char* fileName)
{
   // Load from file
   SDL_Surface* surf = IMG_Load(fileName);
   if (!surf)
   {
      SDL_Log("Failed to load texture file %s", fileName);
      return nullptr;
   }
   // Create texture from surface
   SDL_Texture* text = SDL_CreateTextureFromSurface(mRenderer, surf);
   SDL_FreeSurface(surf);
   if (!text)
   {
      SDL_Log("Failed to convert surface to texture for %s", fileName);
      return nullptr;
   }
   return text;
}
```

一个值得关注的问题是：所加载的纹理存储在哪里。游戏通常采用的做法是：针对多个不同的角色，多次采用相同的图像文件。如果有 20 个小行星（asteroid），并且每个小行星都使用相同的图像文件，那么从磁盘进行 20 次文件加载是没有意义的。

一种简单的方法是：在 Game 中为 SDL_Texture 指针创建一个文件名映射。然后在 Game 中创建一个 GetTexture 函数，该函数会接收纹理名称，并返回其相应的 SDL_Texture 指针。该函数会首先来看纹理是否已经存在于映射中。如果已存在于映射，函数可以简单地返回到那一纹理指针；否则，代码会运行从其对应的文件加载纹理的代码。

> **注释**
> 虽然在简单情况下，SDL_Texture 指针到文件名的映射是有意义的，但是，还得考虑到一个游戏会有许多不同类型的资产的情况，例如纹理、音效、3D 模型、字体等。因此，编写一个更加强大的系统来处理所有类型的资产会更加合理。但为了简单起见，本书并没有实现这样的资产管理系统。

为了帮助分解职责，还可以在 Game 类中创建一个 LoadData 函数。该函数负责创建游戏世界中的所有角色。目前，这些角色都是硬编码的，但在第 14 章中，允许从等级文件中加载角色支持。可以在 Game :: Initialize 函数的最后部分中调用 LoadData 函数。

2.2.2　绘制精灵

假设游戏拥有一个带有背景图和角色的基本 2D 场景。绘制该场景的简单方法是：先绘制背景图，然后绘制角色。这就像画家绘制景色一样，因此这种方法被称为"**画家算法**"。在画家算法中，游戏以从后到前的顺序绘制精灵。

图 2-3 中演示了画家算法，顺序是：首先绘制背景图，然后绘制月亮，之后再绘制所有小行星，最后绘制飞船。

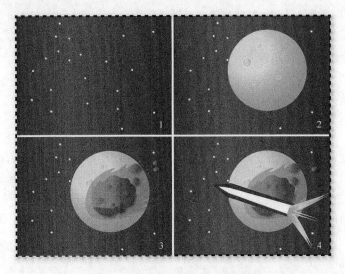

图 2-3　应用于太空场景的画家算法

因为本书使用了带有组件的游戏对象模型，所以创建一个 SpriteComponent 类会很有意义。代码清单 2.4 给出了 SpriteComponent 类的声明。

代码清单 2.4　SpriteComponent 类的声明

```
class SpriteComponent : public Component
{
public:
    // (Lower draw order corresponds with further back)
    SpriteComponent(class Actor* owner, int drawOrder = 100);
    ~SpriteComponent();
    virtual void Draw(SDL_Renderer* renderer);
    virtual void SetTexture(SDL_Texture* texture);

    int GetDrawOrder() const { return mDrawOrder; }
    int GetTexHeight() const { return mTexHeight; }
    int GetTexWidth() const { return mTexWidth; }
```

```
protected:
    // Texture to draw
    SDL_Texture* mTexture;
    // Draw order used for painter's algorithm
    int mDrawOrder;
    // Width/height of texture
    int mTexWidth;
    int mTexHeight;
};
```

游戏按照 mDrawOrder 成员变量所指定的顺序，通过绘制 sprite 组件来实现画家算法。SpriteComponent 构造函数通过 Game :: AddSprite 函数，将自身添加到 Game 类中的 sprite 组件容器中。

在 Game :: AddSprite 函数中，需要确保成员变量 mSprites 按照绘制的顺序保持排序状态。因为每次调用 AddSprite 函数都会保持排序顺序，所以代码中可以将其实现为向已经排序的容器中插入元素：

```
void Game::AddSprite(SpriteComponent* sprite)
{
    // Find the insertion point in the sorted vector
    // (The first element with a higher draw order than me)
    int myDrawOrder = sprite->GetDrawOrder();
    auto iter = mSprites.begin();
    for ( ;
        iter != mSprites.end();
        ++iter)
    {
        if (myDrawOrder < (*iter)->GetDrawOrder())
        {
            break;
        }
    }

    // Inserts element before position of iterator
    mSprites.insert(iter, sprite);
}
```

因为上面的代码是通过成员变量 mDrawOrder 对 sprite 组件进行排序的，所以 Game :: GenerateOutput 函数可以遍历 sprite 组件的容器，并在每个 sprite 组件上调用 Draw 函数。将上面的代码放在清除后台缓冲区和交换后台缓冲区与前台缓冲区的代码之间，替代第 1 章游戏中绘制墙壁、球和球拍矩形的代码。

正如第 6 章将要说到的，3D 游戏也可以使用画家算法，尽管这样做存在一些缺点。但对于 2D 场景，画家算法的确非常好用。

SetTexture 函数不仅可以设置 mTexture 成员变量，还可以使用 SDL_QueryTexture 函数来获取纹理的宽度和高度：

```
void SpriteComponent::SetTexture(SDL_Texture* texture)
{
    mTexture = texture;
    // Get width/height of texture
```

```
SDL_QueryTexture(texture, nullptr, nullptr,
    &mTexWidth, &mTexHeight);
}
```

要绘制纹理，在 SDL 库中有两种不同的纹理绘制函数。其中，相对简单的函数是 SDL_RenderCopy 函数：

```
// Renders a texture to the rendering target
// Returns 0 on success, negative value on failure
int SDL_RenderCopy(
    SDL_Renderer* renderer,  // Render target to draw to
    SDL_Texture* texture,    // Texture to draw
    const SDL_Rect* srcrect, // Part of texture to draw (null if whole)
    const SDL_Rect* dstrect, // Rectangle to draw onto the target
);
```

但是，针对更高级的动画行为（例如旋转 sprite），代码中可以使用 SDL_RenderCopyEx 函数来实现：

```
// Renders a texture to the rendering target
// Returns 0 on success, negative value on failure
int SDL_RenderCopyEx(
    SDL_Renderer* renderer,  // Render target to draw to
    SDL_Texture* texture,    // Texture to draw
    const SDL_Rect* srcrect, // Part of texture to draw (null if whole)
    const SDL_Rect* dstrect, // Rectangle to draw onto the target
    double angle,            // Rotation angle (in degrees, clockwise)
    const SDL_Point* center, // Point to rotate about (nullptr for center)
    SDL_RenderFlip flip,     //  How to flip texture (usually SDL_FLIP_NONE)
);
```

因为角色有旋转角度，如果在代码中希望精灵继承此旋转，就必须得使用 SDL_RenderCopyEx 函数。这就给 SpriteComponent :: Draw 函数增加了一些复杂度。首先，SDL_Rect 结构的 x/y 坐标对应于目标的左上角。但是，角色的位置变量却只指定了角色的中心位置。因此，与第 1 章中的球和球拍一样，在代码中必须计算左上角的坐标。其次，SDL 库期望角度以度为单位，但 Actor 使用的角度却以弧度为单位。幸运的是，在头文件 Math.h 头文件中本书的自定义数学库包含一个可以处理转换的 Math :: ToDegrees 函数。最后，在 SDL 库中，正向角度是顺时针方向，但这与单位圆方向正相反（单位圆内，正向角度是逆时针方向）。因此，要对角度取相反值，以维持单位圆的行为。代码清单 2.5 显示了 SpriteComponent :: Draw 函数的实现。

代码清单 2.5　SpriteComponent::Draw 函数的实现

```
void SpriteComponent::Draw(SDL_Renderer* renderer)
{
    if (mTexture)
    {
        SDL_Rect r;
        // Scale the width/height by owner's scale
        r.w = static_cast<int>(mTexWidth * mOwner->GetScale());
        r.h = static_cast<int>(mTexHeight * mOwner->GetScale());
        // Center the rectangle around the position of the owner
```

```
    r.x = static_cast<int>(mOwner->GetPosition().x - r.w / 2);
    r.y = static_cast<int>(mOwner->GetPosition().y - r.h / 2);

    // Draw
    SDL_RenderCopyEx(renderer,
        mTexture, // Texture to draw
        nullptr,  // Source rectangle
        &r,       // Destination rectangle
        -Math::ToDegrees(mOwner->GetRotation()), // (Convert angle)
        nullptr, // Point of rotation
        SDL_FLIP_NONE); // Flip behavior
    }
}
```

以上 Draw 函数的这种实现假定角色的位置对应于它在屏幕上的位置。该假定仅适用于游戏世界与屏幕完全对应的游戏。对于像《超级马里奥兄弟》这样的游戏，由于游戏世界大于一个屏幕，Draw 函数的这种实现并不适用。为了处理这种情况，需要一个相机（camera）位置。我们将在第 9 章讨论如何在 3D 游戏环境中实现相机。

2.2.3　动画精灵

大多数 2D 游戏都使用像翻页动画一样的技术来实现精灵动画。翻页动画是指：通过一系列连续快速播放的静态 2D 图像，来创造一种运动错觉。图 2-4 阐明了骨架精灵不同动画的系列图像看起来可能会是什么样子。

精灵动画的帧速率可以变化，但许多游戏都会选择使用 24FPS（帧/秒，电影中所使用的传统帧速率）。这意味着动画的每一秒都需要 24 张独立图像。某些流派（如 2D 格斗游戏）可能会使用 60 FPS（帧/秒）的精灵动画，这会显著增加所需要的图像数量。幸运的是，大多数精灵动画的持续时间都明显短于 1 秒。

表示动画精灵的最简单方法是使用容器，将动画中每一帧所对应的不同图像都存放于容器中。代码清单 2.6 所声明的 AnimSpriteComponent 类，便使用了这种方法。

图 2-4　骨架精灵的系列图像

代码清单 2.6　AnimSpriteComponent 类的声明

```
class AnimSpriteComponent : public SpriteComponent
{
public:
    AnimSpriteComponent(class Actor* owner, int drawOrder = 100);
    // Update animation every frame (overriden from component)
    void Update(float deltaTime) override;
    // Set the textures used for animation
```

```
    void SetAnimTextures(const std::vector<SDL_Texture*>& textures);
    // Set/get the animation FPS
    float GetAnimFPS() const { return mAnimFPS; }
    void SetAnimFPS(float fps) { mAnimFPS = fps; }
private:
    // All textures in the animation
    std::vector<SDL_Texture*> mAnimTextures;
    // Current frame displayed
    float mCurrFrame;
    // Animation frame rate
    float mAnimFPS;
};
```

mAnimFPS 成员变量允许不同的动画精灵以不同的帧速率运动。此外，还允许动画实现动态加速或者减速。例如，当一个角色加速时，可以增加动画的帧速率，以进一步增加速度错觉。成员变量 mCurrFrame 用浮点数记录当前帧的显示，此数值允许代码跟踪该帧所显示的时间长短。

SetAnimTextures 成员函数只是将 mAnimTextures 成员变量设置到其参数所提供的容器中，并将成员变量 mCurrFrame 重置为 0。此外，该函数还会调用 SetTexture 函数（从 SpriteComponent 类中继承）并传入动画的第一帧。由于此代码使用了来自 SpriteComponent 类的 SetTexture 函数，因此无须重写所继承的 Draw 函数。

如代码清单 2.7 所示，Update 函数出现在 AnimSpriteComponent 类的大部分繁重工作中。首先，该函数会将成员变量 mCurrFrame 更新为动画 FPS（帧/秒）和增量时间函数。接下来，要确保成员变量 mCurrFrame 的值保持在少于纹理的数量（这意味着，如果需要，要将代码中 mCurrFrame 的值设置为重新绕回到动画的开头部分）。最后，将浮点类型的成员变量 mCurrFrame 强制转换为整型数（int），从成员变量 mAnimTextures 容器中获取正确的纹理，并调用 SetTexture 函数。

代码清单 2.7　AnimSpriteComponent::Update 函数的实现

```
void AnimSpriteComponent::Update(float deltaTime)
{
    SpriteComponent::Update(deltaTime);

    if (mAnimTextures.size() > 0)
    {
        // Update the current frame based on frame rate
        // and delta time
        mCurrFrame += mAnimFPS * deltaTime;

        // Wrap current frame if needed
        while (mCurrFrame >= mAnimTextures.size())
        {
            mCurrFrame -= mAnimTextures.size();
        }

        // Set the current texture
        SetTexture(mAnimTextures[static_cast<int>(mCurrFrame)]);
    }
}
```

AnimSpriteComponent 类中缺少的一个特征是：为动画间的切换提供更好的支持。目前，切换动画的唯一方法是重复调用 SetAnimTextures 函数。更有意义的做法是：对于一个精灵的全部动画的所有不同纹理都配备一个容器，然后指定哪些纹理图像对应于哪个动画。在练习题 2 中，读者将有机会探索该想法。

2.3 滚动背景

2D 游戏中经常使用的技巧是添加一个滚动背景。这会创造一种更大世界的感官效果，并且无限滚动游戏通常都会使用这种技术。目前，我们聚焦在滚动背景，而不是滚过实际平面。最简单的方法是：将背景分割为屏幕大小的图像部分，这些图像部分在每帧重新定位，以创建滚动错觉。

与动画精灵一样，有意义的做法应是：为背景创建一个 SpriteComponent 类的子类。代码清单 2.8 显示了 BGSpriteComponent 类的声明。

代码清单 2.8 BGSpriteComponent 类的声明

```
class BGSpriteComponent : public SpriteComponent
{
public:
    // Set draw order to default to lower (so it's in the background)
    BGSpriteComponent(class Actor* owner, int drawOrder = 10);
    // Update/draw overriden from parent
    void Update(float deltaTime) override;
    void Draw(SDL_Renderer* renderer) override;
    // Set the textures used for the background
    void SetBGTextures(const std::vector<SDL_Texture*>& textures);
    // Get/set screen size and scroll speed
    void SetScreenSize(const Vector2& size) { mScreenSize = size; }
    void SetScrollSpeed(float speed) { mScrollSpeed = speed; }
    float GetScrollSpeed() const { return mScrollSpeed; }
private:
    // Struct to encapsulate each BG image and its offset
    struct BGTexture
    {
        SDL_Texture* mTexture;
        Vector2 mOffset;
    };
    std::vector<BGTexture> mBGTextures;
    Vector2 mScreenSize;
    float mScrollSpeed;
};
```

BGTexture 结构体将每个背景纹理与其相应的偏移量相关联。每一帧都对偏移量进行更新，以创建滚动效果。需要在代码中的 SetBGTextures 函数里初始化偏移量，将每个背景定位在前一个背景的右侧：

```
void BGSpriteComponent::SetBGTextures(const std::vector<SDL_Texture*>& textures)
{
    int count = 0;
    for (auto tex : textures)
    {
        BGTexture temp;
        temp.mTexture = tex;
        // Each texture is screen width in offset
        temp.mOffset.x = count * mScreenSize.x;
        temp.mOffset.y = 0;
        mBGTextures.emplace_back(temp);
        count++;
    }
}
```

上述代码假定每个背景图的宽度都与屏幕宽度相对应，但修改代码以解释变量尺寸也是可以的。Update 函数代码会对每个背景的偏移量进行更新，此过程中会兼顾图像完全离开屏幕的情况。下面的代码允许图像无限地重复：

```
void BGSpriteComponent::Update(float deltaTime)
{
    SpriteComponent::Update(deltaTime);
    for (auto& bg : mBGTextures)
    {
        // Update the x offset
        bg.mOffset.x += mScrollSpeed * deltaTime;
        // If this is completely off the screen, reset offset to
        // the right of the last bg texture
        if (bg.mOffset.x < -mScreenSize.x)
        {
            bg.mOffset.x = (mBGTextures.size() - 1) * mScreenSize.x - 1;
        }
    }
}
```

通过基于组件 BGSpriteComponent 所在的角色的位置和该背景的偏移来调整位置，Draw 函数只需简单使用 SDL_RenderCopy 函数，便可绘制每个背景纹理。这可以实现简单的滚动行为。

此外，一些游戏还可实现**视差滚动**。该方法可将多个图层用于背景。每个图层都能以不同的速度滚动，这便会产生一种立体感。例如，游戏可能会有云层和地面层。如果云层的滚动速度比地面层的滚动速度慢得多，则会给人一种这样的感觉：跟地面层相比，云层距离更远。在近一个世纪里，传统动画一直都在采用这种技术，且非常有效。通常，只需要 3 层便可以产生可信的视差效果，如图 2-5 所示。当然，更多图层会增加效果的深度。

要实现视差效果，可将多个 BGSprite

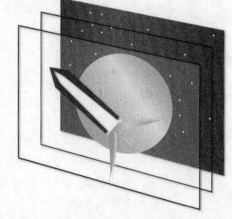

图 2-5　太空场景被分成 3 层以促进视差滚动

Components 组件附加到单个 actor 中，并指定不同的绘制次序值。然后，在代码中就可以针对每个背景使用不同的滚动速度来完成该效果。

2.4　游戏项目

不幸的是，迄今为止，我们还没讲到足够多的新主题，可供制作比第 1 章中所创建的《Pong》克隆机制更加复杂的游戏。如果只是将 sprite 添加到先前章节的游戏中，并不会增加更多的趣味性。因此，本章的游戏项目会演示本章所涵盖的新技术，而不是完成一个完整的游戏。本章的相关代码可以从本书的 GitHub 资源库中找到（位于第 2 章子目录中）。在 Windows 环境下，打开 Chapter02-windows.sln；在 Mac 环境下，打开 Chapter02-mac. xcodeproj。图 2-6 显示了正在运行中的游戏项目。Jacob Zinman-Jeanes 创建了 CC BY 许可证所授权的 sprite 图像。

图 2-6　运动中的横向卷轴项目

代码包括混合 Actor/Component 模型、SpriteComponent、AnimSprite Component 和视差滚动的实现，还包括一个被称为 Ship 的 Actor 子类。Ship 类包含两个速度变量，分别用于控制左/右速度和上/下速度。代码清单 2.9 显示了 Ship 类的声明。

代码清单 2.9　Ship 类的声明

```
class Ship : public Actor
{
public:
```

```
    Ship(class Game* game);
    void UpdateActor(float deltaTime) override;
    void ProcessKeyboard(const uint8_t* state);
    float GetRightSpeed() const { return mRightSpeed; }
    float GetDownSpeed() const { return mDownSpeed; }
private:
    float mRightSpeed;
    float mDownSpeed;
};
```

Ship 构造函数将 mRightSpeed 和 mDownSpeed 初始化为 0，还创建了附着到飞船（ship）上的 AnimSpriteComponent 函数，并带有相关纹理。

```
AnimSpriteComponent* asc = new AnimSpriteComponent(this);
std::vector<SDL_Texture*> anims = {
    game->GetTexture("Assets/Ship01.png"),
    game->GetTexture("Assets/Ship02.png"),
    game->GetTexture("Assets/Ship03.png"),
    game->GetTexture("Assets/Ship04.png"),
};
asc->SetAnimTextures(anims);
```

键盘输入会直接影响飞船的速度。游戏使用 W 键和 S 键来上下移动飞船，使用 A 键和 D 键左右移动飞船。

ProcessKeyboard 函数接收这些输入，并根据需要来更新 mRightSpeed 和 mDownSpeed。

Ship :: UpdateActor 函数使用第 1 章中所示的类似技术来实现飞船的运动：

```
void Ship::UpdateActor(float deltaTime)
{
    Actor::UpdateActor(deltaTime);
    // Update position based on speeds and delta time
    Vector2 pos = GetPosition();
    pos.x += mRightSpeed * deltaTime;
    pos.y += mDownSpeed * deltaTime;
    // Restrict position to left half of screen
    // ...
    SetPosition(pos);
}
```

对于游戏来说，移动是一种常见功能，因此与 UpdateActor 函数相反，将移动作为组件来实现是很有意义的。我们将在第 3 章中讨论如何创建一个 MoveComponent 类。

背景是具有两个 BGSpriteComponents 类的通用 Actor 类（并非子类）。这两种背景的不同滚动速度会造成视差效应。所有这些角色，包括飞船在内，都是在 Game :: LoadData 函数中创建的。

2.5　总结

表示游戏对象的方法有很多种。最简单的一种方法是：使用每个游戏对象都会从中继承的基本类的单一整体式层次结构，但是这种方法很容易变得失控。取而代之的是，在代码中可以使用基于组件的模型，依据游戏对象所包含的组件来定义游戏对象的功能。本书使用了一种具有浅显游戏对象层次结构的混合方法，而不是可实现诸如绘制和移动等行为的组件。

第一批游戏使用的是 2D 图形。虽然，如今的很多游戏都是采用 3D 形式，但是 2D 游戏仍然非常受欢迎。精灵是任何 2D 游戏的主要视觉构建模块，包括动画或非动画。SDL 库通过简单的界面支持加载和绘制纹理。

很多 2D 游戏都能实现翻页动画。翻页动画是指：通过绘制快速连续形式的不同图像，使得精灵呈现动画效果。游戏程序员可以使用其他技术来实现滚动背景图层，并且可以使用视差效果来创建立体感效果。

2.6　补充阅读材料

Jason Gregory 在其所写的书用多页的篇幅描述了不同类型的游戏对象模型，包括 Naughty Dog 中所使用的模型。Michael Dickheiser 的著作中包含一篇关于实现纯组件模型的文章。

- Michael Dickheiser, Ed. Game Programming Gems 6. Boston: Charles River Media, 2006.
- Jason Gregory. Game Engine Architecture, 2nd edition. Boca Raton: CRC Press, 2014.

2.7　练习题

本章的第一道练习题是关于不同类型游戏对象模型的一个思维实验。在第二道练习题中，需要向 AnimSpriteComponent 类中添加功能。

最后一道练习题涉及为**图块地图**（tile map）添加支持，这是一种从图块中生成 2D 场景的技术。

2.7.1　练习题 1

思考一个动物狩猎游戏，在该游戏中，玩家可以驾驶不同车辆在野外观察动物。想想该游戏中可能存在的不同类型的生物、植物和车辆。在代码中该如何在一个单一类整体式层次结构对象模型中实现这些对象呢？

现在，思考相同的游戏，但此时的游戏要通过组件游戏对象模型来实现。代码该如何实现呢？对这个游戏而言，这两种方法中的哪一种更合适呢？

2.7.2　练习题 2

AnimSpriteComponent 类目前仅支持由容器中的全部精灵组成的单一动画。通过修改类，来支持多个不同动画。将每个动画定义为容器中的一系列纹理。使用第 2 章 Assets 中的 CharacterXX.png 文件进行测试。

现在添加针对非循环动画的支持。在将动画定义为一系列纹理的同时，还允许指定循环或非循环。当一个非循环动画结束时，该动画不应该返回到初始纹理。

2.7.3   练习题 3

生成 2D 场景的方法是：通过图块映射。在该方法中，图像文件（称为"**图块集 tile set**"）包含一系列大小相同的图块。这些图块组合起来便形成一个 2D 场景。Tiled 程序是一个用于生成图块集和图块映射的优秀程序，针对该练习题，可以通过该程序生成图块映射。图 2-7 显示了部分图块集的样子。

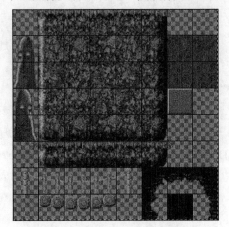

在这种情况下，图块映射以 CSV 文件表示。使用第 2 章 Assets 中的 MapLayerX.csv 文件，那里有 3 个不同的图层（第 1 层是最近的，第 3 层是最远的）。Tiles.png 包含图块集。在 CSV 文件中的每一行都包含一系列数字，如下所示：

    -1,0,5,5,5,5

图 2-7   练习题 3 中所使用的
图块集的一部分

"–1"表示没有针对那一图块的图像（所以代码不需要针对那一图块做任何渲染）。其他每个数字都从图块集中引用了特定图块。编号从左到右，然后自上而下。因此，在这个图块集中，图块 9 是第二排最左侧的图块。

创建一个名为 TileMapComponent，且继承自 SpriteComponent 的新组件类。这个新创建的类需要一个函数来加载和读取图块地图 CSV 文件。然后，重写 Draw 函数，以便从图块集纹理中绘制每个图块。为了只绘制部分纹理，而不是整个纹理，要使用 SDL_RenderCopyEx 函数的 srcrect 参数。然后，就可以只绘制图块集纹理中的单独图块方块，而不是绘制整个图块集。

第 3 章

向量和基础物理

向量是游戏程序员每天都在使用的基本数学概念。本章先探讨了将向量用于解决游戏中问题的所有不同方法，随后演示了如何通过 MoveComponent 函数来实现基本移动，以及如何通过 InputComponent 函数来使用键盘控制它。接着，本章简要探讨了牛顿物理学的基础知识，最后探讨了如何检测物体之间的碰撞。本章的游戏项目使用了实现经典游戏《行星战机》中的一些技术。

3.1 向量

数学向量（不要与 std :: vector 相混淆）可表示一个 n 维空间的大小和方向，每个维度对应一个向量。这意味着二维（2D）向量具有 x 分量和 y 分量。对于游戏程序员来说，向量是最重要的数学工具之一。游戏程序员可以使用向量来解决游戏中的许多不同问题，在处理 3D 游戏时，了解向量尤为重要。本节主要介绍向量属性以及如何将其应用于游戏。

本书通过在变量名称上方使用箭头来表示该变量是一个向量。此外，本书还使用下标来表示每个维度向量的每一个分量。例如，下面是针对 2D 向量 $\vec{V}$ 的记号法：

$$\vec{V} = \langle V_x, V_y \rangle$$

向量没有位置的概念。鉴于第 1 章和第 2 章使用 Vector2 变量来表示位置，本章的内容容易令人困惑。（读者将会知道为什么会出现这种情况。）

如果向量没有位置，这意味着：如果两个向量具有相同的大小（或**长度**）并且指向相同的方向，则二者是等价的。图 3-1 显示了一个向量场中的许多向量。尽管示意图显示的是绘制在不同位置的许多向量，但由于所有向量都具有相同的大小和方向，因此它们都是等价的。

即使绘制向量的位置不改变其值，但是通常会通过绘制起点或**尾部**位于原点的向量，来简化向量问题的解决过程。那么，读者可以将向量的箭头部分（**尾部**）视为"指向"空间中的特定点。当以这种方式绘制向量时，向量所"指向"的位置与向量具有相同的分量。例如，如果读者从原点开始绘制二维（2D）向量<1, 2>，则其头部指向（1, 2），如图 3-2 所示。

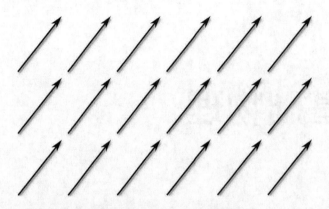

图 3-1   所有向量都等价的一个向量场

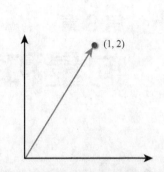

图 3-2   以原点为尾部，头部"指向"
（1, 2）绘制的 2D 向量<1, 2>

因为向量可以表示方向，通常可在游戏中采用向量来描述对象的方向。对象的**前向向量**是表示对象的"直线向前"方向的向量。例如，面向 x 轴直下的对象具有前向向量。

可以使用计算机进行许多不同的向量运算。通常，游戏程序员会使用一个程序库来执行所有这些不同的计算。因此，最好要知道哪些向量计算会解决哪些问题，而不只是简单地记住方程式。本节的剩余部分会探讨一些基本的向量用例。

本书的源代码在所提供的头文件 Math.h 中使用了一个自定义编写的向量库，这个向量库包含在本章往后每个游戏项目的代码中。头文件 Math.h 声明了 Vector2 类和 Vector3 类，以及许多运算符和成员函数的实现。请注意，x 分量和 y 分量是公共变量，因此，代码中可以按照如下方式编写代码：

```
Vector2 myVector;
myVector.x = 5;
myVector.y = 10;
```

虽然本节中的示意图和示例大都使用了 2D 向量，但其所包含的几乎每个运算也都适用于 3D 向量；在 3D 中，只是多了一个分量。

3.1.1   获得两点之间的向量：减法

通过使用向量减法，可以从另一向量的相应分量中减去某一向量的每个分量，从而生成一个新的向量。例如，在 2D 中可以将 x 分量与 y 分量分离，分别进行减法操作：

$$\vec{c} = \vec{b} - \vec{a} = \left\langle b_x - a_x, b_y - a_y \right\rangle$$

为了使得两向量减法可视化，可以通过将两向量尾部从相同位置开始的方法来绘制向量，如图 3-3（a）所示。然后，构造从其中一个向量头部到另一向量头部的一个向量。由于减法是不可交换的（即"a－b"不同于"b－a"），因此，顺序很重要。可帮助记住正确顺序的助记符是：从"$\vec{a}$"到"$\vec{b}$"的向量就是 $\vec{b} - \vec{a}$。

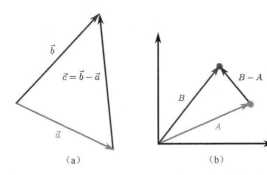

图 **3-3** 图（a）向量减法和；（b）代表向量的两点之间的减法

可以使用减法来构造两点之间的向量，例如，假设一个太空游戏允许飞船朝目标发射激光，可以使用点"*s*"来表示飞船的位置，使用点"*t*"来表示目标的位置。假设 $s = (5,2)$，$t = (3,5)$。

假若不是将这些点视为向量 $\vec{s}$ 和 $\vec{t}$，而是将这些点的尾部置于原点，头部"指向"各自的点，那会怎样？如前所述，这些向量的 x 分量和 y 分量的值和点的值是相同的。但是，如果它们是向量，则可以通过使用减法来构造两者之间的向量，如图 3-3（b）所示。因为激光应该从飞船指向目标，所以这是减法：

$$\vec{t} - \vec{s} = \langle 3,5 \rangle - \langle 5,2 \rangle = \langle -2,3 \rangle$$

在所提供的 Math.h 程序库中，运算符"−"表示两个向量相减：

```
Vector2 a, b;
Vector2 result = a - b;
```

3.1.2　向量缩放：标量乘法

可以将向量乘以标量（单个值）。为此，只需将向量的每个分量乘以标量即可：

$$s \cdot \vec{a} = \langle s \cdot a_x, s \cdot a_y \rangle$$

用向量乘以正标量仅会改变向量的大小，而用向量乘以负标量会在改变向量大小的同时，还会反转向量的方向（意味着头部变成尾部，反之亦然）。图 3-4 阐明了向量 $\vec{a}$ 乘以两个不同标量的结果。

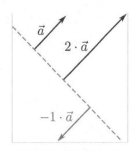

图 **3-4**　标量乘法

在提供的 Math.h 程序库中，运算符"*"执行标量乘法：

```
Vector2 a;
Vector2 result = 5.0f * a; // Scaled by 5
```

3.1.3　合并两个向量：加法

通过向量加法，可以计算两个向量的分量之和，从而生成一个新的向量：

$$\vec{c} = \vec{a} + \vec{b} = \left\langle a_x + b_x, a_y + b_y \right\rangle$$

为了使得加法形象化，通过一个向量的头部接触到另一个向量的尾部的方式来绘制向量。加法的结果是从一个向量尾部到另一个向量头部的向量，如图 3-5 所示。

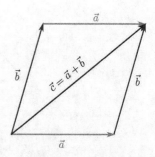

注意，加法的顺序不会改变结果。这是因为向量加法是可交换的，就像两个实数之间的加法一样：

$$\vec{a} + \vec{b} = \vec{b} + \vec{a}$$

可以用各种方式使用向量加法。例如，假定玩家位于点 p，玩家的前向向量是 $\vec{f}$，那么在玩家"前面"150 个单位的点就是：$\vec{p} + 150 \cdot \vec{f}$。

图 3-5   向量加法

在本书所提供的 Math.h 程序库中，运算符 "+" 表示两个向量相加：

```
Vector2 a, b;
Vector2 result = a + b;
```

3.1.4   确定距离：长度

正如本章前面所提到的，向量表示大小和方向。可使用位于向量变量两侧的两个垂直条来表示计算向量大小（或长度）。例如，可以将 $\vec{a}$ 的大小编写为 $\|\vec{a}\|$。要计算向量的长度，则取每个分量的平方和的平方根：

$$\|\vec{a}\| = \sqrt{a_x^2 + a_y^2}$$

这看起来与欧几里德距离公式非常相似，这是因为它就是欧几里德距离公式的简化形式！如果从原点开始绘制向量，则该公式可计算从原点到向量"指向"点的距离。

可以使用大小来计算两个任意点之间的距离。给定点 "p" 和点 "q"，把两点当作向量，并执行向量减法。减法结果的大小等于两点之间的距离：

$$距离 = \|\vec{p} - \vec{q}\|$$

求解该长度公式中的平方根是一个代价相对高昂的计算。如果**必须**要知道长度，那就无法回避对这个平方根进行计算。但在某些情况下，可能需要知道长度，实际上却可以避免使用平方根。

例如，假设想要确定玩家是更靠近对象 A，还是对象 B。首先，需要构造一个从对象 A 到玩家的向量，或者 $\vec{p} - \vec{a}$。同样，构造一个从对象 B 到玩家的向量，或者 $\vec{p} - \vec{b}$。自然，就可以计算每个向量的长度并比较两者，以确定玩家更接近哪个对象（对象 A 或对象 B）。然而，可以稍微简化这个数学运算。假设没有虚数，则向量的长度必须是正数。如果这样，比较这两个向量的长度在逻辑上等价于比较每个向量的**长度的平方**（**长度平方**），换句话说：

$$\|\vec{a}\| < \|\vec{b}\| \equiv \|\vec{a}\|^2 < \|\vec{b}\|^2$$

因此，对于只需要进行相对比较的情况，可以使用长度的平方来取代长度：

$$\| \vec{a} \|^2 = a_x^2 + a_y^2$$

在所提供的 Math.h 程序库中，Length() 成员函数可用于计算向量的长度：

```
Vector2 a;
float length = a.Length();
```

同样，LengthSquared() 成员函数可用于计算长度的平方。

3.1.5　确定方向：单位向量和标准化

单位向量是长度为 1 的一个向量。单位向量的记号法是在向量符号之上写一个"帽子"，比如 $\hat{u}$。可以通过标准化将具有非单位长度的向量转换为单位向量。要标准化向量，要将每个分量除以向量的长度：

$$\hat{a} = \left\langle \frac{a_x}{\| \vec{a} \|}, \frac{a_y}{\| \vec{a} \|} \right\rangle$$

在某些情况下，使用单位向量可以简化计算。但是，对向量进行标准化会导致向量失去所有原始大小信息。因此，游戏程序员必须谨慎，注意要对哪些向量进行标准化，以及什么时间进行标准化。

> **警告**
>
> **被零除**　如果向量的所有分量均为零，则该向量的长度也为零。在这种情况下，标准化公式有一个"被零除"。对于浮点变量，"被零除"会产生错误值"NaN"（不是数字）。一旦计算产生 NaN，就无法再将其摆脱，因为针对 NaN 的任何运算也会产生 NaN。对此，常见的解决方法是制作一个"安全"的标准化函数，该函数会先测试向量的长度是否接近于零。如果接近于零，那么只要不执行该除法，就可以避免被零除。

一个好的经验法则是，如果只需要方向，则始终对向量进行标准化。一些例子如箭头指向的方向，或者 actor 的前向向量等。但如果距离也很重要，例如对于显示对象距离的雷达，标准化操作将会擦除该距离信息。

通常，在代码中会对一些向量进行标准化处理，例如，前向向量（对象朝向哪个方向）和向上向量（哪个方向向上）。但是，在代码中可能并不想对其他向量也进行标准化处理。例如，如果标准化重力向量会导致重力大小的损失。

Math.h 程序库提供了两个不同的 Normalize() 函数。首先，有一个可以对给定的向量进行标准化处理（覆盖其非标准化版本）的成员函数：

```
Vector2 a;
a.Normalize(); // a is now normalized
```

此外，还有一个静态函数，该函数可以对被作为参数的向量进行标准化，并返回一个标准化向量：

```
Vector2 a;
Vector2 result = Vector2::Normalize(a);
```

3.1.6   将角度转换为前向向量

回想一下，第 2 章中的 Actor 类有一个以弧度表示的
旋转。这允许代码中旋转角色所面对的方向。因为目前的
旋转是以 2D 形式（基于平面上的旋转），所以角度直接对
应于单位圆上的角度，如图 3-6 所示。

以角度 θ 表示的单位圆的等式是：

$$x = \cos\theta$$
$$y = \sin\theta$$

在代码中可以直接使用这些公式将角色的角度转换为
一个前向向量：

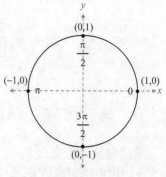

图 3-6   单位圆

```
Vector3 Actor::GetForward() const
{
    return Vector2(Math::Cos(mRotation), Math::Sin(mRotation));
}
```

其中，Math :: Cos 函数和 Math :: Sin 函数是 C ++标准库的正弦函数和余弦函数的
封装函数。请注意，在代码中不需要明确进行标准化向量处理。这是因为单位圆的半径为
1，圆周方程总是会返回单位长度向量。

单位圆对应的+y 是向上的，而 SDL 2D 图形使用+y 是向下的。因此，对于 SDL 库中
的正确前向向量，代码中必须取反 y 分量的值：

```
Vector3 Actor::GetForward() const
{
    // Negate y-component for SDL
    return Vector2(Math::Cos(mRotation), -Math::Sin(mRotation));
}
```

3.1.7   将前向向量转换为角度：反正切

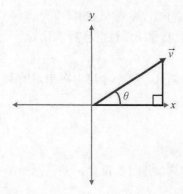

图 3-7   x 轴和向量间的直角三角形

现在，假定游戏程序员遇到与 3.1.6 节所描述问题正好
相反的一个问题。给定前向向量，想要把它转换为角度。
回想一下，正切函数采用一个角度，并返回三角形的相对
边和相邻边之间的比值。

试想一下，要针对角色计算一个新的"所需"的前向
向量，但在代码中需要将此"所需"的前向向量转换为其
旋转成员变量的角度。在这种情况下，可以使用这个新的
前向向量 $\vec{v}$ 和 x 轴来形成一个直角三角形，如图 3-7 所示。
对于该三角形，前向向量的 x 分量是三角形邻边的长度，
前向向量的 y 分量是三角形对边的长度。给定此比值，可
以使用反正切函数来计算角度 θ。

在编程过程中，首选的反正切函数是 atan2 函数，该函数会采用两个参数（相对边长

度和相邻边长度），并返回一个值在 $[-\pi, \pi]$ 范围内的角度。正角度意味着三角形位于第一或第二象限（正 y 值），负角度则意味着三角形位于第三或第四象限。

　　例如，假设游戏程序员想让飞船朝向小行星。在代码中可以先构造一个从飞船到小行星的向量，并对该向量进行标准化处理。接下来，使用 atan2 函数将新的前向量转换为角度。最后，将飞船动作（ship actor）的旋转角度设置为这个新角度。请注意，考虑到在 SDL 库的 2D 坐标系中的 y 轴的正向向下，代码中必须逆转（取负）y 分量。这会产生以下代码：

```
// (ship and asteroid are Actors)
Vector2 shipToAsteroid = asteroid->GetPosition() - ship->GetPosition();
shipToAsteroid.Normalize();
// Convert new forward to angle with atan2 (negate y-component for SDL)
float angle = Math::Atan2(-shipToAsteroid.y, shipToAsteroid.x);
ship->SetRotation(angle);
```

　　这种反正切函数获取角度的方法非常适用于 2D 游戏。但是，这种方法仅适用于 2D 游戏的这种形式，因为 2D 游戏中的所有对象都保持在 $x\text{-}y$ 平面上。对于 3D 游戏，使用点积方法更可取，关于该方法，我们将在下一节中展开说明。

3.1.8　确定两个向量之间的角度：点积

　　两个向量之间的**点积**产生单个标量值。点积在游戏中最常见的用途之一就是找到两个向量之间的角度。以下等式可用于计算向量 $\vec{a}$ 和 $\vec{b}$ 之间的点积：

$$\vec{a} \cdot \vec{b} = a_x \cdot b_x + a_y \cdot b_y$$

　　点积也与角度的余弦有关，在代码中可以使用点积来计算两个向量之间的角度：

$$\vec{a} \cdot \vec{b} = \|\vec{a}\| \|\vec{b}\| \cos\theta$$

如图 3-8 所示，该公式是建立在余弦定律基础上。给定该公式，可以对 θ 求解：

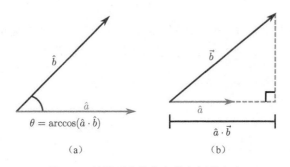

图 3-8　计算两个单位向量之间的角度

$$\theta = \arccos\left(\frac{\vec{a} \cdot \vec{b}}{\|\vec{a}\| \|\vec{b}\|}\right)$$

如果向量 $\vec{a}$ 和向量 $\vec{b}$ 是单位向量，则可以省略除法，因为每个向量的长度都为 1：

$$\theta = \arccos(\hat{a} \cdot \hat{b})$$

如果只有方向很重要的话，那么这是有助于提前标准化向量的一个理由。

例如，考虑位置为 p，且前向向量为 $\hat{f}$ 的一个玩家。一个新的敌人出现在 e 位置。假设代码中需要最初的前向向量，以及从 p 到 e 的向量之间的角度。首先，要使用点的向量表示法来计算从 p 到 e 的向量：

$$\vec{v} = \vec{e} - \vec{p}$$

其次，由于在这种情况下只有方向重要，因此对 $\vec{v}$ 进行标准化处理：

$$\hat{v} = \left\langle \frac{v_x}{\|\vec{v}\|}, \frac{v_y}{\|\vec{v}\|} \right\rangle$$

最后，使用点积公式来确定 "$\hat{f}$" 和 "$\vec{v}$" 之间的角度：

$$\theta = \arccos\left(\hat{f} \cdot \hat{v}\right) = \arccos(f_x \cdot v_x + f_y \cdot v_y).$$

因为点积可以计算两个向量之间的角度，所以需要记住几种特殊情况。如果两个单位向量之间的点积为 "0"，则表示它们彼此正交，因为 $\cos(\pi/2) = 0$；此外，如果点积为 "1"，则表示两个向量是平行的，并且面向相同方向；如果点积为 "−1"，则表示它们是**反平行**的，这意味着向量是平行的且面向相反方向。

使用点积计算角度的一大缺点就是反余弦函数只会返回一个值在 $[0, \pi]$ 范围内的角度。这意味着当反余弦给出两个向量之间最小旋转角度时，它不会说明这个旋转是顺时针还是逆时针。

与两个实数间的乘法一样，点积是可交换的、针对加法可分配的、可关联的：

$$\vec{a} \cdot \vec{b} = \vec{b} \cdot \vec{a}$$

$$\vec{a} \cdot \left(\vec{b} + \vec{c}\right) = \vec{a} \cdot \vec{b} + \vec{a} \cdot \vec{c}$$

$$\vec{a} \cdot \left(\vec{b} \cdot \vec{c}\right) = \left(\vec{a} \cdot \vec{b}\right) \cdot \vec{c}$$

另一个有用的提示是：长度的平方计算等同于获取向量与其自身的点积：

$$\vec{v} \cdot \vec{v} = \|\vec{v}\|^2 = v_x^2 + v_y^2$$

Math.h 对应的函数库为 Vector2 和 Vector3 定义了一个静态的 Dot 函数。例如，要找出 origForward 和 newForward 之间的角度，可以使用：

```
float dotResult = Vector2::Dot(origForward, newForward);
float angle = Math::Acos(dotResult);
```

3.1.9　计算法线：叉积

法线是垂直于表面的一个向量。在 3D 游戏中，对表面法线（例如三角形）的计算是非常有用的一种计算，例如，第 6 章所介绍的光照模型要求计算法向量。

给定两个不平行的三维向量，有一个包含两个向量的平面。**叉积**可找到一个垂直于该平面的向量，如图 3-9 所示。

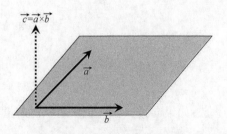

图 3-9　左手坐标系中的叉积

叉积不适用于 2D 向量。但是，要将 2D 向量转换为 3D 向量，只需添加取值为 0 的 z 分量即可。符号 "×" 表示两个向量之间的叉积：

$$\vec{c} = \vec{a} \times \vec{b}$$

注意，从技术上讲，存在垂直于图 3-9 中平面的第二个向量：$-\vec{c}$。这说明了叉积的一个重要特性。叉积不是可交换的，是反交换的：

$$\vec{a} \times \vec{b} = -\vec{b} \times \vec{a}$$

使用**左手法则**可以快速地找出叉积结果所面向的方向。用左手将食指向下指向 $\vec{a}$，然后用中指将其指向 $\vec{b}$，根据需要旋转手腕。拇指的自然位置指向 $\vec{c}$ 方向。在这里，读者要使用左手，因为本书的坐标系是左手坐标系。（读者将在第 5 章中了解到有关坐标系的更多信息。）反之，右手坐标系则使用右手规则。

叉积的数值计算如下：

$$\vec{c} = \vec{a} \times \vec{b} = \langle a_y b_z - a_z b_y, a_z b_x - a_x b_z, a_x b_y - | a_y b_x \rangle$$

记住叉积计算的常用助记符是 "$xyzzy$"。这个助记符可以帮助读者记住叉积结果 "x" 分量下标的顺序：

$$c_x = a_y b_z - a_z b_y$$

然后，y 分量和 z 分量是按照 "$x \to y \to z \to x$" 的顺序轮转的下标，产生叉积结果的接下来两个分量：

$$c_y = a_z b_x - a_x b_z$$
$$c_z = a_x b_y - a_y b_x$$

与点积一样，有一种特殊情况需要考虑。如果叉积返回向量 $\langle 0,0,0 \rangle$，则意味着 $\vec{a}$ 和 $\vec{b}$ 是共线的。两个共线向量不能形成一个平面，因此叉积不能正常返回。

由于三角形位于一个平面上，叉积可以确定三角形的法线。图 3-10 显示了三角形 ABC。为了计算法线，首先要为三角形的边构造两个向量：

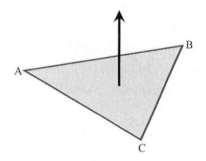

$$\vec{u} = B - A$$
$$\vec{v} = C - A$$

然后取这两个向量之间的叉积并将结果标准化。这会产生三角形的法线向量：

图 3-10 三角形 ABC 的法线

$$\vec{n} = \vec{u} \times \vec{v}$$
$$\hat{n} = \frac{\vec{n}}{\| \vec{n} \|}$$

Math.h 对应的函数库提供了一个静态的 Cross() 函数。例如，下面公式可计算向量 $\vec{a}$ 和向量 $\vec{b}$ 的叉积：

```
Vector3 c = Vector3::Cross(a, b);
```

3.2   基本运动

回想一下，在第 2 章的游戏项目中，我们通过重写 Ship 类（Actor 的子类）的
UpdateActor 函数来使飞船移动。不管怎样，移动是游戏的常见特征，因此，将这种可
移动行为封装在组件中是有意义的。本节首先探讨了如何创建一个可以在游戏世界中移动
actor 的 MoveComponent 类。我们在代码中将利用此 MoveComponent 类来创建能在
屏幕上移动的小行星。接下来，本节将介绍如何创建一个名为 InputComponent 类，它
是一个可以直接连接到键盘输入的 MoveComponent 类的子类。

3.2.1   创建一个 BasicMoveComponent 类

在基本层面上，MoveComponent 类应该允许角色以一定的速度前进。为了支持这一点，
代码中首先需要一个函数来计算角色的前向向量，如本章前面提到的"从一个角度转换为
一个前向向量中所实现的一样。一旦获得角色的前向向量，就可以基于速度（以 s 为单位）
和增量时间向前移动角色，就像下面伪代码所实现的一样：

```
position += GetForward() * forwardSpeed * deltaTime;
```

在代码中可以使用类似机制来更新 actor 的旋转（角度），只是在这种情况下，并不
需要前向向量。只需要角速度（转数/s）和增量时间：

```
rotation += angularSpeed * deltaTime;
```

通过上述方式，角色能够按照各自对应的速度向前移动和旋转。要将 MoveComponent 类
实现为 Component 类的子类，首先要声明这个类，如代码清单 3.1 所示。该子类具有实现
向前移动和旋转运动的不同速度变量（向前移动速度和旋转角速度），以及针对这些速度的
getter 函数和 setter 函数。此外，该子类还会重写 Update 函数，该重写函数将包含
移动角色的代码。注意，MoveComponent 类的构造函数指定默认更新顺序为10。回想一
下，更新顺序可确定角色更新其组件的顺序。由于其他组件的默认更新顺序为 100，因此
MoveComponent 类将在大多数其他组件之前执行更新。

代码清单 3.1 MoveComponent 类的声明

```
class MoveComponent : public Component
{
public:
    // Lower update order to update first
    MoveComponent(class Actor* owner, int updateOrder = 10);

    void Update(float deltaTime) override;

    float GetAngularSpeed() const { return mAngularSpeed; }
    float GetForwardSpeed() const { return mForwardSpeed; }
```

```
    void SetAngularSpeed(float speed) { mAngularSpeed = speed; }
    void SetForwardSpeed(float speed) { mForwardSpeed = speed; }
private:
    // Controls rotation (radians/second)
    float mAngularSpeed;
    // Controls forward movement (units/second)
    float mForwardSpeed;
};
```

如代码清单 3.2 所示，Update 函数的实现只是简单地将移动伪代码转换为实际代码。回想一下，Component 类可以通过 mOwner 成员变量访问其所在的角色。可以使用此成员变量 mOwner 指针来访问其所在角色的位置、旋转和前向向量。还要注意此处对 Math::NearZero 函数的使用。

该函数将参数的绝对值与一些小的 ε 值进行比较，以确定该值是否为"接近"零。在这种特定情况下，如果相应速度接近于零，则无须更新角色的旋转角度或位置。

代码清单 3.2 MoveComponent::Update 函数的实现

```
void MoveComponent::Update(float deltaTime)
{
    if (!Math::NearZero(mAngularSpeed))
    {
        float rot = mOwner->GetRotation();
        rot += mAngularSpeed * deltaTime;
        mOwner->SetRotation(rot);
    }
    if (!Math::NearZero(mForwardSpeed))
    {
        Vector2 pos = mOwner->GetPosition();
        pos += mOwner->GetForward() * mForwardSpeed * deltaTime;
        mOwner->SetPosition(pos);
    }
}
```

由于本章的游戏项目是经典游戏《行星战机》的一个版本，因此还需要用于屏幕包装的代码。这意味着如果小行星离开屏幕左侧的话，它将会被传送到屏幕右侧。（在这里省略这段代码，因为这不是一个通用的 MoveComponent 类所需的，但是本章的源代码确实要包含对屏幕包装的这一修改。）

使用基本的 MoveComponent 类，可以将 Asteroid 类声明为 Actor 类的子类。Asteroid 类不需要重载 UpdateActor 函数来实现移动。相反，可以在 Asteroid 的构造函数中简单地构造一个 MoveComponent 对象来实现移动，并构造一个 SpriteComponent 对象来显示小行星图像，如代码清单 3.3 所示。此外，Asteroid 的构造函数还会将小行星的速度设置为固定的 150 单位/s（在这种情况下，对应于 150 像素/s）。

代码清单 3.3 Asteroid 的构造函数

```
Asteroid::Asteroid(Game* game)
    :Actor(game)
{
```

```
// Initialize to random position/orientation
Vector2 randPos = Random::GetVector(Vector2::Zero,
    Vector2(1024.0f, 768.0f));
SetPosition(randPos);
SetRotation(Random::GetFloatRange(0.0f, Math::TwoPi));

// Create a sprite component, and set texture
SpriteComponent* sc = new SpriteComponent(this);
sc->SetTexture(game->GetTexture("Assets/Asteroid.png"));
// Create a move component, and set a forward speed
MoveComponent* mc = new MoveComponent(this);
mc->SetForwardSpeed(150.0f);
}
```

在此 Asteroid 构造函数中新出现的的另一个代码部分是使用 Random 静态函数。这些函数的实现并不怎么有趣：它们只是包装内置的 C ++随机数生成器，以获得在一系列值范围内的向量或浮点数。这里的 Random 随机函数可确保每个小行星都能获得随机位置和方向。

有了上述 Asteroid 类的实现定义，可以使用以下代码在 Game :: LoadData 函数中创建几个小行星：

```
const int numAsteroids = 20;
for (int i = 0; i < numAsteroids; i++)
{
    new Asteroid(this);
}
```

通过上述代码，屏幕上会出现几个移动的小行星，如图 3-11 所示。

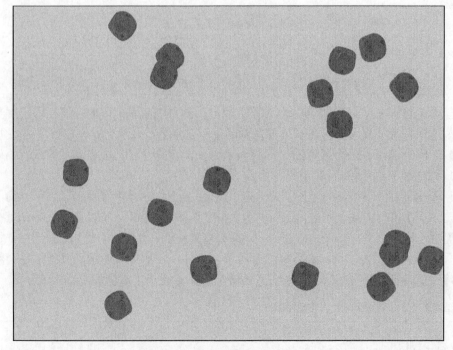

图 3-11　带有移动组件的小行星

3.2.2 创建一个 InputComponent 类

基本的 MoveComponent 类非常适用于玩家不进行控制的物体，例如小行星。但是，如果想要一个可以由玩家用键盘控制的飞船，就会陷入两难境地。一种想法是：在 Ship 类中为输入创建自定义函数，如第 2 章游戏项目中所述。但是，因为将输入连接到角色或组件是一种常见的需求，所以将它合并到游戏对象模型中是明智的选择。换句话说，代码中需要既能在 Actor 类，又能在 Component 类中可重写的函数，这些可重写的函数在子类中可以根据需要重新定义输入。

要支持这一点，首先需要向 Component 类添加虚函数 ProcessInput，该虚函数有一个空的默认实现：

```
virtual void ProcessInput(const uint8_t* keyState) {}
```

然后，在 Actor 类中，声明两个函数：非虚函数 ProcessInput 和虚函数 ActorInput。这样做的理由是，那些需要自定义输入的角色子类能够重写 ActorInput 虚函数，但不能重写非虚函数 ProcessInput（就像有单独的 Update 函数和 UpdateActor 函数一样）：

```
// ProcessInput function called from Game (not overridable)
void ProcessInput(const uint8_t* keyState);
// Any actor-specific input code (overridable)
virtual void ActorInput(const uint8_t* keyState);
```

Actor :: ProcessInput 函数首先要检查 actor 是否处于活动状态。如果是，首先需要在角色的所有组件上调用 ProcessInput 函数，然后针对任何可重写的角色行为，调用 ActorInput 函数：

```
void Actor::ProcessInput(const uint8_t* keyState)
{
    if (mState == EActive)
    {
        for (auto comp : mComponents)
        {
            comp->ProcessInput(keyState);
        }
        ActorInput(keyState);
    }
}
```

最后，在 Game :: ProcessInput 函数中遍历所有的角色，并在每个角色上调用 ProcessInput 函数：

```
mUpdatingActors = true;
for (auto actor : mActors)
{
    actor->ProcessInput(keyState);
}
mUpdatingActors = false;
```

在循环处理角色或者在组件之前，将 mUpdatingActors 布尔值设置为 true，以应对在 ProcessInput 函数的执行过程中尝试创建另一个角色的情况。在这种情况下，必须将角色添加到 mPendingActors 容器中，而不是 mActors 容器中。这与第 2 章中所使用的技术相同，该技术可确保在遍历 mActors 容器的同时，而不修改 mActors 容器。

有了这个粘合代码，就可以对 MoveComponent 类的一个子类 InputComponent 进行声明，如代码清单 3.4 所示。InputComponent 子类的主要思想是：代码中可以设置特定的键来控制其所在的 actor 的前进/后退运动和旋转。此外，由于重写的 ProcessInput 函数直接设置了 MoveComponent 类的前进速度/角速度，因此需要设定"最大"速度，用于计算基于键盘输入的正确速度值。

代码清单 3.4　InputComponent 类的声明

```
class InputComponent : public MoveComponent
{
public:
    InputComponent(class Actor* owner);

    void ProcessInput(const uint8_t* keyState) override;

    // Getters/setters for private variables
    // ...
private:
    // The maximum forward/angular speeds
    float mMaxForwardSpeed;
    float mMaxAngularSpeed;
    // Keys for forward/back movement
    int mForwardKey;
    int mBackKey;
    // Keys for angular movement
    int mClockwiseKey;
    int mCounterClockwiseKey;
};
```

代码清单 3.5 显示了 InputComponent :: ProcessInput 函数的实现。先要将向前速度设置为 0，随后根据所按的键确定正确的向前速度；然后，将此向前速度传递给继承的 SetForwardSpeed 函数。请注意，如果玩家同时按下前进键和后退键，或者均不按下这两个键，则向前速度变为零。可以使用类似代码来设置角速度。

代码清单 3.5　InputComponent :: ProcessInput 函数的实现

```
void InputComponent::ProcessInput(const uint8_t* keyState)
{
    // Calculate forward speed for MoveComponent
    float forwardSpeed = 0.0f;
    if (keyState[mForwardKey])
    {
        forwardSpeed += mMaxForwardSpeed;
    }
    if (keyState[mBackKey])
```

```
    {
        forwardSpeed -= mMaxForwardSpeed;
    }
    SetForwardSpeed(forwardSpeed);

    // Calculate angular speed for MoveComponent
    float angularSpeed = 0.0f;
    if (keyState[mClockwiseKey])
    {
        angularSpeed += mMaxAngularSpeed;
    }
    if (keyState[mCounterClockwiseKey])
    {
        angularSpeed -= mMaxAngularSpeed;
    }
    SetAngularSpeed(angularSpeed);
}
```

有了上述这段代码，就可以通过简单地创建一个 InputComponent 类的实例，将由键盘控制的移动添加到 Ship 类中。（此处省略了 Ship 类的构造函数代码，但其基本内容包括：为 InputComponent 类的多个成员变量设置输入键值以及最大速度。）此外，还可以创建 SpriteComponent 类的实例，并为其分配纹理。这就生成了一个用户可控制的飞船，如图 3-12 所示。

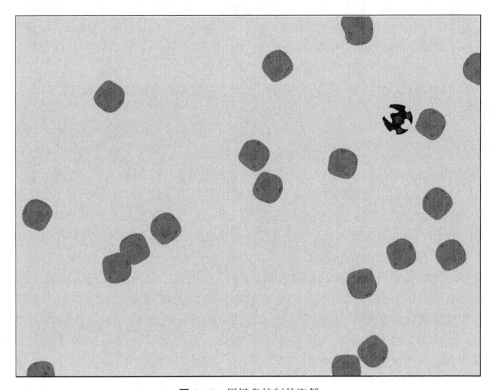

图 3-12　用键盘控制的飞船

对于更灵活的输入系统而言，这是一个极好的首次通关。在第 8 章中，我们将针对输入内容给出更加详细的讨论。

3.3   牛顿物理学

虽然到目前为止，本章所使用的基本运动方法都适用于某些游戏，但对于更接近现实世界的运动而言，需要采用从物理方面来讲更精确一些的方法。幸运的是，艾萨克·牛顿（以及其他人）提出了**牛顿物理学**（或经典力学）来描述运动定律。游戏通常都采用牛顿物理学，因为如果物体运动速度达不到光速，并且物体比量子粒子大，那么其法则将保持不变。因为游戏中的物体通常都不会属于这些边缘案例，所以牛顿物理学都适用。

牛顿物理学涉及几个不同的方面。本书仅考虑最基本的一个方面：不具旋转力或**线性力学**的运动。有关牛顿物理学其他组成部分的深入讨论，请参阅 3.7 节所列出的 Ian Millington 的书，或高等院校的物理教科书。

3.3.1   线性力学概述

线性力学的两个基石是力和质量。力是一种可以导致物体移动的影响。因为**力**具有大小和方向，所以用向量表示力是很自然的事情。**质量**是一个标量，表示对象中所包含的物质数量。将质量与重量混淆是一种常见问题，但质量与任何重力无关，反之则不然。物体的质量越大，改变物体运动的难度就会越大。

如果对物体施加足够的力，它就会运动起来。**牛顿第二运动定律**阐释这个概念：

$$F = m \cdot a$$

在这个方程式中，"F"代表"力"，"m"代表"质量"，"a"代表"加速度"或者物体速度增加的速率。因为"力"等于"质量"乘以"加速度"，所以"加速度"也等于"力"除以"质量"。这是游戏中常用的方法：游戏中的任意物体都有质量，可以对某一物体施加力，由此可以计算出物体的加速度。

在物理学课程中，线性力学的典型符号表示是：位置、速度和加速度是随时间而变化的函数。然后，利用微积分学，可以将速度函数计算为位置函数的导数，将加速函数计算为速度函数的导数。

然而，这种关于符号方程和导数的标准制订在游戏中并不特别适用。游戏需要对物体施加一个力，并且通过这个力可确定随时间变化的加速度。一旦有了物体的加速度，就可以据其计算出物体速度的变化。最后，给定一个速度，便可以计算物体位置的变化。游戏只需要用离散时间步长来计算物体位置变化。计算这一数值并不需要符号方程，而是需要使用积分，但不是符号积分。相反，必须使用数值积分，其近似于固定时间步长的符号积分。虽然这听起来很复杂，但庆幸的是，只需几行代码即可完成数值积分。

3.3.2　用欧拉积分计算位置

通过数值积分，游戏可以基于加速度对速度进行更新，然后基于速度对位置进行更新。但为了计算物体的加速度，游戏需要知道物体的质量以及施加到物体上的力。

需要考虑的力包括多种类型。有些力（例如重力）是不变的，应该适用于每一帧；有些力则可能包括仅适用于脉冲，或者只作用于单帧。

举例来说，当角色跳跃时，冲击力会让玩家离开地面。然而，由于恒定的重力，角色最终会返回到地面。因为多个力可以同时作用于一个物体，并且力是向量，所以将所有力相加就得出针对那一帧施加到物体上的合力。用合力除以质量，就得出了加速度：

```
acceleration = sumOfForces / mass;
```

接下来，代码中可以使用数值积分的**欧拉**（Euler）积分方法来计算速度和位置：

```
// (Semi-Implicit) Euler Integration
// Update velocity
velocity += acceleration * deltaTime;
// Update position
position += velocity * deltaTime;
```

注意，在这些计算中，力、加速度、速度和位置都表示为向量。由于这些计算取决于增量时间，因此可以将这些计算放在模拟物理组件的 Update 函数中。

3.3.3　关于可变步长的问题

对于依赖物理模拟的游戏，可变帧时间（或**时间步长**）会导致问题。这是因为数值积分的准确性取决于时间步长的大小。时间步长越小，近似值越准确。

如果帧速率随帧的变化而变化，则数值积分的精确度也会随之变化。精确度变化可能会以非常明显的方式影响行为。想象一下玩《超级马里奥兄弟》这个游戏，马里奥可以跳跃的距离取决于帧速率。帧速率越低，马里奥就会跳得越远。这是因为数值积分中的误差量随着帧速率的降低而增加，这导致夸大的跳跃弧线。这意味着，与在较快机器上玩的游戏相比，在较慢机器上玩游戏时，马里奥跳的距离会更远。图 3-13 演示了一个例子，在该例中，由于大的时间步长，实际模拟的弧线会偏离预期弧线。

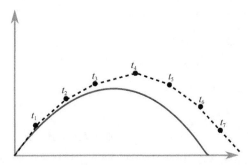

图 3-13　由于大的时间步长导致的实际跳跃弧线偏离预期跳跃弧线

鉴于这个原因，任何使用物理学方法来计算物体位置的游戏都不应该使用可变帧速率——至少不能用于模拟物理现象的代码。相反，游戏程序员可以使用如第 1 章中所述的帧限制方法，如果帧速率不低于目标帧速率，则该方法适用。更复杂的选择是将较大的时间步长分割成多个固定大小的物理时间步长。

3.4　基本碰撞检测

碰撞检测是关于游戏如何确定游戏世界中的两个物体是否相互接触的一种检测。第 1 章中的代码实现了一种碰撞检测形式，以确定球是否与墙壁或球拍相撞。但是，对于本章中的《行星战机》游戏项目，在代码中需要通过稍微复杂的计算来确定飞船发射的激光（laser）是否应该与游戏世界中的小行星（asteriod）发生碰撞。

碰撞检测中的一个关键概念是问题的简化。例如，小行星图像是圆形的，但其形状并不完全是一个圆。虽然采用小行星的真实轮廓来测试碰撞会更加精确，但为了碰撞检测的目的，将小行星看作一个圆要会高效得多。如果同样将激光简化为一个圆，那么只需要确定这两个圆是否会发生碰撞即可。

3.4.1　圆与圆的交集

只有当两个圆中心之间的距离小于或等于它们的半径之和时，两个圆才彼此相交。图 3-14 演示了两个圆之间的相交情况。在第一种情况下，两个圆距离足够远，因此它们并不相交。在这种情况下，它们中心之间的距离大于其半径之和。但是在第二种情况下，两个圆是相交的，它们中心之间的距离小于它们的半径之和。

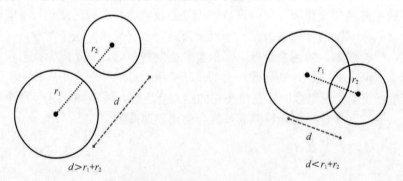

图 3-14　测试两圆之间的交集

可以通过先在两个中心之间创建一个向量并计算其大小来进行该相交测试。然后，用这个距离与圆半径之和进行比较：

$$\|A.center - B.center\| \leqslant A.radius + B.radius$$

回想一下本章前面关于长度和长度的平方的讨论内容。在圆相交的情况下，所需要做的是比较距离和半径之和。因为游戏程序员知道距离和半径不能为负数，所以在保持不等式的同时，对方程的两边可加以平方：

$$\|A.center - B.center\|^2 \leqslant (A.radius + B.radius)^2$$

> **注意**
> 本节中所涵盖的方法也适用于球体，因为两者适用相同的原则。

3.4.2　创建一个 CircleComponent 子类

为了支持角色的碰撞检测，可以创建一个 CircleComponent 类和一种方法来测试两个圆组件之间的交集。然后，可以将 CircleComponent 添加到任何需要碰撞的 actor。

首先，将 CircleComponent 类声明为 Component 类的子类，如代码清单 3.6 所示。CircleComponent 类所需的唯一成员数据是一个半径，因为圆的中心只是其所在的角色的位置。

代码清单 3.6　CircleComponent 类的声明

```
class CircleComponent : public Component
{
public:
    CircleComponent(class Actor* owner);

    void SetRadius(float radius) { mRadius = radius; }
    float GetRadius() const;

    const Vector2& GetCenter() const;
private:
    float mRadius;
};
```

接下来，声明一个全局的 Intersect 函数，该函数通过引用接收两个 CircleComponent 类的实例作为参数。如果两个圆相互交叉，则返回 true，如代码清单 3.7 所示。请注意，该实现直接反映了 3.4.1 节中的方程式，即首先计算两个中心之间的距离，然后将其与半径平方的总和进行比较。

代码清单 3.7　CircleComponent 类的相交

```
bool Intersect(const CircleComponent& a, const CircleComponent& b)
{
    // Calculate distance squared
    Vector2 diff = a.GetCenter() - b.GetCenter();
    float distSq = diff.LengthSq();

    // Calculate sum of radii squared
    float radiiSq = a.GetRadius() + b.GetRadius();
    radiiSq *= radiiSq;

    return distSq <= radiiSq;
}
```

然后，在代码中可以像创建任何其他组件一样创建 CircleComponent 组件，例如，以下两行代码会将一个 CircleComponent 组件添加到 Asteroid 对象（其中 mCircle

是指向 CircleComponent 对象的一个成员变量指针）：

```
mCircle = new CircleComponent(this);
mCircle->SetRadius(40.0f);
```

因为飞船发射的每束激光都需要检查是否会与所有小行星发生碰撞，可以在 Game 类中添加一个 std:vector 的容器对象，用于指向所有的小行星。然后，在 Laser :: UpdateActor 函数中，游戏程序员可以轻松地测试激光与每个小行星的相交情况：

```
void Laser::UpdateActor(float deltaTime)
{
    // Do you intersect with an asteroid?
    for (auto ast : GetGame()->GetAsteroids())
    {
        if (Intersect(*mCircle, *(ast->GetCircle())))
        {
            // If this laser intersects with an asteroid,
            // set ourselves and the asteroid to dead
            SetState(EDead);
            ast->SetState(EDead);
            break;
        }
    }
}
```

在每个小行星上调用的 GetCircle 函数都只是一个简单的公共函数，该函数返回指向小行星的 CircleComponent 组件的指针。类似地，mCircle 变量是激光的 CircleComponent 组件。

在《行星战机》这一案例中，CircleComponent 组件非常适用，因为在这款游戏中，可以用圆粗略地模拟游戏中所有物体的碰撞。但是，圆并不适用于所有类型的对象，当然也不适用于 3D。第 10 章针对碰撞检测的话题做了更加详细的探讨。

3.5   游戏项目

本章的游戏项目实现了经典游戏《行星战机》的基本版本。本章前面的内容针对游戏项目中所使用的大部分新代码进行了介绍。该项目通过 MoveComponent 组件类和 InputComponent 组件类实现移动。CircleComponent 类的代码可测试飞船发射的激光是否与小行星产生碰撞。游戏项目中缺少的一个显著特征是：小行星不会与飞船发生碰撞（虽然读者会在练习题 2 中添加上这一特征）。此外，游戏项目也不会实现牛顿物理学（尽管会在练习题 3 中增加牛顿物理学内容）。本章的相关代码可以从本书对应 GitHub 资源库中找到（位于第 3 章子目录中）。在 Windows 环境下，打开 Chapter03-windows.sln；在 Mac 环境下，打开 Chapter03-mac. xcodeproj。

本章前面没有涉及的一个游戏功能是：如何在玩家按下空格键时创建激光。由于对 Ship 而言，检测空格键输入是唯一的，因此，随后应重写 ActorInput 函数。但如果玩家按住空格键（或快速按下空格键），作为游戏程序员，不会希望创建太多使得游戏显得平淡无奇的激光。相反，游戏中需要一个冷却时间，以便飞船能够每隔半秒发射一次激光。

要实现这一点，首先要在 Ship 类中创建一个浮点类型的 mLaserCooldown 成员变量，并且将其初始化为 0.0f。接下来，在 ActorInput 函数中，检查玩家是否按下了空格键以及 mLaserCooldown 是否小于或等于零。如果两个条件均满足，则创建激光，并将激光的位置和旋转角度设置为飞船的位置和旋转角度（这样，激光从飞船发出，并面向飞船朝向的方向。），并将 mLaserCooldown 设置为 0.5f：

```cpp
void Ship::ActorInput(const uint8_t* keyState)
{
    if (keyState[SDL_SCANCODE_SPACE] && mLaserCooldown <= 0.0f)
    {
        // Create a laser and set its position/rotation to mine
        Laser* laser = new Laser(GetGame());
        laser->SetPosition(GetPosition());
        laser->SetRotation(GetRotation());

        // Reset laser cooldown (half second)
        mLaserCooldown = 0.5f;
    }
}
```

然后，重写 UpdateActor 函数，使得变量 mLaserCooldown 以增量时间递减：

```cpp
void Ship::UpdateActor(float deltaTime)
{
    mLaserCooldown -= deltaTime;
}
```

通过以上代码，变量 mLaserCooldown 会跟踪记录玩家再次开火的时间。因为如果计时器未结束计时，ActorInput 函数不会创建激光，这样游戏程序员就可以确保玩家不会以超过期望的频率发射激光。激光发射后，可以使用之前讨论过的碰撞代码击中并摧毁小行星，如图 3-15 所示。

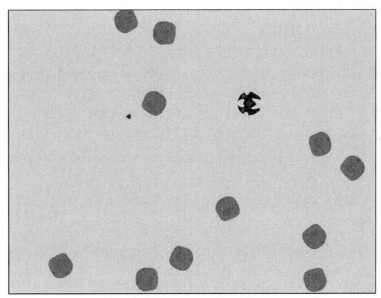

图 3-15　向小行星发射激光

即使激光没有与小行星碰撞，也可以在 Laser 类中使用类似的浮点变量来强制激光在一秒后熄灭（并将其从游戏世界中删除）。

3.6   总结

向量表示大小和方向。游戏程序员可以将向量用于许多不同的计算，包括创建两点之间的向量（使用减法）、计算两点之间的距离（使用减法和长度）、找到两个向量之间的角度（使用点积）以及计算表面的法线（使用叉积）。

对于基本运动，本章演示了如何创建一个可以让角色向前移动和旋转的 Move Component 组件类。对于向前移动，可以用角色的"前向向量"乘以"移动速度"以及"增量时间"。并将其结果与角色的当前位置相加，就会产生角色在时间步长之后的新位置。在本章中，读者还学习了如何为角色和组件中可重写的输入行为添加支持，以及如何利用此特性来创建继承自 MoveComponent 组件类的 InputComponent 组件类。

在牛顿物理学中，物体的加速度等于施加于物体上的力除以物体的质量。要计算每一帧的速度和位置变化，可以使用欧拉积分。

最后，碰撞检测是用于游戏判断两个物体是否相互接触的一种检测。对于某些类型的游戏，比如本章中的游戏项目，可以使用圆之间的碰撞来代表物体的碰撞。如果两个圆心之间的距离小于其半径之和，则认为两个圆相交（即发生碰撞）。作为优化，可以在这个方程的两边进行取平方处理。

3.7   补充阅读材料

Eric Lengyel 深入研究了 3D 游戏编程中用到的所有不同的数学概念。对此感兴趣的图形程序员们，尤其应该阅读该书中的进阶内容。在由 Glenn Fielder 维护的 Gaffer on Games 网站上，有几篇关于游戏中物理基础的文章，包括关于不同形式数值积分的文章，以及为什么固定时间步长非常重要的文章。最后，Ian Millington 详细介绍了如何在游戏中实现牛顿物理学。

- Glenn Fielder. Gaffer on Games. Accessed July 18, 2016.
- Eric Lengyel. Mathematics for 3D Game Programming and Computer Graphics, 3rd edition. Boston: Cengage, 2011.
- Ian Millington. Game Physics Engine Development, 2nd edition. Boca Raton: CRC Press, 2010.

3.8   练习题

本章的第一道练习题是几个小问题，可以帮助读者练习使用本章所涵盖的各种向量技术。接下来的两道练习题着眼于为该章的游戏项目添加功能。

3.8.1 练习题 1

1. 给定向量 $\vec{a} = \langle 2,4 \rangle$ 和 $\vec{b} = \langle 3,5 \rangle$，标量值 $s = 2$，进行如下计算：

(a) $\vec{a} + \vec{b}$

(b) $s \cdot \vec{a}$

(c) $\vec{a} \cdot \vec{b}$

2. 给定图 3-16 所示的角度以及以下各点：

$$A = \langle -1,1 \rangle$$
$$B = \langle 2,4 \rangle$$
$$C = \langle 3,3 \rangle$$

使用本章中探讨的向量运算来计算 θ。

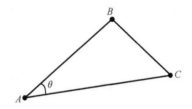

图 3-16 练习题 1 问题 2 的三角形

3. 假设一个 2D 游戏具有从玩家指向下一个目标的箭头。当第一次运行游戏时，箭头会向下指向 x 轴的点 $\langle 1,0 \rangle$。玩家的初始位置是（4,0）。在位置（5,6）创建一个新的对象。

a. 从玩家的初始位置到新创建对象点的**单位向量**是多少？

b. 计算初始箭头方向和（a）部分中所计算的向量之间的**旋转角度**。

c. 计算垂直于由初始箭头方向和（a）部分中所计算的向量创建的平面的向量。

3.8.2 练习题 2

目前，在本章的游戏项目中，飞船不会与小行星发生碰撞。本练习为飞船添加碰撞。为此，先在 Ship 类中创建一个 CollisionComponent 组件类并指定半径。接下来，在 Ship :: UpdateActor 函数中，需要测试飞船与所有小行星的碰撞，就像激光与所有小行星碰撞一样。如果飞船与小行星发生碰撞，则将其位置重置在屏幕中央，其旋转角度为零。

作为一个额外特征，会让飞船在与小行星相撞之后消失一两秒。在此延迟之后，飞船应重新出现在屏幕中心（旋转角度为零）。

3.8.3　练习题 3

修改 MoveComponent 组件类，以便其可以应用牛顿物理学。具体而言，就是对其进行修改，以使其具有作为成员变量的质量、力总和，以及速度。然后，在 Update 函数中，更改向前移动的代码，以便可以通过力来计算加速度，通过加速度来计算速度，再通过速度来计算位置。

然后，代码中需要一些方法来设置施加到组件上的力。一种方法是：添加一个 AddForce 函数。该函数用于接收 Vector2 类型变量作为参数，并将其添加到力的总和变量之中。在完成加速度的计算之后，代码还可以清除每帧上的力总和。这样，对于一个脉冲力，代码中只需要调用一次 AddForce 函数即可。对于恒定的力，只需在每一帧上为该力调用 AddForce 函数即可。

最后，更改 InputComponent 组件类、Asteroid 类和 Ship 类，通过更改，它们可与支持牛顿物理学的新 MoveComponent 组件类一起正常工作。

第 4 章

人工智能

人工智能（AI）算法被用于确定计算机控制实体在游戏中的动作。本章阐述了 3 种有用的游戏 AI 技术：利用状态机改变行为、计算实体在游戏世界中的移动路径（寻路）以及在双人回合制游戏中做出决策（极小化极大算法和游戏树）。本章将向读者展示如何应用这些 AI 技术来创建塔防游戏项目。

4.1 状态机行为

对于非常简单的游戏，AI（人工智能）总是具有相同的行为，例如，双玩家游戏《Pong》中，随着球的移动，AI 会对其位置进行跟踪。因为在整个游戏中，这种行为都不会变化，所以它是无状态的。而对于复杂一些的游戏，AI 则会在不同的时间点表现出不同的行为。在《吃豆人》游戏中，每个幽灵都有 3 种不同的行为：追逐玩家、散开（幽灵返回已设置好的"巢穴"）或者从玩家身边逃离。表示这些行为变化的方法是：使用**状态机**，让每种行为都对应一个状态。

4.1.1 设计状态机

状态本身只能部分定义状态机。同样重要的是：状态机如何决定在状态之间进行变化或**转换**。此外，每个状态在进入或退出状态时都会产生动作。

在实现游戏角色 AI 的状态机时，需要谨慎规划不同状态，并规划状态如何互联。以隐蔽类游戏中的基本守卫角色为例，在默认状态下，守卫会沿着预定义路径巡逻。如果在其巡逻过程中发现了玩家，守卫则会开始攻击玩家。如果在任何时间点守卫受到致命伤害，就会死亡。在这个例子中，守卫 AI 有着 3 种不同的状态：巡逻（Patrol）状态、攻击（Attack）状态和死亡（Death）状态。

接下来，在状态机中需要定义每种状态的转换。死亡状态转换很简单：如果守卫受到致命伤害，则其状态会转换为死亡状态。这个转换的发生不受当前状态的约束。如果守卫在巡逻状态时发现玩家，则会进入攻击状态。图 4-1 所示的状态机图代表着转换和状态的组合。

尽管该 AI 是功能性的，但在大多数隐蔽型游戏中，AI 角色都会更加复杂一些。假定守卫在巡逻状态下听到了可疑声音，当前状态机会指示守卫继续巡逻。理想的情况应是可疑声音惊动守卫，并使其发起搜索玩家的动作。侦查（Investigate）状态可以表示这种行为。

而且，在上述这个状态机例子中，当守卫发现玩家时，总会发起攻击动作。但为了让游戏显得多样化，也许守卫可以偶尔触发预警（alarm）。警报（Alert）状态可以表示这种行为。警报状态可随机转换为攻击状态或者另一种新状态，即**预警状态**。添加这些细节会使得状态机变得更加复杂，如图 4-2 所示。

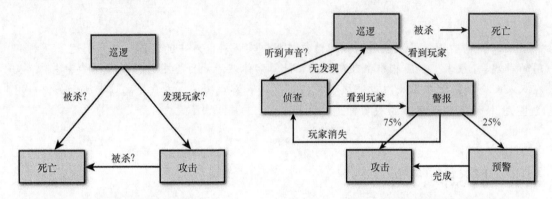

图 4-1　基本隐蔽型 AI 状态机　　　　　图 4-2　更加复杂的隐蔽型 AI 状态机

从警报状态发展，状态机可以实现两种转换：75% 和 25%。这两种转换是指转换的可能性。因此，当处于警报状态时，AI 将有 75% 的可能性转换到攻击状态。在预警状态下，完成（Complete）转换意味着，在 AI 完成触发预警（也许通过与游戏世界中的某个对象交互）之后，AI 转换为攻击状态。

可以对状态机的细节部分做出进一步的改进。但是，不管状态的数量是多少，设计 AI 状态机的原则都是一样的。无论如何，在定义状态机之后，接下来的步骤就是用代码来实现它。

4.1.2　基本状态机的实现

实现状态机的方法有多种。最基本的要求是，代码必须基于当前状态对 AI 行为进行更新，并且必须支持进入动作和退出动作。AIComponent 类可以封装这个状态行为。如果只有两种状态，则可应用 Update 函数中的简单布尔检查，不过，这种检查并不强大。更加灵活的实现是：使用枚举来表示不同的状态。对于图 4-1 中的状态机，可实现如下枚举声明：

```
enum AIState
{
    Patrol,
    Death,
    Attack
};
```

然后，创建一个 AIComponent 类，该类具有作为成员数据的 **AIState** 实例。此外，在代码中还要为每个状态定义单独的更新函数：UpdatePatrol 函数、UpdateDeath 函数和 UpdateAttack 函数。于是，AIComponent :: Update 函数在 AIState 成员变量上有一个开关，并可调用与当前状态相对应的更新函数：

```
void AIComponent::Update(float deltaTime)
{
    switch (mState)
    {
    case Patrol:
        UpdatePatrol(deltaTime);
        break;
    case Death:
        UpdateDeath(deltaTime);
        break;
    case Attack:
        UpdateAttack(deltaTime);
        break;
    default:
        // Invalid
        break;
    }
}
```

可以在单独的 ChangeState 函数中处理状态机转换。这样，各种更新函数只要通过调用 ChangeState 函数，便可以启动转换。可以通过如下代码实现 ChangeState 函数：

```
void AIComponent::ChangeState(State newState)
{
    // Exit current state
    // (Use switch to call corresponding Exit function)
    // ...

    mState = newState;

    // Enter current state
    // (Use switch to call corresponding Enter function)
    // ...
}
```

虽然这是一个简单的实现，但还是存在问题。首先，该实现不能很好地扩展；更多状态的添加会降低 Update 函数和 ChangeState 函数的可读性。其次，有如此多的单独 Update 函数、Enter 函数和 Exit 函数，也会使得代码更加难以理解。

此外，在多个 AI 间混合和匹配功能性也并非易事。具有不同状态机的两个不同 AI 需要单独的枚举，因此，也就需要单独的 AI 组件。但是，许多 AI 角色都可以共享一些功能。假定两个 AI 有着极不相同的状态机，但二者都具有巡逻状态。利用上述基本实现，在两个 AI 组件之间共享巡逻代码并非易事。

4.1.3　以类表示的状态

针对刚刚描述的部分，有一种替代方法，即使用类来表示每个状态。首先，要为所有

名为 "AIState" 的状态定义一个基本类:

```
class AIState
{
public:
    AIState(class AIComponent* owner)
        :mOwner(owner)
    { }
    // State-specific behavior
    virtual void Update(float deltaTime) = 0;
    virtual void OnEnter() = 0;
    virtual void OnExit() = 0;
    // Getter for string name of state
    virtual const char* GetName() const = 0;
protected:
    class AIComponent* mOwner;
};
```

基本类包括用于控制状态的多个虚拟函数:Update 函数可更新状态,OnEnter 函数可实现任何条目转换代码,OnExit 函数可实现任何退出转换代码。GetName 函数仅仅返回一个可读的状态名称。此外,代码中还可以通过成员变量 mOwner,实现 AIState 类与特定 AIComponent 类的关联。

接下来,声明 AIComponent 类,具体代码如下:

```
class AIComponent : public Component
{
public:
    AIComponent(class Actor* owner);

    void Update(float deltaTime) override;
    void ChangeState(const std::string& name);

    // Add a new state to the map
    void RegisterState(class AIState* state);
private:
    // Maps name of state to AIState instance
    std::unordered_map<std::string, class AIState*> mStateMap;
    // Current state we're in
    class AIState* mCurrentState;
};
```

要注意 AIComponent 类是如何将状态名称散列映射到 AIState 实例的指针的。此外,该类还有一个针对当前 AIState 类的指针。RegisterState 函数可接收指向 AIState 类的指针,并将状态添加到映射中:

```
void AIComponent::RegisterState(AIState* state)
{
    mStateMap.emplace(state->GetName(), state);
}
```

AIComponent::Update 函数也非常直观易懂。如果存在当前状态下 mCurrentState 的值,则该函数只需调用当前状态下的 Update 函数:

```
void AIComponent::Update(float deltaTime)
{
    if (mCurrentState)
    {
        mCurrentState->Update(deltaTime);
    }
}
```

然而，ChangeState 函数可以执行多个操作，如代码清单 4.1 所示。首先，它会调用当前状态下的 OnExit 函数；其次，会在映射中查找变更后的状态。如果 ChangeState 函数找到了该状态，则会将 mCurrentState 更改为新的状态，并在这个新状态下调用 OnEnter 函数；如果 ChangeState 函数无法在映射中找到下一个状态，则该函数会输出错误消息，并将 mCurrentState 设置为空值。

代码清单 4.1　AIComponent :: ChangeState 函数的实现

```
void AIComponent::ChangeState(const std::string& name)
{
    // First exit the current state
    if (mCurrentState)
    {
        mCurrentState->OnExit();
    }

    // Try to find the new state from the map
    auto iter = mStateMap.find(name);
    if (iter != mStateMap.end())
    {
        mCurrentState = iter->second;
        // We're entering the new state
        mCurrentState->OnEnter();
    }
    else
    {
        SDL_Log("Could not find AIState %s in state map", name.c_str());
        mCurrentState = nullptr;
    }
}
```

在代码中可以通过先声明 AIState 的子类来使用这个模式，就像下面这个 AIPatrol 子类：

```
class AIPatrol : public AIState
{
public:
    AIPatrol(class AIComponent* owner);

    // Override with behaviors for this state
    void Update(float deltaTime) override;
    void OnEnter() override;
    void OnExit() override;

    const char* GetName() const override
```

```
        { return "Patrol"; }
    };
```

然后，在子类的 Update 函数、OnEnter 函数和 OnExit 函数中实现子类的任何特殊行为。假定在角色死亡时，希望其由 AIPatrol 状态转换为 AIDeath 状态。要启动转换，需要在拥有该子类的组件上调用 ChangeState 函数，传入组件的新状态的名称：

```
void AIPatrol::Update(float deltaTime)
{
    // Do some other updating
    // ...
    bool dead = /* Figure out if I'm dead */;
    if (dead)
    {
        // Tell the ai component to change states
        mOwner->ChangeState("Death");
    }
}
```

在 ChangeState 函数调用中，AIComponent 会查看其状态映射。如果 AIComponent 找到一个名为 Death 的状态，它便会转换到此状态。在代码中可以按照同样的方式声明 AIDeath 类和 AIAttack 类，完成图 4-1 所示的基本状态机。

要将上述状态关联到 AIComponent 组件的状态映射，首先需要创建一个 actor 以及该 actor 的 AIComponent 组件，然后在希望添加到状态机的任何状态上，调用组件的 RegisterState 函数：

```
Actor* a = new Actor(this);
// Make an AIComponent
AIComponent* aic = new AIComponent(a);
// Register states with AIComponent
aic->RegisterState(new AIPatrol(aic));
aic->RegisterState(new AIDeath(aic));
aic->RegisterState(new AIAttack(aic));
```

接着，如果要将 AIComponent 组件设置为初始巡视状态，在代码中需要调用 ChangeState 函数，具体代码段如下：

```
aic->ChangeState("Patrol");
```

总的来说，这种方法很有用，因为每个状态的实现都是在一个单独的子类中完成，这意味着 AIComponent 组件仍然很简单。更重要的是，针对不同的 AI 角色，可以简单地重复使用相同状态。代码只需在新角色的 AIComponent 组件中注册其想要的状态即可。

4.2　寻路

寻路算法会帮助找到两点之间的路径，避开沿途的任何障碍。这个问题的复杂性源于两点之间可能存在着大量路径的事实，但在这些路径中，只有少数路径是相对短的，例如，图 4-3 显示了 A 点和 B 点之间的两条潜在路径。沿实线路径行进的 AI 并不是特别智能，因为虚线路径更短。于是，游戏程序员需要通过一种方法来有效搜索所有可能路径，以便找到最短距离路径。

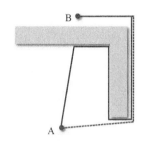

图 4-3　从 A 点到 B 点的两条路径

4.2.1　图形

在解决寻路问题之前，首先需要用一种方法来表示 AI 可以穿越或通过的游戏世界的各部分。一种常见的方法是**图形**数据结构体。图形包含一组**节点**（也被称为"顶点"）。这些节点通过**各边**相互连接。这些边可以是无向的，这意味着它们可以在两个方向上移动；或者是**有向**的，这意味着它们只能在一个方向上移动。针对 AI 能从平台跳下，但不能跳回的情况，在游戏程序中可以使用有向边。例如使用一条有向边，来表示从平台到地面的这种连接。

根据情况，边可以具有与其相关的**权重**，该权重用于表示遍历边的成本。在游戏中，权重至少要能说明节点之间的距离。然而，游戏代码应该会根据遍历边的难度，来修改权重。

例如，如果一条边穿过游戏世界中的流沙，跟穿过混凝土相比，即使是相同长度的边也应该具有更高的权重。无边权重的图形（**无权图**）实际上是一个各条边权重都是恒定值的一个图形。图 4-4 显示了一个简单的无向无权图。

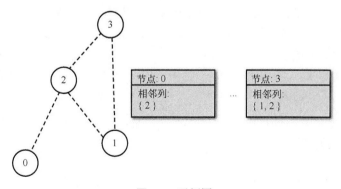

图 4-4　示例图

有多种方法可用于表示内存中的图形，但本书使用的是**相邻列**。在这种表示法中，每个节点都有一个相邻节点集合（使用 std::vector 函数）。对于无权图，该相邻列包含指向相邻节点的指针。于是，图形就是这些节点的集合：

```
struct GraphNode
{
    // Each node has pointers to adjacent nodes
    std::vector<GraphNode*> mAdjacent;
};

struct Graph
{
    // A graph contains nodes
    std::vector<GraphNode*> mNodes;
};
```

对于加权图，每个节点都保存其出边，而非相连节点的列：

```
struct WeightedEdge
{
    // Which nodes are connected by this edge?
    struct WeightedGraphNode* mFrom;
    struct WeightedGraphNode* mTo;
    // Weight of this edge
    float mWeight;
};

struct WeightedGraphNode
{
    // Stores outgoing edges
    std::vector<WeightedEdge*> mEdges;
};
// (A WeightedGraph has WeightedGraphNodes)
```

引用每条边的"从"节点和"到"节点，在代码中可以通过向节点 A（而不是节点 B）的 mEdges 向量添加一条边的方法，来支持从节点 A 到节点 B 的有向边。如果想要一条无向边，只需添加两个有向边，每条边都分别指向一个方向即可（例如，从 A 到 B 和从 B 到 A）。

不同的游戏会以不同的方式通过图形来表示游戏世界。将世界分割成方形（或六边形）网格是最简单的方法。这种方法在像《文明》（《Civilization》）或《幽浮》（《XCOM》）这种基于回合制的战略类游戏中非常流行。但是，对于许多其他类型的游戏，这种方法并不适用。为了简单起见，本节的大部分内容均使用方形网格。但是，在本章后面部分，读者将会了解到其他可能的表示法。

4.2.2   广度优先搜索

假定游戏发生在以方形网格设计的迷宫内。游戏只允许对象在 4 个方位移动。因为在迷宫中的每一次移动都是相同的，所以可以用一个无权图来表示这个迷宫。图 4-5 显示了一个迷宫实例及其相应的图形。

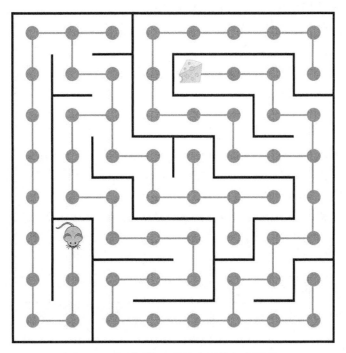

图 4-5 方形网格上的迷宫及其相应图形

现在想象一下，AI 角色"老鼠"从迷宫的某个方格（**起始节点**）出发，寻找迷宫中的一块奶酪（**目标节点**）的最短路径。方法是：首先检查从起始节点起一步（一次移动）范围内的所有方格。如果这些方格中都没有奶酪，就检查从起始节点起两步范围内的所有方格。以此类推，直至找到奶酪，或者直至再无有效移动为止。由于这种算法只是在较近节点都检查完毕时，才会考虑更远的节点，因此不会错过到达奶酪的最短路径。这便是关于**广度优先搜索**（BFS）的描述。广度优先搜索算法可保证：无论各边是否加权，还是各边是否具有相同的正权，总能够找到最短路径。

在广度优先搜索期间做一些小笔记，可以帮助以最少移动次数来重建路径。一旦被计算出来，AI 角色就会沿着这条路径前进。

在广度优先搜索期间，每个节点都需要知道前一个被访问节点。那一节点被称为"父节点"，该节点能够在广度优先搜索完成之后，帮助重建路径。虽然可以将这些数据添加到 GraphNode 结构体中，但最好还是将不会变化（图形本身）的数据与其"父节点"分开。这是因为基于所选的起始和目标节点，父节点将会发生变化。分离这些数据段还意味着，如果想跨多线程同时计算多条路径，搜索就不会相互干扰。

为了支持这一点，首先要定义一个名为"NodeToPointerMap"的映射类型，该映射只是一个无序映射，其中的键和值都是 GraphNode 指针（指针是 const 变量，因为代码中不需要修改图形节点）：

```
using NodeToParentMap =
    std::unordered_map<const GraphNode*, const GraphNode*>;
```

通过这种类型的映射，可以实现代码清单 4.2 中的广度优先搜索。实现广度优先搜

索的最简单方法是使用队列。回想在添加和删除节点时，队列使用 FIFO（先进先出）
行为。通过入队操作，可以将节点添加到队列中；通过出列操作，可以将节点从队列中
移除。首先，从起始节点入队，并输入一个循环。在每次迭代中，都需要出列一个节点，
并入队其相邻节点。在代码中可以通过检查"父映射"，来避免多次将同一节点添加到
队列中。只有当节点并没有被入队，或者节点本身便是起始节点时，其"父节点"才为
空值。

　　当在 outMap 上使用方括号时，两件事情当中的一件将会发生。如果键已经存在于映
射中，就可访问该键的父键；反之，如果该键不存在于映射中，则该映射的默认方式是为
那一个键构造一个值。在这种情况下，如果访问 outMap，而所请求的节点不在映射中，
可将那一节点的"父节点"初始化为空指针 nullptr。

　　即使起始节点和目标节点之间没有路径，循环最后也会终止。这是因为该算法会检
查从起始节点可抵达的所有节点。一旦所有可能性都尝试过了，队列就会清空，循环便
结束了。

代码清单 4.2　广度优先搜索

```cpp
bool BFS(const Graph& graph, const GraphNode* start,
        const GraphNode* goal, NodeToParentMap& outMap)
{
    // Whether we found a path
    bool pathFound = false;
    // Nodes to consider
    std::queue<const GraphNode*> q;
    // Enqueue the first node
    q.emplace(start);

    while (!q.empty())
    {
        // Dequeue a node
        const GraphNode* current = q.front();
        q.pop();
        if (current == goal)
        {
            pathFound = true;
            break;
        }

        // Enqueue adjacent nodes that aren't already in the queue
        for (const GraphNode* node : current->mAdjacent)
        {
            // If the parent is null, it hasn't been enqueued
            // (except for the start node)
            const GraphNode* parent = outMap[node];
            if (parent == nullptr && node != start)
            {
                // Enqueue this node, setting its parent
                outMap[node] = current;
                q.emplace(node);
            }
        }
    }
```

```
    }

    return pathFound;
}
```

假定有一个图形 Graph g，那么可以使用如下两行代码，在图形中的两个 GraphNodes 之间运行广度优先搜索：

```
NodeToParentMap map;
bool found = BFS(g, g.mNodes[0], g.mNodes[9], map);
```

如果广度优先搜索成功，就会使用 outMap 中的父指针来重建路径。这是因为目标的父指针指向路径上的前一节点。同样，目标节点之前节点的父节点距离目标节点是两步距离。跟随父指针这条链条，最终会返回到起始节点，产生一条从目标节点到起始节点的路径。

然而，这里想要的是相反方向的路径：从起始节点到目标节点。解决方法之一是使用堆栈来反转路径，但更聪明的方法是反向搜索，例如，不要将"老鼠"节点作为起始节点，"奶酪"节点作为目标节点，而是做出相反选择。然后，跟随目标节点的父指针，就会生成所期望的路径。

如果起始节点和目标节点之间存在路径的话，广度优先搜索就能够找到该路径。但是针对加权图，广度优先搜索无法保证能够找到最短路径。这是因为广度优先搜索根本不考虑边的权重，对广度优先搜索而言，每次边的遍历都是等同的。在图 4-6 中，虚线路径的距离最短，但广度优先搜索返回了实线路径，因为该路径只需要两次移动。

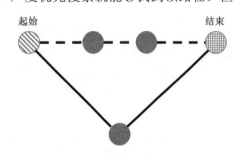

图 4-6　广度优先搜索还是找到了实线路径，虽然虚线路径更短

广度优先搜索存在的另一个问题是：即使节点与目标方向相反，广度优先搜索还是会对其进行测试。通过使用更复杂的算法，可减少寻找最佳解决方案过程中所测试的节点数量。

游戏中所使用的大多数其他寻路算法都具有跟广度优先搜索类似的整体结构。在每次迭代中，都可以选择一个节点来检验下一个节点，并将其相邻节点添加到数据结构中。不同的是，不同的寻路算法会以不同顺序对节点进行评估。

4.2.3　heuristics 函数

许多搜索算法都依赖于 heuristics 函数，这是粗略估计预期结果的一个函数。在寻路算法中，heuristics 函数是从给定节点到目标节点的估计成本。heuristics 函数有助于更加快速地找到路径。例如，在广度优先搜索的每次迭代中，都可以使下一个节点从队列中出列，即使那一节点会将搜索引向远离目标的方向。借助 heuristics 函数，可以估计搜索认为特定节点与目标的距离，然后选择首先查看"更近"节点。这样，寻路算法很可能会在更少迭代步骤的情况下终止。

符号 $h(x)$ 表示 heuristic 函数，其中，"x" 代表图形中的节点。所以，"$h(x)$" 就表示从节点 x 到目标节点的估计成本。

如果 heuristic 函数总是小于或等于从节点 x 到目标节点的实际成本，那么该函数便是**可接受的**。如果 heuristic 函数偶尔会高过实际成本，那么该函数便是**不可接受**的；这种情况下，搜索应该放弃使用该函数。在本节后面所讨论的 A*算法需要通过可接受的 heuristic 函数来保证找到最短路径。

对于方形网格，有两种常用的 heuristic 函数计算方法。例如，在图 4-7 中，网纹节点表示目标，实心节点则表示起点。该图中的灰色方块表示无法通过的方格。

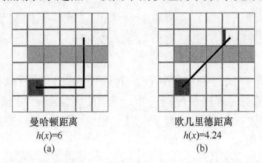

曼哈顿距离
$h(x)=6$
(a)

欧几里德距离
$h(x)=4.24$
(b)

图 4-7　（a）曼哈顿 heuristic；（b）欧几里德 heuristic

图 4-7（a）所示的**曼哈顿（Manhattan）距离** heuristic 函数类似于沿着大都市的城市街区漫游。一个建筑物可能会是在 "5 个街区外"，但可能会有多条 5 个街区长度的路径。曼哈顿距离假定对角线移动是无效的。如果对角线移动有效，曼哈顿距离则会经常高估成本，令 heuristic 函数变得不可接受。

对于 2D 网格，可使用以下公式来计算曼哈顿距离：

$$h(x) = |\ start.x - end.x\ | + |\ start.y - end.y\ |$$

第二种启发式（heuristic）是**欧几里德（Euclidean）距离**，如图 4-7（b）所示。代码中可使用标准距离公式来计算这个启发式 heuristic，该方法会估计一个 "成直线" 的路径。与曼哈顿距离不同，在比方形网格更加复杂的游戏中，欧几里德距离用起来会更加容易。在 2D 中，欧几里德距离方程如下所示：

$$h(x) = \sqrt{(start.x - end.x)^2 + (start.y - end.y)^2}$$

欧几里德距离函数几乎总是可接受的，即使是在曼哈顿距离函数不可接受的情况下。这意味着欧几里德距离函数是通常被推荐使用的 heuristic 函数。但曼哈顿 heuristic 函数则更加高效，因为该函数不涉及平方根。

欧几里德距离 heuristic 函数会高估真实成本的唯一情况是：游戏允许非欧几里德（non-Euclidean）运动的存在，例如在穿越平面的两个节点之间传送。

请注意，在图 4-7 中，两个 heuristic 函数的 $h(x)$ 函数最终都会低估从起始节点到目标节点的实际成本。这是因为 heuristic 函数对相邻列一无所知，所以它不知道某些区域是无法通过的。这没关系，因为 heuristic 函数是节点 x 与目标节点的接近程度的下限；heuristic 函数可保证节点 x 至少有那么远。这在相对意义上更有用：heuristic

函数能够帮助估计节点 A 或节点 B 哪个更接近目标节点。随后，搜索可以利用这个估计值，来帮助决定接下来是否要探索节点 A 或节点 B。

接下来的内容介绍了如何使用 heuristic 函数来创建更加复杂的寻路算法。

4.2.4　贪婪最佳优先搜索

广度优先搜索是以 FIFO 方式使用队列来考虑节点，而**贪婪最佳优先搜索**（GBFS）则是使用 $h(x)$ heuristic 函数来决定接下来要考虑的是哪个节点。尽管这似乎是一种合理的寻路算法，但贪婪最佳优先搜索**并不能保证最小路径**。图 4-8 给出了来自贪婪最佳优先搜索搜索示例的合成路径。灰色节点是不能通行的。请注意，路径从起始节点移动 4 步，而不是直接移动。

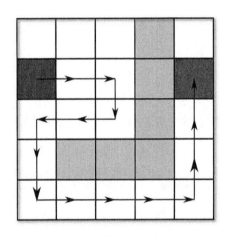

图 4-8　贪婪最佳优先路径

> **注释**
> 虽然贪婪最佳优先搜索不能保证最优化，但是了解这种方法是有帮助的，因为该方法只需几步修改，便会变成 A*算法。如果 heuristic 函数是可接受的，则 A*算法能确保最短路径。因此，在学习 A*算法之前，了解贪婪最佳优先搜索实现很重要。

在搜索过程中，贪婪最佳优先搜索会使用两组节点，而不是单个队列。**开集**包含正在考虑的节点。一旦节点被选择用于评估，就会被移动到**闭集**中。当一个节点位于闭集中时，贪婪最佳优先搜索无须再对其进行检查。无法保证开集或闭集中的节点最终会在路径上；这些集合仅仅帮助从考虑中删除节点。

为开集和闭集选择数据结构而提出一个有趣的困境。对于开集，需要进行的两个操作是：删除成本最低的节点和测试成员身份。而对于闭集，只需要进行成员资格测试。为了加速成员资格测试，可以只在临时数据中使用布尔值来跟踪具体节点是否是开集成员或闭集成员。但是，因为闭集只需要这个成员资格测试，所以不用针对闭集使用实际集合。

对于开集，优先级队列是一个受欢迎的数据结构。但为了简单起见，本章针对开集使用了向量概念。通过向量，只要使用线性搜索，便可以以最低的成本查找开集中的元素。

与广度优先搜索一样，在贪婪最佳优先搜索的搜索过程中，每个节点都需要额外的临时数据。因为现在每个节点都有多个临时数据，所以可以定义一个结构体对其进行封装。要使用加权图，父节点是与前一个节点相对照的入边。此外，每个节点都会跟踪其heuristic 函数值，以及其在开集和闭集中的成员资格：

```
struct GBFSScratch
{
    const WeightedEdge* mParentEdge = nullptr;
    float mHeuristic = 0.0f;
    bool mInOpenSet = false;
    bool mInClosedSet = false;
};
```

然后，定义一个映射。其中，键是指向节点的指针，并且数值是一个 GBFSScratch实例：

```
using GBFSMap =
    std::unordered_map<const WeightedGraphNode*, GBFSScratch>;
```

现在有了贪婪最佳优先搜索的必要组件。GBFS 函数可接收 WeightedGraph、起始节点、目标节点和对 GBFSMap 的引用：

```
bool GBFS(const WeightedGraph& g, const WeightedGraphNode* start,
          const WeightedGraphNode* goal, GBFSMap& outMap);
```

在 GBFS 函数开始时，在代码中要为开集定义一个向量：

```
std::vector<const WeightedGraphNode*> closedSet;
```

接下来，在代码中需要一个变量来跟踪当前节点，即评估中的节点。这会随着算法的推进而更新。最初，当前（current）节点是起始节点，要通过在临时映射中将其标记为关闭，来将其“添加”到闭集中：

```
const WeightedGraphNode* current = start;
outMap[current].mInClosedSet = true;
```

接下来，在代码中要进入贪婪最佳优先搜索的主循环。该主循环会做多件事情。首先，主循环会查看与当前节点相邻的所有节点，但已经在闭集中的那些节点除外。这些所有要查看的节点都有着从当前节点到其入边的父边集合。对于不在开集中的节点，代码会计算heuristic 函数（从节点到目标），并且将节点添加到开集中：

```
do
{
    // Add adjacent nodes to open set
    for (const WeightedEdge* edge : current->mEdges)
    {
        // Get scratch data for this node
        GBFSScratch& data = outMap[edge->mTo];
        // Add it only if it's not in the closed set
```

```
      if (!data.mInClosedSet)
      {
         // Set the adjacent node's parent edge
         data.mParentEdge = edge;
         if (!data.mInOpenSet)
         {
            // Compute the heuristic for this node, and add to open set
            data.mHeuristic = ComputeHeuristic(edge->mTo, goal);
            data.mInOpenSet = true;
            openSet.emplace_back(edge->mTo);
         }
      }
   }
```

ComputeHeuristic 函数可以使用任何 $h(x)$ heuristic 函数，例如曼哈顿或欧几里德距离函数。实际上，这可能需要存储在每个节点中的附加信息（例如在游戏世界中的节点位置）。

在处理与当前节点相邻的节点之后，需要在代码中查看开集。如果开集是为空，则意味着没有还需评估的节点。只有从起始节点到目标节点没有路径时，这种情况才会发生：

```
if (openSet.empty())
{
   break; // Break out of outer loop
}
```

或者，如果在开集中仍有节点，则该算法会继续进行。需要以最低的 heuristic 函数成本找到节点，并将其移至闭集中。该节点成为新的当前节点：

```
// Find lowest cost node in open set
auto iter = std::min_element(openSet.begin(), openSet.end(),
   [&outMap](const WeightedGraphNode* a, const WeightedGraphNode* b)
{
      return outMap[a].mHeuristic < outMap[b].mHeuristic;
});
// Set to current and move from open to closed
current = *iter;
openSet.erase(iter);
outMap[current].mInOpenSet = false;
outMap[current].mInClosedSet = true;
```

为了编码能找到最低元素，可使用头文件<algorithm>中的 std :: min_element 函数。对于第 3 个参数，min_element 函数会接收一个特殊类型的函数（称为 lambda 表达式），以便指定如何确定一个元素是否小于另一个元素。min_element 函数会向最小元素返回一个迭代程序。

最后，如果当前节点不是目标节点，则主循环会继续：

```
} while (current != goal);
```

当上面的 while 条件失败，或者单击前面的 break 语句时（针对开集为空时），循环

则会终止。然后，代码可以根据当前节点是否等于目标节点，判定贪婪最佳优先搜索是否
找到了路径：

```
return (current == goal) ? true : false;
```

图 4-9 显示了被应用于实例数据集的前两次贪婪最佳优先搜索迭代。在图 4-9（a）中，
起始节点（A2）位于闭集中，其相邻节点位于开集中。为了使得图形易于阅读，贪婪最佳
优先搜索采用了曼哈顿距离 heuristic 函数。箭头从子节点指向父节点。下一步是选择
具有最 heuristic 函数成本的节点，即具有 $h = 3$ 的节点。该节点会成为新的当前节点，
并被移入闭集中。图 4-9（b）显示了接下来的迭代，在迭代中，C2 目前是开集中成本最低
的节点。

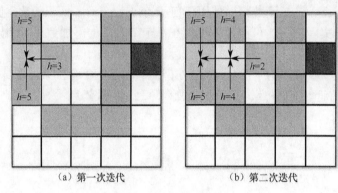

（a）第一次迭代   （b）第二次迭代

图 4-9   贪婪最佳优先快照

切记，不能仅仅因为开集中的节点具有最低 heuristic 函数成本就表示其处于最佳
路径上。例如，在图 4-9（b）中，节点 C2 不在最佳路径上。不幸的是，贪婪最佳优先搜
索算法仍然将 C2 选择为其路径。显然，需要做一些改进，以解决这一问题。

代码清单 4.3 显示了贪婪最佳优先搜索函数的完整代码。

代码清单 4.3   贪婪最佳优先搜索

```
bool GBFS(const WeightedGraph& g, const WeightedGraphNode* start,
        const WeightedGraphNode* goal, GBFSMap& outMap)
{
    std::vector<const WeightedGraphNode*> openSet;
    // Set current node to start, and mark in closed set
    const WeightedGraphNode* current = start;
    outMap[current].mInClosedSet = true;
    do
    {
        // Add adjacent nodes to open set
        for (const WeightedEdge* edge : current->mEdges)
        {
            // Get scratch data for this node
            GBFSScratch& data = outMap[edge->mTo];
            // Consider it only if it's not in the closed set
            if (!data.mInClosedSet)
            {
```

```
        // Set the adjacent node's parent edge
        data.mParentEdge = edge;
        if (!data.mInOpenSet)
        {
            // Compute the heuristic for this node, and add to open set
            data.mHeuristic = ComputeHeuristic(edge->mTo, goal);
            data.mInOpenSet = true;
            openSet.emplace_back(edge->mTo);
        }
    }
}

if (openSet.empty())
{ break; }

// Find lowest cost node in open set
auto iter = std::min_element(openSet.begin(), openSet.end(),
    [&outMap](const WeightedGraphNode* a, const WeightedGraphNode* b)
{
        return outMap[a].mHeuristic < outMap[b].mHeuristic;
});
// Set to current and move from open to closed
current = *iter;
openSet.erase(iter);
outMap[current].mInOpenSet = false;
outMap[current].mInClosedSet = true;
} while (current != goal);
// Did you find a path?
return (current == goal) ? true : false;
}
```

4.2.5 A*搜索

贪婪最佳优先搜索的缺点是：不能保证最佳路径。幸运的是，通过对贪婪最佳优先搜索做一些修改，程序员可以将其转换为 A *搜索（发音为 "A-star"）。A *会添加一个**路径成本**组件，该组件是从起始节点到给定节点的实际成本。符号 $g(x)$ 表示节点 x 的路径成本。当选择一个新的当前节点时，A *会选择具有最低 $f(x)$ 值的节点，该值正是那一节点的 $g(x)$ 路径成本和 $h(x)$ heuristic 函数之和：

$$f(x) = g(x) + h(x)$$

A *要找到最佳路径需要具备一些条件。当然，首先起始节点和目标节点之间必须有某个路径。此外，heuristic 函数必须是可接受的（这样它不会高估实际成本）。最后一个条件是，所有边的权重都必须大于或等于 0。

要实现 A *，在代码中首先要定义一个 AStarScratch 结构，就像针对贪婪最佳优先搜索所做的那样。唯一的区别是 AStarScratch 结构还有一个浮点成员 mActualFromStart 来存储 $g(x)$ 值。

　　贪婪最佳优先搜索代码和 A *代码之间还存在其他差异。当将节点添加到开集时，A *还必须计算路径成本 $g(x)$。当选择最小节点时，A *会选择具有最低 $f(x)$ 成本的节点。最后，A *对于哪些节点成为父节点的要求非常高，它会使用一个名为**节点采用**的过程。

　　在贪婪最佳优先搜索算法中，相邻节点始终拥有当前节点的父节点集合。但在 A *中，节点的 $g(x)$ 路径成本值取决于其父节点的 $g(x)$ 值。这是因为节点 x 的路径成本值仅仅是其父节点路径成本值，加上遍历从父节点到节点 x 的边的成本。因此，在为节点 x 分配一个新的父节点之前，A *首先要确保 $g(x)$ 值会得到改善。

　　图 4-10（a）再次使用了曼哈顿 heuristic 函数。当前节点（C3）会检查其相邻节点。在节点左侧，会有 $g = 2$，并且 B2 是其父节点。如果那一节点以 C3 取代 B2 作为其父节点，则那一节点会有 $g = 4$，这种情况则更糟糕。所以，在这种情况下，A *不会改变 B2 的父节点。

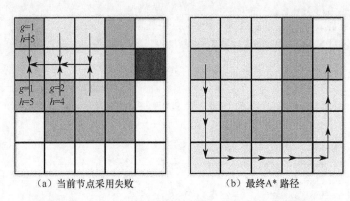

（a）当前节点采用失败　　　　　　（b）最终 A* 路径

图 4-10　（a）当前节点采用失败；（b）最终 A *路径

　　图 4-10（b）显示了通过 A *计算出的最终路径，该结果明显优于贪婪最佳优先搜索的解决方案。

　　除了节点采用之外，A *的代码最终会与贪婪最佳优先搜索的代码非常相似。代码清单 4.4 显示了相邻节点的循环遍历，其中包含了大部分的代码更改。文本中唯一未显示的其他变化是：基于 $f(x)$ 而非仅仅基于 $h(x)$ 从开集中选择最低成本节点的代码。本章的游戏项目针对完整的 A *实现提供了代码。

代码清单 4.4　遍历 A *搜索中的相邻节点

```
for (const WeightedEdge* edge : current->mEdges)
{
    const WeightedGraphNode* neighbor = edge->mTo;
    // Get scratch data for this node
    AStarScratch& data = outMap[neighbor];
    // Only check nodes that aren't in the closed set
    if (!data.mInClosedSet)
    {
        if (!data.mInOpenSet)
        {
            // Not in the open set, so parent must be current
            data.mParentEdge = edge;
            data.mHeuristic = ComputeHeuristic(neighbor, goal);
```

```
            // Actual cost is the parent's plus cost of traversing edge
            data.mActualFromStart = outMap[current].mActualFromStart +
                edge->mWeight;
            data.mInOpenSet = true;
            openSet.emplace_back(neighbor);
        }
        else
        {
            // Compute what new actual cost is if current becomes parent
            float newG = outMap[current].mActualFromStart + edge->mWeight;
            if (newG < data.mActualFromStart)
            {
                // Current should adopt this node
                data.mParentEdge = edge;
                data.mActualFromStart = newG;
            }
        }
    }
}
```

注释

优化 A*以使其尽可能高效的运行是一个复杂话题。一种考虑是：如果开集中有很多关联，那会发生什么。这必定会发生在一个方形网格中，尤其是在使用曼哈顿 heuristic 函数的情况下。如果关联太多，那么在选择节点的时候，很有可能会选择一个不会在路径上结束的节点。这意味着最终需要在图形中搜索更多节点，这会导致 A*运行得更慢。

消除关联的一种方法是：为 heuristic 函数添加一个权重，例如，直接将 heuristic 函数乘以 0.75。这会使得路径成本 $g(x)$ 函数比启发式 $h(x)$ 函数具有更高权重，意味着更有可能从更远的起始节点开始探索节点。

从效率的角度来讲，对基于方形网格的寻路，A*实际上是一个糟糕的选择。针对网格，其他寻路算法会更加有效。其中一种算法就是 JPS +算法，该算法在 Steve Rabin 的《Game AI Pro 2》中有阐述（见 4.5 节）。但需要注意的是，A*适用于任何图形，而 JPS + 仅适用于网格。

4.2.6 迪杰斯特拉算法

让我们回到迷宫实例，但现在假定迷宫中有多块奶酪，并且希望老鼠移向距离最近的奶酪。heuristic 函数可以粗略地估算哪块奶酪离得最近，而 A*则能够找到通向那块奶酪的路径。但通过 heuristic 函数选择的奶酪有可能实际上并非距离最近的一块，因为 heuristic 函数只是一个估计值。

在**迪杰斯特拉（Dijkstra）算法**中，会有源节点，但没有目标节点。相反，迪杰斯特拉算法会计算从源节点到图形中每一个可到达的其他节点的距离。在迷宫实例中，迪杰斯特拉算法会找到从老鼠到所有可到达点的距离，从而得出到达每块奶酪的实际成本，并允许鼠标移动到最近一块奶酪。

可以将 4.2.4 节中的 A *代码转换为迪杰斯特拉代码。首先，删除 $h(x)$ heuristic 函数组件。这相当于一个 $h(x) = 0$ 的 heuristic 函数，由于该函数能保证小于或等于实际成本，因此是可接受的。接下来，要删除目标节点，使得循环只有在开集为空时才终止。然后，计算从起始节点到可到达的每个节点的 $g(x)$ 路径成本。

这与艾兹格·迪杰斯特拉（Edsger Dijkstra）算法的原始公式略有不同。但本节所提出的方法从功能上等同于原始方法。（AI 教科书有时会将这种方法称为"**等代价搜索**"）。有趣的是，迪杰斯特拉算法的发明要早于贪婪最佳优先搜索算法和 A *算法。然而，游戏通常却更喜欢采用启发式引导方法，如 A *，这是因为跟迪杰斯特拉算法相比，这些方法搜索的节点通常都会少得多。

4.2.7　跟随路径

一旦寻路算法产生了一条路径，AI 就需要跟随它。可以将路径抽象为一系列点。然后，AI 只要在该路径上从点到点移动即可。可以在一个名为 NavComponent 的 MoveComponent 类的子类中实现这一点。因为 MoveComponent 类已经可以向前移动角色，所以其子类 NavComponent 只需在角色沿着路径移动时，对其进行旋转，令其面向正确方向即可。

首先，使用 NavComponent 类中的 TurnTo 函数旋转角色，使其面向一个点：

```
void NavComponent::TurnTo(const Vector2& pos)
{
    // Vector from me to pos
    Vector2 dir = pos - mOwner->GetPosition();
    // New angle is just atan2 of this dir vector
    // (Negate y because +y is down on screen)
    float angle = Math::Atan2(-dir.y, dir.x);
    mOwner->SetRotation(angle);
}
```

接下来，子类 NavComponent 会有一个 mNextPoint 变量，该变量可跟踪路径上的下一个点。Update 函数可用来测试角色是否到达了 mNextPoint 变量：

```
void NavComponent::Update(float deltaTime)
{
    // If you've reached the next point, advance along path
    Vector2 diff = mOwner->GetPosition() - mNextPoint;
    if (diff.Length() <= 2.0f)
    {
        mNextPoint = GetNextPoint();
        TurnTo(mNextPoint);
    }
    // This moves the actor forward
    MoveComponent::Update(deltaTime);
}
```

这里假定 GetNextPoint 函数返回路径上的下一个点。假定角色从路径上的第一个点开始，将 mNextPoint 变量初始化为第二个点，并设置线性速度，使得角色沿着路径移动。

　　以这种方法沿着路径更新移动会存在一个问题：该方法是基于角色的移动速度不至于快到一个步骤跳过节点太远的假定。但如果角色速度真的很快，那么两点之间的距离就会永远不够接近，角色就会迷路。

4.2.8　其他图形表示法

　　对于具有实时动作的游戏，非玩家角色（NPC）通常不会在网格上的方格之间移动，这样就会使得使用图形表示游戏世界的方法变得更加复杂。本节讨论了两种可选方法：使用路径节点或导航网格。

　　在 20 世纪 90 年代初期，随着第一人称射击游戏（FPS）的出现，**路径节点**（也称为"路标图"）开始流行起来。使用这种方法，设计师可将路径节点放置在游戏世界中 AI 可以前往的位置。这些路径节点会直接转换为图形中的节点。

　　通常，代码会在路径节点之间自动生成边。该算法的工作原理如下：对于每个路径节点，测试该节点跟附近节点之间是否存在障碍物。如果不存在障碍物，路径就会产生边。线段计算（line segment cast）或类似碰撞测试能够确定是否存在障碍物。我们将在第 10 章介绍如何实现线段计算。

　　使用路径节点的主要缺点是：AI 只能移动到节点或边上的位置。这是因为，即使路径节点形成了一个三角形，也不能保证三角形的内部都是有效位置。内部可能会存在阻碍物，所以寻路算法必须假定任何不在节点或边上的位置都是无效位置。

　　实际上，这意味着：要么游戏世界中的很多空间都是禁止 AI 的，要么需要很多路径节点。前者是不可取的，因为这会导致 AI 行为的可信度降低；而后者，则效率低下。节点和边越多，寻路算法找到解决方案所需的时间就越长。这显示了绩效和准确性之间的一种对抗。

　　其他游戏都使用**导航网格**。在这种方法中，图形中的每个节点都对应一个凸多边形。相邻节点是任何相邻的凸多边形。这意味着少量凸多边形能够代表游戏世界中的整个区域。使用导航网格，AI 可以安全地前往凸多边形节点内的任何位置。这意味着 AI 具有改进的可操作性。图 4-11 对游戏中位置的路径节点表示法和导航网格表示法进行了对比。

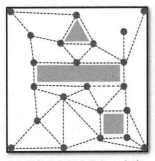
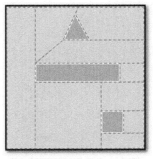

（a）路径节点(22个节点，41条边)　　　　（b）导航网格(9个节点，12条边)

图 4-11　空间的路径节点和导航网格表示法

　　此外，导航网格还能更好地支持不同大小的角色。假定游戏中的农场散养着牛和鸡。

鉴于鸡比牛个头小，有些地方只有鸡能进去，而牛不能。所以，为鸡设计的路径节点网络将不适用于牛。这意味着，如果此类游戏使用路径节点，则需要两个独立的图形：每种生物都需要一个图形。相比之下，导航网格中的每个节点都是凸多边形，因此，导航网格可以计算出角色是否适合特定区域。所以，游戏可以将单个导航网格应用于鸡和牛。

　　大多数使用导航网格的游戏都会自动生成。这很有用，因为设计人员可以更改关卡，而无须担心对 AI 路径造成什么影响。但是，导航网格生成算法却非常复杂。庆幸的是，有一些能实现导航网格生成的开放源代码可供利用。其中，最受欢迎的是 Recast 程序库，该程序库在给定 3D 水平的三角形几何体的情况下，能够生成导航网格。有关 Recast 程序库的更多信息，参见 4.5 节。

4.3　游戏树

　　诸如井字游戏（tic-tac-toe）或国际象棋这样的游戏，跟大多数实时游戏大相径庭。首先，这类游戏需要两个玩家，每个玩家需要轮流操作。其次，这类游戏是**对抗性**的，意味着两个玩家在比赛。这些类型的游戏所需要的 AI 跟实时游戏所需要的相去甚远。这些类型的游戏需要关于整体游戏状态的某个表示法，并且这种状态会告知有关 AI 的决定。一种方法是：使用名为"游戏树"的一棵树。在游戏树中，根节点代表游戏的当前状态。每条边代表在游戏中的一次移动，并且这些边会引向新的游戏状态。

　　图 4-12 显示了一棵正在进行的井字游戏的游戏树。从根节点开始，当前玩家（称为"**极大玩家**"）可以从 3 种不同的移动中做出选择。在极大玩家完成移动之后，游戏状态转换到树的第一级节点。然后，对手（称为"**极小玩家**"）选择通向树的第二级移动。重复这个过程，直至到达表示游戏结束状态的叶节点。

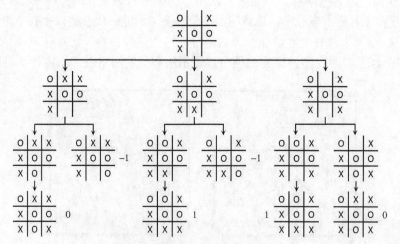

图 4-12　井字游戏的部分游戏树

　　在井字游戏中，只会产生 3 种结果：赢、输或平局。分配给图 4-12 中叶节点的数值会反映这些结果。这些值是从极大玩家的角度所看到的分数："1"表示极大玩家赢，"–1"表示极小玩家赢，"0"表示平局。

不同的游戏会有不同的状态表示法。对于井字游戏来说，状态只是棋盘（board）的 2D 数组：

```
struct GameState
{
   enum SquareState { Empty, X, O };
   SquareState mBoard[3][3];
};
```

游戏树节点会同时保存子节点列表和在那一节点的游戏状态：

```
struct GTNode
{
   // Children nodes
   std::vector<GTNode*> mChildren;
   // State of game at this node
   GameState mState;
};
```

要生成完整的游戏树，需要将根节点设置为当前游戏状态，并为每个可能的第一步移动创建子节点。然后，针对第一级中每个节点重复并继续此过程，直到所有移动步骤都试过。

根据潜在的移动数量，游戏树的大小会呈指数级增长。对于井字游戏，游戏树的上限是 9! 或 362880 个节点。这意味着生成一个针对井字游戏的完整游戏树，并对该树进行评估是可行的。但对于国际象棋，一个完整的游戏树将会有 10^{120} 个节点，因此，无法完成充分评估（无论是时间长度原因，还是空间复杂度原因）。目前，假定我们有一个完整的游戏树。稍后，我们将讨论如何管理一个不完整的游戏树。

4.3.1 极大极小算法

极大极小算法（Minimax）可通过评估双人游戏树来确定当前玩家的最佳移动。极大极小算法假定每个玩家都会做出对自己最有利的选择。因为分数是从极大玩家的角度来计算，这意味着极大玩家会试图实现其分数的最大化，极小玩家则会努力实现极大玩家分数的最小化。

例如，在图 4-12 中，极大玩家（在这种情况下为 X）会有 3 种可能的移动。如果极大玩家选择 top-mid（顶部中间）或 bottom-mid（底部中间），则极小玩家（O）在 bottom-right（底部右侧）时将会赢。当该位置可得时，极小玩家将赢得比赛。因此，极大玩家会选择 bottom-right（底部右侧），以便最大化其潜在的最终分数。

如果极大玩家选择底部右侧，则极小玩家可以选择顶部中间或底部中间位置。这里的选择介于 0 和 1 分之间。因为极小玩家的目标是尽量拉低极大玩家的得分，所以极小玩家会选择底部中部。这意味着游戏以平局结束，这是两个最佳玩家玩井字游戏的期待结果。

代码清单 4.5 中极大极小算法的实现会针对极小玩家行为和极大玩家行为使用不同的

函数。这两个函数首先会测试节点是否为叶节点，在这种情况下，GetScore 函数会计算出得分。接下来，两个函数会使用递归来确定最好的子树。对于极大玩家而言，最可行的子树会产生最高的值。同样，极小玩家也会寻找具有最低值的子树。

代码清单 4.5　MaxPlayer 函数和 MinPlayer 函数

```cpp
float MaxPlayer(const GTNode* node)
{
    // If this is a leaf, return score
    if (node->mChildren.empty())
    {
        return GetScore(node->mState);
    }
    // Find the subtree with the maximum value
    float maxValue = -std::numeric_limits<float>::infinity();

    for (const GTNode* child : node->mChildren)
    {
        maxValue = std::max(maxValue, MinPlayer(child));
    }
    return maxValue;
}

float MinPlayer(const GTNode* node)
{
    // If this is a leaf, return score
    if (node->mChildren.empty())
    {
        return GetScore(node->mState);
    }
    // Find the subtree with the minimum value
    float minValue = std::numeric_limits<float>::infinity();
    for (const GTNode* child : node->mChildren)
    {
        minValue = std::min(minValue, MaxPlayer(child));
    }
    return minValue;
}
```

调用根节点上的 MaxPlayer 函数可为极大玩家返回最好的分数。但是，这并不会指出接下来哪一步是最佳步骤，这也是 AI 玩家想要知道的。确定最佳步骤的代码位于单独的 MinimaxDecide 函数中，如代码清单 4.6 所示。MinimaxDecide 函数类似于 MaxPlayer 函数，只是前者会跟踪哪个子节点会产生最佳值。

代码清单 4.6　MinimaxDecide 函数的实现

```cpp
const GTNode* MinimaxDecide(const GTNode* root)
{
    // Find the subtree with the maximum value, and save the choice
    const GTNode* choice = nullptr;
    float maxValue = -std::numeric_limits<float>::infinity();
    for (const GTNode* child : root->mChildren)
    {
```

```
      float v = MinPlayer(child);
      if (v > maxValue)
      {
         maxValue = v;
         choice = child;
      }
   }
   return choice;
}
```

4.3.2　处理不完整的游戏树

正如本章前面内容所提到的，生成完整的游戏树并不总是可行的。值得庆幸的是，可以通过修改极小极大算法代码来解释不完整的游戏树。首先，函数必须在游戏状态上而不是在节点上运行。其次，代码不是遍历子节点，而是遍历来自给定状态的下一个可能移动步骤。这些修改意味着极小极大算法会在执行期间生成游戏树，而不是提前生成。

如果游戏树太大，如在国际象棋游戏中，则仍然无法生成完整的游戏树。就像专家棋手也只能提前看到 8 步棋一样，人工智能需要限制其游戏树的深度。这意味着代码会将一些节点视为叶节点，即使这些节点并非游戏的终止状态。

要做出明智的决策，极小极大算法需要知道这些非终止状态有多好。但是，与终止状态不同，无法知道确切分数。因此，评分函数需要一个可粗略估计非终止状态质量的 heuristic 函数组件。这也意味着得分目前是范围值，而不是像井字游戏的{-1,0,1}三元选择。

重要的是，添加 heuristic 函数组件意味着极小极大算法不能保证做出最佳决策。heuristic 函数算法会粗略估计游戏状态的质量，但无法知道这个粗略估计值会有多准确。使用一个不完整的游戏树，通过极小极大算法所选择的移动步骤很可能不是最理想的，并且最终会导致失败。

代码清单 4.7 给出了 MaxPlayerLimit 函数的实现（需要针对其他函数做出类似修改）。此代码假定 GameState 有 3 个成员函数：IsTerminal、GetScore 和 GetPossibleMoves。如果状态是结束状态，则 IsTerminal 函数返回 true。GetScore 函数要么返回非终止状态的 heuristic 函数，要么返回终止状态的得分。GetPossibleMoves 函数则返回当前状态下一个移动步骤的游戏状态向量。

代码清单 4.7　MaxPlayerLimit 函数的实现

```
float MaxPlayerLimit(const GameState* state, int depth)
{
   // If this is terminal or we've gone max depth
   if (depth == 0 || state->IsTerminal())
   {
      return state->GetScore();
   }
   // Find the subtree with the max value
```

```
float maxValue = -std::numeric_limits<float>::infinity();
for (const GameState* child : state->GetPossibleMoves())
{
    maxValue = std::max(maxValue, MinPlayer(child, depth - 1));
}
return maxValue;
}
```

heuristic 函数会因游戏而异。例如，一个简单的国际象棋 heuristic 函数可能会计算出每个玩家拥有的棋子数量，用权力（power）来对棋子加权。然而，这种简单 heuristic 函数算法的缺点是：为了长远目标，需要牺牲一下短期目标。其他 heuristic 函数算法可能会考虑对棋盘中心、国王安全或女王机动性的控制。最终，多个不同因素会影响到 heuristic 函数算法。

更复杂的 heuristic 函数算法则需要更多的计算。大多数游戏都会为 AI 移动制订某种时间限制。例如，国际象棋游戏的 AI 可能只有 10 秒的时间用于决定下一步该怎么走。因此，就需要在所探索的深度和 heuristic 函数算法复杂性之间寻求一种平衡。

4.3.3　α-β 剪枝算法

α-β 剪枝算法是极小极大算法的一种优化形式，该优化形式通常能减少所评估的节点数量。实际上，这意味着可以在不增加计算时间的基础上，增加所探索的最大深度。

图 4-13 显示了一个通过 α-β 剪枝算法进行了简化的游戏树。假定按照从左到右的顺序对兄弟节点进行评估，极大玩家会首先检查子树 B。然后，极小玩家会看到值为 "5" 的叶节点，这意味着极小玩家可以在 "5" 和其他值之间做出选择。如果这些其他值都大于 "5"，则极小玩家显然会选择 "5"。这意味着子树 B 的上限为 "5"，但下限为负无穷大。极小玩家会继续探索并看到值为 "0" 的叶节点，这种情况下，极小玩家会选择该叶节点，因为对其而言，想要的尽可能小的得分。

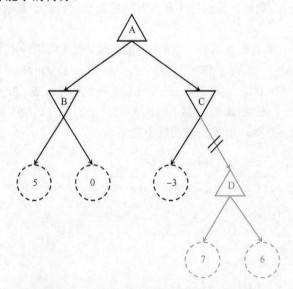

图 4-13　通过 α-β 剪枝算法简化的游戏树

控制返回到极大玩家函数，该函数现在知道子树 B 的值为 "0"。接下来，极大玩家会检查子树 C。极小玩家会首先看到值为 "－3" 的叶节点。如前所述，这意味着子树 C 的上限为 "－3"。但已经知道子树 B 的值为 "0"，优于 "－3"。这意味着对极大玩家而言，子树 C 不可能比子树 B 更好。α-β 剪枝算法会识别到这一点，因此，就不会再检查 C 的任何其他子节点。

α-β 剪枝算法增加了两个额外变量，分别为 α 和 β。对于当前级别或更高级别的极大玩家而言，α 是最佳分数。相反，对于当前级别或更高级别的极小玩家而言，β 是最佳分数。换句话说，α 和 β 是得分的下限和上限。

最初，α 是负无穷大，β 是正无穷大——这是两个玩家最糟糕的可能值。在代码清单 4.8 中，AlphaBetaDecide 函数将 α 和 β 初始化为这些值，然后通过调用 AlphaBetaMin 函数来递归。

代码清单 4.8 AlphaBetaDecide 函数的实现

```cpp
const GameState* AlphaBetaDecide(const GameState* root, int maxDepth)
{
   const GameState* choice = nullptr;
   // Alpha starts at negative infinity, beta at positive infinity
   float maxValue = -std::numeric_limits<float>::infinity();
   float beta = std::numeric_limits<float>::infinity();
   for (const GameState* child : root->GetPossibleMoves())
   {
      float v = AlphaBetaMin(child, maxDepth - 1, maxValue, beta);
      if (v > maxValue)
      {
         maxValue = v;
         choice = child;
      }
   }
   return choice;
}
```

如代码清单 4.9 所示，AlphaBetaMax 函数的实现依赖于 MaxPlayerLimit 函数。如果在任何迭代中，最大值大于或等于 β，则意味着得分不会比先前的上限更好。那么，没有必要再测试其余的兄弟节点，此时函数会返回。反之，如果最大值大于 α，则将增加 α 的下限。

代码清单 4.9 AlphaBetaMax 函数的实现

```cpp
float AlphaBetaMax(const GameState* node, int depth, float alpha,
                   float beta)
{
   if (depth == 0 || node->IsTerminal())
   {
      return node->GetScore();
   }
   float maxValue = -std::numeric_limits<float>::infinity();
   for (const GameState* child : node->GetPossibleMoves())
   {
      maxValue = std::max(maxValue,
```

```
        AlphaBetaMin(child, depth - 1, alpha, beta));
    if (maxValue >= beta)
    {
        return maxValue; // Beta prune
    }
    alpha = std::max(maxValue, alpha); // Increase lower bound
    }
    return maxValue;
}
```

同样，代码清单 4.10 所示的 AlphaBetaMin 函数会检查最小值是否小于或等于 α。在这种情况下，得分不会好过下限，所以函数会返回。然后，根据需要会减少 β 的上限。

代码清单 4.10　AlphaBetaMin 函数的实现

```
float AlphaBetaMin(const GameState* node, int depth, float alpha,
                   float beta)
{
    if (depth == 0 || node->IsTerminal())
    {
        return node->GetScore();
    }
    float minValue = std::numeric_limits<float>::infinity();
    for (const GameState* child : node->GetPossibleMoves())
    {
        minValue = std::min(minValue,
            AlphaBetaMax(child, depth - 1, alpha, beta));
        if (minValue <= alpha)
        {
            return minValue; // Alpha prune
        }
        beta = std::min(minValue, beta); // Decrease upper bound
    }
    return minValue;
}
```

请注意，子节点的评估顺序会影响被剪枝的节点数量。这意味着即使在一致的深度限度下，不同的起始状态也会产生不同的执行时间。如果 AI 具有固定的时间限制，则可能会存在问题；不完整的搜索意味着 AI 不知道要采取什么步骤。一种解决方案是**迭代深化**，该方法会多次运行算法以增加的深度限制。例如，首先使用深度限制 3 来运行 α-β（剪枝）算法，这会产生一些基线移动（步骤）。然后，运行深度限制 4，然后 5……直到时间用完为止。此时，代码会从前一次迭代返回到移动。这会保证即使时间耗尽，还是可以使用某个步骤。

4.4　游戏项目

如图 4-14 所示，本章的游戏项目是一款塔防游戏。在这种风格的游戏中，敌人会尝试从左侧的起始图块（tile）开始移向右侧的结束图块。最初，敌人会从左向右沿直线移动。

然而，玩家可以在网格中的方格上（包括包含路径的地方）建造一些塔，这会使得路径方向根据需要围绕着这些塔发生变化。本章的相关代码可以从本书的配套资源中找到（位于第 4 章子目录中）。在 Windows 环境下，打开 Chapter04-windows.sln；在 Mac 环境下，打开 Chapter04-mac.xcodeproj。

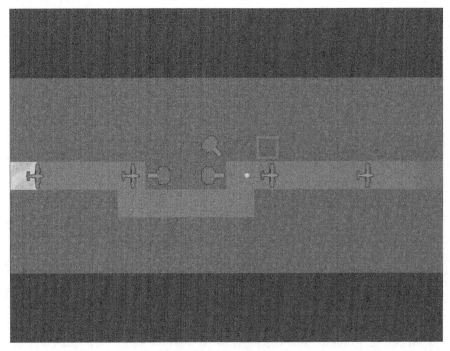

图 4-14　第 4 章游戏项目

使用鼠标单击并选择图块。在选择一个图块后，使用 B 键建造一座塔。敌方飞机会使用 A *寻路算法在塔附近寻找路径。所建造的每个新塔都会根据需要改变路径。为了确保玩家不会完全拦截住敌人，当玩家要求建造一座塔时，代码会首先确保仍能给敌人留出一条路径。如果一座塔会完全拦截住了道路，则游戏不会允许玩家建造这座塔。

作为一种简化，游戏项目中的 Tile 类会包含所有图形信息，以及 A *搜索所使用的临时数据。创建所有图块和初始化图形的代码位于 Grid 类的构造函数中。Grid 类还包含可以运行实际 A *搜索的 FindPath 函数。

为了完整起见，本章的源代码还在一个单独 Search.cpp 文件的文本中包含了所涵盖的搜索和极小极大算法版本。此外，源代码还包括 AIState 函数和 AIComponent 函数的实现，即使游戏项目中没有 actor 使用这些特征。

4.5　总结

人工智能（AI）是一个涉及许多不同子领域的深刻主题。使用状态机是为游戏中 AI 控制角色赋予行为的一种有效方法。尽管交换机是状态机的最简单实现，但状态设计模式可以通过使每个状态成为单独的类来增加灵活性。

寻路算法会找到游戏世界中两点之间的最短路径。首先，要针对游戏世界制订一个图形表示法。对于方形网格，这很简单，但其他游戏则会使用路径节点或导航网格。对于无权图，广度优先搜索算法可保证找到最短路径（如果存在的话）。但对于加权图，需要通过其他算法（如 A＊算法或迪杰斯特拉算法）来查找最短路径。

对于双人对抗回合制游戏，如跳棋或国际象棋，游戏树表示从当前游戏状态开始的可能移动顺序。极小极大算法假定当前玩家的目标是最大化其得分，而对手的目标是最小化当前玩家的得分。α-β（剪枝）算法可优化极大极小算法，尽管对于大多数游戏而言，游戏树必须具有深度限制。

4.6　补充阅读材料

许多资源都涉及 AI 技术。Stuart Russell 和 Peter Norvig 的书是深受读者欢迎的 AI 文本，里面涵盖了许多技术，虽然只有一些适用于游戏。Mat Buckland 的书虽然有些年头了，但里面包含着许多有用的游戏 AI 主题。Steve Rabin 的《Game AI Pro》系列丛书中有许多由不同游戏 AI 开发人员所编写的有趣文章。

对于导航网格，Stephen Pratt 的文章深度介绍了从水平几何开始，生成导航网格的步骤。Recast 项目提供了导航网格生成和寻路算法的开源实现。

- Mat Buckland. Programming Game AI by Example. Plano: Wordware Publishing, 2005. Mononen, Mikko. "Recast Navigation Mesh Toolkit." Accessed July 7, 2017.
- Stephen Pratt. "Study: Navigation Mesh Generation." Accessed July 7, 2017.
- Steve Rabin, Ed. Game AI Pro 3: Collected Wisdom of Game AI Professionals. Boca Raton: CRC Press, 2017.
- Stuart Russell, and Peter Norvig. Artificial Intelligence: A Modern Approach, 3rd edition. Upper Saddle River: Pearson, 2009.

4.7　练习题

本章的两道练习题会实现本章游戏项目中尚未用到的技巧。第一道练习题检查状态机，第二道练习题针对 4 连胜的游戏使用 α-β 剪枝算法。

4.7.1　练习题 1

根据本章的相关代码，更新 Enemy 类或 Tower 类（或更新二者），以便使用 AI 状态机。首先，考虑 AI 应该具有哪些行为，并设计状态机图形。接下来，使用所提供的 AIComponent

和 AIState 基本类，来实现这些行为。

4.7.2 练习题 2

在一个 4 合一的游戏中，玩家有一个 6 行 7 列的垂直网格。两名玩家轮流将一个棋子放在一列的顶部，然后棋子滑落到该列中的最低空挡位置。游戏继续进行，直到一个玩家在水平、垂直或对角线上得到连续 4 个棋子。

练习题 2 中的开始代码允许人类玩家通过单击来做出移动。在起始代码中，AI 会随机选择一组有效移动。修改 AI 代码，使其使用具有深度截断的 α–β 剪枝算法。

开放图形库（OpenGL）

本章将深入介绍如何在游戏中使用 OpenGL 作图形处理。本章涵盖许多主题，包括初始化 OpenGL、使用三角形、编写着色器程序、使用矩阵进行变换以及添加对纹理的支持。本章的游戏项目将转换第 3 章中的游戏项目，使其应用 OpenGL 对所有图形进行渲染。

5.1 初始化 OpenGL

虽然 SDL 渲染器（renderer）支持 2D 图形，但它并不支持 3D 图形。因此，要切换到本书后续章节所要使用的 3D 图形，游戏程序员需要从 SDL 2D 图形库切换到既支持 2D 图形，又支持 3D 图形的一个不同的程序库。

本书使用了 OpenGL 库。OpenGL 库是一个有着近 25 年历史的跨平台 2D/3D 图像的行业标准库。毋庸置疑，在多年的存续时间内，此图形库经历了多方面的演化。OpenGL 库的原始版本所使用的函数集与现代库中的函数集合非常不同。本书使用了 OpenGL 3.3 及以下版本的函数。

> **警告**
>
> OpenGL 的先前版本跟当前版本存在很大不同，因此读者在查阅任何在线 OpenGL 参考时要格外注意，因为很多在线参考都是针对旧版本的 OpenGL 的。

本章的目标是将第 3 章中的游戏项目从 SDL 图形变换为 OpenGL 图形。在代码中需要采取很多步骤才能完成该目标。本节将介绍配置和初始化 OpenGL 的步骤，并介绍一个名为 GLEW 的助手库。

5.1.1 设置 OpenGL 窗口

要使用 OpenGL，游戏程序员必须摒弃前面章节中针对 SDL_Renderer 的用法。因此，游戏程序员需要删除对 SDL_Renderer 的所有引用，包括 Game 类中的 mRenderer 变量、对 SDL_CreateRenderer 函数的调用，以及在 GenerateOuput 函数中对任何 SDL 函数的任何调用。这也意味着如果不更改 SpriteComponent 类的代码（依赖于 SDL_Renderer），则无法使用该类。目前，在 OpenGL 库对应的代码启动并运行之前，需要注释掉 `Game::GenerateOutput` 函数中的所有代码。

在 SDL 库中，如果在代码中要创建一个窗口，可以通过传入 `SDL_WINDOW_OPENGL` 标志，并将其作为 `SDL_CreateWindow` 函数调用的最后一个参数，来请求使用 OpenGL 窗口：

```
mWindow = SDL_CreateWindow("Game Programming in C++ (Chapter 5)", 100, 100,
    1024, 768, SDL_WINDOW_OPENGL);
```

创建 OpenGL 窗口之前，在代码中可以请求设置 SDL 窗口的属性，例如 OpenGL 版本、颜色深度和其他几个参数。要设置这些参数，可使用 `SDL_GL_SetAttribute` 函数：

```
// Set OpenGL window's attributes (use prior to creating the window)
// Returns 0 if successful, otherwise a negative value
SDL_GL_SetAttribute(
    SDL_GLattr attr, // Attribute to set
    int value        // Value for this attribute
);
```

在 `SDL_GLattr` 枚举中有多个不同的属性，但本章只使用了其中一部分。要设置这些属性，需要在 `Game::Initialize` 函数中，在调用 `SDL_CreateWindow` 函数之前的位置，添加代码清单 5.1 中的代码。这段代码设置了多个属性。首先，它会请求设置核心的 OpenGL 配置。

> **注释**
> OpenGL 支持 3 种主要配置：核心、兼容性和 ES。核心配置是针对桌面环境推荐的默认配置。核心和兼容性配置之间的唯一区别是：兼容性配置允许程序调用已被弃用的 OpenGL 函数，而 OpenGL ES 配置适用于移动开发。

代码清单 5.1 请求 OpenGL 属性

```
// Use the core OpenGL profile
SDL_GL_SetAttribute(SDL_GL_CONTEXT_PROFILE_MASK,
                    SDL_GL_CONTEXT_PROFILE_CORE);
// Specify version 3.3
SDL_GL_SetAttribute(SDL_GL_CONTEXT_MAJOR_VERSION, 3);
SDL_GL_SetAttribute(SDL_GL_CONTEXT_MINOR_VERSION, 3);
// Request a color buffer with 8-bits per RGBA channel
SDL_GL_SetAttribute(SDL_GL_RED_SIZE, 8);
SDL_GL_SetAttribute(SDL_GL_GREEN_SIZE, 8);
SDL_GL_SetAttribute(SDL_GL_BLUE_SIZE, 8);
SDL_GL_SetAttribute(SDL_GL_ALPHA_SIZE, 8);
// Enable double buffering
SDL_GL_SetAttribute(SDL_GL_DOUBLEBUFFER, 1);
// Force OpenGL to use hardware acceleration
SDL_GL_SetAttribute(SDL_GL_ACCELERATED_VISUAL, 1);
```

接下来的两个属性设置要求 OpenGL 版本为 3.3。虽然存在更新的版本，但 3.3 版本的 OpenGL 支持本书中所需的所有功能，并且具有与 ES 配置紧密对齐的功能集。因此，本书中的大多数代码也都适用于当前的移动设备。

下一个属性指定了每个通道的位元深度。在这种情况下，程序会请求设置 8 位/RGBA 通道（共 4 个通道），合计 32 位/像素。倒数第二个属性要求启用双缓冲区。最后一个属性要求使用硬件加速来运行 OpenGL。这意味着 OpenGL 渲染将在图形硬件（GPU）上运行。

5.1.2　OpenGL 上下文和初始化 GLEW

一旦设置了 OpenGL 属性并创建了窗口，下一步便是创建一个 OpenGL 上下文。将上下文看作 OpenGL 的"世界"，其中包含着 OpenGL 所知道的每一项，例如色彩缓冲区、加载的任何图像或模型，以及任何其他 OpenGL 对象。虽然在一个 OpenGL 程序中可以有多个上下文，但本书只针对其中一个展开讨论。

要创建上下文，首先要将以下成员变量添加到 Game 类中：

```
SDL_GLContext mContext;
```

接下来，在用 SDL_CreateWindow 函数创建 SDL 窗口后，立即添加下面一行代码，该代码行会创建一个 OpenGL 上下文，并将其保存到成员变量中：

```
mContext = SDL_GL_CreateContext(mWindow);
```

与创建和删除窗口一样，需要在析构函数中删除 OpenGL 上下文。为此，要在调用 SDL_DeleteWindow 函数之前，将以下代码行添加到 Game :: Shutdown 函数中：

```
SDL_GL_DeleteContext(mContext);
```

虽然目前该程序创建了一个 OpenGL 环境，但游戏程序员必须通过最后一个障碍，才能访问到全部 OpenGL 3.3 功能。OpenGL 支持向后兼容扩展系统。通常情况下，游戏程序员必须手动查询想要的任何扩展，这很枯燥。为简化这个过程，游戏程序员可以使用名为 **OpenGL Extension Wrangler Library**（GLEW）的开源库。通过简单的函数调用，GLEW 便可自动初始化当前 OpenGL 上下文版本所支持的所有扩展函数。因此，在这种情况下，GLEW 会初始化 OpenGL 3.3 及更早版本所支持的所有扩展功能。

要初始化 GLEW，应在创建 OpenGL 上下文之后，立即添加以下代码段：

```
// Initialize GLEW
glewExperimental = GL_TRUE;
if (glewInit() != GLEW_OK)
{
    SDL_Log("Failed to initialize GLEW.");
    return false;
}
// On some platforms, GLEW will emit a benign error code,
// so clear it
glGetError();
```

glewExperimental 代码行可防止在某些平台上使用核心配置时可能发生的初始化错误。此外，由于某些平台在初始化 GLEW 时会发出良性错误代码，因此对 glGetError 函数的调用会帮助清除这类错误代码。

> **注释**
>
> 在运行 OpenGL 3.3 版时，一些具有集成显卡（2012 年或更早时间）的旧 PC 机可能会遇到问题。在这种情况下，游戏程序员可以尝试两种方法：升级更新到较新的显卡驱动程序，或者使用 OpenGL 版本 3.1。

5.1.3　渲染帧

现在，需要将 Game :: GenerateOutput 函数中的清空、绘制场景和交换缓冲区过程变换为使用 OpenGL 函数：

```
// Set the clear color to gray
glClearColor(0.86f, 0.86f, 0.86f, 1.0f);
// Clear the color buffer
glClear(GL_COLOR_BUFFER_BIT);

// TODO: Draw the scene

// Swap the buffers, which also displays the scene
SDL_GL_SwapWindow(mWindow);
```

此代码首先会将清除颜色设置为 86％红色、86％绿色、86％蓝色和 100% alpha，这会产生灰色。带有 GL_COLOR_BUFFER_BIT 参数的 glClear 函数调用会将色彩缓冲区清除为指定颜色。最后，SDL_GL_SwapWindow 函数调用会将前端色彩缓冲区和后端色彩缓冲区进行交换。此时，因为尚未绘制 SpriteComponents 组件，所以运行游戏会产生灰色屏幕。

5.2　三角形基础

2D 和 3D 游戏的图形需求似乎没有太多不同。正如第 2 章中所述，大多数 2D 游戏都使用精灵作为 2D 角色。换句话说，3D 游戏具有模拟的 3D 环境，可以按照某种方法将其平面化成一个能够在屏幕上显示的 2D 图像。

早期的 2D 游戏可以简单地将精灵图像复制到色彩缓冲区所期望的位置。该过程被称为"块传输（blitting）"，这在基于精灵的游戏机（如任天堂娱乐系统 NES）上非常适用。然而，现代图形硬件在块传输方面却显得效率低下，但在多边形渲染方面则非常高效。正因如此，几乎所有现代游戏，无论是 2D 游戏还是 3D 游戏，最终都会使用多边形来满足其对图形的需求。

5.2.1　为何选择多边形

计算机可以通过多种方式模拟 3D 环境。由于诸多原因，使得多边形在游戏中备受欢迎。与其他 3D 图形技术相比，多边形在运行时不需要进行很多计算。此外，多边形是可扩展的：在功能较弱的硬件上运行游戏可以简单地使用具有较少多边形的 3D 模型。而且，重要的是，大多数 3D 对象都可以用多边形来表示。

三角形是大多数游戏的首选多边形。三角形是最简单的多边形，只需要 3 个点（或顶点）便可创建一个三角形。此外，三角形只能位于单一平面上。换句话说，三角形的 3 个点必须是**共面的**。最后，三角形可以很容易地实现**分解拼接**，这意味着将任何复杂的 3D

对象分解成许多三角形是一个相对简单的过程。本章的其余内容会讨论三角形，但所讨论的技术也同样适用于其他多边形（如正方形），前提是它们要保持共面属性。

2D 游戏使用三角形表示精灵的方法是：绘制一个矩形，并使用图像文件中的色彩填充矩形。在本章最后，我们会针对这个问题展开更加详细的讨论。

5.2.2　标准化设备坐标

要绘制三角形，必须指定其 3 个顶点的坐标。回想一下，在 SDL 中，屏幕的左上角是(0, 0)，向右是 x 坐标正值，向下是 y 坐标正值。更普遍的情况是，坐标空间指定原点所在的位置，以及其坐标增加的方向。坐标空间的**基向量**是坐标增加的方向。

基本几何体的一种坐标空间的例子是**笛卡儿坐标系**，如图 5-1 所示。在 2D 笛卡儿坐标系中，原点(0, 0)有一个特定点（通常是中心），向右是 x 坐标正值，向上是 y 坐标正值。

标准化设备坐标（NDC）是 OpenGL 所使用的默认坐标系。给定一个 OpenGL 窗口，窗口的中心是标准化设备坐标中的原点。此外，左下角是（−1，−1），右上角是（1，1）。

这与窗口的宽度和高度无关（因此才被称为"标准化设备坐标"）。在内部，图形硬件随后会将这些 NDC 变换为窗口中的相应像素。

例如，要在窗口中心绘制具有单位长度边线的正方形，需要两个三角形。第一个三角形有顶点(−0.5, 0.5)、(0.5, 0.5)和(0.5, −0.5)，第二个三角形有顶点(0.5, −0.5)、(−0.5, −0.5)和(−0.5, 0.5)。图 5-2 展示了这个正方形。请记住，如果窗口的长度和宽度不一致，那么标准化设备坐标中的正方形看起来就不会像屏幕上的正方形。

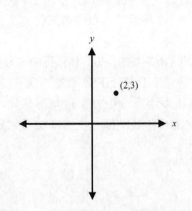

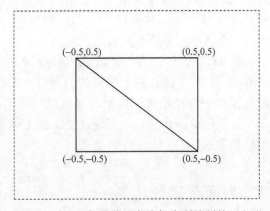

图 5-1　在笛卡儿坐标系(2, 3)处所绘制的点　　**图 5-2**　在 2D 标准化设备坐标中所绘制的正方形

在 3D 中，标准化设备坐标的 z 分量也在［−1, 1］的范围内，z 坐标正值表示进入屏幕。现在，需要保持 z 值为零。在第 6 章中，我们将会针对 3D 做出更加详细的探讨。

5.2.3　顶点和索引缓冲区

如果有一个由许多三角形组成的 3D 模型，那么需要一些方法将这些三角形的顶点存储在内存中。最简单的方法是将每个三角形的坐标直接存储在连续的数组或缓冲区中。例如，假定 3D 坐标，下面的数组包含着图 5-2 所示的两个三角形的顶点：

```
float vertices[] = {
    -0.5f,   0.5f,  0.0f,
     0.5f,   0.5f,  0.0f,
     0.5f,  -0.5f,  0.0f,
     0.5f,  -0.5f,  0.0f,
    -0.5f,  -0.5f,  0.0f,
    -0.5f,   0.5f,  0.0f,
};
```

即使在这个简单的例子中，顶点数组也会有一些重复数据。具体而言，坐标（−0.5, 0.5, 0.0）和（0.5, −0.5, 0.0）出现了两次。如果有办法删除这些重复项，就可以将存储在缓冲区中值的数量减少 33%。这样的话，需存储的数值不再是 12 个，而是只有 8 个。假设每个单精度浮点数使用 4 个字节，通过删除重复项，可以节省 24 个字节的内存。这看起来可能微不足道，但想象一下如果是一个具有 20000 个三角形的更大模型，会怎样？在这种情况下，因重复坐标而浪费的内存量会很高。

这个问题的解决方案分两个部分。首先，需要创建一个只包含 3D 几何体所使用的唯一坐标的顶点缓冲区。其次，为了指定每个三角形的顶点，在代码中需要创建**索引缓冲区**，并将每个三角形的顶点索引到这个缓冲区内（跟索引到数组中非常相像）。被恰当命名的索引缓冲区包含针对每个三角形的索引，以 3 个为一组。对于此示例中的演示正方形，需要以下顶点缓冲区和索引缓冲区：

```
float vertexBuffer[] = {
    -0.5f,    0.5f,  0.0f,  // vertex 0
     0.5f,    0.5f,  0.0f,  // vertex 1
     0.5f,   -0.5f,  0.0f,  // vertex 2
    -0.5f,   -0.5f,  0.0f   // vertex 3
};
unsigned short indexBuffer[] = {
    0,  1,  2,
    2,  3,  0
};
```

例如，第一个三角形具有顶点 0、顶点 1 和顶点 2，这 3 个点分别对应于坐标（−0.5, 0.5, 0.0）（0.5, 0.5, 0.0）和（0.5, −0.5, 0.0）。请记住，索引是顶点编号，不是浮点元素（例如，是编号为 1 的顶点，而不是数组的"索引 2"）。另请注意，此代码对索引缓冲区使用无符号短整型（通常为 16 位），这会减少索引缓冲区的内存占用。在代码中可以使用更小位的整数来保存索引缓冲区中的内存。

在这个例子中，顶点/索引缓冲区组合为 12×4 + 6×2，即总共 60 个字节。此外，如果在例子中使用三角形的原始顶点进行描述，则需要 72 个字节。虽然在该例子中仅节省了 20% 的空间，但通过使用顶点/索引缓冲区组合，将会为更复杂的模型节省更多的内存空间。

要使用顶点和索引缓冲区，就必须让 OpenGL 知道它们。OpenGL 会使用**顶点数组对象**来封装顶点缓冲区、索引缓冲区和顶点布局。**顶点布局**会指定模型中每个顶点要存储哪些数据。现在，假设顶点布局是一个 3D 位置（如果想要使用 2D 中的一些内容，只要使用 0.0f 的 z 分量即可）。在本章后面的部分，需要向每个顶点添加其他数据。

因为任何模型都需要顶点数组对象，所以将模型的行为封装在 VertexArray 类中是有意义的做法。代码清单 5.2 给出了该类的声明。

代码清单 5.2   VertexArray 类的声明

```
class VertexArray
{
public:
    VertexArray(const float* verts, unsigned int numVerts,
        const unsigned int* indices, unsigned int numIndices);
    ~VertexArray();

    // Activate this vertex array (so we can draw it)
    void SetActive();

    unsigned int GetNumIndices() const { return mNumIndices; }
    unsigned int GetNumVerts() const { return mNumVerts; }
private:
    // How many vertices in the vertex buffer?
    unsigned int mNumVerts;
    // How many indices in the index buffer
    unsigned int mNumIndices;
    // OpenGL ID of the vertex buffer
    unsigned int mVertexBuffer;
    // OpenGL ID of the index buffer
    unsigned int mIndexBuffer;
    // OpenGL ID of the vertex array object
    unsigned int mVertexArray;
};
```

VertexArray 类的构造函数可接收指向顶点和索引缓冲区数组的指针，继而该函数能够将数据移交给 OpenGL（最终会将数据加载到图形硬件上）。请注意，VertexArray 类的成员数据包含着顶点缓冲区、索引缓冲区和顶点数组对象的几个无符号整数。这是因为 OpenGL 不会返回指向其所创建对象的指针。相反，只会得到 OpenGL 返回的一个整数 ID 号。请记住，ID 号在不同类型的对象中不是唯一的。因此，顶点和索引缓冲区的 ID 很可能为 1，因为 OpenGL 认为它们是不同类型的对象。

VertexArray 类构造函数的实现过程非常复杂。首先，要创建顶点数组对象，并将其 ID 存储在 mVertexArray 成员变量中：

```
glGenVertexArrays(1, &mVertexArray);
glBindVertexArray(mVertexArray);
```

一旦有了顶点数组对象，就可以创建一个顶点缓冲区：

```
glGenBuffers(1, &mVertexBuffer);
glBindBuffer(GL_ARRAY_BUFFER, mVertexBuffer);
```

glBindBuffer 函数的 GL_ARRAY_BUFFER 参数表示代码打算将缓冲区用作顶点缓冲区。

有了顶点缓冲区后，需要把作为参数传递给 VertexArray 构造函数的顶点数据复制到此顶点缓冲区中。要复制数据，应使用 glBufferData 函数，该函数带有多个参数：

```
glBufferData(
    GL_ARRAY_BUFFER,                    // The active buffer type to write to
```

```
    numVerts * 3 * sizeof(float),  // Number of bytes to copy
    verts,                         // Source to copy from (pointer)
    GL_STATIC_DRAW                 // How will we use this data?
);
```

请注意，不要将对象 ID 传递给 glBufferData 函数；相反，应该要指定写入当前绑定缓冲区类型。在这种情况下，GL_ARRAY_BUFFER 表示使用刚刚创建的顶点缓冲区。

对于第二个参数，要传入复制的字节数，该字节数等于每个顶点的数据量乘以顶点数。现在，可以假设每个顶点都包含(x, y, z) 3 个浮点数。

最后一个使用参数可指定代码想要如何使用缓冲区数据。参数 GL_STATIC_DRAW 的用法表示只想加载一次数据，并且频繁使用该数据进行绘图。

接下来，创建一个索引缓冲区。这与创建顶点缓冲区非常相似，只是创建索引缓冲区，需要指定与索引缓冲区相对应的 GL_ELEMENT_ARRAY_BUFFER 的类型：

```
glGenBuffers(1,  &mIndexBuffer);
glBindBuffer(GL_ELEMENT_ARRAY_BUFFER,  mIndexBuffer);
```

然后，将索引数据（indices data）复制到索引缓冲区中：

```
glBufferData(
    GL_ELEMENT_ARRAY_BUFFER,            // Index buffer
    numIndices * sizeof(unsigned int),  // Size of data
    indices,  GL_STATIC_DRAW);
```

请注意，此处的类型为 GL_ELEMENT_ARRAY_BUFFER，并且因为这是索引在此处使用的类型，所以其大小等于索引的数量乘以无符号整数（unsigned int）。

最后，必须指定顶点布局，即顶点属性。如前所述，当前布局是具有 3 个浮点值的位置。

要启用第一个顶点属性（属性 0），应使用 glEnableVertexAttribArray 函数：

```
glEnableVertexAttribArray(0);
```

然后，使用 glVertexAttribPointer 函数来指定属性的大小、类型和格式：

```
glVertexAttribPointer(
    0,                  // Attribute index (0 for first one)
    3,                  // Number of components (3 in this case)
    GL_FLOAT,           // Type of the components
    GL_FALSE,           // (Only used for integral types)
    sizeof(float) * 3,  // Stride (usually size of each vertex)
    0                   // Offset from start of vertex to this attribute );
```

因为位置是顶点属性 0，并且位置有 3 个分量(x, y, z)，所以前两个参数是 0 和 3。因为每个分量都是浮点（float）类型，所以还要指定 GL_FLOAT 类型。第 4 个参数仅与整数类型相关，因此，这里需要将其设置为 GL_FALSE。最后，**步幅**是连续的顶点属性之间的字节偏移量。但假定没有在顶点缓冲区进行填充（通常都没有），那么步幅就是每个顶点占用空间的大小。最后，偏移量为 0，因为这是仅有的属性。对于其他属性，必须为偏移量传入非 0 值。

VertexArray 类的析构函数会销毁顶点缓冲区、索引缓冲区和顶点数组对象：

```
VertexArray::~VertexArray()
{
    glDeleteBuffers(1, &mVertexBuffer);
    glDeleteBuffers(1, &mIndexBuffer);
    glDeleteVertexArrays(1, &mVertexArray);
}
```

最后，SetActive 函数调用 glBindVertexArray 函数，该函数只指定当前正在使用的顶点数组：

```
void VertexArray::SetActive()
{
    glBindVertexArray(mVertexArray);
}
```

Game::InitSpriteVerts 函数中的以下代码会创建一个 VertexArray 类的实例，并将此实例保存在名为 mSpriteVerts 的 Game 类的成员变量中：

```
mSpriteVerts = new VertexArray(vertexBuffer, 4, indexBuffer, 6);
```

这里的顶点和索引缓冲区变量是针对精灵方格的数组。在这种情况下，在顶点缓冲区中有 4 个顶点，在索引缓冲区中有 6 个索引（对应于方形中的两个三角形）。在本章后面部分，将使用此成员变量来绘制精灵，因为所有精灵最终都将使用相同的顶点。

5.3　着色器

在现代图形流水线上，在代码中并不是简单地输入顶点/索引缓冲区来绘制三角形，而是要指定绘制顶点的方式。例如，三角形应该是固定颜色吗？或者三角形应该使用来自纹理的颜色吗？在代码中想为绘制的每个像素执行光照计算吗？

因为在代码中可能想要使用许多技术来显示场景，所以没有真正“放之四海而皆准”的方法。为了实现更多的定制效果，图形 API（包括 OpenGL）可支持**着色器**（shader）**程序**——这是一个可在图形硬件上执行，以实现特定任务的小程序。重要的是，着色器是**单独的程序**，具有各自独立的主要功能。

> **注释**
>
> 着色器程序不使用 C ++编程语言。对于着色器程序，本书采用了 GLSL 编程语言。尽管从表面上看起来 GLSL 语言跟 C 语言很像，但 GLSL 语言具有许多特定的语义。本书不会一次性介绍所有 GLSL 的详细内容，而是根据需要，对概念进行介绍。

因为着色器是单独的程序，所以游戏程序员需要把它们写在单独的文件中。然后在 C ++代码中，需要告诉 OpenGL 何时编译和加载这些着色器程序，并指定希望 OpenGL 使用这些着色器程序做什么。

虽然游戏程序员能够在游戏中使用多种不同类型的着色器，但本书重点关注两个最重要的着色器：顶点着色器和片段（或像素）着色器。

5.3.1 顶点着色器

顶点着色器（vertex shader）程序对于所绘制的所有三角形的每个顶点都运行一次。顶点着色器接收顶点属性数据作为输入。然后，顶点着色器可以根据需要修改这些顶点属性。虽然现在不是很清楚为什么会想修改这些顶点属性，但是随着本章内容的继续深入，原因将会愈加清晰。

假设三角形有 3 个顶点，在代码中可以考虑每个三角形运行 3 次顶点着色器。但如果使用顶点和索引缓冲区，那么代码会减少调用顶点着色器，因为某些三角形会共享顶点。这是使用顶点和索引缓冲区取代顶点缓冲区的另一个优点。请注意，如果每帧多次绘制相同的模型，则每次绘制时的顶点着色器调用都是相互独立的。

5.3.2 片段着色器

在三角形的顶点经过顶点着色器处理之后，OpenGL 必须确定色彩缓冲区中的哪些像素与三角形相对应。将三角形变换为像素的过程即**光栅化过程**。光栅化算法很多，但现在的图形硬件会为我们完成光栅化过程。

片段着色器（fragment shader）或像素着色器（pixel shader）的任务是确定每个像素的颜色，因此，片段着色器程序会对每个像素执行至少一次处理。确定颜色时，可能会考虑表面的属性，例如纹理、颜色和材质。如果场景中有任何照明，则片段着色器也会进行照明计算。因为有很多潜在的计算，所以平均下来，3D 游戏在片段着色器中的代码要比在顶点着色器中的代码多得多。

5.3.3 编写基本着色器

虽然游戏程序员可以在 C ++程序代码中，通过使用硬编码加载字符串的方式来加载着色器程序，但应将它们放在单独的文件中。在本书中，顶点着色器文件使用 ".vert" 扩展名，片段着色器文件使用 ".frag" 扩展名。

由于这些着色器程序的源文件使用了不同的编程语言，因此将它们放置于各章的 Shaders 子目录中。例如，第 5 章的着色器目录包含了本章着色器的源文件。

Basic.vert 文件

Basic.vert 文件包含顶点着色器代码。请记住，此代码**不是** C ++代码。

每个 GLSL 着色器文件首先必须指定所使用的 GLSL 编程语言的版本。以下代码行代表与 OpenGL 3.3 版本相对应的 GLSL 版本：

```
#version 330
```

接下来，因为这是一个顶点着色器，所以必须为每个顶点指定顶点属性。这些属性应该与前面所创建的顶点数组对象的属性匹配，并且是顶点着色器的输入。但在 GLSL 语言中，main 函数不接收任何参数。相反，着色器输入参数看起来就像是用特殊的 in 关键字标记的全局变量。

目前，着色器程序只有一个输入参数变量——顶点的 3D 位置。以下代码行声明此输入参数变量：

```
in vec3 inPosition;
```

inPosition 变量的类型是 vec3，该类型与具有 3 个浮点类型值的向量相对应。这将包含与顶点位置相对应的 x、y 和 z 分量。可以通过点语法访问 vec3 向量的每个分量；例如，通过 inPosition.x 访问向量的 x 分量。

与 C / C ++程序一样，着色器程序有一个 main 主函数作为其入口点：

```
void main()
{
    // TODO: Shader code goes here
}
```

请注意，此处的 main 函数返回了 void。此外，GLSL 语言还会使用全局变量来定义着色器的输出。在这种情况下，着色器程序将使用一个名为 gl_Position 的内置变量来存储着色器的顶点位置输出。

目前，顶点着色器直接将顶点位置从 inPosition 复制到 gl_Position。但是，gl_Position 需要 4 个分量：标准的(x, y, z)坐标，加上被称为 w 分量的第 4 个分量。我们将在本章后面看一下这个 w 代表什么。现在，假设 w 始终为 1.0。要将变量 inPosition 从 vec3 类型变换为 vec4 类型，在代码中可以使用以下语法：

```
gl_Position = vec4(inPosition, 1.0);
```

代码清单 5.3 给出了完整的 Basic.vert 代码，该代码只是简单地沿着顶点位置进行复制，无须作任何修改。

代码清单 5.3　Basic.vert 代码

```
// Request GLSL 3.3
#version 330

// Any vertex attributes go here
// For now, just a position.
in vec3 inPosition;

void main()
{
    // Directly pass along inPosition to gl_Position
    gl_Position = vec4(inPosition, 1.0);
}
```

Basic.frag 文件

片段着色器的作用是计算当前像素的输出颜色。对于 Basic.frag 文件，代码会把所有像素硬编码为输出蓝色。

与顶点着色器一样，片段着色器始终以"#version"代码行开头。接下来，使用 out 变量说明符声明一个全局变量来存储输出颜色：

```
out vec4 outColor;
```

outColor 变量是与 RGBA 色彩缓冲区的 4 个分量相对应的 vec4。

接下来，要声明片段着色器程序的入口点。在 main 函数中，要将变量 outColor 设置为像素的所需颜色。蓝色的 RGBA 值为(0.0, 0.0, 1.0, 1.0)，这意味着在代码中可以使用以下赋值：

```
outColor = vec4(0.0, 0.0, 1.0, 1.0);
```

代码清单 5.4 给出了 Basic.frag 的完整源代码。

代码清单 5.4　Basic.frag 代码

```
// Request GLSL 3.3
#version 330

// This is output color to the color buffer
out vec4 outColor;

void main()
{
    // Set to blue
    outColor = vec4(0.0, 0.0, 1.0, 1.0);
}
```

5.3.4　加载着色器

一旦完成了单独着色器文件的编写，游戏程序员就必须在游戏的 C ++代码中加载这些着色器，以便让 OpenGL 了解它们。在较高层次，游戏程序员需要按照以下步骤操作：

（1）加载并编译顶点着色器；

（2）加载并编译片段着色器；

（3）将两个着色器链接在一起，合并为"着色器程序"。

加载着色器的步骤很多，因此最好是声明一个单独的 Shader 类，如代码清单 5.5 所示。

代码清单 5.5　初始的 Shader 类的声明

```
class Shader
{
public:
    Shader();
    ~Shader();
    // Load the vertex/fragment shaders with the given names
    bool Load(const std::string& vertName,
            const std::string& fragName);
    // Set this as the active shader program
    void SetActive();
private:
    // Tries to compile the specified shader
    bool CompileShader(const std::string& fileName,
```

```
                        GLenum shaderType, GLuint& outShader);
    // Tests whether shader compiled successfully
    bool IsCompiled(GLuint shader);
    // Tests whether vertex/fragment programs link
    bool IsValidProgram();
    // Store the shader object IDs
    GLuint mVertexShader;
    GLuint mFragShader;
    GLuint mShaderProgram;
};
```

注意，这里的成员变量是如何与着色器对象 ID 相对应的。这些变量的对象 ID 跟顶点和索引缓冲区非常相似（GLuint 只是无符号整数的 OpenGL 版本）。

在代码中可看到在 Shader 类的私有部分声明了 CompileShader 函数、IsCompiled 函数和 IsValidProgram 函数，因为这些函数都是 Load 函数所使用的辅助函数。这种封装函数的做法，会减少 Load 函数中的代码数量。

CompileShader 函数

CompileShader 函数有 3 个参数：要编译的着色器文件名称、着色器的类型和用于存储着色器 ID 的引用参数。返回值是一个 bool 类型的值，用以表示 CompileShader 函数是否成功。

代码清单 5.6 显示了 CompileShader 函数的实现，其中包括几个步骤：首先，要创建一个 ifstream 对象，用以加载文件；其次，要使用字符串流将文件的全部内容加载到单一的字符串"contents"中，并使用 c_str 函数获取 C 样式的字符串指针；再次，glCreateShader 函数调用会创建一个对应于着色器程序的 OpenGL 着色器对象（并将此对象 ID 保存在 outShader 中）。shaderType 参数可以是 GL_VERTEX_SHADER、GL_FRAGMENT_SHADER 或其他一些着色器类型。

glShaderSource 函数调用会指定包含有着色器源代码的字符串，glCompileShader 函数会编译着色器源代码。然后，使用 IsCompiled 辅助函数来验证着色器程序是否已编译。

如果编译过程中出现任何错误，包括无法加载着色器文件或无法编译着色器，CompileShader 函数都会输出错误消息，并返回 false。

代码清单 5.6　Shader :: CompileShader 函数的实现

```
bool Shader::CompileShader(const std::string& fileName,
    GLenum shaderType,
    GLuint& outShader)
{
    // Open file
    std::ifstream shaderFile(fileName);
    if (shaderFile.is_open())
    {
        // Read all the text into a string
        std::stringstream sstream;
        sstream << shaderFile.rdbuf();
        std::string contents = sstream.str();
        const char* contentsChar = contents.c_str();

        // Create a shader of the specified type
```

```
    outShader = glCreateShader(shaderType);
    // Set the source characters and try to compile
    glShaderSource(outShader, 1, &(contentsChar), nullptr);
    glCompileShader(outShader);

    if (!IsCompiled(outShader))
    {
        SDL_Log("Failed to compile shader %s", fileName.c_str());
        return false;
    }
}
else
{
    SDL_Log("Shader file not found: %s", fileName.c_str());
    return false;
}
return true;
}
```

IsCompiled 函数

代码清单 5.7 所示的 IsCompiled 函数可用于验证是否编译了着色器对象，如果没有编译，则输出编译错误消息。这样，游戏程序员就可以获得关于着色器为什么无法编译的一些信息。

代码清单 5.7　Shader :: IsCompiled 函数的实现

```
bool Shader::IsCompiled(GLuint shader)
{
    GLint status;
    // Query the compile status
    glGetShaderiv(shader, GL_COMPILE_STATUS, &status);
    if (status != GL_TRUE)
    {
        char buffer[512];
        memset(buffer, 0, 512);
        glGetShaderInfoLog(shader, 511, nullptr, buffer);
        SDL_Log("GLSL Compile Failed:\n%s", buffer);
        return false;
    }
    return true;
}
```

用 glGetShaderiv 函数查询编译状态，该状态作为整数型的编译状态码由函数返回。如果此状态码不是 GL_TRUE，则表示存在错误。如果发生错误，游戏程序员能够通过 glGetShaderInfoLog 函数获得可读的编译错误消息。

Load 函数

代码清单 5.8 中的 Load 函数会接收顶点着色器和片段着色器的文件名，然后会尝试编译这些着色器并将其链接在一起。

如代码清单 5.8 所示，在代码中使用 CompileShader 函数编译顶点着色器和片段着色器，然后将两者的对象 ID 分别保存在成员变量 mVertexShader 和 mFragShader 中。

如果其中任何一个着色器的 CompileShader 函数调用失败，则 Load 函数返回 false。

代码清单 5.8　Shader::Load 函数的实现

```
bool Shader::Load(const std::string& vertName,
                  const std::string& fragName)
{
    // Compile vertex and fragment shaders
    if (!CompileShader(vertName, GL_VERTEX_SHADER, mVertexShader) ||
        !CompileShader(fragName, GL_FRAGMENT_SHADER, mFragShader))
    {
        return false;
    }

    // Now create a shader program that
    // links together the vertex/frag shaders
    mShaderProgram = glCreateProgram();
    glAttachShader(mShaderProgram, mVertexShader);
    glAttachShader(mShaderProgram, mFragShader);
    glLinkProgram(mShaderProgram);

    // Verify that the program linked successfully
    if (!IsValidProgram())
    {
        return false;
    }
    return true;
}
```

　　在编译片段着色器和顶点着色器之后，要将这两个已编译着色器链接在第 3 个对象中，该对象被称为着色器程序。在绘制对象时，OpenGL 会使用当前活跃的着色器程序来渲染三角形。

　　使用 glCreateProgram 函数来创建着色器程序，其间，该函数会返回新着色器程序的对象 ID。接下来，使用 glAttachShader 函数将顶点着色器和片段着色器添加到通过上一行代码所创建的组合着色器程序中。然后，使用 glLinkProgram 函数将所有附着的着色器链接到最终的着色器程序中。

　　与着色器编译一样，要确定链接是否成功需要额外的函数调用，可以将确定链接是否成功的相关代码置于 IsValidProgram 辅助函数中。

IsValidProgram 函数

　　IsValidProgram 函数的代码与 IsCompiled 函数的代码非常相似，除了两个不同点：首先，IsValidProgram 函数不调用 glGetShaderiv 函数，而是调用 glGetProgramiv 函数：

```
glGetProgramiv(mShaderProgram, GL_LINK_STATUS, &status);
```

其次，IsValidProgram 函数会调用 glGetProgramInfoLog 函数，而不是 glGetShaderInfoLog 函数。

```
glGetProgramInfoLog(mShaderProgram, 511, nullptr, buffer);
```

SetActive 函数

SetActive 函数将着色器程序设置为活动的着色器程序：

```
void Shader::SetActive()
{
    glUseProgram(mShaderProgram);
}
```

在绘制三角形时，OpenGL 使用活动的着色器程序。

Unload 函数

Unload 函数只是删除着色器程序、顶点着色器和像素着色器：

```
void Shader::Unload()
{
    glDeleteProgram(mShaderProgram);
    glDeleteShader(mVertexShader);
    glDeleteShader(mFragShader);
}
```

将着色器添加到 Game 类中

通过使用 Shader 类，在代码中可以将类 Shader 的指针添加为 Game 类的成员变量：

```
class Shader* mSpriteShader;
```

这个变量被称为 mSpriteShader，因为最终游戏程序需要使用它来绘制精灵。LoadShaders 函数加载着色器源文件，并将着色器设置为活动状态：

```
bool Game::LoadShaders()
{
    mSpriteShader = new Shader();
    if (!mSpriteShader->Load("Shaders/Basic.vert", "Shaders/Basic.frag"))
    {
        return false;
    }
    mSpriteShader->SetActive();
}
```

在完成 OpenGL 和 GLEW 的初始化之后（在创建 mSpriteVerts 顶点数组对象之前），立即在 Game :: Initialize 函数中调用 LoadShaders 函数。

在完成三角形简单的顶点着色器和像素着色器创建及加载之后，游戏程序员最后可以尝试绘制一些三角形。

5.3.5　绘制三角形

如前所述，游戏程序员可以通过绘制屏幕上的三角形来绘制矩形的精灵。在代码中已经加载了单位正方形的顶点，以及一个能够绘制蓝色像素的基本着色器。和以前一样，游戏程序员想在 SpriteComponent 类的 Draw 函数中绘制精灵。

首先，要更改 SpriteComponent :: Draw 函数的声明，以便使它能接收 Shader
*，而非 SDL_Renderer *。其次，要通过调用 glDrawElements 函数来绘制一个正方形：

```
void SpriteComponent::Draw(Shader* shader)
{
    glDrawElements(
        GL_TRIANGLES,     // Type of polygon/primitive to draw
        6,                // Number of indices in index buffer
        GL_UNSIGNED_INT,  // Type of each index
        nullptr           // Usually nullptr
    );
}
```

glDrawElements 函数的第一个参数指定了正在绘制的元素类型（在本例中，指定
的是三角形）。第二个参数是索引缓冲区中的索引数量。在这种情况下，因为单位正方形
的索引缓冲区共有 6 个元素，所以第二个参数需要传入 6 作为参数。第三个参数是每个索
引的类型，之前被确定为"无符号整数（unsigned int）"。最后一个参数是 nullptr。

glDrawElements 函数调用需要活动的顶点数组对象和活动的着色器。在每一帧上，在
绘制任何 SpriteComponents 组件之前，代码都需要激活精灵顶点数组对象和着色器。可以
在 Game :: GenerateOutput 函数中执行此激活操作，具体如代码清单 5.9 所示。在完成
着色器和顶点数组的激活设置之后，在代码中可以针对场景中的每个精灵调用一次 Draw 函数。

代码清单 5.9 尝试绘制精灵的 Game :: GenerateOutput 函数

```
void Game::GenerateOutput()
{
    // Set the clear color to gray
    glClearColor(0.86f, 0.86f, 0.86f, 1.0f);
    // Clear the color buffer
    glClear(GL_COLOR_BUFFER_BIT);

    // Set sprite shader and vertex array objects active
    mSpriteShader->SetActive();
    mSpriteVerts->SetActive();

    // Draw all sprites
    for (auto sprite : mSprites)
    {
        sprite->Draw(mSpriteShader);
    }

    // Swap the buffers
    SDL_GL_SwapWindow(mWindow);
    return true;
}
```

如果现在运行此代码，会发生什么？首先，片段着色器只会绘制出蓝色。因此，对于
每个 SpriteComponent 组件，看到蓝色方格是游戏程序员的合理预期。但还存在另一个
问题：对于每个精灵，在代码中都使用相同的精灵顶点。这些精灵顶点会在标准化设备坐
标中定义单位正方形。这意味着，对于每个 SpriteComponent 组件，代码只不过是在

NDC 中绘制相同的单位正方形。因此，如果现在运行游戏，游戏程序员将只能看到灰色背景和一个矩形，如图 5-3 所示。

图 5-3　绘制许多 NDC 坐标下的单位正方形（即使单位正方形看起来就像一个矩形）

似乎解决方案是为每个精灵定义不同的顶点数组。然而，事实证明只要这一个顶点数组，我们在第 14 章就会介绍如何绘制自己想要的任何精灵。关键是利用好使用顶点着色器来变换顶点属性的能力。

5.4　变换基础

假设一个游戏中有 10 个小行星在四处移动。在代码中可以使用不同的顶点数组对象分别表示这 10 个小行星。但是，代码需要让这些小行星出现在屏幕上的不同位置。这意味着代码针对每个小行星所绘制的三角形都需要不同的标准化设备坐标。

一个天真的想法是创建 10 个不同的顶点缓冲区，每个缓冲区对应 10 个小行星中的一个，并根据需要重新计算这些顶点缓冲区中的顶点位置。但这种做法对内存使用和计算都是一种浪费。更改顶点缓冲区中的顶点，并将其重新提交到 OpenGL 的效率较低。

相反，想一想抽象意义上的精灵。每个精灵最终都只是一个矩形。不同的精灵在屏幕上会有不同的位置、不同的大小或不同的旋转角度，但它们仍然都是矩形。

通过以上这种思考方式，就会得出一个更加有效的解决方案，即针对矩形设置单一的顶点缓冲区，并重复使用这个单一的顶点缓冲区。每次绘制矩形时，矩形都可能会有位置偏移、缩放或旋转。但是给定 NDC 单位正方形，游戏程序员就可以更改或变换该矩形，使其成为具有任意位置、任意缩放比例和/或任意旋转方向的任意矩形。

针对同一种类型的对象，重用单个顶点缓冲区的概念也同样适用于 3D。例如，在森林中进行的游戏可能具有数百棵树，其中的某些树只是彼此略有不同。要为同样的树的每个单一实例提供单独的顶点缓冲区，这样做的效率会很低。相反，游戏程序员可以创建单棵树的顶点缓冲区，游戏程序能够通过位置、缩放比例和朝向方面的一些变化，绘制此单棵树的多个实例。

5.4.1　对象空间

在创建 3D 对象（例如在 3D 建模程序中）时，通常都不会在标准化设备坐标中表示顶点位置。相反，位置是相对于对象本身的任意原点的。这个原点通常位于对象的中心位置，但并非必须如此。相对于对象本身的该坐标空间是**对象空间**，或称为**模型空间**。

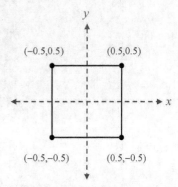

图 5-4　相对于其对象空间
原点的正方形

如本章前面所述，定义坐标空间需要知道坐标空间的原点，以及各个向量组件增加的方向（基向量）。例如，一些3D 建模程序使用+ y 作为向上方向，而其他则使用+ z 作为向上方向。这些不同的基向量为对象定义了不同的对象空间。图 5-4 显示了一个 2D 正方形，其中正方形的中心是其对象空间原点，+ y 代表向上，+ x 代表向右。

现在想象一下一个以办公楼作为发生场景的游戏。在游戏程序中需要关于计算机显示器、键盘、办公桌、办公椅等的模型。可以在每个对象自己的对象空间中创建单独的模型，这意味着每个对象的顶点位置都相对于该模型的唯一对象空间原点。

在运行时，代码将每个唯一模型加载到此模型独有顶点数组对象（VAO）中。例如，可能会有一个 VAO 用于监视器，一个用于键盘，以此类推。当需要渲染场景时，着色器所绘制的任意对象的每个顶点都会进入顶点着色器进行处理。如果只是直接传递顶点位置，就像在 Basic.vert 中一样，那么就是在说：这些顶点位置处于标准化设备坐标中。

这是一个问题，因为模型的坐标不在 NDC 中，而是相对于每个对象的唯一对象空间。像这样传递顶点位置并进入顶点着色器进行处理后，只会产生垃圾输出。

5.4.2　世界空间

要解决不同的对象具有不同的对象空间坐标的问题，首先要为游戏世界本身定义一个坐标空间。这个被称为**世界空间**的坐标空间有着自己的原点和基向量。对于办公楼中的游戏，世界空间的原点可能位于办公楼一层的中心位置。

就像办公室规划师会将办公桌和椅子放置在办公室中的不同位置，并朝向不同方向一样，游戏程序可以相对于世界空间原点，将游戏中的对象看作具有任意位置、任意缩放比例或任意方向。例如，如果办公室中放置有 5 个同样的办公桌的实例，那么每个办公桌实例都需要信息，用以描述此对象在世界空间中是如何显示的。

在绘制每个办公桌实例时，针对每张办公桌，都要使用相同的顶点数组对象。但现在，每个实例都还需要一些附加信息，用于指定游戏程序如何将对象空间坐标变换为世界空间。在绘制实例时，代码可以将此附加数据发送到顶点着色器，以便顶点着色器能够根据需要调整顶点位置。当然，图形硬件最终需要标准化设备坐标系（NDC）中的坐标来绘制顶点，因此，在将顶点变换为世界空间之后，仍然需要一个额外步骤。现在，让我们看一下如何将顶点从对象空间变换为世界空间。

5.4.3　变换为世界空间

在坐标空间之间进行变换，需要知道两个坐标空间之间的基向量是否相同。例如，考虑对象空间中的点(0, 5)。如果代码定义对象空间向上为$+y$，则意味着点(0, 5)的位置处在原点上方的 5 个单位。但是，如果代码选择定义世界空间向右为$+y$，则(0, 5)的位置就改为从原点向右 5 个单位。

目前，假定对象空间和世界空间中的基向量是相同的。因为当前游戏是 2D 游戏，所以可以假设在对象空间和世界空间上，y 轴向上，x 轴向右。

> **注释**
> 这里所使用的 2D 坐标系不同于 y 轴向下的 SDL 坐标系！这意味着 `Actor::GetForward` 函数的代码不再逆转 y 向量。此外，如果使用 `atan2` 进行任何计算，则不再逆转第一个参数。

现在考虑以对象空间原点为中心的单位正方形，如图 5-4 所示。假设世界空间原点是游戏窗口的中心，目的是得到围绕对象空间原点的单位正方形，并将其表示为相对于世界空间原点的、具有任意位置、任意缩放比例或任何方向的矩形。

例如，假定一个矩形实例应该出现在世界空间中，其尺寸加倍，并且其位置位于世界空间原点右侧 50 个单位。在代码中可以通过对此矩形每个顶点应用数学运算来达到此目的。

方法之一是：使用代数方程来计算正确的顶点位置。尽管代码最终不会以这种方式进行处理，但这是理解首选解决方案的一个有用途径。本章重点介绍 2D 坐标系，尽管此处所列出的相同方法也同样适用于 3D（仅需要增加 z 向量即可）。

平移

平移就是通过偏移量变换或移动此点。给定点(x, y)，在代码中可以使用以下等式通过偏移量(a, b)对此定点实现平移：

$$x' = x + a$$
$$y' = y + b$$

可以以（20, 15）偏移量对点（1, 3）进行平移，如下所示：

$$x' = 1 + 20 = 21$$
$$y' = 3 + 15 = 18$$

如果将相同的平移应用于三角形的每个顶点，则可以平移整个三角形。

缩放

当应用于三角形的每个顶点时，缩放可以增大或减小三角形的大小。在均衡缩放下，可以使用相同的比例因子 s 来缩放每个向量组件：

$$x' = x \cdot s$$
$$y' = y \cdot s$$

因此，可以按如下方式将 $(1, 3)$ 均匀地缩放（放大）5 倍：

$$x' = 1 \cdot 5 = 5$$
$$y' = 3 \cdot 5 = 15$$

将三角形中的每个顶点放大 5 倍会使得三角形大小增加到原来 5 倍大小。

在非均衡缩放中，每个向量组件都有单独的比例因子 (s_x, s_y)：

$$x' = x \cdot s_x$$
$$y' = y \cdot s_y$$

对于变换单位正方形的示例，非均衡缩放会产生一个矩形，而不是正方形。

旋转

回想一下第 3 章中对单位圆的讨论。单位圆的起点是 $(1, 0)$。如果旋转 90° 或 $\pi/2$ 弧度，会逆时针旋转到点 $(0, 1)$；如果旋转 180° 或 π 弧度，则会逆时针旋转到点 $(-1, 0)$，以此类推。这在技术上是围绕 z 轴的旋转，即使并没有在代表性的单位圆图中绘制 z 轴。

使用正弦和余弦，可以将任意点 (x, y) 旋转角度 θ，如下所示：

$$x' = x \cos\theta - y \sin\theta$$
$$y' = x \sin\theta + y \cos\theta$$

请注意，两个方程式都取决于最初的 x 值和 y 值。例如，将点 $(5, 0)$ 旋转 270°，计算旋转后点的方程式如下：

$$x' = 5 \cdot \cos(270°) - 0 \cdot \sin(270°) = 0$$
$$y' = 5 \cdot \sin(270°) + 0 \cdot \cos(270°) = -5.$$

与单位圆一样，角度 θ 表示逆时针旋转。

请记住，这是关于原点的旋转。给定以对象空间原点为中心的一个三角形，旋转每个顶点将会围绕原点旋转三角形。

结合变换

虽然前面的等式都是独立应用每个变换，但是同一个顶点通常需要进行多种变换，例如，可能会想同时平移并旋转一个正方形。这时，以正确顺序结合这些变换就非常重要。

假设一个三角形有以下几个点：

$$A = (-2, -1)$$
$$B = (0, 1)$$
$$C = (2, -1)$$

这个原始三角形直指向上，如图 5-5（a）所示。现在，假设要将三角形平移 $(5, 0)$，并将其旋转 90°。如果变换顺序为先旋转，然后再平移，其结果如下：

$$A' = (-2\cos 90° + 1\sin 90° + 5, -2\sin 90° - 1\cos 90° + 0) = (6, -2)$$
$$B' = (-1\sin 90° + 5, 1\cos 90° + 0) = (4, 0)$$
$$C' = (2\cos 90° + 1\sin 90° + 5, 2\sin 90° - 1\cos 90° + 0) = (6, 2)$$

这会产生旋转后的三角形，三角形现在指向左侧，并向右发生了平移，如图 5-5（b）所示。

如果颠倒变换的顺序，先计算平移后再旋转，则最终会得到以下计算结果：

$$A' = ((-2 + 5)\cos 90° + 1\sin 90°, (-2 + 5)\sin 90° - 1\cos 90°) = (1, 3)$$
$$B' = (5\cos 90° + 1\sin 90°, 5\sin 90° + 1\cos 90°) = (-1, 5)$$
$$C' = ((2 + 5)\cos 90° + 1\sin 90°, (2 + 5)\sin 90° - 1\cos 90°) = (1, 7)$$

在先平移后旋转的情况下，最终会得到一个仍然朝左，但是其位置处于原点上方几个单位的三角形，如图 5-5（c）所示。发生这种情况是因为首先将三角形向右移动，然后再围绕原点旋转的操作顺序。通常，这种做法是不可取的。

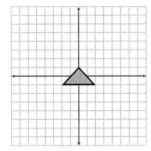

（a）初始三角形　　（b）先旋转再平移所得到的三角形　　（c）先平移再旋转所得到的三角形

图 5-5　（a）初始三角形；（b）先旋转再平移所得到的三角形；（c）先平移再旋转所得到的三角形

因为变换的顺序很重要，所以保持顺序一致很重要。对于从对象空间到世界空间的变换，始终按照"缩放→旋转→平移"的顺序。记住这一点，可以将缩放、旋转和平移的所有 3 个独立方程式结合成一组方程式，按照 (s_x, s_y) 缩放，按照 θ 旋转，然后按照（a，b）平移：

$$x' = s_x \cdot x\cos\theta - s_y \cdot y\sin\theta + a$$
$$y' = s_x \cdot x\sin\theta + s_y \cdot y\cos\theta + b$$

结合的方程式所存在的问题

在上述内容中推导出的结合方程式，看起来似乎是问题的一个解决方案：在对象空间中取任意顶点，将方程式应用于顶点的每个向量组件（顶点的 x 值、y 值和 z 值等），然后就有了变换到世界空间的经过任意缩放、任意旋转和任意平移的顶点。

但是，如前面所示，上面推导出的方程式只能将顶点从对象空间变换到世界空间。由于世界空间没有依照设备坐标标准化，因此仍需要在顶点着色器中实施更多变换。这些额外的变换通常没有像到目前为止所涵盖的方程一样简单的方程。这是因为这些不同坐标空间之间的基向量可能会不同。将这些额外变换结合成一个方程式将会变得不必要的复杂。

解决这些问题的方法是：不要对顶点的每个向量组件（顶点的 x 值、y 值和 z 值等）使用单独方程式，而是使用矩阵来描述不同的变换。通过矩阵乘法，可以轻松地将这些变换（缩放、旋转和平移）结合起来。

5.5 矩阵与变换

矩阵是值的网格，有 m 行 n 列。例如，游戏程序员可以按如下方式编写 2×2 矩阵，其中 a 到 d 表示矩阵中的各个值：

$$\begin{bmatrix} a & b \\ c & d \end{bmatrix}$$

可以使用矩阵来表示计算机图形中的变换。来自 5.4 节的所有变换都具有相应的矩阵表示。如果有线性代数经验，可能会记得矩阵可用于求解线性方程组。因此，自然可以将 5.4 节中的方程组表示为矩阵。

本节探讨游戏编程中一些矩阵的基本用例。与向量一样，理解在代码中如何使用以及何时使用这些矩阵是最重要的。本书的自定义头文件 `Math.h` 定义了 `Matrix3` 类和 `Matrix4` 类，以及实现所有必要功能所需的运算符、成员函数和静态函数。

5.5.1 矩阵乘法

几乎跟标量一样，可以将两个矩阵相乘。假设有以下矩阵：

$$A = \begin{bmatrix} a & b \\ c & d \end{bmatrix} \quad B = \begin{bmatrix} e & f \\ g & h \end{bmatrix}$$

矩阵乘法运算 $C = AB$ 的结果是：

$$C = AB = \begin{bmatrix} a & b \\ c & d \end{bmatrix}\begin{bmatrix} e & f \\ g & h \end{bmatrix} = \begin{bmatrix} a \cdot e + b \cdot g & a \cdot f + b \cdot h \\ c \cdot e + d \cdot g & c \cdot f + d \cdot h \end{bmatrix}$$

换句话说，C 左上角元素是 A 的第一行与 B 的第一列的点积。

矩阵乘法不要求矩阵具有相同的维度，但是左矩阵中的列数必须等于右矩阵中的行数。例如，以下乘法也是有效的：

$$\begin{bmatrix} a & b \end{bmatrix}\begin{bmatrix} c & d \\ e & f \end{bmatrix} = \begin{bmatrix} a \cdot c + b \cdot e & a \cdot d + b \cdot f \end{bmatrix}$$

矩阵乘法不是可交换的，尽管它是关联的：

$$AB \neq BA$$
$$A(BC) = (AB)C$$

5.5.2 使用矩阵来变换点

变换的一个关键方面是：可以将任意点表示为矩阵。例如，可以将点 $\boldsymbol{p} = (x, y)$ 表示为单行（称为行向量）：

$$\boldsymbol{p} = \begin{bmatrix} x & y \end{bmatrix}$$

另外，也可以将 p 表示为单列（称为**列向量**）：

$$p = \begin{bmatrix} x \\ y \end{bmatrix}$$

两种表示方式都有效，但重要的是要始终使用其中一种方法。这是因为该点是行向量还是列向量决定了该点是出现在矩阵乘法的左侧还是右侧。

假设有一个变换矩阵 T：

$$T = \begin{bmatrix} a & b \\ c & d \end{bmatrix}$$

使用矩阵乘法，可以通过此矩阵来变换点 p，从而产生变换点 (x', y')。但当乘以 T 时，p 是单行还是单列会导致不同的结果产生。

如果 p 是一行向量，则乘法如下：

$$[x' \quad y'] = pT = [x \quad y]\begin{bmatrix} a & b \\ c & d \end{bmatrix}$$

$$x' = a \cdot x + c \cdot y$$

$$y' = b \cdot x + d \cdot y$$

但如果 p 是一列向量，则乘法将产生以下结果：

$$\begin{bmatrix} x' \\ y' \end{bmatrix} = Tp = \begin{bmatrix} a & b \\ c & d \end{bmatrix}\begin{bmatrix} x \\ y \end{bmatrix}$$

$$x' = a \cdot x + b \cdot y$$

$$y' = c \cdot x + d \cdot y$$

这为 x' 和 y' 提供了两个不同的值，但只有一个是正确答案——因为变换矩阵的定义取决于是使用行向量，还是列向量。

使用行向量还是列向量，在某种程度上是任意的。大多数线性代数教科书都使用列向量。但是，在计算机图形学中，行向量或列向量都被使用过，这具体取决于资源和图形 API。本书之所以使用行向量，主要是因为针对给顶点的变换所采用的是从左到右的顺序，例如，当使用行向量时，下面的等式首先会通过矩阵 T 变换点 q，然后再通过矩阵 R 进行变换：

$$q' = qTR$$

通过对每个变换矩阵进行**转置**，可以实现行向量和列向量之间的切换。矩阵的转置会使得矩阵旋转，从而使得最初矩阵的第一行成为结果矩阵的第一列：

$$\begin{bmatrix} a & b \\ c & d \end{bmatrix}^{\mathrm{T}} = \begin{bmatrix} a & c \\ b & d \end{bmatrix}$$

如果要转换方程，使得可以用列向量来变换 q，则计算如下：

$$q' = R^{\mathrm{T}}T^{\mathrm{T}}q$$

本书其余部分的矩阵假设所使用的都是行向量。但通过对这些矩阵进行简单的转置，便可将它们变换为使用列向量。

最后，单位矩阵是由大写字母 I 所表示的一种特殊矩阵类型。单位矩阵总是具有相同数量的行和列。除了对角线（均为 1）之外，单位矩阵中的所有值均为 0。例如，3×3 单位矩阵如下所示：

$$I_3 = \begin{bmatrix} 1 & 0 & 0 \\ 0 & 1 & 0 \\ 0 & 0 & 1 \end{bmatrix}$$

任何矩阵乘以单位矩阵都不会发生改变，即

$$MI = M$$

5.5.3　变换为世界空间，再现

可以使用矩阵来表示缩放、旋转和平移变换。要完成变换的结合，方法不是导出结合方程式，而是将矩阵相乘。一旦有了结合的世界变换矩阵，就可以通过这个世界变换矩阵变换对象的每个顶点。

和以前一样，让我们首先聚焦于 2D 变换。

缩放矩阵

可以使用 2×2 缩放矩阵来应用缩放变换：

$$S(s_x, s_y) = \begin{bmatrix} s_x & 0 \\ 0 & s_y \end{bmatrix}$$

例如，这将通过缩放矩阵 S（5，2）对向量（1，3）进行缩放：

$$\begin{aligned} [1 \quad 3]S(5,2) &= [1 \quad 3]\begin{bmatrix} 5 & 0 \\ 0 & 2 \end{bmatrix} \\ &= [1 \cdot 5 + 3 \cdot 0 \quad 1 \cdot 0 + 3 \cdot 2] \\ &= [5 \quad 6] \end{aligned}$$

旋转矩阵

2D 旋转矩阵表示进行角度 θ 的旋转（绕 z 轴）：

$$R(\theta) = \begin{bmatrix} \cos\theta & \sin\theta \\ -\sin\theta & \cos\theta \end{bmatrix}$$

因此，可以使用以下方法将向量（0，3）旋转 90°：

$$\begin{aligned} [0 \quad 3]R(90°) &= [0 \quad 3]\begin{bmatrix} \cos 90° & \sin 90° \\ -\sin 90° & \cos 90° \end{bmatrix} \\ &= [0 \quad 3]\begin{bmatrix} 0 & 1 \\ -1 & 0 \end{bmatrix} \\ &= [-3 \quad 0] \end{aligned}$$

平移矩阵

可以使用 2×2 矩阵来表示 2D 的缩放和旋转矩阵。但无法编写尺寸为 2×2 的通用的 2D 平移矩阵。表达平移矩阵 T（a，b）的唯一方法是使用 3×3 矩阵：

$$T(a,b) = \begin{bmatrix} 1 & 0 & 0 \\ 0 & 1 & 0 \\ a & b & 1 \end{bmatrix}$$

这里不能将表示点的 1×2 矩阵乘以 3×3 矩阵，因为 1×2 矩阵没有足够的列。唯一能够将这些相乘的方法是向行向量中添加一个额外的列，使其成为 1×3 矩阵。这需要向点添加额外的向量。**齐次坐标**使用（$n + 1$）个分量来表示 n 维空间。因此，对于 2D 空间，齐次坐标会使用 3 个分量。

虽然将第 3 个分量称为 z 分量似乎是合理的，但这是一个误解。这是因为，代码并没有表示 3D 空间，却想要为 3D 空间保留 z 分量。因此，这个特殊的齐次坐标是 "w 分量"。针对 2D 和 3D 的齐次坐标，都可以使用 w 分量。因此，齐次坐标中所表示的 2D 点是（x，y，w），而在齐次坐标中表示的 3D 点则是（x，y，z，w）。

目前，w 分量只使用数值 "1"。例如，可以使用齐次坐标（x，y，1）表示点 p =（x，y）。要了解齐次坐标是如何工作的，可假设要将点（1，3）平移（20，15）。首先，将点表示为 w 分量为 1 的齐次坐标，然后用该点乘以平移矩阵：

$$[1 \quad 3 \quad 1]T(20,15) = [1 \quad 3 \quad 1]\begin{bmatrix} 1 & 0 & 0 \\ 0 & 1 & 0 \\ 20 & 15 & 1 \end{bmatrix}$$
$$= [1 \cdot 1 + 3 \cdot 0 + 1 \cdot 20 \quad 1 \cdot 0 + 3 \cdot 1 + 1 \cdot 15 \quad 1 \cdot 0 + 3 \cdot 0 + 1 \cdot 1]$$
$$= [21 \quad 18 \quad 1]$$

请注意，在此计算中，w 分量值保持为 1。但是，在代码中已经将 x 分量和 y 分量变换为所需的量。

结合变换

如前所述，可以通过使用矩阵乘法，将多个变换矩阵结合在一起，但是不能将 2×2 矩阵与 3×3 矩阵相乘，因此必须使用 3×3 矩阵来表示齐次坐标下有效的缩放和旋转变换：

$$S(s_x, s_y) = \begin{bmatrix} s_x & 0 & 0 \\ 0 & s_y & 0 \\ 0 & 0 & 1 \end{bmatrix}$$

$$R(\theta) = \begin{bmatrix} \cos\theta & \sin\theta & 0 \\ -\sin\theta & \cos\theta & 0 \\ 0 & 0 & 1 \end{bmatrix}$$

目前，已将缩放、旋转和平移矩阵表示为 3×3 矩阵，可以将它们相乘，结合成一个组合变换矩阵。这种从对象空间变换到世界空间的组合矩阵是**世界变换矩阵**。要计算世界变换矩阵，应按照以下顺序乘以缩放、旋转和平移矩阵：

$$WorldTransform = \boldsymbol{S}(s_x, s_y)\boldsymbol{R}(\theta)\boldsymbol{T}(a,b)$$

此矩阵乘法的顺序对应于要应用变换的顺序（缩放、旋转、平移）。然后，可以将计算后的世界变换矩阵传递给顶点着色器，并使用对象的世界变换矩阵来变换对象的每个顶点。

5.5.4　将世界变换添加到 Actor 类

回想一下，Actor 类的声明已经有了一个用于表示位置的 Vector2、一个用于表示缩放的浮点数和一个用于表示角度旋转的浮点数。现在，必须将这些不同的属性结合到一个世界变换矩阵中。

首先，将两个成员变量添加到 Actor 类中，一个 Matrix4 类型和一个 bool 类型：

```
Matrix4 mWorldTransform;
bool mRecomputeWorldTransform;
```

mWorldTransform 成员变量显然存储世界变换矩阵。在这里使用 Matrix4 类型取代 Matrix3 类型的理由是：因为顶点布局假定所有顶点都有一个 z 分量（即使在 2D 中实际上并不需要 z 分量）。由于 3D 的齐次坐标是(x, y, z, w)，因此代码中需要一个 4×4 矩阵。

布尔值（Boolean）可用于跟踪代码是否需要重新计算世界变换矩阵。我们的想法是：只有当 actor 的位置平移、缩放或旋转发生变化时，才会想要重新计算世界变换。在针对每个 actor 实例的位置平移、缩放和旋转角度的成员变量的 setter 函数中，要将成员变量 mRecomputeWorldTransform 设置为 true。这样，无论何时更改这些成员变量属性，都能够再次计算世界变换。

此外，在类 Actor 的构造函数中，将成员变量 mRecomputeWorldTransform 初始化为 true。这样，至少保证针对每个角色，都会计算一次世界变换。

接下来，要实现 CreateWorldTransform 函数，具体代码如下所示：

```
void Actor::ComputeWorldTransform()
{
    if (mRecomputeWorldTransform)
    {
        mRecomputeWorldTransform = false;
        // Scale, then rotate, then translate
        mWorldTransform = Matrix4::CreateScale(mScale);
        mWorldTransform *= Matrix4::CreateRotationZ(mRotation);
        mWorldTransform *= Matrix4::CreateTranslation(
            Vector3(mPosition.x, mPosition.y, 0.0f));
    }
}
```

请注意，以上代码使用各种 Matrix4 静态函数来创建组件矩阵。使用 CreateScale 函数来创建比例均衡的缩放矩阵，使用 CreateRotationZ 函数来创建围绕 z 轴的旋转矩阵，并且使用 CreateTranslation 函数来创建平移矩阵。

代码需在 Actor::Update 函数中调用 ComputeWorldTransform 函数，调用位置点为：在更新任何组件之前，且在调用 UpdateActor 函数之后（万一角色在过渡期间发生变化）。

```
void Actor::Update(float deltaTime)
{
    if (mState == EActive)
    {
        ComputeWorldTransform();

        UpdateComponents(deltaTime);
        UpdateActor(deltaTime);

        ComputeWorldTransform();
    }
}
```

接下来，在 Game :: Update 函数中添加对 ComputeWorldTransform 函数的调用，以确保任何"待定"角色（更新其他角色时创建的角色）在其被创建的图像帧内，具有已经过计算的世界变换：

```
// In Game::Update (move any pending actors to mActors)
for (auto pending : mPendingActors)
{
    pending->ComputeWorldTransform();
    mActors.emplace_back(pending);
}
```

组件的拥有者（也就是角色）的世界变换得到更新时，如果有一种方法通知到组件就好了。这样，组件就能够根据需要对更新的世界变换做出响应。要支持这一点，首先要向基础 Component 类添加虚函数声明：

```
virtual void OnUpdateWorldTransform() { }
```

接下来，在 ComputeWorldTransform 函数的内部，对角色拥有的每个组件调用 OnUpdateWorldTransform 函数。代码清单 5.10 显示了 ComputeWorldTransform 函数的最终版本。

代码清单 5.10 Actor::ComputeWorldTransform 函数的实现

```
void Actor::ComputeWorldTransform()
{
    if (mRecomputeWorldTransform)
    {
        mRecomputeWorldTransform = false;
        // Scale, then rotate, then translate
        mWorldTransform = Matrix4::CreateScale(mScale);
        mWorldTransform *= Matrix4::CreateRotationZ(mRotation);
        mWorldTransform *= Matrix4::CreateTranslation(
            Vector3(mPosition.x, mPosition.y, 0.0f));

        // Inform components world transform updated
        for (auto comp : mComponents)
        {
            comp->OnUpdateWorldTransform();
        }
    }
}
```

到目前为止，在代码中还没有针对任何组件实现 `OnUpdateWorldTransform` 函数。但是，在后续章节中，游戏程序员会将该函数应用于某些组件。

虽然现在角色有了世界变换矩阵，但尚未将其用于顶点着色器。所以，使用截至目前所讨论的代码来运行游戏，只会产生与图 5-3 中相同的视觉输出。在将世界变换矩阵应用于着色器之前，我们需要讨论另一个变换。

5.5.5　从世界空间变换到剪辑空间

使用世界变换矩阵，能够将顶点变换为世界空间。下一步是将顶点变换为剪辑空间，这是顶点着色器的预期输出。**剪辑空间**是标准化设备坐标（NDC）的近亲。唯一的区别是剪辑空间还有一个 *w* 分量。这就是创建一个 vec4 类型的 `gl_Position` 变量来保存顶点位置的原因。

视图投影矩阵用于从世界空间变换到剪辑空间。从名称可以看出，视图投影矩阵具有两个分量矩阵：视图矩阵和投影矩阵。**视图矩阵**说明"虚拟相机"如何看待游戏世界，**投影矩阵**则指定如何从"虚拟相机"的视图变换为剪辑空间。我们将在第 6 章中更加详细地讨论这两个矩阵。目前，由于游戏是 2D 的，可以使用简单的视图投影矩阵。

回想一下，在标准化设备坐标中，屏幕的左下角是（−1，−1），屏幕的右上角是(1, 1)。现在考虑一个没有滚动画面的 2D 游戏。考虑游戏世界的一种简单方法是根据窗口的分辨率。例如，如果游戏窗口的分辨率是 1024 像素×768 像素，为什么不让游戏世界也那么大呢？

换句话说，考虑世界空间的视图，使得窗口的中心成为世界空间原点，并且在世界空间中像素和单位之间存在 1:1 的比例。在这种情况下，在世界空间中向上移动 1 个单位，等于在窗口中向上移动 1 个像素。假定存在一个分辨率为 1024 像素×768 像素的窗口，这意味着窗口的左下角对应于世界空间中的（−512，−384），窗口的右上角对应于世界空间中的（512，384），如图 5-6 所示。

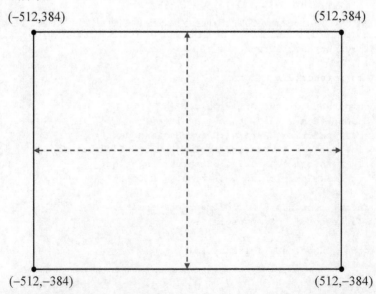

图 5-6　屏幕分辨率为 1024 像素×768 像素且世界空间中的像素与单位之间的比例为 1:1 的世界视图

凭借这种世界视图，将世界空间变换为剪辑空间并不困难。只要简单地将 x 坐标除以"宽度/ 2"，并将 y 坐标除以"高度/ 2"即可。在矩阵形式中，假设 2D 齐次坐标，这个简单的视图投影矩阵如下所示：

$$simpleViewProjection = \begin{bmatrix} 2/width & 0 & 0 \\ 0 & 2/height & 0 \\ 0 & 0 & 1 \end{bmatrix}$$

例如，给定 1024 像素×768 像素的分辨率和世界空间中的点（256，192），如果将该点乘以 SimpleViewProjection，则会得到：

$$[256 \quad 192 \quad 1] \begin{bmatrix} 2/1024 & 0 & 0 \\ 0 & 2/768 & 0 \\ 0 & 0 & 1 \end{bmatrix} = [512/1024 \quad 384/768 \quad 1]$$

$$= [0.5 \quad 0.5 \quad 1]$$

这样做有效的原因是：代码将 x 轴的范围 [−512，512] 标准化为 [−1，1]，将 y 轴的范围 [−384，384] 标准化为 [−1，1]，就像标准化的设备坐标一样!

将 SimpleViewProjection 矩阵与世界变换矩阵相结合，能够将任意顶点 v 从其对象空间变换为剪辑空间，如下所示：

$$v' = v(WorldTransform)(simpleViewProjection)$$

上面的公式正是要在顶点着色器中为每个顶点计算的内容，至少在 SimpleViewProjection 失去其实用性之前是这样的。

5.5.6　更新着色器以使用变换矩阵

在本节中，我们将会创建一个名为 Transform.vert 的新顶点着色器源文件。该源文件首先是从作为代码清单 5.3 中的 Basic.vert 顶点着色器的副本开始。提醒一下，游戏程序员是在使用 GLSL 语言编写此着色器代码，而不是 C ++语言。

首先，在着色器源文件 Transform.vert 中声明两个新的全局变量，其类型说明符为 uniform。uniform 说明的变量是全局变量，变量的值通常在着色器程序的多次调用之间保持不变。这跟输入 in 和输出 out 类型说明符说明的变量形成对比，后者（in 和 out 类型说明符说明的变量）每次在着色器程序运行时都会发生变化（例如，在每个顶点或像素变化一次）。要声明 uniform 变量，应使用关键字 uniform 开头，接着后面是变量类型，然后才是变量名称。

在本示例中，代码需要两个 uniform 指定类型的变量用于两个不同的矩阵。声明如下：

```
uniform mat4 uWorldTransform;
uniform mat4 uViewProj;
```

这里，mat4 类型对应于 4×4 矩阵，这是具有齐次坐标的 3D 空间所需要的。

然后，更改顶点着色器源文件内 main 函数的代码。首先，将 3D 的 inPosition 变量变换为齐次坐标：

```
vec4 pos = vec4(inPosition, 1.0)
```

请记住，此位置是位于对象空间中的。接下来，用该位置乘以世界变换矩阵，将其变换为世界空间，然后，乘以视图投影矩阵，将其变换为剪辑空间：

```
gl_Position = pos * uWorldTransform * uViewProj;
```

以上这些更改会产生 Transform.vert 源文件的最终版本，如代码清单 5.11 所示。

代码清单 5.11　顶点着色器源程序文件 Transform.vert

```
#version 330
// Uniforms for world transform and view-proj
uniform mat4 uWorldTransform;
uniform mat4 uViewProj;

// Vertex attributes
in vec3 inPosition;
void main()
{
    vec4 pos = vec4(inPosition, 1.0);
    gl_Position = pos * uWorldTransform * uViewProj;
}
```

然后，更改 Game :: LoadShaders 函数中的代码，来使用 Transform.vert 文件而非 Basic.vert 文件对应的顶点着色器。

```
if (!mSpriteShader->Load("Shaders/Transform.vert", "Shaders/Basic.frag"))
{
    return false;
}
```

既然在顶点着色器中，有了用于世界变换矩阵和视图投影矩阵的 uniform 全局变量，接下来需要一个能从 C ++代码中设置这些 uniform 全局变量的方法。OpenGL 库提供了在活动着色器程序中设置 uniform 变量的函数。将这些相关的 OpenGL 函数的包装器（wrapper）添加到 Shader 类是有意义的。目前，可以向 Shader 类添加一个名为 SetMatrixUniform 的包装器函数，如代码清单 5.12 所示。

代码清单 5.12　Shader :: SetMatrixUniform 函数的实现

```
void Shader::SetMatrixUniform(const char* name, const Matrix4& matrix)
{
    // Find the uniform by this name
    GLuint loc = glGetUniformLocation(mShaderProgram, name);
    // Send the matrix data to the uniform
    glUniformMatrix4fv(
        loc,        // Uniform ID
        1,          // Number of matrices (only 1 in this case)
        GL_TRUE,    // Set to TRUE if using row vectors
        matrix.GetAsFloatPtr() // Pointer to matrix data
    );
}
```

请注意，Shader 类的 SetMatrixUniform 函数接收叫作 name 的字符串参数以及叫作 matrix 的矩阵。name 参数对应于着色器文件内相应的 uniform 全局变量名称。因此，对于着色器文件内的 uWorldTransform 全局变量，name 参数的值将会是

"uWorldTransform"。第二个 matrix 参数是发送给着色器程序的矩阵的，此矩阵用于设置着色器文件内 uWorldTransform 变量的值。

在 SetMatrixUniform 函数的实现中，使用 glGetUniformLocation 函数可获取相应 name 对应的 uniform 的位置 ID。从技术上讲，没有必要在每次更新相同的 uniform 时都查询位置 ID，因为在着色器执行过程中，uniform 的位置 ID 不会改变。可以通过缓存特定 uniform 的位置 ID 值来改善这一段代码的性能。

接下来，glUniformMatrix4fv 函数为 uniform 全局变量分配矩阵。在使用行向量时，此函数的第 3 个参数必须设置为 GL_TRUE。GetAsFloatPtr 函数，它只是 Matrix4 中的一个辅助函数，会返回一个指向底层矩阵的 float *类型的指针。

> **注释**
>
> OpenGL 有一种更新的 uniform 设置方法，称为 uniform 缓冲对象（简写为"UBO"）。使用 UBO 时，可以将着色器中的多个 uniform 组合在一起，并一次将它们都发送出去。对于具有许多 uniform 的着色器程序，这样做通常会比单独设置每个 uniform 值更加有效。
>
> 使用 uniform 缓冲对象，可以将 uniform 分成多个组。例如，可以有用于每帧更新一次的 uniform，以及每个对象更新一次的 uniform。每帧的视图投影变化不会超过一次，然而每个 actor 都会有一个不同的世界变换矩阵。这样，可以在帧的开头只在一次函数调用中更新所有针对此帧的 uniform。同样，也可以针对每个对象分别更新所有针对此对象的 uniform。要实现这一点，必须更改在着色器中声明 uniform 的方式，以及在 C++代码中镜像该数据的方式。
>
> 然而，在撰写本文时，一些硬件对 UBO 的支持仍然存在很多问题。具体而言，某些笔记本电脑的集成图形芯片不完全支持 uniform 缓冲对象。在其他硬件上，采用 UBO 方式设置 uniform 甚至可能会比采用老式方式设置运行得更慢。因此，本书不使用统一缓冲对象（UBO）。但是，缓冲区对象的概念在其他图形编程接口（API）中很常见，例如 DirectX 11 以及更高版本。

既然有了可以设置顶点着色器矩阵 uniform 全局变量的方法，在代码中就需要设置它们。因为简单的视图投影矩阵在整个程序运行过程中不会变化，所以只需要进行一次设置即可。但由于每个精灵组件都会使用其所在的角色的世界变换矩阵来绘制，因此，需要对每个绘制的精灵组件设置一次世界变换矩阵。

在 Game :: LoadShaders 函数中，添加以下两行代码来创建并设置视图投影矩阵，假设设置为简单视图投影，屏幕宽高为 1024 像素×768 像素：

```
Matrix4 viewProj = Matrix4::CreateSimpleViewProj(1024.f, 768.f);
mShader.SetMatrixUniform("uViewProj", viewProj);
```

SpriteComponent 组件的世界变换矩阵会稍微复杂一些。角色的世界变换矩阵描述了 actor 在游戏世界中的位置平移、缩放和朝向。但对于精灵，代码还会想根据纹理的大小来缩放矩形。例如，如果角色的缩放比例为 1.0f，但与其精灵对应的纹理图像为 128 像素×128 像素，则需要将单位方格放大到 128 像素×128 像素。现在，假设代码中有一种可以加载纹理的方法（就像在 SDL 中所做的一样），并且通过 mTexWidth 成员变量和

mTexHeight 成员变量，精灵组件可知这些纹理的尺寸。

代码清单 5.13 显示了 SpriteComponent :: Draw 函数的实现（目前）。首先，按照纹理的宽度和高度创建一个缩放矩阵。其次，用该矩阵乘以其所在的角色的世界变换矩阵，以便为 sprite 创建其所需的世界变换矩阵。接下来，调用 SetMatrixUniform 函数，以便在顶点着色器程序中设置 uWorldTransform 全局变量。最后，同之前一样，使用 glDrawElements 函数绘制三角形。

代码清单 5.13　SpriteComponent :: Draw 函数的当前实现

```
void SpriteComponent::Draw(Shader* shader)
{
    // Scale the quad by the width/height of texture
    Matrix4 scaleMat = Matrix4::CreateScale(
        static_cast<float>(mTexWidth),
        static_cast<float>(mTexHeight),
        1.0f);
    Matrix4 world = scaleMat * mOwner->GetWorldTransform();
    // Set world transform
    shader->SetMatrixUniform("uWorldTransform", world);
    // Draw quad
    glDrawElements(GL_TRIANGLES, 6, GL_UNSIGNED_INT, nullptr);
}
```

在将世界变换矩阵和视图投影矩阵添加到着色器后，现在，游戏程序员可以看到在游戏世界中处于任意位置、任意缩放比例和任意旋转角度的各个精灵组件，如图 5-7 所示。当然，因为 Basic.frag 片段着色器程序只输出蓝色，所以目前所有矩形都只有一个固定颜色（蓝色）。这是为取得同前面章节中的 SDL 2D 库渲染相同特性而最后要做的一件事了。

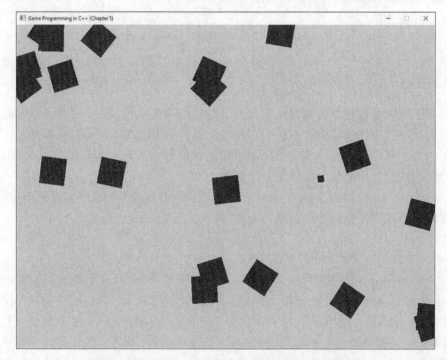

图 5-7　使用不同的世界变换矩阵来绘制 sprite 组件

5.6　纹理映射

纹理映射是一种用于在三角形表面上**渲染纹理**（图像）的技术。在绘制三角形时，该技术允许使用来自纹理的颜色而不是仅仅使用一种固定的颜色。

要使用纹理映射，在代码中首先需要一个图像文件。其次，需要决定如何将纹理应用于每个三角形。如果只有精灵矩形，那么合理的做法是：矩形左上角应该对应纹理的左上角。但是，代码可使用纹理映射游戏中的任意 3D 对象。例如，要将纹理正确应用于角色的表面，需要知道纹理的哪些部分应该与哪些三角形相对应。

为了支持这一点，需要为顶点缓冲区中的每个顶点添加一个额外的顶点属性。在此之前，在缓冲区的每个顶点中，顶点属性仅仅存储 3D 位置。对于纹理映射，每个顶点还需要一个**纹理坐标**，该坐标用于指定纹理中与该顶点相对应的位置。

纹理坐标通常都是标准化坐标。在 OpenGL 中，坐标是这样的：纹理的左下角是（0，0），右上角是（1，1），具体如图 5-8 所示。U **分量**定义纹理的向右方向，V **分量**定义纹理的向上方向。因此，许多人都将术语 "UV **坐标**"用作纹理坐标的同义词。

因为 OpenGL 库指定纹理的左下角作为其原点，该 OpenGL 库还希望图像像素数据的格式为一次一行，并且从最底行开始。但这样做存在一大问题：大多数图像文件格式都是从顶行开始存储数据的。不考虑这种细微差别就会导致纹理上下颠倒。解决此问题的方法有多种：反转 V 分量，或从上下颠倒的顺序加载图像，或者将图像文件上下颠倒地存储在磁盘上。本书简单地使用了反转 V 分量的方法——也就是说，假设纹理坐标的左上角是（0，0）。这对应于 DirectX 所使用的纹理坐标系。

三角形的每个顶点都有其单独的 UV 坐标。一旦知道了三角形每个顶点的 UV 坐标，代码就可以根据任意一个像素到三角形的三个顶点的距离，通过混合（或**插入**）纹理坐标来填充三角形中的每个像素。

例如，位于三角形中心的像素对应于 UV 坐标，该 UV 坐标是三个顶点 UV 坐标的平均值，如图 5-9 所示。

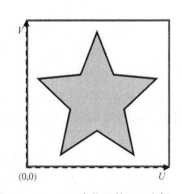

图 5-8　OpenGL 中纹理的 UV 坐标

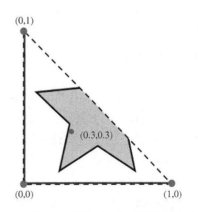

图 5-9　应用于三角形的纹理映射

回想一下，2D 图像只是具有不同颜色的像素网格。因此，一旦有了特定像素的纹理坐标，在代码中就需要变换该 UV 坐标，使之与纹理中特定像素相对应。这个"纹理中的像素"即**纹理像素**或**纹理元素**。图形硬件使用一个被称为取样的过程来选择对应于特定 UV 坐标的纹理元素。

使用标准化 *UV* 坐标的一个复杂问题是：两个稍微不同的 *UV* 坐标最终可能最接近图像文件中相同的纹理元素。选择最接近 *UV* 坐标的纹理元素，并将其应用于颜色的概念被称为**最近邻过滤**。

但是，最近邻过滤存在一些问题。假设代码将纹理映射到 3D 世界中的墙壁上。当玩家靠近墙壁时，屏幕上所显示的墙壁会越来越大。这看起来就像是在绘图程序中放大一个图像文件，并且由于在屏幕上的每个纹理元素都非常大，因此纹理看起来呈块状或**像素化**。

要解决这一像素化问题，游戏程序员可以使用**双线性过滤**。使用双线性过滤，代码可以根据与最近邻相邻的各个纹理元素的混合来选择颜色。如果针对墙壁示例使用双线性过滤，则当玩家靠近时，墙壁看起来会显得模糊，而不是出现像素化。图 5-10 显示了星形纹理部分的最近邻过滤和双线性过滤滤之间的对比。

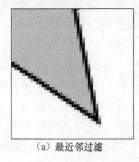 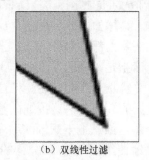

（a）最近邻过滤   （b）双线性过滤

图 5-10   最近邻过滤和双线性过滤

我们将在第 13 章中进一步探索提高纹理质量的想法。目前，让我们将双线性过滤用于所有纹理。

要在 OpenGL 中使用纹理映射，代码中需要做 3 件事情：

● 加载图像文件（纹理），并创建 OpenGL 纹理对象；
● 更新顶点格式，以涵盖纹理坐标；
● 更新着色器，以使用纹理。

5.6.1   加载纹理

虽然可以使用 SDL 图像库为 OpenGL 加载图像，但是简单的 OpenGL 图像库（SOIL）更便于使用。SOIL 可以读入多种文件格式，包括 PNG 格式、BMP 格式、JPG 格式、TGA 格式和 DDS 格式。由于其被设计用于 OpenGL，因此可以轻松地将其插入创建纹理对象所需的其他 OpenGL 代码。

代码清单 5.14 给出了一个 `Texture` 类的声明，该类封装了加载纹理文件以及在 OpenGL 使用它的方法。`Texture` 类的函数和成员变量的名称大多都是自解释型的，例如，`Load` 函数可从文件中加载纹理。对于成员变量而言，`Texture` 类给出了纹理的宽度和高度，以及 OpenGL 纹理 ID。

代码清单 5.14　`Texture` 类的声明

```
class Texture
{
public:
    Texture();
    ~Texture();

    bool Load(const std::string& fileName);
    void Unload();

    void SetActive();
    int GetWidth() const { return mWidth; }
    int GetHeight() const { return mHeight; }
private:
    // OpenGL ID of this texture
    unsigned int mTextureID;
    // Width/height of the texture
    int mWidth;
    int mHeight;
};
```

Load 函数的实现包含了大部分 Texture 类代码。首先，要声明一个局部变量来存储通道数；其次，调用 SOIL_load_image 函数来加载纹理：

```
int channels = 0;
unsigned char* image = SOIL_load_image(
    fileName.c_str(),  // Name of file
    &mWidth,           // Stores width
    &mHeight,          // Stores height
    &channels,         // Stores number of channels
    SOIL_LOAD_AUTO     // Type of image file, or auto for any );
```

如果 SOIL 无法加载图像文件，SOIL_load_image 函数将返回空指针 nullptr。因此，应该添加一个检查，以确保图像成功加载。

然后，需要确定图像是 RGB，还是 RGBA。在代码中可以假设 format 变量的取值是基于通道数量（"3"代表 RGB，"4"代表 RGBA）：

```
int format = GL_RGB;
if (channels == 4)
{
    format = GL_RGBA;
}
```

接下来，使用 glGenTextures 函数来创建一个 OpenGL 纹理对象（将 ID 保存在 mTextureID 中），使用 glBindTexture 函数将纹理设置为活动状态：

```
glGenTextures(1, &mTextureID);
glBindTexture(GL_TEXTURE_2D, mTextureID);
```

传递给 glBindTexture 函数的 GL_TEXTURE_2D 目标是迄今为止最常见的纹理目标，但对于高级纹理类型，还有其他选择。

一旦有了 OpenGL 纹理对象，下一步就是使用 glTexImage2D 函数将原始图像数据复制到该对象中，这需要很多参数：

```
glTexImage2D(
    GL_TEXTURE_2D,     // Texture target
    0,                 // Level of detail (for now, assume 0)
    format,            // Color format OpenGL should use
    mWidth,            // Width of texture
    mHeight,           // Height of texture
    0,                 // Border - "this value must be 0"
    format,            // Color format of input data
    GL_UNSIGNED_BYTE,// Bit depth of input data
                       // Unsigned byte specifies 8-bit channels
    image              // Pointer to image data
);
```

一旦完成了图像数据向 OpenGL 的复制，代码就能够告诉 SOIL 将图像从内存中释放出来：

```
SOIL_free_image_data(image);
```

最后，使用 `glTexParameteri` 函数来启用双线性过滤：

```
glTexParameteri(GL_TEXTURE_2D, GL_TEXTURE_MIN_FILTER, GL_LINEAR);
glTexParameteri(GL_TEXTURE_2D, GL_TEXTURE_MAG_FILTER, GL_LINEAR);
```

现在，不要去想传递给 `glTexParameteri` 函数的参数。（这些参数将在第 13 章中做出进一步的探讨。）

代码清单 5.15 显示了 `Texture::Load` 函数的最终版本。

代码清单 5.15 `Texture::Load` 函数的实现

```
bool Texture::Load(const std::string& fileName)
{
    int channels = 0;
    unsigned char* image = SOIL_load_image(fileName.c_str(),
        &mWidth, &mHeight, &channels, SOIL_LOAD_AUTO);

    if (image == nullptr)
    {
        SDL_Log("SOIL failed to load image %s: %s",
            fileName.c_str(), SOIL_last_result());
        return false;
    }
    int format = GL_RGB;
    if (channels == 4)
    {
        format = GL_RGBA;
    }

    glGenTextures(1, &mTextureID);
    glBindTexture(GL_TEXTURE_2D, mTextureID);
    glTexImage2D(GL_TEXTURE_2D, 0, format, mWidth, mHeight, 0, format,
            GL_UNSIGNED_BYTE, image);
    SOIL_free_image_data(image);
    // Enable bilinear filtering
    glTexParameteri(GL_TEXTURE_2D, GL_TEXTURE_MIN_FILTER, GL_LINEAR);
    glTexParameteri(GL_TEXTURE_2D, GL_TEXTURE_MAG_FILTER, GL_LINEAR);

    return true;
}
```

在 Texture :: Unload 函数和 Texture :: SetActive 函数里，其实现各自只有一行代码。Unload 函数会删除纹理对象，SetActive 函数会调用 glBindTexture 函数：

```
void Texture::Unload()
{
    glDeleteTextures(1, &mTextureID);
}

void Texture::SetActive()
{
    glBindTexture(GL_TEXTURE_2D, mTextureID);
}
```

然后，可以将纹理加载到 Game 类中的一个映射对应中，就像之前对 SDL_Texture 纹理所做的那样。然后，Game :: GetTexture 函数会为所请求的纹理返回一个 Texture *指针。接下来，SpriteComponent 类需要一个 Texture *类型而非 SDL_Texture *类型的成员变量。

最后，在绘制顶点之前，在 SpriteComponent :: Draw 函数中，添加对 mTexture 变量上的 SetActive 函数的调用。这意味着，代码中现在可以为其绘制的每个 sprite 组件设置一个不同的活动纹理：

```
// In SpriteComponent::Draw...
// Set current texture
mTexture->SetActive();
// Draw quad
glDrawElements(GL_TRIANGLES, 6,
    GL_UNSIGNED_INT, nullptr
);
```

5.6.2 更新顶点格式

要使用纹理映射，顶点需要有纹理坐标。因此，代码中需要更新精灵的 VertexArray：

```
float vertices[] = {
    -0.5f,  0.5f, 0.f, 0.f, 0.f, // top left
     0.5f,  0.5f, 0.f, 1.f, 0.f, // top right
     0.5f, -0.5f, 0.f, 1.f, 1.f, // bottom right
    -0.5f, -0.5f, 0.f, 0.f, 1.f  // bottom left
};
```

请记住，翻转纹理 V 坐标是为了解决 OpenGL 对图像数据期望的特殊性。

对于每个顶点，前 3 个浮点数值是顶点的位置，接下来的两个浮点数值是相应的纹理坐标。图 5-11 显示了这种新顶点格式的内存布局。

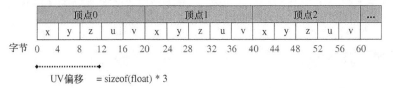

图 5-11　带有位置和纹理坐标的顶点内存布局

因为正在更改顶点内存布局，所以必须更改 VertexArray 类的构造函数中的代码。为简单起见，假设所有顶点必须具有 3D 位置和 2D 纹理坐标（对此假定，本书将在后续章节中进行更改）。

因为每个顶点的大小已经改变，所以在代码中需要更新 glBufferData 函数调用，以便指定现在所有顶点具有 5 个浮点数值：

```
glBufferData(GL_ARRAY_BUFFER, numVerts * 5 * sizeof(float),
    verts, GL_STATIC_DRAW);
```

因为索引缓冲区没有变化，所以对于索引缓冲区执行 glBufferData 函数调用不会变化。但必须更改顶点属性 0，以便指定顶点的步幅现在为 5 个浮点数值：

```
glEnableVertexAttribArray(0);
glVertexAttribPointer(0, 3, GL_FLOAT, GL_FALSE,
    sizeof(float) * 5, // The stride is now 5 floats
    0);                // Vertex position is still offset 0
```

这段代码仅修正了顶点的位置属性。然而，由于现在布局内具有第二个顶点属性即纹理坐标，所以在代码中必须启用顶点属性 1，并指定其格式：

```
glEnableVertexAttribArray(1);
glVertexAttribPointer(
    1,                 // Vertex attribute index
    2,                 // Number of components (2 because UV)
    GL_FLOAT,          // Type of each component
    GL_FALSE,          // Not used for GL_FLOAT
    sizeof(float) * 5, // Stride (usually size of each vertex)
    reinterpret_cast<void*>(sizeof(float) * 3) // Offset pointer
);
```

glVertexAttribPointer 函数调用的最后一个参数取值方式相对困难。OpenGL 需要知道从顶点开始到此属性的字节数。那便是 sizeof (float) * 3 的来源。但是，OpenGL 希望将其作为偏移指针。因此，必须使用 reinterpret_cast 将类型强制变换为 void *指针。

> **提示**
> 如果使用 C ++代码中的结构体来表示顶点的格式，则可以使用 offsetof 宏取代手工计算，来确定顶点属性的偏移。如果顶点元素之间存在填充，则此功能尤其有用。

5.6.3　更新着色器

因为顶点格式现在使用纹理坐标，所以在代码中应该创建两个新的着色器源文件：Sprite.vert（最初是 Transform.vert 源文件的副本）和 Sprite.frag（最初是 Basic.frag 源文件的副本）。

Sprite.vert 着色器源文件

之前只有一个顶点属性，因此，在着色器源文件中可以将位置声明为一个变量，并且GLSL 知道它对应于哪个顶点属性。但是，现在有了多个顶点属性，着色器源文件必须指定哪个属性槽对应于输入变量 in 中的哪一个。这会将变量声明更改为以下内容：

```
layout(location=0) in vec3 inPosition;
layout(location=1) in vec2 inTexCoord;
```

layout 指令指定哪个属性槽对应于 in 变量中的哪一个。这里，着色器源文件中指定顶点属性槽 0 对应有 3D 浮点向量，顶点属性槽 1 对应有 2D 浮点向量。槽号对应于 glVertexAttribPointer 函数调用中的槽号。

接下来，虽然纹理坐标是顶点着色器的输入（因为它位于顶点布局中），但是片段着色器还需要知道纹理坐标。这是因为片段着色器需要知道纹理坐标，以确定像素的颜色。幸运的是，着色器程序可以通过在顶点着色器中声明全局 out 变量，将数据从顶点着色器传递到片段着色器：

```
out vec2 fragTexCoord;
```

然后，在顶点着色器的 main 函数内，添加以下代码行，将纹理坐标直接从顶点着色器的输入变量复制到顶点着色器的输出变量：

```
fragTexCoord = inTexCoord;
```

这最终能起作用的原因是：OpenGL 自动在三角形的表面上插入顶点着色器输出。因此，即使三角形只有 3 个顶点，三角形面上的任意像素都会知道在片段着色器中对应的纹理坐标。

为了完整起见，代码清单 5.16 给出了 Sprite.vert 的完整源代码。

代码清单 5.16 Sprite.vert 着色器的实现

```
#version 330
// Uniforms for world transform and view-proj
uniform mat4 uWorldTransform;
uniform mat4 uViewProj;

// Attribute 0 is position, 1 is tex coords.
layout(location = 0) in vec3 inPosition;
layout(location = 1) in vec2 inTexCoord;

// Add texture coordinate as output
out vec2 fragTexCoord;

void main()
{
    // Convert position to homogeneous coordinates
    vec4 pos = vec4(inPosition, 1.0);
    // Transform position to world space, then clip space
    gl_Position = pos * uWorldTransform * uViewProj;
```

```
// Pass along the texture coordinate to frag shader
fragTexCoord = inTexCoord;
}
```

Sprite.frag 着色器

作为一项规则，顶点着色器中的任何 out 变量都应该在片段着色器中有一个 in 变量与其对应。片段着色器中的 in 变量的名称和类型必须跟顶点着色器中相应的 out 变量具有相同的名称和类型：

```
in vec4 fragTexCoord;
```

接下来，着色器程序中需要为纹理采样器添加一个 uniform 的全局变量（纹理采样器可以从给定纹理坐标的纹理中获取颜色）：

```
uniform sampler2D uTexture;
```

sampler2D 类型是一种可以对 2D 纹理进行采样的特殊类型。与顶点着色器中的世界变换矩阵和视图投影矩阵的 uniform 不同，着色器程序目前不需要 C ++语言中的任何代码来绑定此 uniform 采样器的全局变量。这是因为，当前一次只能绑定一个纹理，因此 OpenGL 会自动地知道着色器中的唯一纹理采样器对应于活动纹理。

最后，使用以下代码行替换 main 主函数中的 outColor 变量的赋值：

```
outColor = texture(uTexture, fragTexCoord);
```

上面这行代码表明采样器从纹理中进行颜色采样，办法是使用从顶点着色器接收到的纹理坐标（在三角形的表面上插入坐标之后）。

代码清单 5.17 显示了 Sprite.frag 的完整源代码。

代码清单 5.17　Sprite.frag 的实现

```
#version 330
// Tex coord input from vertex shader
in vec2 fragTexCoord;
// Output color
out vec4 outColor;
// For texture sampling
uniform sampler2D uTexture;

void main()
{
    // Sample color from texture
    outColor = texture(uTexture, fragTexCoord);
}
```

然后，更改 Game：LoadShaders 函数中的代码，以便加载 Sprite.vert 顶点着色器和 Sprite.frag 片段着色器。现在，在各个 actor 内，在 SpriteComponent 组件上设置纹理的先前代码，同样可以使用 SOIL 库成功加载纹理。通过使用上段代码，着色器程序现在可以使用纹理映射来绘制精灵，如图 5-12 所示。然而还有最后一个问题需要解决。现在，代码为本应该绘制成透明色的像素上绘制上了黑色。

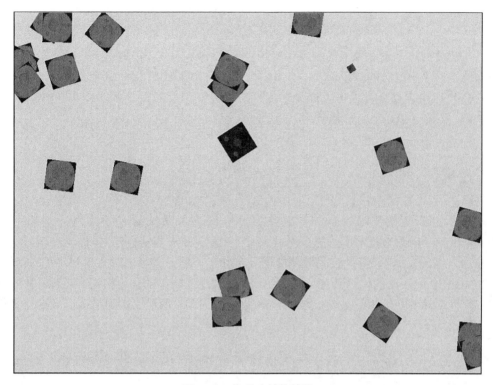

图 5-12　纹理映射的精灵

5.6.4　Alpha 混合

Alpha 混合确定如何将像素与透明度相混合（alpha 通道取值 0～1）。Alpha 混合使用以下形式的等式来计算像素颜色：

$$outputColor = srcFactor \cdot sourceColor + dstFactor \cdot destinationColor$$

在上述等式中，**来源颜色**是正在绘制的新来源（来自片段着色器）的颜色，目标颜色是指已经在颜色缓冲区中的颜色。可以通过指定因子参数来自定义 Alpha 混合后的颜色。

要获得透明度所需 Alpha 混合结果，可以将来源因子设置为正在绘制像素 alpha 值（源 alpha 值），将目标因子设置为用 1 减去源 alpha 值：

$$outputColor = srcAlpha \cdot sourceColor + (1 - srcAlpha) \cdot destinationColor$$

例如，假设每种颜色有 8 位元，并且某些像素的颜色缓冲区为红色。在这种情况下，如下是目标颜色：

$$destinationColor = (255，0，0)$$

接下来，假设要绘制一个蓝色的像素，如下是来源颜色：

$$sourceColor = (0，0，255)$$

现在假设来源像素 alpha 的值为 0，意味着像素是完全透明的。在这种情况下，我们的等式计算如下：

$$outputColor = 0 \cdot (0,0,255) + (1-0) \cdot (255,0,0)$$
$$outputColor = (255,0,0)$$

这是想要的完全透明像素的结果。如果像素 alpha 值为 0，则完全忽略来源颜色，只使用颜色缓冲区中已有的颜色。

要在代码中启用此 Alpha 混合功能，应在绘制所有精灵之前，将以下代码添加到 Game :: GenerateOuput 函数中：

```
glEnable(GL_BLEND);
glBlendFunc(
    GL_SRC_ALPHA,            // srcFactor is srcAlpha
    GL_ONE_MINUS_SRC_ALPHA // dstFactor is 1 - srcAlpha
);
```

glEnable 函数调用表示打开颜色缓冲区混合（默认情况下禁用）。然后使用 glBlendFunc 函数来指定所需的 srcFactor 来源因子和目标因子 dstFactor。

在加入 Alpha 混合有关代码后，精灵现在看起来是正确的，如图 5-13 所示。现在使用 2D OpenGL 库渲染的代码具有与先前使用 SDL 2D 库渲染的代码相同的功能。我们做了很多工作才到达这里。但好处是：游戏代码现在有了 3D 图形支持的基础，而这正是第 6 章的主题。

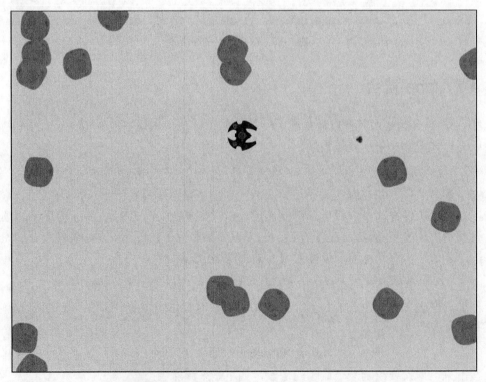

图 5-13　纹理映射的精灵，带有 Alpha 混合

5.7　游戏项目

本章的游戏项目演示了将 SDL 图形库的游戏代码变换为 OpenGL 库的游戏代码。本章游戏项目对第 3 章中的《行星战机》游戏项目进行变换，使其使用 OpenGL 库。本章游戏的控制方式与第 3 章相同：使用 "WASD" 键移动飞船（ship），使用 "空格" 键控制激光（laser）开火发射。本章的相关代码可以从本书的配套资源中找到（位于第 5 章子目录中）。在 Windows 环境下，打开 Chapter05-windows.sln；在 Mac 环境下，打开 Chapter05-mac.xcodeproj。

5.8　总结

由于图形处理硬件针对多边形进行了优化，因此 2D 和 3D 游戏在内部使用了多边形（通常为三角形）来表示游戏世界中的所有图形对象。即使玩家可能认为是图像的 2D 精灵，其实也是用纹理映射的一个矩形。要将三角形发送到图形处理硬件，在代码中必须声明每个三角形各个顶点的属性，并创建顶点缓冲器和索引缓冲区。

所有现代图形应用编程接口 API 都希望程序员使用顶点着色器和片段（像素）着色器来指定多边形该如何渲染。可以使用着色器编程语言（而不是 C ++语言）将这些着色器编写为单独的程序。顶点着色器会最低程度地输出剪辑空间的顶点位置，片段着色器则确定像素的最终颜色。

变换允许代码绘制同一对象的多个实例，而不需要为每个实例分别设置顶点缓冲区和索引缓冲区。对象空间是相对于对象原点的坐标空间，而世界空间是相对于游戏世界的坐标空间。

游戏使用矩阵来表示变换，用于变换的矩阵有多种，例如缩放矩阵、旋转矩阵和平移矩阵。按照缩放、旋转和平移的顺序结合这些变换矩阵会产生一个世界变换矩阵，该矩阵能够从对象空间变换到世界空间。要从世界空间变换到剪辑空间，应使用视图投影矩阵。对于 2D 游戏，在代码中可以通过将窗口内的 1 个像素对应于世界空间的 1 个单元，来简化视图投影矩阵。

纹理映射会将纹理的部分应用于三角形的表面。要实现这一点，代码需要顶点属性的纹理坐标（UV 坐标）。在片段着色器中，代码从 UV 坐标中采样纹理颜色。采样可以基于最接近 UV 坐标的纹理像素（纹理元素）的颜色，或者基于考虑附近纹理元素的双线性过滤。

最后，尽管任务看似微不足道，但在 OpenGL 中显示精灵却需要大量代码。首先，在代码中必须初始化 OpenGL 库和 GLEW 库。其次，要渲染任何三角形，在代码中必须创建顶点数组对象、指定顶点布局、编写顶点和像素着色器，以及编写代码以加载这些着色器程序。要将顶点从对象空间变换为剪辑空间，必须使用 uniform 的全局变量来指定世界变换矩阵和视图投影矩阵。要添加纹理贴图，代码必须加载图像、更改顶点布局以包含 UV 坐标，并将着色器更新为从纹理中取样。

5.9　补充阅读材料

对本章所述内容感兴趣的 OpenGL 开发人员可以找到许多优秀的在线参考资料。要找出 OpenGL 库每个函数的参数的作用，可通过官方 OpenGL 参考页面获取。在所有 OpenGL 教程网站中，Learn OpenGL 是不错的选择。有关在游戏开发中使用的图形技术视野扩展，Thomas Akenine-Moller 等人所著的《Real-Time Rendering》是一个权威性的参考。

- Akenine-Moller, Thomas, Eric Haines, and Naty Hoffman. Real-Time Rendering, 3rd edition. Natick: A K Peters, 2008.
- Learn OpenGL. Accessed November 24, 2017.
- OpenGL Reference Pages. Accessed November 24, 2017.

5.10　练习题

本章的练习题涉及对本章的游戏项目进行一些修改，以获得使用多种 OpenGL 功能的更多经验。

5.10.1　练习题 1

要修改背景清空颜色，以使其在颜色之间平滑变化。例如，从黑色开始，在几秒内平滑地变成蓝色。然后，选择另一种颜色（如红色），并使其在几秒内平滑地变换为另一种颜色。想想如何在 Game :: Update 函数中使用增量时间 deltaTime 函数来促成这种平滑过渡。

5.10.2　练习题 2

修改精灵顶点，以便使每个顶点也具有与之关联的 RGB 颜色——这称为**顶点颜色**。更新顶点着色器，以便将顶点颜色作为输入，并将其传递给片段着色器。然后，更改片段着色器，使其不是简单地绘制从纹理中采样的颜色，而是取纹理颜色和顶点颜色的平均值。

第 6 章

3D 图形

本章介绍了如何将游戏从 2D 环境完全切换到 3D 环境。要实现这个切换过程，游戏程序员需要对游戏进行几项更改。其中，Actor 变换（包括 3D 旋转）会变得更加复杂。此外，在代码中还需要加载和绘制 3D 模型。最后，大多数 3D 游戏都需要在场景中应用某种类型的照明。本章的游戏项目演示了所有上述的这些 3D 技术。

6.1 3D 中的 Actor 变换

到目前为止，游戏程序员在本书中所使用的 Actor 变换表示法都适用于 2D 图形。但要支持全 3D 游戏世界，需要对这些表示方法做出一些修改。最明显需要修改的是，表示位置的 Vector2 要变成 Vector3。但是，关于位置的表示法的更改又向我们提出了一个重要问题：在游戏世界中，哪个方向是 x、y 和 z 呢？大多数 2D 游戏都使用以 x 轴表示水平方向，y 轴表示垂直方向的坐标系。然而，即使在 2D 中，+ y 轴方向也可能会向上或者向下，这具体取决于坐标系的实现。向位置添加第 3 个分量组件会可能增加的对象位置表示法。如何添加第 3 个分量是一个任意决定，但应该保持一致性。在本书中，+ x 表示向前，+ y 表示向右，+ z 表示向上，如图 6-1 所示。

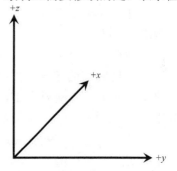

图 6-1 本书中所使用的 3D 坐标系

假如读者伸出左手，并让拇指向上，食指向前，中指向右，就会看到其形状跟图 6-1 所示的坐标系完全匹配。因此，这种类型的坐标系称为**左手坐标系**。如果+y 轴是指向左侧，则称为右手坐标系。

6.1.1 3D 变换矩阵

使用 3D 坐标意味着齐次坐标现在是 (x, y, z, w)。回想一下，代码中需要 w 分量才能使得平移矩阵起作用。使用 3D 坐标位置，平移矩阵变为 4×4 矩阵。平移矩阵针对平移和缩放的修改很简单。

4×4 平移矩阵通过偏移量（a, b, c）进行平移：

$$T(a,b,c) = \begin{bmatrix} 1 & 0 & 0 & 0 \\ 0 & 1 & 0 & 0 \\ 0 & 0 & 1 & 0 \\ a & b & c & 1 \end{bmatrix}$$

同样，缩放矩阵最多可以缩放 3 个因子：

$$S(s_x, s_y, s_z) = \begin{bmatrix} s_x & 0 & 0 & 0 \\ 0 & s_y & 0 & 0 \\ 0 & 0 & s_z & 0 \\ 0 & 0 & 0 & 1 \end{bmatrix}$$

然而，3D 中的旋转矩阵并不那么简单。

6.1.2　欧拉角

在 3D 中表示旋转要比在 2D 中更复杂。之前在 2D 中，角色只需要一个用于表示旋转的浮点数即可。这个唯一的浮点数表示围绕 z 轴的旋转，因为围绕 z 轴的旋转是 2D 中唯一可能存在的旋转。但是在 3D 中，围绕 3 个坐标轴中的任何一个轴的旋转都是有效的。**欧拉角**是一种用于表示在 3D 中旋转的方法，该方法涉及用于表示围绕每个轴旋转的 3 个角度（偏航、俯仰和滚动）。3 个名称"偏航""俯仰"和"滚动"来自于飞机术语。**偏航**是指飞机围绕向上轴的旋转，**俯仰**是指飞机围绕侧轴的旋转，**滚动**是指飞机围绕前轴的旋转。在图 6-1 所示的坐标中，偏航是指围绕+z 正向的旋转，俯仰是指围绕+y 正向的旋转，而滚动是指围绕+x 正向的旋转。

当拥有 3 个不同的旋转角度时，在代码中可以通过为每个欧拉角创建单独的旋转矩阵来实现它们的结合。然后，将这 3 个矩阵相乘，矩阵相乘的顺序会影响到对象的最终旋转矩阵。一种常见的相乘方法是：滚动矩阵乘以俯仰矩阵乘以偏航矩阵，具体如下：

$$FinalRot = (RollMatrix)(PitchMatrix)(YawMatrix)$$

但是，应用这些欧拉角并没有任何"正确"的乘法顺序。在代码中只需选择一个顺序，并始终用该顺序即可。

通过使用欧拉角，很难推导出任意位置所需进行的旋转。假定宇宙飞船朝向对象空间中的+ x（前向）轴。想要旋转飞船，使其指向位于位置 P 的任意对象。要使飞船实现这一新的朝向可能需要偏航、俯仰和滚动的某种组合，而计算这些单独的角度并不简单。

此外，假定有一个具有初始欧拉角方向的对象，并且还有一个目标欧拉角方向。游戏程序员希望在某个时间段内，在这两个方向间实现平滑过渡，或者在这两个方向上进行**插值操作**。在代码中可以分别针对 3 个分量方向的角度来进行插值操作。然而，在各种不同情况下，这种插值操作的结果看起来并不正确，原因在于：当单独插值某个分量时，可能会遇到插值操作出现在奇异点（导致插值后的方向为奇异方向）的情况。

尽管可以在游戏程序中使用欧拉角，但对于任意的旋转，还有另一种会实现更好运行的选择。

6.1.3　四元数

许多游戏程序都使用**四元数**来代替欧拉角。四元数形式的数学定义很复杂。出于本书之目的，将四元数视为表示围绕任意轴（不仅仅是 x 轴、y 轴或 z 轴）旋转的一种方法。

基本定义

3D 图形使用**单位四元数**，单位四元数是数值大小为 1 的四元数。四元数具有一个向量分量和一个标量分量。本书使用以下表示法来表示四元数的向量分量和标量分量：

$$q = [q_v, q_s]$$

四元数的向量和标量的计算取决于标准化的旋转轴 $\hat{a}$ 和旋转角度 θ：

$$q_v = \hat{a}\sin\frac{\theta}{2}$$

$$q_s = \cos\frac{\theta}{2}$$

该等式仅适用于标准化的旋转轴。非标准化的轴产生非单位四元数，并会导致游戏中的对象出现剪切现象（对象被非均匀拉伸）。

为了使四元数的应用具体化，考虑一下先前旋转飞船使其面向任意对象的问题。记住，使用欧拉角，很难计算出精确的偏航角、俯仰角和滚动角。但是，四元数会使得这个问题变得容易一些。在初始状态下，飞船处于位置 "S"，并且其初始朝向为 x 轴。接下来假设要将飞船旋转到面向任意点 "P"。首先，代码中要计算从飞船到任意点 "P" 的向量，并标准化该向量，具体如下：

$$NewFacing = \frac{P - S}{\| P - S \|}$$

接下来，通过使用叉积运算来计算飞船原始朝向和新朝向之间的旋转轴，并标准化该向量：

$$\hat{a} = \frac{\langle 1,0,0\rangle \times NewFacing}{\|\langle 1,0,0\rangle \times NewFacing\|}$$

然后，使用点积运算和反余弦来计算旋转角度：

$$\theta = \arccos(\langle 1,0,0\rangle \cdot NewFacing)$$

最后，插入上述运算生成的旋转轴和旋转角度，以便创建表示飞船旋转从而面向点 "P" 的四元数。无论点 "P" 处在 3D 世界中的任何位置，四元数方法都适用。

一个边缘情况是，如果飞船的新朝向与飞船的原始朝向相平行，则叉积运算会产生全零的向量。该向量的长度为 0，因此，用于标准化此向量的除零操作会破坏旋转轴的生成。所以执行此类计算的任何代码都需要验证新朝向与原始朝向是不平行的。如果它们是平行的，则表示对象（本例中为 "飞船"）已经面向新朝向方向。在这种情况下，四元数仅仅是同一四元数，而同一四元数不适用旋转。如果对象的原始朝向与新朝向是反向平行的，那么在代码中必须将对象向上旋转 π 弧度。

结合旋转

另一个常见操作是对现有四元数应用其他旋转。给定两个四元数 p 和 q，**格拉斯曼（Grassmann）乘积**首先是四元数 q 的旋转，然后是四元数 p 的旋转：

$$(pq)_v = p_s q_v + q_s p_v + p_v \times q_v$$
$$(pq)_s = p_s q_s - p_v \cdot q_v$$

请注意，即使在上述乘法等式中，四元数 p 在 q 的左边，旋转操作还是会按照自右向左的顺序进行。此外，由于格拉斯曼乘积中使用了叉积运算，因此格拉斯曼乘积不是可交换的。所以，交换 p 和 q 的位置将会颠倒四元数旋转的顺序。

就像矩阵一样，四元数具有逆四元数。对于单位四元数，四元数的逆四元数是四元数的向量分量的逆转：

$$q^{-1} = [-q_v, q_s]$$

因为四元数有逆四元数，所以还有一个同一四元数，定义如下：

$$i_v = \langle 0,0,0 \rangle$$
$$i_s = 1$$

通过四元数旋转向量

要通过四元数旋转 3D 向量 "v"，首先要将向量 "v" 表示为如下四元数 "r"：

$$r = [\vec{v}, 0]$$

接下来，使用两个格拉斯曼乘积计算 "r'"：

$$r' = [qr]q^{-1}$$

然后，旋转后的向量就是 "r'" 的向量分量：

$$\vec{v'} = r'_v$$

球面线性插值

四元数支持一种称为**球面线性插值**（Slerp）的更精确插值形式。Slerp 方程式接收两个四元数 a 和 b，以及一个用于表示从 a 旋转到 b 位于 [0,1] 范围内的小数值（当小数值为 0 时，方程式的值表示的是 a，当小数值为 1 时，方程式的值表示的是 b）作为参数。例如，以下 Slerp 方程式会计算出一个四元数的插值，该插值表示的是当从 a 旋转到 b 的过程进行到 25% 时（0.25）所发生的旋转：

$$Slerp(a, b, 0.25)$$

为了简洁起见，本节内容省略了 Slerp 方程式的运算过程。

四元数到旋转矩阵

因为最终仍需得到世界变换矩阵，所以最终要将四元数旋转转换为一个矩阵。将四元数转换为矩阵有很多项需要进行计算，具体如下：

$$q_v = \langle q_x, q_y q_z \rangle$$

$$q_s = q_w$$

$$Rotate(q) = \begin{bmatrix} 1 - 2q_y^2 - 2q_z^2 & 2q_x q_y + 2q_w q_z & 2q_x q_z - 2q_w q_y & 0 \\ 2q_x q_y - 2q_w q_z & 1 - 2q_x^2 - 2q_z^2 & 2q_y q_z + 2q_w q_x & 0 \\ 2q_x q_z + 2q_w q_y & 2q_y q_z - 2q_w q_x & 1 - 2q_x^2 - 2q_y^2 & 0 \\ 0 & 0 & 0 & 1 \end{bmatrix}$$

代码中的四元数

与向量和矩阵相同，对于四元数（quaternion），自定义的头文件 Math.h 有 Quaternion 类的声明。代码清单 6.1 显示了 Quaternion 类中最有用的函数。因为四元数的乘法顺序经常使游戏程序员感到困惑（例如，为了先旋转 *p* 再旋转 *q*，需将 *q* 乘以 *p*），因此，头文件 Math.h 对应的函数库没有使用乘法运算符，而是在头文件中声明了一个叫作 Concatenate 的函数。该函数只是按照人们期望的顺序接收四元数作为参数——这样，"旋转 *p* 之后再旋转 *q*" 的 Concatenate 函数表示如下：

```
Quaternion result = Quaternion::Concatenate(q, p);
```

代码清单 6.1　Quaternion 函数的头文件说明

```
class Quaternion
{
public:
    // Functions/data omitted
    // ...

    // Construct the quaternion from an axis and angle
    explicit Quaternion(const Vector3& axis, float angle);
    // Spherical Linear Interpolation
    static Quaternion Slerp(const Quaternion& a, const Quaternion& b,
float f);
    // Concatenate (rotate by q FOLLOWED BY p, uses Grassmann product pq)
    static Quaternion Concatenate(const Quaternion& q, const Quaternion&
p);
    // v = (0, 0, 0); s = 1
    static const Quaternion Identity;
};

// In Matrix4...
// Create Matrix4 from Quaternion
static Matrix4 CreateFromQuaternion(const class Quaternion& q);
// In Vector3...
// Transform a Vector3 by a Quaternion
static Vector3 Transform(const Vector3& v, const class Quaternion& q);
```

6.1.4　运行中新的 Actor 变换

随着旋转问题的解决，在 Actor 类中，现在用来实现变换的变量有：一个用于表示位置的 Vector3、一个用于表示旋转的四元数和一个用于表示缩放的浮点数。

```
Vector3 mPosition;
Quaternion mRotation;
float mScale;
```

使用这些新的世界变换表示方法，在函数 ComputeWorldTransform 中用于计算世界变换矩阵的代码更改如下：

```
// Scale, then rotate, then translate
mWorldTransform = Matrix4::CreateScale(mScale);
mWorldTransform *= Matrix4::CreateFromQuaternion(mRotation);
mWorldTransform *= Matrix4::CreateTranslation(mPosition);
```

现在，为了获取 actor 的向前向量，需要通过旋转四元数来变换初始的向前向量（+*x*）：

```
Vector3 GetForward() const
{
    return Vector3::Transform(Vector3::UnitX, mRotation);
}
```

然后，需要调整使用单个角度来应用旋转的所有代码，例如 MoveComponent :: Update 函数。现在为了使问题简单化，假定 MoveComponent 组件只绕+*z* 轴旋转（偏航）。更新后的 MoveComponent :: Update 函数代码如代码清单 6.2 所示，该代码首先获取组件所在 actor 的现有四元数旋转。接下来，它会创建一个表示要应用的附加旋转的新四元数。最后，该代码要将初始旋转与新的四元数连接起来，以获得最终的旋转四元数。

代码清单 6.2　使用四元数实现的 MoveComponent :: Update 函数

```
void MoveComponent::Update(float deltaTime)
{
    if (!Math::NearZero(mAngularSpeed))
    {
        Quaternion rot = mOwner->GetRotation();
        float angle = mAngularSpeed * deltaTime;
        // Create quaternion for incremental rotation
        // (Rotate about up axis)
        Quaternion inc(Vector3::UnitZ, angle);
        // Concatenate old and new quaternion
        rot = Quaternion::Concatenate(rot, inc);
        mOwner->SetRotation(rot);
    }

    // Updating position based on forward speed stays the same
    // ...
}
```

6.2　加载 3D 模型

对于基于精灵的游戏，每个精灵都使用单个四边形来进行绘制，这意味着游戏程序可以对顶点缓冲区和索引缓冲区进行硬编码。然而，对于具有完整功能的 3D 游戏，还有很多其他的三角形网格，例如，在第一人称射击游戏中，游戏程序需要敌人网格、武器网格、角色网格和环境网格等。模型设计师们在诸如 Blender 或 Autodesk Maya 等 3D 建模程序中创建这些游戏所需的网格模型。然后，游戏程序需要通过代码将这些模型加载到顶点缓冲区和索引缓冲区中去。

6.2.1　选择网格模型格式

在使用 3D 模型之前，游戏程序员需要决定如何将模型存储到文件中。其中一个想法是：选择一个已有的 3D 模型建模程序，并为该建模程序生成专有格式的模型文件添加支持。然而，这样的做法存在几个缺点。首先，3D 建模程序的功能集明显高于游戏中网格模型的功能集。建模程序还支持许多其他类型的几何结构，包括非均匀有理 B 样条曲线（NURBS）、四边形和 N 边形。此外，建模程序还支持复杂的照明和渲染技术，包括光线跟踪技术。没有游戏的网格模型会复制所有的这些 3D 建模程序的功能。

此外，在大多数 3D 建模程序生成的文件中，都存在着在运行时并不必要的大量数据，例如，生成的文件中可能会存储模型的撤销历史记录。显然，在运行过程中，游戏程序不需要访问历史记录。所有这些额外信息意味着建模程序生成的模型文件会很大，在游戏运行时加载这些数据会导致性能下降。

此外，建模程序生成的文件格式是不公开透明的。根据具体情况的不同，某些 3D 建模程序生成的建模文件可能没有任何文档。因此，除非对文件格式进行逆向工程，否则游戏程序员甚至可能无法将其加载到游戏中。

最后，选择一种可将游戏直接与特定建模程序联系起来的建模程序的文件格式。如果新的模型设计师想要使用完全不同的建模程序，那该怎么办？如果没有一个简单的模型文件格式转换过程，模型设计师要使用专有建模程序的文件格式会格外困难。

可交换格式旨在横跨多个建模程序。其中，最流行的可交换格式是 FBX 格式和 COLLADA 格式，许多不同的建模程序都支持这两种格式。即使存在着用于加载上述文件格式的软件开发包（SDK），然而真正在游戏环境中使用可交换格式文件时，游戏程序仍然面临着要加载超过其实际所需更数据的烦恼。

在这种情况下，有用的做法是考虑 Unity 或 Epic 的虚幻引擎等商业 3D 建模引擎程序是如何工作的。虽然两个引擎都支持将 FBX 等格式文件导入其编辑器中，但引擎运行时并不使用这些格式文件。相反，在导入编辑器时，引擎程序内部有一个将 FBX 格式文件转化为内部引擎格式的转换过程。之后，在游戏运行时会加载此内部文件格式模型。

其他引擎会为流行的建模程序提供导出插件功能。导出插件会将建模程序生成的文件格式转换称为自定义格式，后者被设计用于游戏运行时使用。

本着独立的精神，本书使用自定义的文件格式。虽然二进制文件格式更为有效（大多数游戏程序使用二进制文件格式），但为了简单起见，本书 3D 模型的文件格式是 JSON（JavaScript Object Notation）文本格式。这种文本格式允许很简单地手动编辑模型文件，以及验证模型文件是否被正确加载。最终，读者将在第 14 章中看到如何使用二进制的文件格式。

代码清单 6.3 显示了本书所使用到的一个应用 gpmesh 文件格式的立方体的表示。文件内第一行条目指定文件版本，当前版本为版本 1。下一行条目指定模型的顶点格式。回想一下在第 5 章中的顶点格式中，在代码中使用 3 个浮点数表示顶点位置，使用两个浮点数表示纹理坐标。此处指定的"PosNormTex"顶点格式表示内容为：在顶点位置和纹理坐标之间添加了 3 个浮点数用于表示顶点处的法线。现在，不用关心顶点法线是什么，我们将在本章后面的光照模型中重新讨论这个话题。

代码清单 6.3　Cube.gpmesh

```
{
    "version":1,
    "vertexformat":"PosNormTex",
    "shader":"BasicMesh",
    "textures":[
        "Assets/Cube.png"
    ],
    "vertices":[
        [1.0,1.0,-1.0,0.57,0.57,-0.57,0.66,0.33],
        [1.0,-1.0,-1.0,0.57,-0.57,-0.57,0.66,0.0],
        [-1.0,-1.0,-1.0,-0.57,-0.57,-0.57,1.0,0.33],
        [-1.0,1.0,-1.0,-0.57,0.57,-0.57,0.66,0.66],
        [1.0,0.99,1.0,0.57,0.57,0.57,0.33,0.33],
        [0.99,-1.0,1.0,0.57,-0.57,0.57,0.0,0.0],
        [-1.0,-1.0,1.0,-0.57,-0.57,0.57,0.66,0.33],
        [-1.0,1.0,1.0,-0.57,0.57,0.57,0.33,0.66]
    ],
    "indices":[
        [1,3,0],
        [7,5,4],
        [4,1,0],
        [5,2,1],
        [2,7,3],
        [0,7,4],
        [1,2,3],
        [7,6,5],
        [4,5,1],
        [5,6,2],
        [2,6,7],
        [0,3,7]
    ]
}
```

着色器条目指定应使用哪个着色器程序来绘制网格模型（读者将在本章后面定义 BasicMesh 着色器程序）。接下来，textures（纹理）数组指定与模型关联的纹理列表。

最后两个元素（顶点和索引）指定模型的顶点缓冲区和索引缓冲区。顶点中的每一行都是一个单独的顶点，而索引中的每一行都是一个三角形。

当然，如果无法在建模程序中创建该文件格式的模型，那么模型文件格式就不是特别有用。为解决此问题，在本书对应的配套资源的 Exporter 目录中，作者提供了两个文件格式导出器程序：一个是对应于 Blender 建模程序的导出器脚本，该脚本支持本书大部分内容中所使用的基本网格样式；另一个是 Epic 虚幻引擎的导出器插件，该插件不仅可以导出网格模型，还可以导出本书第 12 章中所使用的动画数据。两个导出器程序的代码分别适用于 Blender 和 Unreal，因此，我们在这里省略对这两个导出器程序的讨论。感兴趣的读者可以仔细阅读资源库中相关的代码。每个导出器程序还包括一个文本文件，该文件包含如何将每个导出器与其各自对应的建模程序一起使用的说明文档。

6.2.2　更新顶点属性

因为 gpmesh 格式的文件需要为每个顶点使用 3 个顶点属性（位置、法线和纹理坐标），所以我们假定所有网格现在都使用这种格式。这种假定也意味着即使是四边形网格也需要法线。图 6-2 显示了这个新的顶点布局。

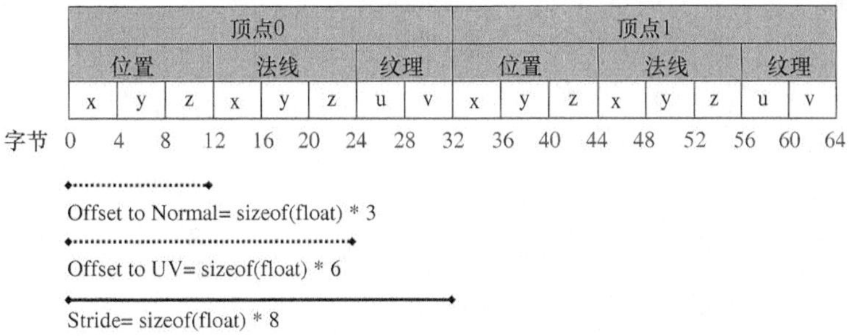

图 6-2　具有位置、法线和纹理坐标的顶点布局

每个顶点数组都将使用新的顶点布局，所以要更改 VertexArray 类的构造函数以便指定此新布局。显而易见的是，现在每个顶点的大小都是 8 个浮点数，并且代码为顶点法线添加了一个属性：

```
// Position is 3 floats
glEnableVertexAttribArray(0);
glVertexAttribPointer(0, 3, GL_FLOAT, GL_FALSE, 8 * sizeof(float), 0);
// Normal is 3 floats
glEnableVertexAttribArray(1);
glVertexAttribPointer(1, 3, GL_FLOAT, GL_FALSE, 8 * sizeof(float),
    reinterpret_cast<void*>(sizeof(float) * 3));
// Texture coordinates is 2 floats
glEnableVertexAttribArray(2);
glVertexAttribPointer(2, 2, GL_FLOAT, GL_FALSE, 8 * sizeof(float),
    reinterpret_cast<void*>(sizeof(float) * 6));
```

接下来，代码中要更改 Sprite.vert 顶点着色器，用以引用新的顶点布局：

```
// Attribute 0 is position, 1 is normal, 2 is tex coords
layout(location = 0) in vec3 inPosition;
layout(location = 1) in vec3 inNormal;
```

```
layout(location = 2) in vec2 inTexCoord;
```

最后，在 Game :: CreateSpriteVerts 函数中，创建的四边形为顶点法线添加了 3 个额外的浮点数（法线值可以为零，因为它们并没有被精灵着色器程序所使用）。通过这些更改，代码仍然可以使用新的顶点布局来正确绘制精灵。

6.2.3   加载 gpmesh 文件

因为 gpmesh 网格文件的格式是 JSON 文件，所以游戏程序员可以使用多种库来解析 JSON 文件。本书使用 RapidJSON 库，该库支持高效读取 JSON 文件。与第 5 章中所讲到的纹理一样，这里将网格（mesh）加载封装在 Mesh 类中。代码清单 6.4 显示了 Mesh 类的声明。

代码清单 6.4   Mesh 类的声明

```
class Mesh
{
public:
    Mesh();
    ~Mesh();
    // Load/unload mesh
    bool Load(const std::string& fileName, class Game* game);
    void Unload();
    // Get the vertex array associated with this mesh
    class VertexArray* GetVertexArray() { return mVertexArray; }
    // Get a texture from specified index
    class Texture* GetTexture(size_t index);
    // Get name of shader
    const std::string& GetShaderName() const { return mShaderName; }
    // Get object space bounding sphere radius
    float GetRadius() const { return mRadius; }
private:
    // Textures associated with this mesh
    std::vector<class Texture*> mTextures;
    // Vertex array associated with this mesh
    class VertexArray* mVertexArray;
    // Name of shader specified by mesh
    std:string mShaderName;
    // Stores object space bounding sphere radius
    float mRadius;
};
```

和之前章节中类的定义一样，Mesh 类有一个构造函数和一个析构函数，以及 Load 函数和 Unload 函数。但是，请注意 Load 函数同样也接收一个指向 Game 类的指针作为参数。这样一来，Mesh 类便可以存取与网格相关联的任何纹理，因为游戏对象具有所加载纹理的映射。

Mesh 类的成员数据包含一个纹理指针容器（容器中的每一个元素对应于 gpmesh 文件中所指定的每个纹理）、一个指向 VertexArray 类的指针（对应于顶点缓冲区和索引缓冲区），以及一个对应于对象空间边界球体的半径。此边界球体半径的计算随着网格文件的加载而进行。该半径成员数据就是对象空间原点与距离原点最远点之间的距离。在加载网格文件时计算此半径值，意味着在加载完网格文件之后，任何需要对象空间半径的碰撞组件都可以访问此半径数据。在第 10 章中，我们会对碰撞进行详细介绍。作为性能改进，代码可以在 gpmesh 网格文件导出器中计算出此半径。

Mesh :: Load 函数的实现很冗长并且不是很有趣。该函数构造两个临时容器：一个用于表示网格文件的所有顶点，另一个用于表示所有索引。当函数通过 RapidJSON 完成网格文件内的所有数值的读入后，该函数会构造一个 VertexArray 对象。要查看 Mesh :: Load 函数的完整实现，可从本书对应 GitHub 资源库中打开本章中的游戏项目。

游戏程序员还需要在 Game 类中创建已加载网格的映射和对应的 GetMesh 函数。与纹理一样，GetMesh 函数用于确定特定网格是否已存在于映射中，否则就需要从磁盘加载该所需的网格。

6.3　绘制 3D 网格

一旦加载完毕 3D 网格，下一步就是要绘制这些网格。但在 3D 网格开始出现在屏幕之前，有很多主题需要讨论。

在深入研究这些主题之前，我们该进行一些"内务整理"了。Game 类中用于渲染部分的代码量已经增长到难以区分哪些与渲染相关，哪些不和渲染相关。再向 Game 类中添加 3D 网格的绘图只会使得问题更加复杂。要解决这个问题，现在需要做的是：创建一个单独的 Renderer 类来封装所有有关渲染的代码。该 Renderer 类中的代码与之前在 Game 类中的代码相同，只是将其移动到了一个单独的类中。代码清单 6.5 给出了 Renderer 类的简略声明。

代码清单 6.5　简略的 Renderer 类的声明

```
class Renderer
{
public:
   Renderer();
   ~Renderer();
   // Initialize and shutdown renderer
   bool Initialize(float screenWidth, float screenHeight);
   void Shutdown();
   // Unload all textures/meshes
   void UnloadData();
   // Draw the frame
   void Draw();
```

```
void AddSprite(class SpriteComponent* sprite);
void RemoveSprite(class SpriteComponent* sprite);
class Texture* GetTexture(const std::string& fileName);
class Mesh* GetMesh(const std::string& fileName);
private:
bool LoadShaders();
void CreateSpriteVerts();
// Member data omitted
// ...
};
```

然后，Game 类在 Game :: Initialize 函数中构造并初始化一个 Renderer 类实例。请注意，代码中的 Initialize 函数接收屏幕的宽度/高度作为参数，并将这些参数保存在成员变量中。接下来，Game :: GenerateOutput 函数在渲染器实例上调用 Renderer 类的 Draw 函数。被加载纹理的映射、被加载网格的映射以及 SpriteComponents 的容器也会移到 Renderer 类中。所有这些都需要在整个代码库中进行更改。但是，这些改动的代码都不是新增的，它们只是移动所在类的位置而已。从现在开始，所有与渲染相关的代码都将使用 Renderer 类，而不是使用 Game 类。

6.3.1   变换到剪辑空间，重访

回想一下，通过第 5 章中所实现的 OpenGL 2D 渲染，简单的视图投影矩阵会将世界空间坐标缩小为剪辑空间坐标。对于 3D 游戏，这种类型的视图投影矩阵是不足的。相反，在代码中需要将视图投影矩阵分解为单独的视图矩阵和投影矩阵。

视图矩阵

视图矩阵表示相机的位置和方向，或者表示游戏世界中的"眼睛"。我们将在第 9 章中讲解几种不同的相机实现，但目前我们将其简单化。观察矩阵至少要表示相机的位置和方向。

在观察矩阵的典型构造中，存在 3 个参数：眼睛的位置、眼睛"观察"的目标位置以及向上方向。给定这些参数，在代码中首先要计算 4 个不同的向量：

$$\hat{k} = \frac{target - eye}{\|target - eye\|}$$

$$\hat{i} = \frac{up \times \hat{k}}{\|up \times \hat{k}\|}$$

$$\hat{j} = \frac{\hat{k} \times \hat{i}}{\|\hat{k} \times \hat{i}\|}$$

$$\vec{t} = \left\langle -\hat{i} \cdot eye, -\hat{j} \cdot eye, -\hat{k} \cdot eye \right\rangle$$

然后，这些向量定义了观察矩阵的元素，如下所示：

$$LookAt = \begin{bmatrix} i_x & j_x & k_x & 0 \\ i_y & j_y & k_y & 0 \\ i_z & j_z & k_z & 0 \\ t_x & t_y & t_z & 1 \end{bmatrix}$$

使相机产生移动的快速方法是为相机创建一个角色。这个角色的位置代表着"眼睛的位置"。然后，"目标位置"是相机角色前面的某个点。对于"向上方向"，如果规定角色不能颠倒（当前就是这种情况），则+ z 轴适用。将这些参数传递给 Matrix4 :: CreateLookAt 函数，游戏程序员就有了一个有效的视图矩阵。

例如，如果成员变量 mCameraActor 代表的是相机角色，则以下代码会构造一个视图矩阵：

```
// Location of camera
Vector3 eye = mCameraActor->GetPosition();
// Point 10 units in front of camera
Vector3 target = mCameraActor->GetPosition() +
    mCameraActor->GetForward() * 10.0f;
Matrix4 view = Matrix4::CreateLookAt(eye, target, Vector3::UnitZ);
```

投影矩阵

投影矩阵确定如何将 3D 世界平面化，以便将其绘制到屏幕上的 2D 世界中。有两种类型的投影矩阵在 3D 游戏中很常见：正交投影矩阵和透视投影矩阵。

在正交投影中，远离相机的物体与靠近相机的物体具有相同的尺寸。这意味着玩家将无法察觉对象是离相机更近，还是更远。大多数 2D 游戏都使用正交投影。使用正交投影来进行渲染的场景如图 6-3 所示。

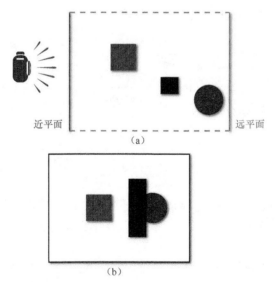

图 6-3 正交投影的俯视图和屏幕上产生的 2D 图像

在透视投影中，远离相机的对象要比近的对象小。因此，玩家认为场景中存在着深度。大多数 3D 游戏都使用这种投影，并且读者将在本章中将透视投影应用于游戏项目。图 6-4

显示了与图 6-3 中相同的 3D 场景，不过使用的是透视投影。

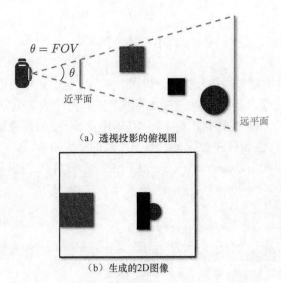

（a）透视投影的俯视图

（b）生成的2D图像

图 6-4   透视投影的俯视图和屏幕上生成的 2D 图像

正交投影和透视投影中都有近平面和远平面。近平面通常非常靠近相机。在屏幕上，相机和近平面之间的一切都是不可见的。这就是如果相机太靠近游戏中的对象，对象就会部分消失的原因。同样，远平面远离相机，并且距离超过远平面的一切也都是不可见的。有时游戏允许玩家减少"绘制距离"以提高游戏性能。减少"绘制距离"通常只是拉近远平面。

正交投影矩阵有 4 个参数：视图的宽度、视图的高度、到近平面的距离和到远平面的距离。给定这些参数，以下是正交投影矩阵公式：

$$Orthographic = \begin{bmatrix} \dfrac{2}{width} & 0 & 0 & 0 \\ 0 & \dfrac{2}{height} & 0 & 0 \\ 0 & 0 & \dfrac{1}{far-near} & 0 \\ 0 & 0 & \dfrac{near}{near-far} & 1 \end{bmatrix}$$

请注意，当前公式中的正交投影矩阵与第 5 章中的简单视图投影（Simple View Projection）矩阵类似，不同之处在于：正交投影矩阵还有其他用于描述说明近平面和远平面的术语。

透视投影具有被称为**水平视野**（FOV）的附加参数。水平视野是相机周围在投影中可见的水平角度。更改水平视野可确定 3D 世界的可见范围。以下是透视投影矩阵公式：

$$yScale = \cot\left(\frac{fov}{2}\right)$$

$$xScale = yScale \cdot \frac{height}{width}$$

$$Perspestive = \begin{bmatrix} xScale & 0 & 0 & 0 \\ 0 & yScale & 0 & 0 \\ 0 & 0 & \dfrac{far}{far-near} & 1 \\ 0 & 0 & \dfrac{-near \cdot far}{far-near} & 0 \end{bmatrix}$$

请注意，透视投影矩阵会更改齐次坐标的 w 分量。**透视分割**将变换顶点的每个分量除以 w 分量，于是 w 分量再次变为 1。当对象远离相机时，透视分割会使得对象的尺寸会变小。OpenGL 在幕后自动进行透视分割操作。

> **注释**
> 此处省略有关正交投影矩阵和透视投影矩阵的推导。

对于上述讨论的两种类型的投影矩阵，代码在头文件 Math.h 所对应的函数库中都有辅助函数。对于正交投影矩阵，代码中可以使用 Matrix4::CreateOrtho 函数；对于透视投影矩阵，代码中可以使用 Matrix4::CreatePerspectiveFOV 函数。

计算视图投影矩阵

视图投影矩阵只是单独的视图矩阵和投影矩阵的乘积，如下：

视图投影矩阵=（视图矩阵）×（投影矩阵）

然后，顶点着色器使用上面的视图投影矩阵将顶点位置从世界空间变换为剪辑空间。

6.3.2　走出画家算法，进入 Z 缓冲

我们在第 2 章中介绍了画家算法。回想一下，画家算法使用从后到前的顺序绘制对象。虽然画家算法对于 2D 游戏很有用，但在 3D 游戏里，这种绘制方法会更加复杂。

画家算法的不足

在 3D 游戏中，使用画家算法面临的一个主要问题是：对象从后到前的排序不是静态（固定）的。当相机在场景中移动和旋转时，对象在前或后的顺序情况会发生变化。要在 3D 场景中使用画家算法，代码中必须以从后到前的顺序，对每帧中可能的所有三角形进行排序。对于一个稍微复杂的游戏场景，这种不断排序是游戏的一个性能瓶颈。

对于分屏游戏来说，情况则更糟。如果玩家 A 和玩家 B 在游戏屏幕内彼此面对，那么对于每个玩家来说，从后到前的排序是不同的。要解决此问题，在代码中必须按视图排序。

另一个问题是画家算法可能会导致大量的**过度绘制**，或者在每帧上多次写入单个像素的颜色。画家算法一直存在这种问题，因为场景内靠后的对象会被更近的对象所覆盖。在现代 3D 游戏中，计算像素最终颜色的过程是渲染管道计算代价最高昂的部分之一。这是

因为在片段着色器程序中包含有用于纹理、光照和许多其他高级技术的代码。每个被过度绘制的像素都是被浪费的片段着色器执行。因此，3D 游戏的目标在于消除尽可能多的过度绘制。

最后，画家算法对于重叠的三角形也存在问题。看一下图 6-5 所示的 3 个三角形。哪一个是最远的？答案是没有哪个三角形是最远的。在这种情况下，画家算法可以正确绘制这些三角形的唯一方法是：将三角形分成两半，不过，这不是理想的解决办法。由于上述所有这些原因，3D 游戏不会对大多数对象使用画家算法。

图 6-5　重叠三角形画家算法的失败案例

Z 缓冲

Z 缓冲（Z-Buffering）也称为深度缓冲，是在渲染过程中使用的附加内存缓冲区。此缓冲区被称为 **Z 缓冲区**（或**深度缓冲区**），Z 缓冲区存储场景中每个像素的数据，非常类似于颜色缓冲区。但与颜色缓冲区不同的是：颜色缓冲区存储的是颜色信息，Z 缓冲区存储的是每个像素与相机之间的距离信息或深度信息。图像化地表示帧的缓冲区集合被统称为**帧缓冲区**。

在帧的开始处，需要清除 Z 缓冲区的空间（非常类似于清空颜色缓冲区）。不过跟颜色缓冲区不同的是，Z 缓冲区不是清除颜色，而是将每个像素的深度清除到标准化设备坐标中的最大深度值，该值为 1.0。在渲染期间，绘制像素之前，Z 缓冲会计算像素所在的深度。如果像素所在的深度小于存储在 Z 缓冲区中的当前深度值（意味着它更靠前），则该像素将会被绘制到颜色缓冲区中。然后，Z 缓冲区会更新该像素的深度值。

图 6-6 显示了场景的 Z 缓冲区可视化。因为球体比立方体更接近屏幕，所以它的 Z 缓冲区值更接近于零（因此更接近黑色）。在帧中被所绘制的第一个对象，代码总是会将对象所有像素的颜色信息和深度信息分别写入颜色缓冲区和 Z 缓冲区中。但是在绘制第二个对象时，只有其像素的深度值比已有的 Z 缓冲区中的值更接近的像素时，才会被绘制。代码清单 6.6 给出了 Z 缓冲区算法的伪代码。

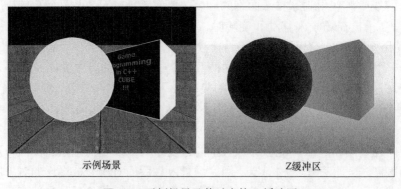

示例场景　　　　　　　　　　　　　　Z缓冲区

图 6-6　示例场景及其对应的 Z 缓冲区

代码清单 6.6 Z 缓冲区算法的伪代码

```
// zBuffer[x][y] grabs depth at that pixel
foreach MeshComponent m in scene
   foreach Pixel p in m
      float depth = p.Depth()
      if zBuffer[p.x][p.y] < depth
         p.draw
      endif
   endfor
endfor
```

如果在场景中没有透明的对象，使用 Z 缓冲以任意顺序绘制场景看来都是正确的。这并不是说绘制顺序无关紧要。例如，以从后到前的顺序来绘制场景会产生与画家算法相同的过度绘制。反过来说，以从前到后的顺序来绘制场景则会产生"零"过度绘制。但使用 Z 缓冲的好处是：无论游戏以任何随意的顺序（无论从前到后，还是从后到前）来绘制场景，Z 缓冲区都是有效的。进一步来说，因为 Z 缓冲是基于每个像素的，而不是基于每个对象或者三角形的，所以即使是关于图 6-5 中重叠三角形的场景绘制，它也是有效的。

幸运的是，Z 缓冲不再需要图形程序员来实现；只需要在代码中启用它即可。通过使用 OpenGL 库，图形程序员可以花费最少的气力来支持深度缓冲（OpenGL 使用"深度缓冲区"术语代替"Z 缓冲区"）。首先，为了支持深度缓冲，在创建 OpenGL 上下文之前，需要申请深度缓冲区空间（24 位是深度缓冲区的典型大小）：

`SDL_GL_SetAttribute(SDL_GL_DEPTH_SIZE, 24);`

然后，代码调用以下函数，来启用深度缓冲：

`glEnable(GL_DEPTH_TEST);`

glClear 函数处理清除深度缓冲区内容。只需一次调用，就可以同时清除颜色缓冲区和深度缓冲区：

`glClear(GL_COLOR_BUFFER_BIT | GL_DEPTH_BUFFER_BIT);`

虽然 Z 缓冲效果很好，但是也存在一些问题。举例来说，按照 Z 缓冲区的规定，在具有透明物体的场景中不能使用 Z 缓冲。假设一个游戏场景为：半透明的水面下有一块岩石。根据 Z 缓冲技术原理，因为岩石比水面具有更大的深度，首先在屏幕上绘制水并将其写入 Z 缓冲区后，后续就会阻止对岩石的绘制。

这种困境的解决方案是：首先使用 Z 缓冲来渲染不透明对象。然后禁用深度缓冲区写入，并按从前到后的顺序渲染透明对象。在渲染像素时，应该测试每个像素的深度，以确保不透明对象后面的透明像素不会被绘制。虽然上述方案意味着对于透明对象，会使用画家算法进行渲染，但透明对象的数量有望非常小。

虽然不需要在本书中使用透明 3D 对象，但请记住，精灵渲染使用 Alpha 混合来支持具有透明度的纹理。因为 alpha 混合不能与 Z 缓冲很好地协作，所以对于 3D 对象，在代码中必须禁用 alpha 混合，然后在绘制精灵时，重新启用 alpha 混合。同样，精灵渲染也必须在禁用 Z 缓冲的情况下进行。

这自然而然地会促使渲染过程分为两个阶段：首先，在禁用 alpha 混合并启用 Z 缓冲的情况下，渲染所有 3D 对象。其次，在启用 alpha 混合并禁用 Z 缓冲的情况下，渲染所有精灵。按照以上操作过程，所有 2D 精灵都会显示在 3D 场景的顶部。这是可以的，因为在 3D 游戏中，仅对 UI（用户界面）或 HUD（平视显示器）元素使用 2D 精灵。

6.3.3　BasicMesh 着色器

回想一下，在本章的前面部分，游戏程序员修改了 Sprite.vert 着色器源文件，以使其包含对顶点布局中的顶点法线的支持。事实证明，第 5 章中 Sprite.frag 片段（像素）着色器源文件的原始代码和精灵的顶点着色器源程序经修改后的代码也同样适用于完整的 3D 网格。对于 3D 网格，将视图投影矩阵的 uniform 全局变量设置为不同的值，但实际的顶点/片段着色器代码可以像原来一样正常工作。所以到目前为止，BasicMesh.vert / BasicMesh.frag 着色器源文件仅仅是 Sprite.vert / Sprite.frag 着色器源文件的副本而已。

接下来，将用作网格着色器的 Shader *成员变量添加到 Renderer 类中，并添加视图矩阵和投影矩阵相应的 Matrix4 成员变量。然后，代码在 Renderer :: InitShaders 函数中加载 BasicMesh 着色器（与加载精灵着色器的代码非常相似），并初始化视图矩阵和投影矩阵。将视图矩阵初始化为面向 x 轴的观察矩阵，并将投影矩阵初始化为透视投影矩阵：

```
mMeshShader->SetActive();
// Set the view-projection matrix
mView = Matrix4::CreateLookAt(
   Vector3::Zero,  // Camera position
   Vector3::UnitX, // Target position
   Vector3::UnitZ  // Up
);
mProjection = Matrix4::CreatePerspectiveFOV(
   Math::ToRadians(70.0f), // Horizontal FOV
   mScreenWidth,           // Width of view
   mScreenHeight,          // Height of view
   25.0f,                  // Near plane distance
   10000.0f                // Far plane distance
);
mMeshShader->SetMatrixUniform("uViewProj", mView * mProjection);
```

为了简单起见，假定所有网格都使用相同的着色器（暂时忽略存储在 gpmesh 文件中的着色器属性）。在练习题 1 中，读者要添加对于不同网格着色器的支持。

无论如何，现在已经有了一个网格着色器。接下来需要创建一个 MeshComponent 类，来绘制 3D 网格。

6.3.4　MeshComponent 类

回想一下，将顶点从对象空间变换为剪辑空间的所有代码都在顶点着色器中。用于填充每个像素颜色的代码都在片段着色器中。这意味着在 MeshComponent 类中，代码不需要为绘图承担太多的工作。

代码清单 6.7 给出了 MeshComponent 类的声明。注意，与 SpriteComponent 类不同的是，MeshComponent 类的声明里没有用于描述该网格组件绘制顺序的成员变量。这是因为 3D 网格使用 Z 缓冲，所以绘制顺序已无关紧要。仅有的成员数据是指向该组件关联的 Mesh 类的一个指针和一个纹理索引。因为 gpmesh 网格文件可以具有多个关联的纹理所以纹理索引用于确定当绘制 MeshComponent 对象时，具体要使用哪个纹理。

代码清单 6.7　MeshComponent 类的声明

```
class MeshComponent : public Component
{
public:
    MeshComponent(class Actor* owner);
    ~MeshComponent();
    // Draw this mesh component with provided shader
    virtual void Draw(class Shader* shader);
    // Set the mesh/texture index used by mesh component
    virtual void SetMesh(class Mesh* mesh);
    void SetTextureIndex(size_t index);
protected:
    class Mesh* mMesh;
    size_t mTextureIndex;
};
```

此外，Renderer 类包含有 MeshComponent 指针的一个容器，以及用来添加/删除 MeshComponent 组件对象的成员函数。在执行 MeshComponent 类的构造函数和析构函数时，会调用 Renderer 类中这些对应的添加/删除函数，用于向 Renderer 类的容器中添加/删除 MeshComponent 对象。

Draw 函数（如代码清单 6.8 所示）首先将世界变换矩阵设置为 uniform 指定的值。因为不需要额外的缩放，MeshComponent 类直接使用其所在的 actor 的世界变换矩阵，就像在 SpriteComponent 类中使用的那样。其次，激活与网格关联的纹理和顶点数组。最后，glDrawElements 函数绘制三角形。在这里，索引缓冲区大小不是硬编码的，因为不同的网格具有不同数量的索引。

代码清单 6.8　MeshComponent :: Draw 函数的实现

```
void MeshComponent::Draw(Shader* shader)
{
    if (mMesh)
    {
        // Set the world transform
        shader->SetMatrixUniform("uWorldTransform",
            mOwner->GetWorldTransform());
        // Set the active texture
        Texture* t = mMesh->GetTexture(mTextureIndex);
        if (t) { t->SetActive(); }
        // Set the mesh's vertex array as active
        VertexArray* va = mMesh->GetVertexArray();
        va->SetActive();
        // Draw
```

```
glDrawElements(GL_TRIANGLES, va->GetNumIndices(),
    GL_UNSIGNED_INT, nullptr);
}
}
```

最后，在 Renderer 类的 Draw 函数中，需要加入绘制所有网格组件的代码。函数在清除帧缓冲区后，首先通过启用深度缓冲和禁用 Alpha 混合来绘制所有网格。接下来，按照和以前同样的方式，绘制所有精灵。绘制完所有内容后，Renderer 类交换前、后帧缓冲区用于显示输出。代码清单 6.9 仅显示了渲染网格部分的新加入代码。考虑到相机移动的情况，该代码会对每帧重新计算视图投影矩阵。

代码清单 6.9   在 Renderer :: Draw 函数中绘制 MeshComponents 组件

```
// Enable depth buffering/disable alpha blend
glEnable(GL_DEPTH_TEST);
glDisable(GL_BLEND);
// Set the basic mesh shader active
mMeshShader->SetActive();
// Update view-projection matrix
mMeshShader->SetMatrixUniform("uViewProj", mView * mProjection);
for (auto mc : mMeshComps)
{
    mc->Draw(mMeshShader);
}
```

因为 MeshComponent 组件就像角色的任何其他组件一样，所以可以将它附加到任意的 actor 上，并为 actor 绘制网格。图 6-7 显示了运行中的 MeshComponent 组件，其中绘制了一个球体网格和一个立方体网格。

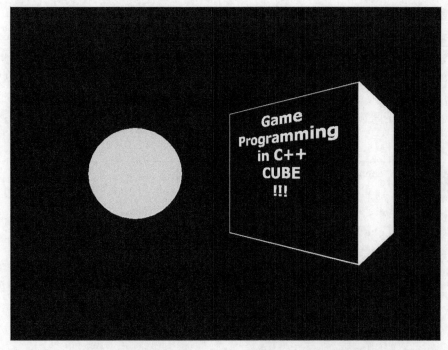

图 6-7   使用 MeshComponen 组件绘制一个简单的场景

6.4　光照

到目前为止，网格片段着色器会将纹理颜色直接用作像素的最终颜色。然而，没有任何对比，场景看起来很沉闷。为了营造出太阳光或照明设施发光的效果，或者只是为了增加场景的多样性，需要用到灯光。

6.4.1　再访顶点属性

光照网格需要用到比顶点位置和 UV（纹理）坐标更多的顶点属性。此外，光照网格还需要用到顶点法线。在本章的前面部分，游戏程序员已经添加了此顶点法线属性。然而，对于**顶点法线**的概念，我们还需要做出进一步的解释。顶点法线看起来几乎是荒谬的，因为法线是垂直于表面的一个向量，但是单个点并不是表面，那么怎么可能会有一条针对一个点的法线呢？

在代码中可以通过计算包含该顶点的三角形法线的平均值来计算顶点法线，如图 6-8（a）所示。这种方法适用于具有平滑表面的模型，但不适用于具有尖锐边缘的模型，例如，渲染一个具有平均顶点法向量的立方体会产生圆角。为了解决这个问题，对于立方体的边角，动画设计师要创建多个不同的顶点，并且使边角上的每个顶点都具有不同的法线。图 6-8（b）显示了以这种方式绘制的立方体。

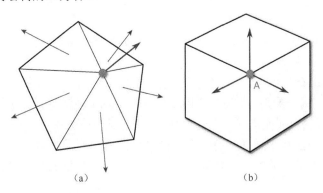

（a）　　　　　　　　　　（b）

图 6-8　（a）平均顶点法线；（b）立方体上的顶点 A 使用
3 个不同法线中的其中一个，具体取决于立方体的面

请记住，当所有顶点属性被发送到片段着色器时，它们都会在整个三角形中进行插值操作。这意味着三角形面上的任意像素都具有法线取值，此法线的取值即是三角形的 3 个顶点法线间的插值。

6.4.2　光照的类型

虽然光照存在着多种可能的选择，但只有少数几种光照类型被一直应用于 3D 游戏中。一些光照会全局性地影响整个场景，而其他光照则仅影响灯周围的区域。

环境光

环境光是应用于场景中每个对象的均匀光量。根据一天中的不同时间,针对游戏中的不同级别,环境光量可能会有所不同。跟白天设定级别的环境光量相比,夜间设定级别的环境光量将更加暗、更加冷,而白天设定级别的环境光量则更亮、更温暖。

因为环境光会提供一致的光照量,所以环境光不会对被照亮对象的不同侧面产生不同的照明效果。环境光是均匀应用于场景中所有对象的每个部分的全局光量。环境光类似于阴天的太阳,如图 6-9(a)所示。

(a)环境光   (b)定向光

图 6-9   环境光和定向光的特性示例

在代码中,环境光的最简单表示法是使用 RGB 颜色值。RDB 颜色值用于表示光的颜色和强度,例如,值为(0.2,0.2,0.2)的环境光要比值为(0.5,0.5,0.5)的环境光要更暗。

定向光

定向光是从特定方向所发射的光。与环境光一样,定向光会影响到整个场景。但是,由于定向光来自特定方向,因此它会照亮对象的其中一侧,对象的另一侧则处于黑暗中。关于定向光的一个例子就是阳光灿烂的日子。光的方向取决于太阳处在一天中的哪个时间。对象面向太阳的一侧是明亮的,另一侧则是黑暗的。图 6-9(b)显示了美国黄石国家公园的定向光。(请注意,在游戏中,阴影不是定向光本身的属性。相反,计算阴影需要额外的计算。)

在使用定向光的游戏中通常只有一个定向光用于整个光照场景,例如代表着太阳或者月亮的定向光照。但情况并非总是如此,例如,在夜间体育场的照明模拟场景中,可以使用多个定向光。

在代码中,表示定向光即需要用于颜色的 RGB 值(这点与环境光一样),又需要用于定向光方向的标准化向量。

点光源

点光源存在于特定的点,并从该点向所有方向发出光线。因为点光源从特定的点开始,所以也仅照亮物体的一侧。通常,点光源还具有影响半径。例如,想象一下暗室中的一个灯泡,如图 6-10(a)所示。在灯光周围的区域内有可见光,但可见光会慢慢消散,直到消失不见。点光源不是无限的。

在代码中,点光源应具有 RGB 颜色值、点光源的位置和**点光源衰减半径**,其中衰减半径用于确定随着距光源的距离增加,光值会减少多少。

（a）点光源　　　　　　　　　　　（b）聚光灯

图 6-10　光照场景构建：点光源和聚光灯

聚光灯

除了光线不是向四面八方发散之外，**聚光灯**很像点光源，它聚焦在一个锥形区域内，如图 6-10（b）所示。要在程序代码中模拟聚光灯，代码需要点光源的所有参数再加上锥体的角度。聚光灯的典型例子是剧院聚光灯，而另一个例子则是黑暗中的手电筒。

6.4.3　Phong 反射模型

要模拟光照，在代码中不仅需要相关的光照数据，还需要计算光照如何影响场景中的对象。用于模拟近似光照的一种可靠方法是**双向反射分布函数**（BRDF），该函数用于模拟光照如何从物体表面进行反弹。双向反射分布函数有许多类型，但经典的类型是**Phong 反射模型**。

Phong 模型是**局部光照模型**，因为该模型不计算光的二次反射。换句话说，反射模型将每个对象照亮，就好像该对象是整个场景中的唯一对象一样。然而在现实世界中，在白墙上照射红灯会使房间的其余部分呈现红色。但是，上述情况不会在 Phong 模型中出现。

Phong 模型将光线分为 3 个不同的组件：环境光组件、漫反射光组件和镜面反射光组件，如图 6-11 所示。所有 3 个组件都考虑了对象表面的颜色，以及影响对象表面的光的颜色。

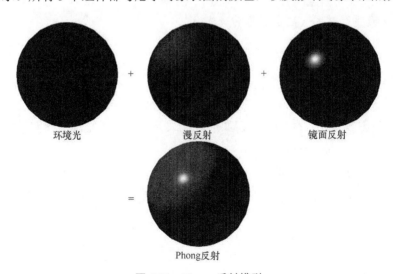

图 6-11　Phong 反射模型

环境光组件是场景的整体照明。因此将环境光组件直接连接到环境光是讲得通的。由于环境光均匀地应用于整个场景，因此环境光组件独立于任何其他光源和相机。

漫反射光组件是对象表面发出的主要反射光线。影响对象的任何定向光、点光源或聚光灯都会影响到漫反射光组件。漫反射光组件的计算需要使用到对象表面的法线和从对象表面到光照的向量。相机的位置不会影响漫反射组件。

Phong 模型中的最后一个组件是**镜面反射光组件**。镜面反射近似于表面上发出的高光亮反射。具有高度镜面反射光组件的对象（例如抛光的金属物体）具有比使用哑光黑色绘制的对象更强的高光。与漫反射光组件一样，镜面反射光组件取决于光向量和对象表面的法线。但是，镜面反射光还取决于相机的位置。这是因为从不同角度观察镜面反射对象时，观察者都可以感知到发生变化的镜面反射光。

图 6-12 从侧视图的角度显示了 Phong 反射模型。计算 Phong 反射模型需要一系列包含几个变量的计算：

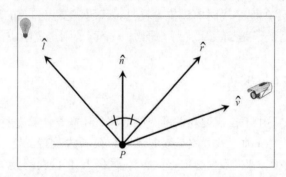

图 6-12   Phong 反射计算图解（不按比例的向量）

- $\hat{n}$ ——标准化的表面法线；
- $\hat{l}$ ——从表面到光的标准化向量；
- $\hat{v}$ ——从表面到相机（眼睛）的标准化向量；
- $\hat{r}$ ——$\hat{l}$ 基于法线 $\hat{n}$ 的向量 $\hat{l}$ 的标准化反射；
- α ——镜面反射率（决定对象的反光度）。

此外，还有光照的颜色：

- k_a ——环境光的颜色；
- k_d ——漫反射光的颜色；
- k_s ——镜面反射光的颜色。

在 Phong 反射模型中，代码可以按如下方程式计算适用于物体表面的光照：

$$Ambient = k_a$$

$$Diffuse = k_d \left(\hat{n} \cdot \hat{l} \right)$$

$$Specular = k_s (\hat{r} \cdot \hat{v})^\alpha$$

$$Phong = Ambient + \sum_{\forall \text{lights}} \begin{cases} Specular + Diffuse & \hat{n} \cdot \hat{l} > 0 \\ 0 & \text{其他} \end{cases}$$

请注意，在上述方程式中，为取得漫反射光组件和镜面反射光组件，方程式需计算场景中的所有光照,但对于环境光组件,计算它则只需环境光照即可。$\hat{n} \cdot \hat{l}$ 点积测试用以确保光线仅影响面向光线的表面。

无论如何,此处描述的 Phong 光照方程式适用于场景中的所有光照所产生的颜色。对象表面的最终颜色是光照颜色与物体表面颜色的乘积。因为光照颜色和对象表面颜色都是 RGB 值,所以代码中可使用 RGB 颜色值的分量乘法来计算最终的颜色。

一个更为复杂的实现方式是:将对象表面颜色分离为单独的环境光颜色、漫反射光颜色和镜面反射光颜色。在具体实现过程中,方程式更改成为每个单独颜色(环境光颜色、漫反射光颜色、镜面反射光颜色)乘以其对应的光组件,而不是仅在最后使用一个分量乘法。

剩下的一个问题是以什么样的频率来计算 BRDF 函数。有 3 种常见选项:每个表面进行一次计算(**平面着色**)、每个顶点进行一次计算(Gouraud **着色**),或每个像素进行一次计算(Phong **着色**)。虽然基于每像素光照的计算成本更高,但现代图形硬件可以轻松地处理它。可以想得到的是,一些游戏可能出于美学原因选择其他类型的着色,但本章坚持使用基于每像素光照着色(Phong 着色)。

6.4.4 实现光照

本节介绍如何为游戏场景添加环境光和定向光。实现这些光照的添加需要更改顶点着色器和片段着色器的源文件。BasicMesh.vert/.frag 着色器程序是新建的 Phong.vert/.frag 着色器程序的起点。(请记住,着色器程序源代码是以 GLSL 语言编写,而非 C ++语言。)然后,对 Phong.vert/Phong.frag 文件进行更改,以便所有网格都使用这个新的 Phong 着色器。

因为光照是基于每像素的,所以在 Phong.frag 片段着色器程序中,新的代码需要附加几个 uniform 变量,包括相机的位置、环境光颜色和适用于定向光的几个变量(见代码清单 6.10)。

代码清单 6.10 Phong.frag 光照使用的 uniform 变量

```
// Create a struct for directional light
struct DirectionalLight
{
    // Direction of light
    vec3 mDirection;
    // Diffuse color
    vec3 mDiffuseColor;
    // Specular color
    vec3 mSpecColor;
};

// Uniforms for lighting
// Camera position (in world space)
uniform vec3 uCameraPos;
// Ambient light level
uniform vec3 uAmbientLight;
// Specular power for this surface
uniform float uSpecPower;
```

```
// Directional Light (only one for now)
uniform DirectionalLight uDirLight;
```

在上述代码段中，需注意 DirectionalLight 结构体的声明。GLSL 语言支持结构体声明，它非常类似于 C / C ++语言中的结构体声明。接下来，在 C ++代码中声明相应的 DirectionalLight 结构体，并向 Renderer 类中添加分别用于表示环境光和定向光的两个成员变量。

回到 C ++程序，glUniform3fv 函数和 glUniform1f 函数分别用于设置 3D 向量和浮点数的 uniform 全局变量。可以在 Shader 类中新创建两个函数，即 SetVectorUniform 函数和 SetFloatUniform 函数，这两个新创建的函数可用来分别调用 glUniform3fv 函数和 glUniform1f 函数。这两个新创建函数的实现与第 5 章中的 SetMatrixUniform 函数的实现类似。

Renderer 类中的一个名为 SetLightUniforms 的新函数用于处理设置新的 uniform 的值，如下：

```
void Renderer::SetLightUniforms(Shader* shader)
{
    // Camera position is from inverted view
    Matrix4 invView = mView;
    invView.Invert();
    shader->SetVectorUniform("uCameraPos", invView.GetTranslation());
    // Ambient light
    shader->SetVectorUniform("uAmbientLight", mAmbientLight);
    // Directional light
    shader->SetVectorUniform("uDirLight.mDirection", mDirLight.mDirection);
    shader->SetVectorUniform("uDirLight.mDiffuseColor",
        mDirLight.mDiffuseColor);
    shader->SetVectorUniform("uDirLight.mSpecColor", mDirLight.mSpecColor);
}
```

请注意，在该函数中，使用点表示法来引用 uDirLight 结构体的特定成员。

要从视图矩阵中提取相机位置需要反转视图矩阵。在反转视图矩阵之后，第 4 行向量的前 3 个分量（由 GetTranslation 成员函数返回）对应于相机的世界空间位置。

接下来，要更新 gpmesh 文件格式，以便可以使用 specularPower 属性来指定网格表面的镜面反射率。然后，更新 Mesh : : Load 函数代码，用以读取此 specularPower 属性，并在绘制网格之前，在 MeshComponent : : Draw 函数中使用 specularPower 的值来设置 uniform 变量 uSpecPower。

回到 GLSL 语言，游戏程序员必须要对顶点着色器 Phong.vert 进行一些更改。相机位置和定向光的方向都位于世界空间中，但是在顶点着色器中用于计算的 gl_Position 位于剪辑空间中。正确获取从对象表面到相机的向量需要一个处在世界空间位置中的点。此外，输入变量顶点法线位于对象空间中，但它们也需要处在世界空间位置中。这意味着顶点着色器程序必须既要计算点的世界空间法线，又要计算点的世界空间位置，并且必须还要通过 out 输出变量将它们发送到片段着色器程序：

```
// Normal (in world space)
out vec3 fragNormal;
// Position (in world space)
out vec3 fragWorldPos;
```

同样，在代码中将对应的片段着色器程序中的变量声明为 in 输入变量：fragNormal 和 fragWorldPos。接下来，使用代码清单 6.11 所示的顶点着色器程序的 main 函数来计算 fragNormal 和 fragWorldPos 各自的值。名为 "swizzle" 的 ".xyz" 语法是从 4D 向量中提取 x、y 和 z 分量并使用那些值创建新的 3D 向量的简写形式。swizzle 可有效地在 vec4 和 vec3 之间进行转换。

还会将法线转换为奇次坐标，以便法线与世界变换矩阵的乘法有效（进而将法线变换为世界空间）。但是，这里转换的奇次坐标的 "w" 分量是 "0"，而不是 "1"。这是因为法线不是一个位置，所以平移法线是没有意义的。将 "w" 分量设置为 "0" 意味着在乘法中的世界变换矩阵的平移分量归零。

代码清单 6.11　Phong.vert 顶点着色器程序内的 Main 函数

```
void main()
{
    // Convert position to homogeneous coordinates
    vec4 pos = vec4(inPosition, 1.0);
    // Transform position to world space
    pos = pos * uWorldTransform;
    // Save world position
    fragWorldPos = pos.xyz;
    // Transform to clip space
    gl_Position = pos * uViewProj;

    // Transform normal into world space (w = 0)
    fragNormal = (vec4(inNormal, 0.0f) * uWorldTransform).xyz;

    // Pass along the texture coordinate to frag shader
    fragTexCoord = inTexCoord;
}
```

在代码清单 6.12 中，片段着色器程序按照 6.4.3 节所示的方程式来计算 Phong 反射模型。请注意，因为 OpenGL 会在三角形的面上插值顶点法线向量，所以在代码中必须对 fragNormal 法线向量进行标准化处理。在每一步插值过程中，插值两个标准化向量并不能保证生成一个标准化的向量，因此必须对生成的向量进行重新标准化。

因为定向光是从一个方向发出的，所以从对象表面到定向光的向量正好是定向光的方向向量相反的向量。片段着色器程序可使用一些新的 GLSL 函数。dot 函数可计算点积，reflect 函数可计算反射向量，max 函数可选择两个值中最大的值，而 pow 函数则可计算反射率。clamp 函数会将传入向量的每个分量的值限制在指定的范围内。在当前情况下，有效光照取值范围为从 0.0（无光）到 1.0（该颜色的最强光）。像素的最终颜色是纹理颜色乘以 Phong 光照的结果。

若向量 $\vec{R}$ 和向量 $\vec{V}$ 之间的点积结果为负，则会出现一个边缘情况。在这种情况下，镜面反射光组件可能为负，或者实际上会将镜面反射光从场景中移除。使用 max 函数可以防止这种边缘情况的影响，因为如果点积为负，则 max 函数会选择 "0" 为返回值。

代码清单 6.12　Phong.frag 片段着色器程序的 main 函数

```
void main()
{
    // Surface normal
    vec3 N = normalize(fragNormal);
    // Vector from surface to light
```

```
vec3 L = normalize(-uDirLight.mDirection);
// Vector from surface to camera
vec3 V = normalize(uCameraPos - fragWorldPos);
// Reflection of -L about N
vec3 R = normalize(reflect(-L, N));

// Compute phong reflection
vec3 Phong = uAmbientLight;
float NdotL = dot(N, L);
if (NdotL > 0)
{
    vec3 Diffuse = uDirLight.mDiffuseColor * NdotL;
    vec3 Specular = uDirLight.mSpecColor *
        pow(max(0.0, dot(R, V)), uSpecPower);
    Phong += Diffuse + Specular;
}

// Final color is texture color times phong light (alpha = 1)
outColor = texture(uTexture, fragTexCoord) * vec4(Phong, 1.0f);
}
```

运行中的 Phong 着色器程序效果如图 6-13 所示。该着色器程序会照亮图 6-10 中的球体和立方体，其中用到了以下光照值：

● 环境光——深灰色（0.2,0.2,0.2）；
● 定向光方向——向下和向左（0,–0.7,–0.7）；
● 定向光漫反射颜色——绿色（0,1,0）；
● 定向光镜面反射颜色——亮绿色（0.5,1,0.5）。

在图 6-13 中，球体的镜面反射率为 10.0，立方体的镜面反射率为 100.0f，因此球体会比立方体显得更亮。

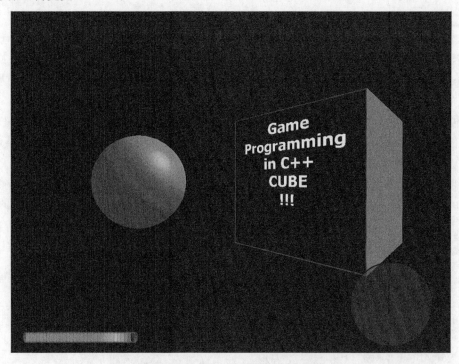

图 6-13　正在运行中的 Phong 着色器

6.5 游戏项目

本章的游戏项目实现了本章所涵盖的大部分主题，包括网格加载、MeshComponent 组件和 Phong 着色器。本章游戏项目的最终版本如图 6-14 所示。本章的相关代码可以从本书对应的配套资源中找到（位于第 6 章子目录中）。在 Windows 环境下，打开 Chapter06-windows.sln；在 Mac 环境下，打开 Chapter06-mac. xcodeproj.

Game 类中的 LoadData 函数为游戏世界中的对象举例说明了几个不同的 actor。一个简单的 CameraActor 函数可让相机在游戏世界中移动。项目使用 W 键和 S 键来控制前后移动相机，使用 A 键和 D 键来控制偏航相机。（第 9 章讨论了更复杂的相机，目前的相机是第一人称相机的简单版本。）

屏幕上的精灵元素，例如生命值和雷达，目前尚未执行任何操作。它们出现在屏幕上只是为了证明精灵渲染部分的代码仍然有效。在第 11 章中，读者将了解到如何实现某些特定的用户界面（UI）功能。

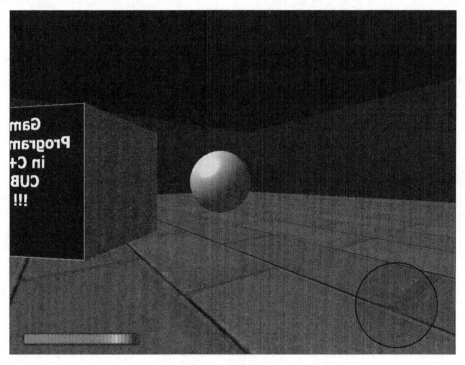

图 6-14　第 6 章游戏项目

6.6 总结

本章包含从 2D 游戏世界过渡到 3D 游戏世界的转换过程。现在角色具有一个带有 3D

位置，并且可以围绕任意轴旋转的四元数的变换。

3D 场景还需要用到更复杂的视图投影矩阵。使用观察矩阵是创建视图矩阵的首选方法。投影矩阵可以是正交矩阵或透视矩阵，但只有透视投影才能提供场景中的深度。在 3D 游戏中也会避免使用画家算法，取而代之的是用 Z 缓冲来确定哪些像素是可见的。

简单的 gpmesh 格式文件包含有游戏程序运行时，创建顶点缓冲区和索引缓冲区所需的足够信息，即文件内不包含复杂文件格式的无关数据。MeshComponent 类可以附属于任何 actor，并且可实现 3D 网格渲染（通过着色器程序）。

游戏程序可能会使用多种类型的光照。其中环境光和定向光会影响到整个场景，而点光源和聚光灯仅影响到某些区域。估算光照如何影响场景的一个方法是采用 Phong 反射模型。Phong 模型具有 3 个组件：环境光组件、漫反射光组件和镜面反射光组件。

6.7   补充阅读材料

图像渲染是一个高度专业化的游戏编程领域，卓越的渲染技术需要强大的数学基础。可供选择的优秀资源有很多。托马斯•阿肯纳-莫勒（Thomas Akenine-Moller）的书虽然有些过时，但它是一本受欢迎的程序员参考书，而且该书即将更新到并发布第 4 版。虽然本书使用了 OpenGL，但还有其他图形 API 可供读者使用。对于 PC 机和 Xbox 游戏机，DirectX API 占主导地位。Frank Luna 的书介绍了如何使用 DirectX 11。最后，Matt Pharr 的文章概述了一种被称为"基于物理原理的图像渲染"的逼真照明技术。

- Thomas Akenine-Moller, Eric Haines, and Naty Hoffman. Real-Time Rendering, 3rd edition. Natick: A K Peters, 2008.
- Frank Luna. Introduction to 3D Game Programming with DirectX 11. Dulles: Mercury Learning and Information, 2012.
- Matt Pharr, Wenzel Jakob, and Greg Humphreys. Physically Based Rendering: From Theory to Implementation, 3rd edition. Cambridge: Elsevier, 2017.

6.8   练习题

本章的练习题涉及向游戏项目添加改进。在第一道练习题中，读者需要添加对具有不同着色器程序的不同网格渲染的支持。在第二道练习题中，读者需要添加点光源，该点光源可为游戏中的光照提供极大的灵活性。

6.8.1   练习题 1

修改网格渲染代码，以便可以使用不同的着色器程序来绘制不同的网格。这意味着读者需将不同的网格着色器程序存储在映射中，并确保每个着色器程序都对其所使用的 uniform 变量进行了恰当设置。

但是，在着色器程序之间不断切换是低效的。要解决此问题，读者应通过相应的着色器程序对网格组件进行分组。例如，如果使用 BasicMesh 着色器程序绘制了 10 个网格，使用 Phong 着色器程序绘制了 5 个网格，则不应在两个着色器程序之间重复交替。相反，首先要绘制使用 BasicMesh 的所有网格，然后绘制使用 Phong 的所有网格。

为了验证上述内容，读者应修改 gpmesh 文件，以便使用 BasicMesh 着色器程序绘制一些网格，使用 Phong 着色器程序绘制其他网格。请记住，因为 gpmesh 文件是 JSON 文件，读者可以使用任何文本编辑器来编辑它们。

6.8.2　练习题 2

由于点光源影响的半径范围有限，因此可以为场景增加很多这种光照。修改 Phong 着色器程序，以便使其最多支持场景中的 4 个点光源。首先，为点光源创建一个结构体，就像为定向光创建结构体一样。该结构体包括光源位置、漫反射颜色、镜面反射颜色、镜面反射率和影响半径。其次，创建一个点光源数组作为 uniform 变量。（数组在 GLSL 语言中的使用就像在 C / C ++语言中一样。）

在 Phong 着色器程序中，除了需要考虑所有的镜面反射光和漫反射光之外，读者现在要使用的 Phong 反射方程式是相同的。此外，只有当像素处在点光源的半径范围内时，点光源才会影响像素。为了测试这一点，读者要在不同的位置通过使用不同颜色来创建不同的点光源。

第 7 章

音频

尽管人们有时会忽视音频，但它的确是游戏的一个重要部分。无论是要为游戏场景提供音频提示，还是要增强整体氛围，高质量的声音都会为游戏增色不少。

本章介绍了如何利用强大的 FMOD API（应用编程接口）来辅助音频系统，使得音频系统达到远远超过简单播放声音文件的程度。本章所涵盖的主题包括使用声音事件、添加基于位置的 3D 音频、混合声音以及添加场景效果。

7.1 引导音频

基本游戏音频系统会根据需要加载和播放独立的声音文件（如 WAV 文件或 OGG 文件）。这种方法尽管实用——对于简单的 2D 游戏可能是完全可以接受的——但它也有局限性。在许多情况下，单一游戏动作并不对应于单一声音文件。假设游戏场景中有一个四处奔跑的角色，每当角色的脚着地时，脚步声就会响起。但是如果只有一个重复播放的脚步声音文件，则游戏里的声音很快就会变得重复起来。

在上述的场景中，可能至少需要 10 个不同的声音文件，而不是单一的脚步声音文件。在游戏中，玩家每次踏出一步，游戏都可能从这 10 个脚步声文件中随机选择一个。或者在游戏中，玩家可能会在不同的表面上行走，脚踩在草地上的脚步声和踩在混凝土地面上的脚步声听起来是不一样的。在这种情况下，游戏程序需要一种方法，以便根据玩家脚所踩的表面来选择正确的脚步声。

另一个需要考虑的情况是，游戏只能同时播放有限数量的声音。可以使用**通道**来跟踪正在播放的声音，不过声音通道的数量是有一定限制的。想象一下这样一个游戏，在任何时间点上，屏幕上都会存在几个敌人。如果针对每个敌人都单独播放脚步声音，这不仅会让玩家的耳朵受不了，也会占用所有可用的通道。某些声音，比如玩家角色攻击敌人的声音，远比敌人的脚步声重要。因此，不同的声音可能需要不同的优先级。

现在让我们考虑这样一个 3D 游戏场景，该场景中有着一个壁炉。想象一下，当玩家角色在游戏世界中移动时，壁炉的声音在所有扬声器中都以相同的音量播放。不管玩家是站在壁炉旁边，还是站在几百英尺远的地方，壁炉的声音都以相同音量播放。听到相同音量的声音不仅令人感到讨厌，还不切实际。游戏需要考虑玩家与壁炉之间的距离，并根据这个距离计算音量大小。

因此，即使游戏需要声音文件来播放音频，游戏也需要额外的信息来正确播放这些声音。理想情况下，判断哪些属于听起来"正确"声音的决定权不应该存在于音频程序员手中。这很像 3D 艺术家在专业建模程序中创建模型一样，理想状态下，音效设计师使用针对其特定的技能组合而设计的外部工具来构建动态声音。

7.1.1　FMOD

由 Firelight Technologies 公司设计的 FMOD 是一款广为流行的视频游戏声音引擎。FMOD 支持当前所有的游戏平台，包括 Windows、Mac、Linux、iOS、Android、HTML5 以及所有现代控制台。当前版本的 FMOD 引擎具有两个不同的组件：FMOD Studio 组件和 FMOD API（应用程序编程接口）组件，前者是音效设计师的外部创作工具，后者则可集成到使用 FMOD 的游戏中。

FMOD Studio 工具让音效设计师如虎添翼，使其能够实现前面章节所讨论的许多功能。**声音事件**可以对应一个或多个声音文件，并且这些事件具有可动态驱动声音事件行为的参数。FMOD Studio 工具还允许音效设计师来控制不同声音如何混合在一起。例如，音效设计师可以将音乐和音效放在不同的音轨上，然后分别调整音轨的音量。

> **注释**
> 本章不涉及如何使用 FMOD Studio 的内容，在 FMOD 官方网站和其他地方都可以找到很好的资料。对于感兴趣的读者，可以从在本书的配套资源（目录 FMODStudio/Chapter07）中找到本章音频内容所使用的 FMOD Studio 项目文件。

FMOD API 由两部分组成：FMOD 低阶 API 和 PMOD Studio API。FMOD 低阶 API 是 FMOD 的基础，FMOD 低阶 API 所包含的功能包括：加载和播放声音、管理通道、更新 3D 环境中的声音，以及向声音添加数字效果等。在代码中可以单独使用低阶 API，但是在 FMOD Studio 中所创建的任何事件都不能被低阶 API 所使用。为了支持 FMOD Studio 组件工具，在代码中需要使用基于低阶 API 之上所构建的 FMOD Studio API。然而，使用 FMOD Studio API 并不妨碍音频程序员访问低阶 API，如果有需要的话。在大多数情况下，本章都是使用 FMOD Studio API。

7.1.2　安装 FMOD 软件

由于 FMOD 软件的授权条款，本书源代码并不包括 FMOD 库文件和头文件。幸运的是，FMOD 软件是可以免费下载的。此外，针对商业项目，FMOD 软件提供有非常优惠的许可条款（具体详见 FMOD 网站）。要下载 FMOD 软件库，请访问 FMOD 网站并创建账户。

一旦在 FMOD 网站上完成了账户创建，就可单击 Download 下载链接。进入下载链接页面后，可以找到 FMOD Studio API 软件的下载版本。需要确保从页面的"Version（版本）"下拉菜单中选择的版本 1.09.09（本章代码可能不适用于版本 1.10.x 或更新版本）。接下来，如果是在 Windows 环境下进行开发，则选择 Windows 版本；如果是在 Mac 环境下进行开发，则选择 Mac 版本。

在 Windows 环境下，运行安装程序，并选择默认的安装目录。因为本章的 Visual Studio 项目文件直接指向 FMOD API 软件的默认安装目录，所以如果选择不同的安装目录，那么本章的项目就不是即时可用的。但是，如果确实想将 FMOD API 安装到另一个目录中，可以更改项目文件（更改项目文件，意味着要更改 include 头文件目录、lib 库文件目录，以及将 DLL 动态库文件复制到可执行文件目录中）。

在 Mac 环境下，FMOD API 软件对应的下载文件是一个 DMG 程序包文件。打开该包文件，并将其所有内容复制到本书源代码副本的 External/FMOD 目录中。在完成复制之后，会得到一个 External/FMOD/FMOD Programmers API 目录。

为了确保安装的 FMOD 软件正常工作，在 PC 端的 Windows 环境下，需要尝试打开 Chapter07/Chapter07-Windows.sln 文件；在 Mac 环境下，则尝试打开 Chapter07-mac.xcodeproj 文件，并确保代码能够编译和运行。

> **注释**
>
> 除了第 8 章之外，本章之后的每一章都会使用本章的音频代码。所以，确保正确安装 FMOD 软件非常重要，否则后续章节的项目代码将无法运行。

7.1.3 创建一个音频系统

就像将 Renderer 类与 Game 类分开一样，明智的做法是新创建一个专门用于处理音频的 AudioSystem 类。新建 AudioSystem 类有助于确保对 FMOD API 函数的调用不会遍及所有代码库。

代码清单 7.1 显示了 AudioSystem 类的初始声明。类当前的 Initialize 函数、Shutdown 函数和 Update 函数的声明都是标准的。类的成员变量包括指向 FMOD Studio 系统的指针，以及指向低阶 API 系统的指针。在代码中将主要使用成员数据 mSystem 指针，不过该类的初始声明清单还包括一个 mLowLevelSystem 指针。

代码清单 7.1 AudioSystem 类的初始声明

```
class AudioSystem
{
public:
    AudioSystem(class Game* game);
    ~AudioSystem();

    bool Initialize();
    void Shutdown();
    void Update(float deltaTime);
private:
    class Game* mGame;
    // FMOD studio system
    FMOD::Studio::System* mSystem;
    // FMOD Low-level system (in case needed)
```

```
    FMOD::System* mLowLevelSystem;
};
```

头文件 fmod_studio.hpp 定义了 FMOD Studio API 类型。然而，在项目中为了避免包括此头文件，代码使用 AudioSystem.h 文件来创建 FMOD 类型的前向声明。这样，只需要在 AudioSystem.cpp 中包含头文件 AudioSystem.h 即可。

为了初始化 FMOD，代码要在 AudioSystem::Initialize 函数中对其进行处理。初始化过程涉及几个步骤。首先，调用 Debug_Initialize 函数来设置错误日志记录：

```
FMOD::Debug_Initialize(
    FMOD_DEBUG_LEVEL_ERROR, // Log only errors
    FMOD_DEBUG_MODE_TTY // Output to stdout
);
```

Debug_Initialize 函数的第一个参数控制日志消息的详细程度（默认值设置为非常详细）。第二个参数指定在何处写入日志消息。在当前案例下，日志消息写入标准输出stdout。对于具有自定义调试代码的游戏，也可以为所有 FMOD 日志消息声明一个自定义回调函数。

> **注释**
> 只有在使用 FMOD 的日志记录版本时，初始化调试日志记录才有意义，本章项目使用的正是 FMOD 的日志记录版本。在开发过程中启用错误日志记录是非常有用的，但游戏的发布版本不应该包含日志记录信息。

接下来，用以下代码段构造 FMOD Studio 系统的一个实例：

```
FMOD_RESULT result;
result = FMOD::Studio::System::create(&mSystem);
if (result != FMOD_OK)
{
    SDL_Log("Failed to create FMOD system: %s",
        FMOD_ErrorString(result));
    return false;
}
```

注意，上述函数调用返回的值是 FMOD_RESULT 类型。FMOD 函数总是会返回一个结果值，让函数调用者知道 FMOD 函数执行是否一切正常。FMOD_ErrorString 函数用于将错误代码转换为可读的信息。在当前情况下，如果未能创建系统，AudioSystem::Initialize 函数将返回 false。

在构建 FMOD Studio 系统的实例之后，下一步是在 FMOD 系统实例上调用 initialize 函数：

```
result = mSystem->initialize(
    512,                      // Max number of concurrent sounds
    FMOD_STUDIO_INIT_NORMAL, // Use default settings
    FMOD_INIT_NORMAL,        // Use default settings
    nullptr                  // Usually null
);
// Validate result == FMOD_OK...
```

initialize 函数的第一个参数指定最大通道数。接下来的两个参数可以调整 FMOD Studio API 和 FMOD 低阶 API 的行为。现在，函数坚持使用默认参数。如果想要使用额外的驱动数据，函数可以使用最后一个参数，但是因为程序通常都不会使用额外驱动数据，所以这个参数通常为空指针 nullptr。

<blockquote>
注释

FMOD 使用了一种命名约定，在该约定中，成员函数以小写字母开头。这与本书的成员函数命名约定不同，在本书中，成员函数以大写字母开头。
</blockquote>

最后，取得并保存 FMOD 低阶系统指针 mLowLevelSystem，完成初始化：

```
mSystem->getLowLevelSystem(&mLowLevelSystem);
```

在 AudioSystem 类的 Shutdown 函数和 Update 函数中，目前每个函数体内都只调用一个函数。Shutdown 函数只调用 mSystem->release()，Update 函数只调用 mSystem-> Update()。FMOD 要求基于每帧调用一次 Update 函数。该 Update 函数执行诸如更新 3D 音频计算等操作。

然后，和 Renderer 类一样，添加一个 AudioSystem 类指针作为 Game 类的成员变量：

```
class AudioSystem* mAudioSystem;
```

接下来，Game :: Initialize 函数创建并调用 mAudioSystem-> Initialize ( )，UpdateGame 函数调用 mAudioSystem-> Update（deltTime），Shutdown 函数调用 mAudioSystem-> Shutdown。

为方便起见，Game::GetAudioSystem 函数返回指向 AudioSystem 实例的指针。通过这些函数，FMOD 现在可以进行初始化和更新。当然，游戏现在还不能播放声音。

7.1.4　储存库和事件

在 FMOD Studio 中，**事件**对应于游戏中播放的声音。一个事件可以有多个相关的声音文件、参数，以及关于事件时间的信息等。游戏程序不直接播放声音文件，而是播放这些事件。

储存库（bank）是包含有事件、样例数据和流数据的容器。**样例数据**（Sample data）是事件所引用的原始音频数据。这些原始数据来自音效设计师导入 FMOD Studio 中的声音文件（比如 WAV 文件或 OGG 文件）。在运行时，样例数据要么是预先加载的，要么是按需加载的。但是，在关联的样例数据被放置于内存之前，事件无法播放。大多数游戏中的音效都使用样例数据。**流数据**（Streaming data）是每次一小段一小段地装载进入内存中的样例数据。在使用流数据的情况下，声音事件可以在不预先加载数据的时候开始播放。音乐和对话文件通常都使用流数据。

音效设计师在 FMOD Studio 中创建一个或多个储存库——游戏运行时需要加载这些储存库。在游戏程序加载完毕储存库之后，游戏代码便可以访问其中包含的事件。

在 FMOD 中，存在着与 FMOD 中的事件相关联的两种不同的类。EventDescription

包含关于事件的信息，例如其关联的样例数据、音量设置和参数等。EventInstance 是一个事件的活动实例，事件就是由 EventInstance 来播放的。换句话说，EventDescription 类似于一个事件类型，而 EventInstance 是那一事件类型的一个实例。例如，如果游戏中有一个爆炸声音事件，则该事件将全局地拥有一个 EventDescription，但是根据活动的爆炸声音实例的数量，该事件可以拥有任意数量的 EventInstance。

　　要跟踪已加载的储存库和事件，需要向 AudioSystem 类添加两个映射作为类的私有成员数据，如下：

```
// Map of loaded banks
std::unordered_map<std::string, FMOD::Studio::Bank*> mBanks;
// Map of event name to EventDescription
std::unordered_map<std::string, FMOD::Studio::EventDescription*> mEvents;
```

　　在添加的两个映射中，代码都使用字符串作为映射中的键。在成员变量 mBanks 中，作为键的字符串是储存库的文件名，而在成员变量 mEvents 中，作为键的字符串是 FMOD 为事件分配的名字。FMOD 事件具有路径形式的名称——例如，event:/Explosion2D。

加载/卸载储存库

　　为了最低限度地执行加载储存库操作，需要在 mSystem 对象上调用 loadBank 函数。但是，在 mSystem 对象上执行最低限度的加载储存库操作，既不会加载样例数据，也不会使得访问事件描述更加容易。因此，在 AudioSystem 类中创建一个名为 LoadBank 的新函数是有意义的，如代码清单 7.2 所示。AudioSystem 类中的 LoadBank 函数调用，要比最低限度地执行 mSystem 对象上 LoadBank 函数调用要做更多的工作：在储存库加载完毕后，代码将其添加到 mBanks 映射中。然后，代码加载储存库中的样例数据。之后，使用 getEventCount 函数和 getEventList 函数来获得储存库中所有事件描述的列表。最后，代码将这些事件描述都添加到 mEvents 映射中，以便于后续访问。

代码清单 7.2 AudioSystem::LoadBank 函数的实现

```
void AudioSystem::LoadBank(const std::string& name)
{
  // Prevent double-loading
  if (mBanks.find(name) != mBanks.end())
  {
    return;
  }

  // Try to load bank
  FMOD::Studio::Bank* bank = nullptr;
  FMOD_RESULT result = mSystem->loadBankFile(
    name.c_str(), // File name of bank
    FMOD_STUDIO_LOAD_BANK_NORMAL, // Normal loading
    &bank // Save pointer to bank
  );

  const int maxPathLength = 512;
  if (result == FMOD_OK)
  {
```

```
// Add bank to map
mBanks.emplace(name, bank);
// Load all non-streaming sample data
bank->loadSampleData();
// Get the number of events in this bank
int numEvents = 0;
bank->getEventCount(&numEvents);
if (numEvents > 0)
{
    // Get list of event descriptions in this bank
    std::vector<FMOD::Studio::EventDescription*> events(numEvents);
    bank->getEventList(events.data(), numEvents, &numEvents);
    char eventName[maxPathLength];
    for (int i = 0; i < numEvents; i++)
    {
        FMOD::Studio::EventDescription* e = events[i];
        // Get the path of this event (like event:/Explosion2D)
        e->getPath(eventName, maxPathLength, nullptr);
        // Add to event map
        mEvents.emplace(eventName, e);
    }
}
}
}
```

类似地，在代码中可以创建一个 AudioSystem::UnloadBank 函数。该函数首先从
mEvents 映射中删除所有储存库事件、卸载样例数据、卸载储存库，并从 mBanks 映射中
删除储存库。

为了便于清理储存库，在代码中还需创建 AudioSystem::UnloadAllBanks 函数。
该函数只是卸载所有储存库，并清除 mEvents 映射和 mBanks 映射中的内容。

每个 FMOD Studio 项目都有两个默认的储存库文件：分别为 "Master Bank.bank" 和
"Master Bank.strings.bank"。除非程序代码首先完成两个默认的主储存库的加载，否则在
FMOD Studio 程序的运行期间，程序代码将不能访问任何其他的储存库或事件。由于主储
存库始终存在，因此使用如下代码段将其加载到 AudioSystem::Initialize 函数中：

```
// Load the master banks (strings first)
LoadBank("Assets/Master Bank.strings.bank");
LoadBank("Assets/Master Bank.bank");
```

在上述代码中，读者首先要注意的是代码如何加载主字符串储存库。主字符串储存库
是一个特殊的储存库，它包含着 FMOD Studio 项目中所有事件以及其他数据的可读名称。
如果不加载此储存库，代码中的名称便无法访问。如果没有名称，代码就需要使用 GUID（全
局唯一 ID）来访问所有 FMOD Studio 数据。这意味着，从技术上讲，加载主字符串储存库
是可选的，但加载字符串会使得 AudioSystem 类更容易实现。

创建和播放事件实例

给定一个 FMOD EventDescription，createInstance 成员函数为那个事件创建一
个 FMOD EventInstance。一旦有了 EventInstance，在代码中就可以调用 start 函数

来播放它。所以，在 AudioSystem 类中，PlayEvent 函数的第一次实现可以是如下这样的：

```
void AudioSystem::PlayEvent(const std::string& name)
{
    // Make sure event exists
    auto iter = mEvents.find(name);
    if (iter != mEvents.end())
    {
        // Create instance of event
        FMOD::Studio::EventInstance* event = nullptr;
        iter->second->createInstance(&event);
        if (event)
        {
            // Start the event instance
            event->start();
            // Release schedules destruction of the event
            // instance when it stops.
            // (Non-looping events automatically stop.)
            event->release();
        }
    }
}
```

虽然这个版本的 PlayEvent 函数使用起来很简单，但它并没有显示出 FMOD 的很多功能。例如，如果事件是循环事件，则该函数无法停止该事件。这个版本的 PlayEvent 函数也无法设置任何事件参数或更改事件的音量。

从 PlayEvent 函数直接返回 EventInstance 指针的想法可能很诱人。那么，函数的调用者就可以访问 EventInstance 的所有 FMOD 成员函数。但这种做法并不理想，因为它会导致程序代码向音频系统的外部公开 FMOD API 的函数调用。公开 FMOD API 的函数调用意味着：任何想要进行简单播放和停止声音的程序员都需要了解一些关于 FMOD API 的知识。

鉴于 FMOD 清理事件实例所占内存的方式，暴露 EventInstance 原始指针可能是危险的。在事件实例调用 release 函数之后，FMOD 会在事件停止后的某个时间点销毁事件。如果调用者可以访问 EventInstance 指针，那么在事件实例销毁之后，调用者取消对事件实例的引用可能会导致内存访问冲突。略过 release 函数调用也不是一个好主意，因为这样的话，系统会随着时间的推移而产生内存泄漏。因此，游戏程序员需要一个更加强大的解决方案。

7.1.5 SoundEvent 类

不需要直接从 PlayEvent 函数返回 EventInstance 指针，在代码中可以通过整型数 ID 来跟踪每个活动事件实例。接下来，可以新创建一个名为 SoundEvent 的类，该类通过使用整型数 ID 来引用活动事件实例，并允许对被引用的活动事件实例进行操纵处理。然后，PlayEvent 返回一个 SoundEvent 实例。

为了跟踪事件实例，AudioSystem 类的定义需要新包括一个从无符号整数到事件实例的映射，如下：

```
std::unordered_map<unsigned int,
    FMOD::Studio::EventInstance*> mEventInstances;
```

此外，还要向 AudioSystem 类添加一个被初始化为 0 的静态的 sNextID 成员变量。在 PlayEvent 函数每次创建事件实例时，代码都会增加 sNextID 的值，并将事件实例添加到具有该新 ID 的映射中。然后，PlayEvent 函数返回一个带有相关 ID 的 SoundEvent 实例，如代码清单 7.3 所示（SoundEvent 类的声明很快会出现在后文中）。

代码清单 7.3　带有事件 ID 的 AudioSystem::PlayEvent 函数的实现

```
SoundEvent AudioSystem::PlayEvent(const std::string& name)
{
    unsigned int retID = 0;
    auto iter = mEvents.find(name);
    if (iter != mEvents.end())
    {
        // Create instance of event
        FMOD::Studio::EventInstance* event = nullptr;
        iter->second->createInstance(&event);
        if (event)
        {
            // Start the event instance
            event->start();
            // Get the next id, and add to map

            sNextID++;
            retID = sNextID;
            mEventInstances.emplace(retID, event);
        }
    }
    return SoundEvent(this, retID);
}
```

因为成员变量 sNextID 是一个无符号整数（unsigned int），所以 sNextID 会在执行 40 亿次的 PlayEvent 函数调用之后，开始出现重复。这应该不是问题，但需要记住这一点。

注意，PlayEvent 函数不再调用事件实例上的 release 函数。相反，现在由 AudioSystem::Update 函数来清理不再需要的事件实例。在每一帧中，Update 函数都会使用 getPlayBackState 函数来检查映射中每个事件实例的播放状态。Update 函数会释放处于停止状态的所有事件实例，然后将其从映射中删除。释放及删除事件实例根据的假定是：事件实例的停止状态意味着释放它是可以的。要想保持事件实例，调用者可以暂停事件实例，而不是完全停止它。代码清单 7.4 显示了 Update 函数的实现。

代码清单 7.4　带有事件 ID 的 AudioSystem::Update 函数的实现

```
void AudioSystem::Update(float deltaTime)
{
    // Find any stopped event instances
    std::vector<unsigned int> done;
    for (auto& iter : mEventInstances)
```

```
    {
        FMOD::Studio::EventInstance* e = iter.second;
        // Get the state of this event
        FMOD_STUDIO_PLAYBACK_STATE state;
        e->getPlaybackState(&state);
        if (state == FMOD_STUDIO_PLAYBACK_STOPPED)
        {
            // Release the event and add id to done
            e->release();
            done.emplace_back(iter.first);
        }
    }
    // Remove done event instances from map
    for (auto id : done)
    {
        mEventInstances.erase(id);
    }
    // Update FMOD
    mSystem->update();
}
```

接下来，向 AudioSystem 类添加一个接收事件实例 ID 作为参数的 GetEventInstance 辅助函数。如果参数 ID 存在于 mEventInstances 映射中，则该函数返回一个相应的 EventInstance 指针；否则，GetEventInstance 函数返回空指针 nullptr。为了防止每个类都能够访问事件实例，GetEventInstance 函数位于 AudioSystem 类的受保护部分中。但是，因为 SoundEvent 类需要访问这个函数，所以 SoundEvent 类被声明为 AudioSystem 类的友元类。

代码清单 7.5 给出了 SoundEvent 类的声明。最值得注意的是，其成员数据包括指向 AudioSystem 类的指针和 ID。注意，默认构造函数是可被公开访问的，而带有参数的构造函数的访问是受保护的。因为 AudioSystem 类是 SoundEvent 类的友元类。所以只有 AudioSystem 类可以访问这个带有参数的 SoundEvent 类构造函数。这确保了只有 AudioSystem 类可以将 ID 分配给 SoundEvents 类的实例。SoundEvent 类中的其他函数是各种事件实例功能的包装函数，例如暂停声音事件、更改它们的音量，以及设置事件参数等。

代码清单 7.5　SoundEvent 类的声明

```
class SoundEvent
{
public:
    SoundEvent();
    // Returns true if associated FMOD event instance exists
    bool IsValid();
    // Restart event from beginning
    void Restart();
    // Stop this event
    void Stop(bool allowFadeOut = true);
    // Setters
    void SetPaused(bool pause);
    void SetVolume(float value);
    void SetPitch(float value);
    void SetParameter(const std::string& name, float value);
```

```
    // Getters
    bool GetPaused() const;
    float GetVolume() const;
    float GetPitch() const;
    float GetParameter(const std::string& name);
protected:
    // Make this constructor protected and AudioSystem a friend
    // so that only AudioSystem can access this constructor.
    friend class AudioSystem;
    SoundEvent(class AudioSystem* system, unsigned int id);
private:
    class AudioSystem* mSystem;
    unsigned int mID;
};
```

大多数 SoundEvent 类的成员函数的实现都有着非常相似的语法。成员函数通过调用 GetEventInstance 函数来获得一个 EventInstance 指针，然后在 EventInstance 指针上调用某个函数。举个例子，SoundEvent:: setpause 函数的实现如下：

```
void SoundEvent::SetPaused(bool pause)
{
    auto event = mSystem ?
        mSystem->GetEventInstance(mID) : nullptr;
    if (event)
    {
        event->setPaused(pause);
    }
}
```

注意，SetPaused 函数是如何来验证 mSystem 成员数据和事件指针都是非空的。验证非空，可以确保即使 ID 不在映射中时，函数执行也不会崩溃。同样，只有当 mSystem 为非空值并且 ID 位于 AudioSystem 类中的事件实例映射中时，SoundEvent::IsValid 函数才会返回 true。

有了以上用于关联的 SoundEvent 类代码，在事件开始播放之后，游戏程序就可以对事件进行控制。例如，以下的代码段开始播放一个名为 Music 的事件，并将 SoundEvent 保存在成员数据 mMusicEvent 中：

```
mMusicEvent = mAudioSystem->PlayEvent("event:/Music");
```

在代码的其他地方，可以通过以下代码段来切换音乐事件的暂停状态：

```
mMusicEvent.SetPaused(!mMusicEvent.GetPaused());
```

随着 SoundEvent 类的加入，游戏程序员现在可以合理地将 FMOD 软件整合到游戏程序中，并将其应用于 2D 音频。

7.2　3D 位置音频

对于 3D 游戏，大多数声音效果都是**基于位置**的。这意味着处于游戏世界中的物体（比如壁炉）会**发出**声音。在游戏中通过**侦听器**或者虚拟麦克风来接收这个声音。例如，如果侦听器面对壁炉，壁炉应该听起来像是在侦听器的前面。同样，如果侦听器背向壁炉，壁炉听起来应该像是在侦听器的后面。

位置音频还意味着，当侦听器离声音越来越远时，声音的音量会减小或**变弱**。**衰减函数**描述的是当侦听器离物体越来越远时，声音的音量是如何衰减的。在 FMOD Studio 中，3D 声音事件可以具有用户可配置的衰减函数。

位置音频的效果在**环绕立体声**配置中最为明显。在该配置中，声音的输出设备为两个以上的扬声器。例如，常见的 5.1 配置（图 7-1）具有前左、前中、前右、后左和后右扬声器，以及用于低频声音的低音炮（或 LFE）。以游戏中的壁炉为例，如果玩家面对屏幕上的壁炉，他认为声音是从前扬声器中传出来。

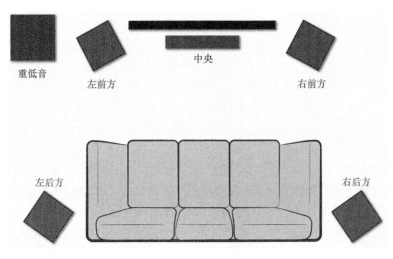

图 7-1　5.1 环绕立体声配置

幸运的是，FMOD 内置了对位置音频的支持。要将位置音频支持集成到游戏中，在代码中必须要为侦听器和任何活动的 3D 事件实例提供位置数据和方向数据。为了提供位置数据和方向数据，代码要执行 3 个部分的设置：安装设置侦听器、向 SoundEvent 类添加位置函数，以及创建一个将 actor 和声音事件相关联的 AudioComponent 类。

7.2.1　设置基本侦听器

一种常见的方法是：用相机作为侦听器。在这种情况下，侦听器的位置是相机在游戏世界中的位置，侦听器的方向是相机的方向。这种方法对于使用第一人称相机的游戏非常有效，比如本章中的游戏项目。然而，正如本节后面所探讨的，当将侦听器的位置设置为第三人称相机的位置时，还需要考虑其他问题。

在使用任何 3D 位置音频库时（不仅是 FMOD），游戏程序员需要注意的一个陷阱是：该音频库可能使用与游戏不同的坐标系。例如，FMOD 库使用的左手坐标系为：+z 代表向前，+x 代表向右，+y 代表向上。然而，本书的游戏程序使用的左手坐标系却是：+x 代表向前，+y 代表向右，+z 代表向上。所以，当需要将侦听器的位置信息和方向信息从游戏中传递到 FMOD 时，游戏程序员必须转换坐标系。在游戏的 **Vector3** 类型和 FMOD 音频库的 **FMOD_VECTOR** 向量类型之间进行转换时，代码只涉及切换一些坐标分量。为此，在代码中要声明一个 `VecToFMOD` 辅助函数：

```
FMOD_VECTOR VecToFMOD(const Vector3& in)
{
    // Convert from our coordinates (+x forward, +y right, +z up)
    // to FMOD (+z forward, +x right, +y up)
    FMOD_VECTOR v;
    v.x = in.y;
    v.y = in.z;
    v.z = in.x;
    return v;
}
```

接下来，向 `AudioSystem` 类中添加一个名为 `SetListener` 的函数，如代码清单 7.6 所示。该函数接收视图矩阵，并从视图矩阵中获取相应的值来设置侦听器位置、向前向量和向上向量。这意味着设置渲染器视图矩阵的代码，也可以应用于 `SetListener` 函数中。设置侦听器位置信息的过程涉及一点数学知识。回想一下，视图矩阵将世界空间变换到视图空间。可是，侦听器需要的是在世界空间中的位置和方向。

要从视图矩阵中提取上述信息，需要在代码中执行几个步骤。首先，要反转视图矩阵。对于给定的反转视图矩阵，第 4 行向量的前 3 个分量（由 `GetTranslation` 函数返回）对应于相机的世界空间位置向量。第 3 行向量的前 3 个分量（由 `GetZAxis` 函数返回）对应于向前向量，第 2 行的前 3 个分量（由 `GetYAxis` 函数返回）对应于向上向量。代码在所有这 3 个向量上都使用 `VecToFMOD` 函数，来将它们转换为 FMOD 坐标系。

代码清单 7.6 `AudioSystem::SetListener` 函数的实现

```
void AudioSystem::SetListener(const Matrix4& viewMatrix)
{
    // Invert the view matrix to get the correct vectors
    Matrix4 invView = viewMatrix;
    invView.Invert();
    FMOD_3D_ATTRIBUTES listener;
    // Set position, forward, up
    listener.position = VecToFMOD(invView.GetTranslation());
    // In the inverted view, third row is forward
    listener.forward = VecToFMOD(invView.GetZAxis());
    // In the inverted view, second row is up
    listener.up = VecToFMOD(invView.GetYAxis());
    // Set velocity to zero (fix if using Doppler effect)
    listener.velocity = {0.0f, 0.0f, 0.0f};
    // Send to FMOD (0 = only one listener)
    mSystem->setListenerAttributes(0, &listener);
}
```

注意，在当前 `SetListener` 函数中，代码将 `FMOD_3D_ATTRIBUTES` 类的所有速度参数都设置为 0。只有启用声音事件上的多普勒效应时，`SetListener` 函数的速度参数才起作用，本节稍后会对多普勒效应进行讨论。

7.2.2　向 SoundEvent 类添加位置功能

每个 EventInstance 都具有用于描述其世界位置和方向的 3D 属性。如代码清单 7.7 所示，通过两个新函数——Is3D 函数和 Set3DAttributes 函数，将 3D 属性集成到现有的 SoundEvent 类中是明智的做法。

当代码在 FMOD Studio 中创建声音事件时，事件既可以是 2D 的，也可以是 3D 的。如果事件是 3D 的，则 Is3D 函数返回 true；否则，函数返回 false。

Set3DAttributes 函数接收世界变换矩阵作为参数，并将其转换为 FMOD 所需的 3D 属性。通过将角色的世界变换矩阵传进来的方式，代码更新 3D 声音事件的位置和方向就变得简单起来。注意，Set3DAttributes 函数的实现不需要反转世界变换矩阵，因为世界变换矩阵已经位于世界空间中。然而，代码仍然需要在游戏坐标系和 FMOD 坐标系之间进行转换。

代码清单 7.7　SoundEvent 类的 Is3D 函数和 Set3DAttributes 函数的实现

```
bool SoundEvent::Is3D() const
{
    bool retVal = false;
    auto event = mSystem ? mSystem->GetEventInstance(mID) : nullptr;
    if (event)
    {
        // Get the event description
        FMOD::Studio::EventDescription* ed = nullptr;
        event->getDescription(&ed);
        if (ed)
        {
            ed->is3D(&retVal); // Is this 3D?
        }
    }
    return retVal;
}

void SoundEvent::Set3DAttributes(const Matrix4& worldTrans)
{
    auto event = mSystem ? mSystem->GetEventInstance(mID) : nullptr;
    if (event)
    {
        FMOD_3D_ATTRIBUTES attr;
        // Set position, forward, up
        attr.position = VecToFMOD(worldTrans.GetTranslation());
        // In world transform, first row is forward
        attr.forward = VecToFMOD(worldTrans.GetXAxis());
        // Third row is up
        attr.up = VecToFMOD(worldTrans.GetZAxis());
        // Set velocity to zero (fix if using Doppler effect)
        attr.velocity = { 0.0f, 0.0f, 0.0f };
```

```
        event->set3DAttributes(&attr);
    }
}
```

7.2.3　创建 AudioComponent 类，使角色和声音事件相关联

创建 AudioComponent 类背后的前提条件是要将声音事件与特定角色相关联。这样，当角色移动时，AudioComponent 类可以更新关联事件的 3D 属性。此外，如果角色消失，则与角色关联的任何声音事件都会停止。

代码清单 7.8 给出了 AudioComponent 类的声明。注意，该类具有两个不同的 std::vector 集合：一个集合应用于 2D 事件，另一个集合应用于 3D 事件。AudioComponent 类未从父类（组件 Component 类）继承来的成员函数包括 PlayEvent 函数和 Stop AllEvents 函数。

代码清单 7.8　AudioComponent 类的声明

```
class AudioComponent : public Component
    AudioComponent(class Actor* owner, int updateOrder = 200);
    ~AudioComponent();

    void Update(float deltaTime) override;
    void OnUpdateWorldTransform() override;

    SoundEvent PlayEvent(const std::string& name);
    void StopAllEvents();
private:
    std::vector<SoundEvent> mEvents2D;
    std::vector<SoundEvent> mEvents3D;
};
```

在 AudioComponent::PlayEvent 函数内，代码首先调用 AudioSystem 类上的 PlayEvent 函数。然后，检查声音事件是否为 3D 声音，以便确定应该使用 AudioComponent 类中两个集合定义中的哪一个来存储 SoundEvent 函数。最后，如果声音事件是 3D 声音，则代码在声音事件上调用 Set3DAttributes 函数，具体代码如下：

```
SoundEvent AudioComponent::PlayEvent(const std::string& name)
{
    SoundEvent e = mOwner->GetGame()->GetAudioSystem()->PlayEvent(name);
    // Is this 2D or 3D?
    if (e.Is3D())
    {
        mEvents3D.emplace_back(e);
        // Set initial 3D attributes
        e.Set3DAttributes(mOwner->GetWorldTransform());
    }
    else
    {
        mEvents2D.emplace_back(e);
    }
    return e;
}
```

AudioComponent::Update 函数（此处省略具体代码）删除成员数据 mEvents2D 或 mEvents3D 集合中不再有效的（对应 IsValid 函数返回 false）所有声音事件。

接下来，添加对 OnUpdateWorldTransform 函数重写部分的代码。回想一下，每当组件所在的角色计算世界变换矩阵时，它都会通过调用该函数来通知每个组件。对于 AudioComponent 组件类，每次世界变换矩阵发生变化时，它都需要更新位于 mEvents3D 集合中的所有 3D 声音事件的 3D 属性：

```cpp
void AudioComponent::OnUpdateWorldTransform()
{
    Matrix4 world = mOwner->GetWorldTransform();
    for (auto& event : mEvents3D)
    {
        if (event.IsValid())
        {
            event.Set3DAttributes(world);
        }
    }
}
```

最后，AudioComponent::StopAllEvents 函数（在这里也省略代码）只是在两个集合中的每个声音事件上调用停止播放，并清除两个集合内的所有声音事件。AudioComponent 类的析构函数会调用 AudioComponent::StopAllEvents 函数，但是也存在其他情况下调用该函数的情况，例如，游戏只是想停止 Actor 的声音事件。

通过添加这些内容，我们可以以将 AudioComponent 组件附加到角色上，并在音频组件上播放声音事件。然后 AudioComponent 组件类会根据需要，自动更新关联的声音事件的 3D 属性。

7.2.4　第三人称游戏中的侦听器

直接使用相机位置和朝向的侦听器非常适合用于第一人称游戏。在第一人称游戏中，相机是从玩家角色的视角来看的。然而，对于使用相机来追随玩家角色的第三人称游戏而言，情况并不像第一人称游戏一样简单。图 7-2 所示的是第三人称游戏的侧视图。玩家角色在位置 P、相机在位置 C。位置 A 表示紧邻玩家角色的声音效果；位置 B 是靠近相机的声音效果。

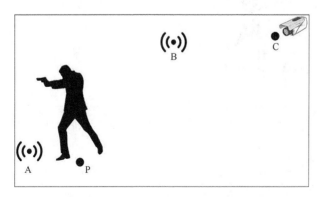

图 7-2　第三人称游戏中的声音效果

现在，假定侦听器使用相机的位置和方向，如先前的代码展示的那样。在这种情况下，声音 A 和声音 B 听起来都像是在前方。这很好，因为这两个声音效果在屏幕上都是可见的，所以作为游戏玩家应该会感知到前方的声音。然而，声音 B 听起来比声音 A 还要更近。这种情况看起来很奇怪，因为期望的是紧邻玩家的声音会更大些。即使没有声音 B，紧邻玩家（甚至就处在玩家位置上）的任何声音在玩家听起来都存在着一定的衰减，这一点或许会让音效设计师感到沮丧。

如果侦听器使用的是玩家的位置和方向，那么声音 A 将比声音 B 更响亮。然而，声音 B 听起来像是在后面，因为它定位在玩家的后面。这很奇怪，因为声音是在屏幕上的，所以会希望它听起来像在前方。

游戏程序员真正想要的是：基于玩家位置而生成的声音衰减，但使用的声音朝向是相机的朝向。对于这个问题，Guy Somberg 给出了一个很好的解决方案（见 7.6 节），该方案只涉及一点点的向量数学。假定玩家在位置 P、相机在位置 C、声音在位置 S，首先计算两个向量，即从相机 C 到声音 S 的向量和从玩家 P 到声音 S 的向量：

$$PlayerToSound = S - P$$
$$CameraToSound = S - C$$

`PlayerToSound` 向量的长度是声音衰减所需的距离。标准化的 `CameraToSound` 向量是声音的恰当朝向。用标准化的 `CameraToSound` 向量乘以 `PlayerToSound` 长度，得到声音的虚拟位置：

$$VirtualPos = \|PlayerToSound\| \frac{CameraToSound}{\|CameraToSound\|}$$

这个计算出的虚拟位置（图 7-3）会产生恰当的基于玩家位置的声音衰减，以及恰当的基于相机朝向的声音朝向。然后，侦听器本身位置和以前一样直接使用相机位置。

注意，如果声音的真实世界位置对于其他声效的计算（如本章后面所讨论的阻塞）是必要的，那么当前这种方法可能就不适用了。

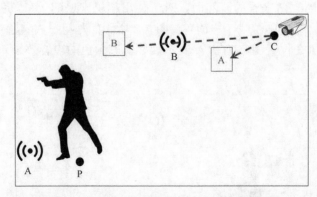

图 7-3　有虚拟声音位置的第三人称游戏的音效

7.2.5　多普勒效应

设想一下读者正站在街角，当警车驶近时，读者听到的警笛声的音频会越来越高。相反，当警车过去后，警笛声的音频会越来越低。读者观察到的这种现象便是多普勒效应在起作用，如图 7-4 所示。

远离的低频　　　　　逼近的高频

图 7-4　多普勒效应

出现**多普勒**（Doppler）**效应**（或多普勒频移）的原因是声波在空气中传播需要时间。随着警车越开越近，警车声波源距离读者就越来越近，这就意味着声波到达听者的距离也**越近**。这导致读者感知到的警车发出声波的频率增加，进而导致音频的升高。当警车就位于读者旁边时，读者就能听到警车发出的真实音频。最后，当警车离开时，读者就会感知到相反的效果：警车声波源距离读者的距离越来越远，于是便产生越来越低的音频。多普勒效应适用于所有类型的波，但声波是最容易被观察的。

在游戏中，多普勒效应可以为诸如车辆这样的移动物体创造更真实的声音。FMOD 可以自动计算多普勒频移，只需要在 setListenerAttributes 函数和 set3DAttributes 函数中传入正确的速度参数即可。传入正确的速度参数，意味着游戏很可能需要一种更加正确的基于外力的运动方法，如同在第 3 章中简要讨论的那样。

此外，通过低阶 API 还可以访问其他一些多普勒参数。set3DSettings 函数通过如下的代码段来设置参数：

```
mLowLevelSystem->set3DSettings(
    1.0f,  // Doppler scale, 1 = normal, higher exaggerates effect
    50.0f, // How many game units = 1 meter (our game is ~50)
    1.0f   // (Not for Doppler, leave at 1)
);
```

7.3　混合和效果

数字化声音的一大优点是：代码可以很容易地在播放过程中对其进行控制。代码已经在声音被播放时通过控制声音来解释其相对于侦听器位置的变化。术语"**数字信号处理（DSP）**"是指对声音信号进行计算操控。对于音频而言，调整信号的音量或音频就是一种 DSP 处理。

游戏中另两种常见的 DSP 效果是回声和均衡。**回声**会模拟声音在封闭区域内的反弹。例如，由于声波会从墙壁上反弹，因此洞穴内的声音效果会产生回声。**均衡**则试图将声音的音量水平标准化在一定范围内。

FMOD Studio 允许配置 DSP 音效链。换句话说，在信号输出之前，声音可以通过多个音效处理阶段来对音效进行修改。虽然每个声音事件都可以有自己的 DSP 音效链，但更常见的方法是将声音分组为类型。然后，不同的组可以应用不同的音效链。

7.3.1　总线

在 FMOD Studio 中，**总线**（bus）是一组声音。例如，可能有用于声音效果的总线、用于音乐的总线和用于对话的总线。每条总线都可以单独连接不同的 DSP 音效，可在游戏运行时对总线进行调整。例如，许多游戏都会为不同种类的声音提供不同的音量滑动条。通过使用总线，可以很容易地实现音量滑动条。

默认情况下，每个项目都有一个主要总线，由根路径"bus:/"指定。然而，音效设计师可以添加任意数量的额外总线。所以，就像将声音事件描述装载进存储库一样，可以同时将总线装载进存储库。首先，在代码中要向 AudioSystem 类添加一个由总线元素构成的映射 mBuses：

```
std::unordered_map<std::string, FMOD::Studio::Bus*> mBuses;
```

然后，当加载存储库时，代码通过调用存储库上的 getBusCount 函数和 getBusList 函数，来获取要添加到 mbus 映射内总线列表。这与事件描述的代码非常相似，因此本章省略这段代码。

接下来，向 AudioSystem 类添加用于控制总线的函数：

```
float GetBusVolume(const std::string& name) const;
bool GetBusPaused(const std::string& name) const;
void SetBusVolume(const std::string& name, float volume);
void SetBusPaused(const std::string& name, bool pause);
```

上述这些函数的实现是相似的——这并不奇怪。例如 SetVolume 函数的实现如下：

```
void AudioSystem::SetBusVolume(const std::string& name, float volume)
{
    auto iter = mBuses.find(name);
    if (iter != mBuses.end())
    {
        iter->second->setVolume(volume);
    }
}
```

本章的游戏项目涉及 3 种总线：主总线、SFX 总线和音乐总线。声音效果（包括脚步声、循环燃烧声和爆炸声）通过 SFX 总线发出，而背景音乐则通过音乐总线发出。

7.3.2　快照

在 FMOD 中，**快照**是控制总线的特殊事件类型。因为它们仅仅是事件，所以快照适用于已经存在的相同事件接口，并且快照可以使用现有的 `PlayEvent` 函数。快照和事件之间唯一的区别是：快照的路径是以"`snapshot:/`"，而非"`event:/`"开头。

注意，在本章的游戏项目中，项目使用快照来启用 SFX 总线上的回声。使用"R"键来启用或禁用回声。

7.3.3　阻塞

想象一下，读者当前正住在一个小公寓里，隔壁房间正在举办一个派对。派对的音乐声很大，能够穿透墙壁。读者以前听过隔着墙壁传过来的这首歌，但听到的音乐效果应与现场的有所不同。现在读者听到传过来的音乐声中多数是低音部分，将很难听到高频部分。这种现象就是出现了**声音阻塞**，如图 7-5（a）所示。

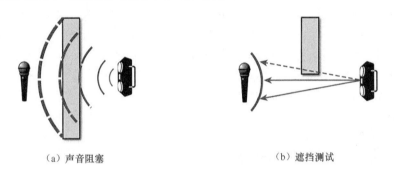

（a）声音阻塞　　　　　　　　　　　　　（b）遮挡测试

图 7-5　声音阻塞和遮挡测试

当从声音发出物到声音侦听器间不存在直接路径时，声音就会发生阻塞。在到达侦听器之前，声音必须穿过一些材料。声音堵塞的主要结果是**低通滤波**，这意味着高频声音的音量降低。

执行阻塞涉及两个独立的任务：检测阻塞和修改被阻塞的声音。一种检测方法是：在声音发出者和侦听器之间绘制线段，在侦听器周围绘制弧线，如图 7-5（b）所示。如果所有线段都可以到达侦听器，则没有阻塞；如果只有一些线段到达侦听器，则表示存在部分阻塞；如果没有线段到达侦听器，则属于完全阻塞。这种检测方法需要使用在第 10 章中所介绍的碰撞计算。

在 FMOD 中修改被堵塞的声音很简单。可是，执行这个功能需要对低阶 API 函数进行调用。首先，在初始化 FMOD 时，在代码中要启用基于软件的低通滤波：

```
result = mSystem->initialize(
    512, // Max number of concurrent sounds
    FMOD_STUDIO_INIT_NORMAL, // Use default settings
    FMOD_INIT_CHANNEL_LOWPASS, // Initialize low-pass filter
    nullptr // Usually null
);
```

接下来，受堵塞影响的每个事件实例都需要设置堵塞参数，例如，用以下代码可启用事件实例 `event` 的堵塞：

```
// Flush commands to ensure channel group is available
mSystem->flushCommands();
// Get channel group from event
FMOD::ChannelGroup* cg = nullptr;
event->getChannelGroup(&cg);
// Set occlusion factor - occFactor ranges
// from 0.0 (no occlusion) to 1.0 (full occlusion)
cg->set3DOcclusion(occFactor, occFactor);
```

7.4   游戏项目

本章的游戏项目演示了本章所涵盖的大部分音频特性，相关代码可以从本书对应的配套资源中找到（位于第 7 章子目录中）。在 Windows 环境下，打开 Chapter07- windows.sln；在 Mac 环境下，打开 Chapter07-mac.xcodeproj。与本章内容相对应的 FMOD Studio 项目包含在 FMODStudio/Chapter07 目录中。

游戏项目在背景中播放着音乐。当玩家四处走动时，脚步事件就会被触发。根据玩家位置不同，球体发出循环播放的燃烧声。

像以前游戏程序使用 WASD 4 个键实现角色四处移动一样。在代码中通过使用以下按键，来提供游戏内其他功能：

● E——播放（Play）爆炸声（2D）；
● M——暂停/重启（Pause / unpause）音乐事件；
● R——启用/禁用（Enable/disable）SFX 总线上的回声（通过快照）；
● 1——将脚步声参数设置为默认值；
● 2——设置草地上的脚步声参数；
● ——降低主总线音量；
● +——增加主总线音量。

对于上述控制行为所对应的所有功能调用，相应的代码均包括在 Game::HandleKey Press 函数中。

7.5   总结

大多数游戏都需要有音频系统，而不仅仅是播放声音文件便可满足的。通过使用 FMOD API，本章展示了如何在游戏中实现高质量的声音系统。音频系统可加载存储库并播放声音事件。SoundEvent 类跟踪显著的声音事件实例，并允许对这些实例进行操作。

位置音频模拟 3D 环境中的声音。通过设置每个 3D 声音事件实例及侦听器的属性，音频的表现会像在真实的 3D 环境中一样。在第一人称游戏中，代码可以直接将相机的位置和朝向应用于侦听器；而在第三人称游戏中，如何设置侦听器属性则更为复杂。对于快速移动的物体来说，在多普勒效应的作用下，伴随着对象接近或远离游戏中的角色，对象发出声音的音频会发生改变。

混音会为声音环境增加更多控制。总线将不同的声音分组为独立可控的类别。快照还可以在运行时动态更改总线，例如启用诸如回声的 DSP 效果。最后，堵塞模拟通过穿透物体表面的声音。

7.6　补充阅读材料

直到最近，还是很难找到可供有志向的游戏音频程序员使用的参考资料。不过，在 Guy Somberg 的优秀著作中，有着许多经验丰富的开发人员所写的文章。本书提供了目前最为完整的游戏音频参考内容。

- Guy Somberg, Ed. Game Audio Programming: Principles and Practices. Boca Raton: CRC Press, 2016.

7.7　练习题

本章的练习题以本章中实现的音频特性为基础。在第一道练习题中，读者要添加针对多普勒效应的支持；在第二道练习题中，读者要实现第三人称侦听器的虚拟位置。

7.7.1　练习题 1

在本练习题中，代码首先调整侦听器和声音事件实例的属性，以便使其能够正确地设置速度参数。然后，代码使得球体角色（在 Game::LoadData 函数中创建的）快速地前后移动，以便测试多普勒效应。再根据需要，使用 set3DSettings 函数来调整多普勒效应的强度。一旦上述调整后的代码工作正常，循环燃烧声的多普勒效应应该是可以察觉的。

7.7.2　练习题 2

根据本章中的第三人称侦听器公式，编写用于实现声音事件实例的虚拟位置的代码。本练习题须使用配套资源 Exercise/7.2 目录中的 CameraActor 类来取代第 7 章游戏项目中的 CameraActor 类。其中，CameraActor 类版本实现了用于测试目的的基本第三人称相机。

第 8 章

输入系统

本章深入介绍用于操控游戏的各种输入设备，包括键盘、鼠标和控制器；探究如何将这些设备整合到一个紧密结合的输入系统中，以便游戏中的所有角色和组件都能够根据各自的输入需求，与该输入系统进行交互。

8.1 输入设备

如果没有输入，游戏将是一种类似于电影和电视的静态娱乐形式。游戏程序对键盘、鼠标、控制器或其他输入设备做出反应的过程就是实现游戏交互性的过程。在游戏循环的"处理输入"阶段，游戏程序查询这些输入设备的当前状态，而输入设备的当前状态会对游戏循环的"更新游戏世界"阶段的游戏世界产生影响。

一些输入设备只产生布尔值，例如，对于键盘，游戏程序可以检查每个按键的状态，而这个状态是 true 还是 false 则取决于该键是被按下，还是被释放。我们无法辨别一个按键是否"按下一半"，因为输入设备根本不对此进行检测。

其他输入设备则会产生一个范围的值，例如，大多数游戏杆都在两个轴线上产生一个范围的值，供游戏程序以此来确定玩家在特定轴线方向上移动游戏杆的距离。

游戏中使用的许多输入设备都是**复合**设备，即它们会将多种类型的输入合并为一种输入，例如，典型的控制器可能会有两个游戏杆和会产生一个范围值的扳机，以及只产生布尔值的其他按键。类似地，鼠标或滚轮的移动可能会产生一个范围的值，鼠标按键则可能产生布尔值。

8.1.1 轮询

在本书的前面章节中，使用 SDL_GetKeyboardState 函数来获得键盘上每个按键的布尔状态。随着本书第 3 章内容的深入，游戏代码将这一键盘状态传递给每个角色的 ProcessInput 函数，而该函数又将此键盘状态传递给每个组件的 ProcessInput 函数。然后，在组件的 ProcessInput 函数中，游戏代码可以查询特定按键的状态，以便决定是否执行某个操作，例如在玩家按下 W 键时，游戏代码向前移动玩家。因为游戏代码会在每一帧上对特定的键值进行检查，所以这种方法被认为是**轮询**按键的状态。

围绕轮询方法设计的输入系统从概念上很容易理解，因此许多游戏开发人员都倾向于使用轮询方法。该方法尤其适用于角色移动，因为游戏代码需要知道在每一帧上输入设备的状态，并基于那一状态来更新角色移动。事实上，针对本书代码中的大部分输入需求，游戏代码都将使用这种基本的轮询方法。

8.1.2 正沿和负沿

考虑一个玩家通过按空格键引起角色跳跃的游戏。在游戏的每一帧上，游戏代码都要检查空格键的状态。假定在前 3 帧上空格键是向上的（未被按下），接下来玩家会在第 4 帧之前按下空格键。玩家一直按住空格键直到第 6 帧之前才释放空格键。可以将以上按键的状态绘制为图形，如图 8-1 所示，其中 x 轴对应于每一帧的时间，y 轴对应帧的二进制值。在第 4 帧上，空格键从 "0" 变为 "1"；在第 6 帧上，空格键从 "1" 变为 "0"。空格键从 "0" 变到 "1" 时所在的帧是**正沿**（或上升沿），空格键从 "1" 变到 "0" 时所在的帧是**负沿**（或下降沿）。

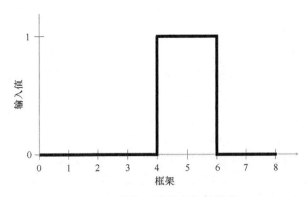

图 8-1 轮询 9 帧的空格键图形

现在考虑一下，如果适用于角色的处理输入过程简化为如下的代码（伪代码），那么会发生什么：

```
if (spacebar == 1)
    character.jump()
```

对于图 8-1 所示的实例中空格键的输入，上述代码段会调用 character.jump() 函数两次：一次调用发生在第 4 帧，另一次调用发生在第 5 帧。如果玩家一直按住空格键按键长达 10 帧，而不是 2 帧，那么代码段将调用 character.jump() 函数 10 次。显然，当空格键值为 "1" 时，游戏程序并不希望游戏角色在每一帧都进行跳跃。相反，代码应该只在空格键有正沿（上升沿）的帧上调用 character.jump() 函数。对于图 8-1 所示的空格键输入的图形，正沿是在第 4 帧上。这样，每当按下空格键时，无论玩家按住空格键的时间有多长，游戏角色都只跳跃一次。假若这样，游戏程序中希望的伪代码如下：

```
if (spacebar has positive edge)
    character.jump()
```

伪代码中的术语"具有正沿"是指在前一帧中键值为"0"，而在这一帧中，键值为"1"。但是代码通过使用 SDL_GeyKeyboardState 函数来获得当前帧上的键盘状态的方法，对于如何实现"具有正沿"并不明显。如果添加一个被初始化为"0"的名为 spacebarLast 的变量，那么代码就可以使用这个变量来跟踪前一帧中的值。然后，只有当前一帧中的 spacebarLast 值为"0"，且在这一帧中的 spacebarLast 值为"1"时，角色才会启动跳跃动作：

```
if (spacebar == 1 and spacebarLast == 0)
    character.jump()

spacebarLast = spacebar
```

考虑一下图 8-1 所示的例子中会发生什么。在第 3 帧上，游戏代码将变量 spacebarLast 设置为 spacebar 的当前值或者"0"。然后在第 4 帧上，当变量 spacebarLast 还是"0"，且 spacebar 值为"1"时，会触发 character.jump() 函数。在此之后，变量 spacebarLast 设置为 spacebar 的当前值，或者"1"。在第 5 帧上，spacebar 变量和 spacebarLast 变量都是"1"，因此角色不会跳跃。

可以在整个代码中使用这一模式。但是，如果有一个系统能够自动跟踪前一帧上的键值，那就太好了。这样，代码就可以很容易地询问系统某个键是处于正沿还是负沿，而这或许能够减轻游戏开发团队中其他程序员的负担。

如果将存储前一帧按键的输入值与当前帧上按键的输入值进行比较的方法进行推广，则会产生 4 种可能的结果，具体如表 8-1 所示。如果前一帧和当前帧中的两个按键值均为"0"，则按键状态为 None。类似地，如果两个值均为"1"，则意味着玩家连续几帧期间都在按住按键，或者按键状态为 Held（保持）。最后，如果两个值不同，要么是正沿，要么是负沿，在这种情况下，代码分别使用 Pressed（被按下）和 Released（被释放）来表示按键状态。

表 8-1   给定前一帧和当前帧的值的情况下按键的 4 种可能输入状态

前一帧	当前帧	按键状态
0	0	None（无变化）
0	1	Pressed（被按下）
1	0	Released（被释放）
1	1	Held（保持）

考虑一下如何在游戏中使用这几种状态。在游戏中，玩家可以按住某个按键来为其要发起的攻击行为进行充电。在游戏代码检测到按键 Pressed 状态的帧上，玩家开始进行充电。然后，只要在后续帧上对按键的状态保持不变，玩家就会一直保持充电。最后，当按键的状态变成 Released（玩家不再按住此按键），则意味着玩家放开了此按键，现在，

玩家可以使用合适的负载等级发起攻击。

但是对于一些操作，比如，"角色只是向前移动"对应的"w 的值为 1"这种情况下，在游戏程序中最好还是使用老办法，即检查那一帧上的按键的输入值。在本章的输入系统中，代码可以选择查询按键的基本输入值（0 或 1），或是查询按键的 4 种不同输入状态（None、Pressed、Released 和 Held）。

8.1.3　事件

回想一下在第 1 章中，SDL 库会生成可供应用程序选择去响应的不同事件。目前，程序会响应玩家尝试关闭窗口时所发生的 SDL_Quit 事件。如果队列中存在着事件，Game::ProcessInput 函数会检查每一帧，并会选择性地决定对事件做出何种响应。

SDL 库还会针对输入设备生成事件。例如，每当玩家按下键盘上的一个按键时，SDL 库就会生成一个 SDL_KEYDOWN 事件（对应于 Pressed 的按键状态）。相反，每当玩家释放一个按键时，SDL 库就会生成一个 SDL_KEYUP 事件（对应于 Released 的按键状态）。如果只关心按键的正沿和负沿，那么使用 SDL 库设置按键事件码是一种响应输入动作非常快捷的方法。

但是，从 SDL 事件中程序代码只能获得按键的负沿和正沿，这就意味着：针对按下按键 W 以使游戏角色向前移动的情况，程序需要额外的代码来跟踪按键 W 是否一直处于被按下状态。虽然游戏程序员可以完全基于事件设计输入系统，但本章只在需要时才使用 SDL 事件（例如鼠标轮滚动）。

SDL 事件和各种轮询函数之间存在着一种微妙的关系。程序通过 SDL_GetKeyboardState 函数所获得的键盘状态，只有在消息泵循环中调用 SDL_PollEvents 函数之后，才能够被更新。这意味着程序可以描述在什么时间点上，帧之间的状态数据会发生改变，因为程序知道代码会在哪里调用 SDL_PollEvents 函数。以上所述的 SDL 事件和各种轮询函数之间的关系，可用于实现保存前一帧状态数据的输入系统。

8.1.4　基本 InputSystem 架构

在深入了解每个不同的输入设备之前，让我们仔细想一下输入系统的结构。目前，代码可以通过调用 ProcessInput 函数的方式，使得角色和各种组件了解当前的键盘状态。但是，这种机制意味着：如果不直接调用 SDL 函数，那么 ProcessInput 函数现在就无法访问鼠标或控制器。虽然这对于简单游戏来说是可行的（调用 SDL 库获取键盘状态的方法被广泛应用于本章之外的其他章节），但是如果在程序员编写代码用于角色和组件时，不需要过多了解 SDL 函数的具体知识就更好了。此外，在函数的多次调用之间，一些 SDL 函数会返回具有不同状态的值。如果程序在一帧中多次调用该函数，那么在第一次调用获取到相应的值之后，该函数在此帧中的再次调用将只会得到"0"值（即第二次调用无效）。

要解决这一问题，在代码中可以新建一个 InputSystem 类，并新建一个叫作 InputState 的辅助类来填充新建的 InputSystem 类。然后，代码可以通过使用

ProcessInput 函数，向角色（及其组件）传入这个以 const 引用方式的 InputState
变量。此外，代码还可以向 InputState 类添加几个辅助函数，以便查询角色（及其组件）
所关心的任何状态。

代码清单 8.1 显示了相关代码的初始声明。首先，声明一个 ButtonState 枚举类型，以
对应表 8-1 中所列出的 4 个不同状态。其次，声明一个 InputState 结构体（该结构体目前
尚无成员）。最后，声明 InputSystem 类，该类包含 Initialize/Shutdown 函数（很像
Game 类）。此外，该类含有一个 PrepareForUpdate 函数，该函数会在 SDL_PollEvents
函数之前被调用；还含有一个 Update 函数，该函数在会在轮询事件之后被调用。GetState
函数的返回值作为成员变量 InputState 实例的一个 const 引用。

代码清单 8.1　基本 InputSystem 类的声明

```
enum ButtonState
{
    ENone,
    EPressed,
    EReleased,
    EHeld
};

// Wrapper that contains current state of input
struct InputState
{
    KeyboardState Keyboard;
};

class InputSystem
{
public:
    bool Initialize();
    void Shutdown();

    // Called right before SDL_PollEvents loop
    void PrepareForUpdate();
    // Called right after SDL_PollEvents loop
    void Update();

    const InputState& GetState() const { return mState; }
private:
    InputState mState;
};
```

要将这段代码集成到游戏中，需要向 Game 类中添加一个指向 InputSystem 类的成
员数据，名为 mInputSystem。Game::Initialize 函数会分配并初始化 InputSystem
对象，Game::Shutdown 函数会关闭并删除 InputSystem 对象。

接下来，将 Actor 类和 Component 类中 ProcessInput 函数的声明更改如下：

```
void ProcessInput(const InputState& state);
```

回想一下，在 Actor 类中，ProcessInput 函数是不可重写的，因为它会在所有依附于其的组件上都调用 ProcessInput 函数。但是，Actor 类还具有可重写的 ActorInput 函数，用在特定于该角色的任何输入。因此，可以类似地更改 ActorInput 函数的声明，用以接收一个不变的 InputState 类的引用作为参数。

最后，对于 Game::ProcessInput 函数的实现，代码可按如下更改：

```
void Game::ProcessInput()
{
    mInputSystem->PrepareForUpdate();

    // SDL_PollEvent loop...

    mInputSystem->Update();
    const InputState& state = mInputSystem->GetState();

    // Process any keys here as desired...

    // Send state to all actor's ProcessInput...
}
```

随着 InputSystem 类的就位，代码现在有了对于多种输入设备添加支持所需要的要素。对于这些设备的每一种，都需要添加一个新类来封装设备的状态，并将该新类的实例添加到之前创建的 InputState 结构体中。

8.2 键盘输入

回想一下，SDL_GetKeyboardState 函数返回一个指向键盘状态的指针。值得注意的是，因为 SDL_GetKeyboardState 函数返回的指针指向的是内部的 SDL 数据，该返回值指针在应用程序的整个生命周期过程中都不会发生改变。因此，为了跟踪键盘的当前状态，代码仅需要初始化一次指向键盘状态的单一指针。但是，由于在程序代码调用 SDL_PollEvents 函数时，SDL 库会覆盖当前的键盘状态，因此，在程序代码里需要一个单独的数组来保存前一帧的键盘状态。

上述所讨论内容会自然地产生了 KeyboardState 类声明中的成员数据，如代码清单 8.2 所示。KeyboardState 类的成员数据包括有一个指向当前状态的指针和一个用于保存之前状态的数组。数组的大小对应 SDL 库用于键盘扫描代码的缓冲区的大小。对于 KeyboardState 类的成员函数，代码提供了两个函数声明：一个函数（GetKeyValue 函数）来获取键盘按键的基本当前值，另一个函数（GetKeyState 函数）则返回 4 个按键状态中的一个。最后，代码将 InputSystem 类设置为 KeyboardState 类的友元类。友元类的设置使得 InputSystem 类可以很容易地直接操控 KeyboardState 类的成员数据。

代码清单 8.2　KeyboardState 类的声明

```
class KeyboardState
{
public:
    // Friend so InputSystem can easily update it
    friend class InputSystem;

    // Get just the boolean true/false value of key
    bool GetKeyValue(SDL_Scancod keyCode) const;

    // Get a state based on current and previous frame
    ButtonState GetKeyState(SDL_Scancode keyCode) const;
private:
    // Current state
    const Uint8* mCurrState;
    // State previous frame
    Uint8 mPrevState[SDL_NUM_SCANCODES];
};
```

然后，代码将一个名为 Keyboard 的 KeyboardState 类的实例添加成为结构体 InputState 的成员数据：

```
struct InputState
{
    KeyboardState Keyboard;
};
```

接下来，需要在 InputSystem 类中的 Initialize 函数和 PrepareForUpdate 函数中添加代码。在 Initialize 函数中，首先需要设置 mCurrState 指针的值，而且清零 mPrevState 数组内存（因为在游戏开始之前，按键没有先前状态）。代码从 SDL_GetKeyboardState 函数的调用中得到当前键盘状态指针 mCurrState，并且使用 memset 函数来清除 mPrevState 数组内存：

```
// (In InputSystem::Initialize...)
// Assign current state pointer
mState.Keyboard.mCurrState = SDL_GetKeyboardState(NULL);

// Clear previous state memory
memset(mState.Keyboard.mPrevState, 0,
    SDL_NUM_SCANCODES);
```

然后在 PrepareForUpdate 函数内，代码需要将所有按键"当前"状态数据复制到按键先前状态的缓冲区中。请记住，在调用 PrepareForUpdate 函数时，来自前一帧按键的"当前"状态数据已经过时无效。这是因为：在游戏循环已进入新的一帧但是尚未调用 SDL_PollEvents 函数时，代码已调用了 PrepareForUpdate 函数。这非常重要，因为代码是通过调用 SDL_PollEvents 函数来更新内部的 SDL 键盘状态数据的（使用 mCurrState 指针成员变量）。因此，在执行 SDL 库调用来覆盖当前键盘状态之前，代码须使用 memcpy 函数将当前键盘状态缓冲区 mCurrState 复制到键盘的先前状态缓冲区

mPrevState 内:

```
// (In InputSystem::PrepareForUpdate...)
memcpy(mState.Keyboard.mPrevState,
    mState.Keyboard.mCurrState,
    SDL_NUM_SCANCODES);
```

接下来，代码需要实现 KeyboardState 类中的成员函数。GetKeyValue 成员函数简单、直观。该成员函数仅索引 mCurrState 缓冲区对应按键的值：如果按键的值为 "1"，返回 true；如果按键的值为 "0"，返回 false。

代码清单 8.3 所示的 GetKeyState 函数会稍微复杂一些。它同时使用当前帧 mCurrState 和前一帧 mPrevState 的所示按键状态来确定要返回 4 个按键状态中的哪一个。GetKeyState 函数仅是将表 8-1 中的按键状态映射到源代码中。

代码清单 8.3　KeyboardState::GetKeyState 函数的实现

```
ButtonState KeyboardState::GetKeyState(SDL_Scancode keyCode) const
{
    if (mPrevState[keyCode] == 0)
    {
        if (mCurrState[keyCode] == 0)
        { return ENone; }
        else
        { return EPressed; }
    }
    else // Prev state must be 1
    {
        if (mCurrState[keyCode] == 0)
        { return EReleased; }
        else
        { return EHeld; }
    }
}
```

随着 KeyboardState 类代码的实现，代码仍然可以使用 GetKeyValue 函数来访问按键的值，例如，用以下代码检查确定空格键的当前值是否为 true:

```
if (state.Keyboard.GetKeyValue(SDL_SCANCODE_SPACE))
```

然而，InputState 类对象的优点是：代码还可以使用该对象来查询按键的 4 个状态，例如，在 Game::ProcessInput 函数中，以下代码会检测 Esc 键的状态是否为 EReleased，并且游戏程序只在 Esc 键被释放时的那个时间点退出运行:

```
if (state.Keyboard.GetKeyState(SDL_SCANCODE_ESCAPE)
    == EReleased)
{
    mIsRunning = false;
}
```

这意味着玩家在最初按 Esc 键时，游戏并不会立即退出；但在玩家释放该 Esc 键时，游戏会退出运行。

8.3　鼠标输入

对于鼠标系统的输入，需要关注 3 种主要的输入类型：鼠标按键输入、鼠标移动输入和滚动轮移动输入。在代码中鼠标按键输入部分的代码与键盘输入部分的代码类似，只是鼠标按键的数量要小得多。鼠标移动输入部分的代码稍微有点复杂，因为鼠标移动输入输入存在两种模式（绝对输入和相对输入）。最后，代码仍旧可以通过基于每帧调用一个函数来轮询鼠标的输入。但对于滚动轮的输入，SDL 库仅通过事件报告数据，因此必须要向 InputSystem 类添加一些代码以处理具体 SDL 事件。

在默认情况下，SDL 在屏幕上显示系统的鼠标光标（至少在具有系统鼠标光标的平台上）。但代码可以通过调用 SDL_ShowCursor 函数来启用或禁用光标，函数通过传入 SDL_TRUE 来启用光标，通过传入 SDL_FALSE 禁用光标。例如，如下代码段会禁用光标：

```
SDL_ShowCursor(SDL_FALSE);
```

8.3.1　鼠标按键和鼠标位置

要查询鼠标的位置和鼠标按键的状态，只需对 SDL_GetMouseState 函数进行一次调用即可。该函数的返回值是鼠标按键状态的位掩码；对 SDL_GetMouseState 函数进行调用时，代码需传入两个整数变量的地址，该变量地址被用于获得鼠标的 *x/y* 坐标，具体如下所示：

```
int x = 0, y = 0;
Uint32 buttons = SDL_GetMouseState(&x, &y);
```

> **注释**
> 对于鼠标的位置，SDL 库使用 SDL 2D 坐标系。这意味着左上角是（0，0），正 *x* 轴向右，正 *y* 轴向下。当然，读者可以容易地将这些坐标转换为自己喜欢使用的任何其他坐标系。
> 例如，要将使用 SDL 2D 坐标系转换到第 5 章中的简单视图投影坐标系，读者可以使用以下两行代码段：
>
> ```
> x = x - screenWidth/2;
> y = screenHeight/2 - y;
> ```

因为 SDL_GetMouseState 函数的返回值是位掩码，所以代码需要使用"按位-与"以及正确的位值来确定某个鼠标按键是向上（被松开）还是向下（被按下）。例如，给定从 SDL_GetMouseState 函数调用取得的 buttons 变量，如果鼠标的左键被按下，则下列语句为 true：

```
bool leftIsDown = (buttons & SDL_BUTTON(SDL_BUTTON_LEFT)) == 1;
```

在上述代码中，宏 SDL_BUTTON 会根据请求的鼠标按键进行移位，然后代码执行"按位-与"计算的结果如下：如果请求的鼠标按键被按下，则返回"1"；如果请求的鼠标按键被松开，则返回"0"。表 8-2 显示了 SDL 支持的 5 个不同鼠标按键所对应的按键常量。

表 8-2　　　　　　　　　　　　　　SDL 鼠标按键常量

按　键	常　量
左	SDL_BUTTON_LEFT
右	SDL_BUTTON_RIGHT
中间	SDL_BUTTON_MIDDLE
鼠标按键 4	SDL_BUTTON_X1
鼠标按键 5	SDL_BUTTON_X2

现在，游戏程序员已经拥有足够的知识来创建 MouseState 类的初始声明，如代码清单 8.4 所示。代码要为前一帧鼠标按键和当前帧鼠标按键的位掩码各保存一个 32 位的无符号整数，并且为当前帧鼠标位置保存一个 Vector2 变量。代码清单 8.4 省略了用于鼠标按键函数的实现，因为鼠标按键相关函数与键盘按键相关函数都几乎相同。唯一的区别在于，鼠标按键函数使用的是前面所介绍的位掩码。

代码清单 8.4　初始的 MouseState 类的声明

```
class MouseState
{
public:
    friend class InputSystem;

    // For mouse position
    const Vector2& GetPosition() const { return mMousePos; }

    // For buttons
    bool GetButtonValue(int button) const;
    ButtonState GetButtonState(int button) const;
private:
    // Store mouse position
    Vector2 mMousePos;
    // Store button data
    Uint32 mCurrButtons;
    Uint32 mPrevButtons;
};
```

接下来，代码向 InputState 结构体添加一个名为 Mouse 的 MouseState 类的实例。然后，在 InputSystem 类中，代码向 PrepareForUpdate 函数添加以下内容，用以将当前的鼠标按键状态复制为前一帧鼠标按键状态：

```
mState.Mouse.mPrevButtons = mState.Mouse.mCurrButtons;
```

在 Update 函数中，代码调用 SDL_GetMouseState 函数来更新所有 MouseState 类的数据成员：

```
int x = 0, y = 0;
mState.Mouse.mCurrButtons = SDL_GetMouseState(&x, &y);
mState.Mouse.mMousePos.x = static_cast<float>(x);
mState.Mouse.mMousePos.y = static_cast<float>(y);
```

通过上述这些更改，现在可以从 InputState 类访问基本的鼠标信息，例如，要确定鼠标左键是否处于 EPressed 状态，可以使用以下代码段：

```
if (state.Mouse.GetButtonState(SDL_BUTTON_LEFT) == EPressed)
```

8.3.2　相对移动

SDL 库支持检测鼠标移动的两种不同模式。在默认模式下，SDL 报告鼠标在当前帧上的坐标。然而，有时候，我们想知道鼠标在不同帧之间的相对变化。例如，在许多 PC 上的第一人称游戏中，玩家可以使用鼠标来旋转相机。相机的旋转速度取决于玩家移动鼠标的速度。在这种情况下，鼠标的精确坐标是没有用的，有用的是鼠标在不同帧之间的相对移动。

代码可以通过保存鼠标在前一帧上的位置，来粗略估计鼠标在帧之间的相对移动。SDL 支持**相对**鼠标模式。相对鼠标模式用于记录代码在两次调用 SDL_GetRelativeMouseState 函数之间所产生的鼠标相对移动。SDL 库相对鼠标模式的一大优势是：该模式会隐藏鼠标光标，将鼠标锁定到窗口，并将鼠标放置在每一帧的中心位置。这样玩家就不会因意外动作而将鼠标光标移出窗口。

要启用相对鼠标模式，应使用以下代码段：

```
SDL_SetRelativeMouseMode(SDL_TRUE);
```

类似地，要禁用相对鼠标模式，应传入 SDL_FALSE 作为参数。

一旦启用了相对鼠标模式，在代码中就可以使用 SDL_GetRelativeMouseState 函数来取代 SDL_GetMouseState 函数了。

要在 InputSystem 类中支持相对鼠标模式，代码首先要向类添加一个函数，该函数用于启用或禁用相对鼠标模式：

```
void InputSystem::SetRelativeMouseMode(bool value)
{
    SDL_bool set = value ? SDL_TRUE : SDL_FALSE;
    SDL_SetRelativeMouseMode(set);

    mState.Mouse.mIsRelative = value;
}
```

代码将相对鼠标模式的状态保存在被初始化为 false 的 MouseState 类的布尔型变量中。

接下来，更改 InputSystem::Update 函数中的代码。这样一来，如果鼠标处于相对鼠标模式，代码就会使用正确的函数来获取鼠标的位置和按键值：

```
int x = 0, y = 0;
if (mState.Mouse.mIsRelative)
{
   mState.Mouse.mCurrButtons = SDL_GetRelativeMouseState(&x, &y);
}
else
{
   mState.Mouse.mCurrButtons = SDL_GetMouseState(&x, &y);
}
mState.Mouse.mMousePos.x = static_cast<float>(x);
mState.Mouse.mMousePos.y = static_cast<float>(y);
```

有了以上这些代码，现在可以启用相对鼠标模式，并可以通过 MouseState 类来取得相对鼠标位置。

8.3.3　鼠标滚动轮

对于滚动轮，SDL 库没有提供轮询滚动轮当前状态的函数。相反，滚动轮移动时，SDL 库会生成 SDL_MOUSEWHEEL 事件。要在输入系统中支持鼠标滚动轮，必须先添加代码，用以支持将 SDL 事件传递给 InputSystem 类。代码可以使用 ProcessEvent 函数处理具体的滚动轮事件，然后在 Game::ProcessInput 函数中更新事件轮询循环，以便将鼠标滚轮事件传递给输入系统：

```
SDL_Event event;
while (SDL_PollEvent(&event))
{
   switch (event.type)
   {
      case SDL_MOUSEWHEEL:
         mInputSystem->ProcessEvent(event);
         break;
      // Other cases omitted ...
   }
}
```

接下来，在 MouseState 类中添加以下成员变量：

```
Vector2 mScrollWheel;
```

由于很多鼠标滚动轮都支持在垂直和水平两个方向上的滚动，因此在代码中使用了 Vector2 对象来保存 SDL 报告的滚动轮滚动。

然后，代码需要对 InputSystem 类做一些改动。首先，实现 ProcessEvent 函数，以便从 event.wheel 结构中读取滚动轮的 x/y 坐标值，如代码清单 8.5 所示。

代码清单 8.5　适用于滚动轮的 InputSystem::ProcessEvent 函数的实现

```
void InputSystem::ProcessEvent(SDL_Event& event)
{
   switch (event.type)
   {
   case SDL_MOUSEWHEEL:
```

```
        mState.Mouse.mScrollWheel = Vector2(
            static_cast<float>(event.wheel.x),
            static_cast<float>(event.wheel.y));
        break;
    default:
        break;
    }
}
```

接下来，因为鼠标滚动轮事件仅在滚动轮产生移动的帧上触发，所以代码需要确保在 PrepareForUpdate 函数内重置 mScrollWheel 变量：

```
mState.Mouse.mScrollWheel = Vector2::Zero;
```

重置 mScrollWheel 变量可确保：当滚动轮在第 1 帧上移动，且在第 2 帧上不移动的情况下，代码不会错误地在第 2 帧上发出滚动值报告。

有了以上添加的这些代码，就可以使用下面的代码访问每一帧上的滚动轮状态：

```
Vector2 scroll = state.Mouse.GetScrollWheel();
```

8.4　控制器输入

由于各种原因，检测 SDL 中的控制器输入比检测键盘和鼠标输入更加复杂。首先，控制器的传感器种类要比键盘或鼠标多得多。例如，标准微软 Xbox 控制器有 2 个模拟游戏杆、1 个方向板、4 个标准面板按键、3 个特殊面板按键、2 个保险杠按键，以及 2 个扳机。它是一个应用很多不同的传感器来获取数据的控制器。

此外，相对于 PC/Mac 用户只有单一的键盘或鼠标，游戏机却能连接多个控制器。最后，控制器支持**热插拔**，这意味着游戏程序在运行的同时，玩家可以插入和拔出控制器。综合来说，所有这些要素增加了处理控制器输入的复杂性。

> **注释**
>
> 根据控制器和平台的不同，玩家可能需要首先为控制器安装驱动程序，以便 SDL 可以检测到控制器设备。

在使用控制器之前，代码必须首先初始化可以操纵控制器的 SDL 子系统。要启用可以操纵控制器的 SDL 子系统，代码只需在 Game::Initialize 函数调用 SDL_Init 函数时，添加 DL_INIT_GAMECONTROLLER 标志位作为启动参数即可，具体如下：

```
SDL_Init(SDL_INIT_VIDEO | SDL_INIT_AUDIO | SDL_INIT_GAMECONTROLLER);
```

8.4.1　启用单一控制器

现在，假定玩家只使用一个控制器，并且在游戏开始时已经插入了这个控制器。要初始化控制器，代码需要使用 `SDL_GameControllerOpen` 函数。该函数在成功完成初始化后，会返回一个指向 `SDL_Controller` 结构体的指针；如果该函数初始化失败，则返回空指针 `nullptr`。接下来，代码便可使用 `SDL_Controller*`变量来查询这个控制器的状态。

对于这个单一控制器，代码首先要向 `InputState` 结构体增加一个名为 `mController`的 `SDL_Controller*`指针成员数据。然后，添加以下函数调用来打开控制器 0：

```
mController = SDL_GameControllerOpen(0);
```

要禁用控制器，代码可以调用 `SDL_GameControllerClose` 函数，该函数将 `SDL_GameController` 指针作为参数。

> **提示**
>
> 在默认情况下，SDL 支持少量的普通控制器，比如微软的 Xbox 控制器。可以找到列举了许多其他控制器按键布局的控制器映射。`SDL_GameControllerAddMappingsFromFile` 函数可以从所提供的文件中加载控制器映射。

因为游戏程序不想假定玩家已经安装了一个控制器，所以当游戏程序员想要通过代码访问控制器时，必须要注意检查变量 `mController` 是否为空。

8.4.2　按键

SDL 中的游戏控制器可支持许多不同的按键。SDL 使用了一种对应于微软 Xbox 游戏机的控制器按键名称的命名惯例。例如，控制器上的面板按键的名称是 A、B、X 和 Y。表 8-3 列出了 SDL 所定义的不同按键常量，其中"*"可用于表示具有多个可能值的通配符。

表 8-3　　　　　　　　　　　SDL 控制器按键常量

按　　键	常　　量
按键 A、B、X 或 Y	`SDL_CONTROLLER_BUTTON_*`（*用 A、B、X 或 Y 替换）
后退按键（Back）	`SDL_CONTROLLER_BACK`
开始按键（Start）	`SDL_CONTROLLER_START`
按下左侧摇杆/右侧摇杆（Pressing left/right stick）	`SDL_CONTROLLER_BUTTON_*STICK`（*用左侧或右侧替代）
左侧保险杠/右侧保险杆（Left/right shoulder）	`SDL_CONTROLLER_BUTTON_*SHOULDER`（*用左侧保险杠或右侧保险杠替换）
定向面板按键（Directional pad）	`SDL_CONTROLLER_BUTTON_DPAD_*`（*用松开、按下、左侧或右侧替换）

请注意，左侧摇杆按键、右侧摇杆按键适用于用户在左/右摇杆上按压的情况。例如，在有些游戏中，玩家会按下右侧摇杆按键来实现加速。

SDL 不具有可同时查询所有控制器按键状态的机制。相反，代码必须通过 `SDL_GameControllerGetButton` 函数来分别查询每个按键的状态。

但是，代码可以利用这样一个事实：控制器按键名称的枚举定义了一个 SDL_CONTROLLER_
BUTTON_MAX 成员，则该成员值便是控制器所拥有的按键数量。因此，在 ControllerState
类的首次定义（如代码清单 8.6 所示）中，成员变量包含有当前帧上的控制器按键状态数
组，以及先前帧上的控制器按键状态数组。此外，在 ControllerState 类定义里还包括
有一个布尔值。通过该布尔值，游戏代码就可以确定控制器是否已经连接上。最后，该类
定义包括有当前标准的、用于获取按键值/按键状态的函数的声明。

代码清单 8.6　初始的 ControllerState 类的声明

```
class ControllerState
{
public:
    friend class InputSystem;

    // For buttons
    bool GetButtonValue(SDL_GameControllerButton button) const;
    ButtonState GetButtonState(SDL_GameControllerButton button)
        const;

    bool GetIsConnected() const { return mIsConnected; }
private:
    // Current/previous buttons
    Uint8 mCurrButtons[SDL_CONTROLLER_BUTTON_MAX];
    Uint8 mPrevButtons[SDL_CONTROLLER_BUTTON_MAX];
    // Is this controlled connected?
    bool mIsConnected;
};
```

然后，向 InputState 结构体添加一个 ControllerState 类的实例：

```
ControllerState Controller;
```

接下来，回到 InputSystem::Initialize 函数中，在代码尝试打开 0 号控制器
（controller 0）之后，会根据成员变量 mController 指针是否"非空"，来设置 mIsConnected
变量的值。另外，代码还要清空数组 mCurrButtons 和数组 mPrevButtons 的内存：

```
mState.Controller.mIsConnected = (mController != nullptr);
memset(mState.Controller.mCurrButtons, 0,
    SDL_CONTROLLER_BUTTON_MAX);
memset(mState.Controller.mPrevButtons, 0,
    SDL_CONTROLLER_BUTTON_MAX);
```

之后，与获取键盘状态一样，PrepareForUpdate 函数中的代码将控制器按键状态
从当前帧的状态复制到先前帧的状态：

```
memcpy(mState.Controller.mPrevButtons,
    mState.Controller.mCurrButtons,
    SDL_CONTROLLER_BUTTON_MAX);
```

最后，在 Update 函数中，代码遍历控制器按键状态 mCurrButtons 数组，并将每个数
组元素的按键值设置为查询到的、对应于该按键状态的 SDL_GameControllerGetButton

函数调用的结果值：

```
for (int i = 0; i < SDL_CONTROLLER_BUTTON_MAX; i++)
{
    mState.Controller.mCurrButtons[i] =
        SDL_GameControllerGetButton(mController,
            SDL_GameControllerButton(i));
}
```

有了这段代码，代码就可以使用类似查询键盘和鼠标按键的模式，来查询特定的游戏控制器按键的状态。例如，下面代码可检查在当前帧上，控制器上的 A 按键是否有正沿（A 按键被按下）。

```
if (state.Controller.GetButtonState(SDL_CONTROLLER_BUTTON_A) == EPressed)
```

8.4.3 模拟摇杆和扳机

SDL 共支持 6 个轴线。每个模拟摇杆都有两个轴线：一个在 x 轴线方向上，一个在 y 轴线方向上。此外，每个扳机都有一个单独的轴线。表 8-4 显示了轴线的列表（这里"*"也表示通配符）。

表 8-4　　　　　　　　　　　　　　SDL 控制器轴线常量

按　　键	常　　量
左侧模拟摇杆（Left analog stick）	SDL_CONTROLLER_AXIS_LEFT*（*用 X 或 Y 替换）
右侧模拟摇杆（Right analog stick）	SDL_CONTROLLER_AXIS_RIGHT*（*用 X 或 Y 替换）
左侧/右侧扳机（Left/right triggers）	SDL_CONTROLLER_AXIS_TRIGGER*（*用左侧或右侧替换）

对于扳机，轴线值的范围是：$0 \sim 32767$，其中"0"表示扳机上没有压力。对于模拟摇杆，轴线值的范围是：$-32768 \sim 32767$，其中值"0"表示位于轴线中间。y 轴正值对应于模拟摇杆的向下移动，x 轴正值对应于模拟摇杆的向右移动。

但是，输入设备产生的持续输入（如这些轴线）存在的问题是：API 指定的范围是理论上的范围。每个单独设备都有其不精确性。可以通过释放其中一个模拟摇杆来观察此行为——释放模拟摇杆时，摇杆将返回到摇杆轴线的中心位置。人们可能会有一个如下的合理期望，即因为模拟摇杆处于静止状态，所以模拟摇杆给出的 x 轴和 y 轴的值应为零。然而，在实践中，x 轴和 y 轴的值将位于"零"值附近，但却很少精确到"零"。相反，如果玩家将摇杆一下猛击到右侧，则摇杆给出的 x 轴值将接近于"最大值"，但却很少精确到"最大值"。

对于游戏来说，这种不精确性会导致两个问题。首先，它可能会导致**幻象输入**，即玩家还没有触碰到输入轴，游戏却在报告一些事情正在发生。例如，假定玩家将控制器静置于桌面上。玩家应该理所当然地期望其在游戏中的角色不会四处移动。然而，如果不精确性问题没有得到解决，游戏将会检测到输入到轴线的一些输入值变化，进而移动角色。其次，很多游戏都是根据模拟摇杆在一个方向上移动的距离来决定游戏角色的移动，所以稍微移动一下模拟摇杆，会导致角色慢慢走动，而沿着一个方向一直移动模拟摇杆，则会导致角色进行冲刺跑。然而，如果只是在轴线方向上给出最大值的时候才使得角色进行冲刺跑的话，则角色将永远不会进行冲刺跑。

要解决这个问题，对于来自轴线方向上的输入数据，对其进行处理的程序代码应该对输入数据的值进行**过滤**。具体来说，代码希望将接近于"0"的值解释为"0"，将接近"最小值"或"最大值"的值解释为"最小值"或"最大值"。此外，如果把来自轴线方向上输入数据的整数范围的值，转换为规范化的浮点数范围的值，那么对于使用输入系统的用户来说是很方便的。对于来自于轴线方向上的、可产生正值和负值的数据，对其进行规范化意味着生成一个"–1.0"和"1.0"之间范围内的值。

图 8-2 显示了一个单轴线方向上的过滤器的示例。线上方的数字代表的是过滤前的整数值，线下方的数字代表的是过滤后的浮点数值。在"0"附近被解释为"0.0"的区域被称为"**死区**"。

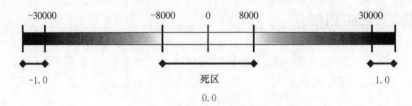

图 8-2　一个轴线方向上的示例过滤器——线上方为过滤前的
输入值，线下方为过滤后的输出值

代码清单 8.7 给出了 InputSystem::Filter1D 函数的实现，输入系统通过该函数来过滤一维轴线方向（例如扳机）产生的输入数据。首先，函数要为死区和输入数据最大值声明两个常量。请注意，该函数定义的"deadZone（死区）"取值是 250，这比图 8-2 中的值要小，因为这个取值更适合扳机（如果需要，可以设置 deadZone 为常量化参数或将其设置成用户可配置参数）。

接下来，代码通过三元运算符来获取轴线方向上输入的绝对值。如果该绝对值小于死区常量，则代码只返回 0.0f；否则，代码会将轴线方向上的输入值转换为一个分数值，该分数值用于表示输入值位于死区和最大值之间的哪个位置。例如，对位于 deadZone 和 maxValue（最大值）之间半路位置的输入值进行转换后，代码得到的值是 0.5f。

接下来，代码要确保这个分数值的符号（是正数，还是负数）与原始输入值的符号相匹配。最后，代码将该分数值限制在"–1.0"和"1.0"之间一个范围的值，以考虑输入值大于最大值常量的情况。Math::Clamp 函数的实现位于定制的头文件"Math.h"中。

代码清单 8.7　Filter1D 函数的实现

```
float InputSystem::Filter1D(int input)
{
    // A value < dead zone is interpreted as 0%
    const int deadZone = 250;
    // A value > max value is interpreted as 100%
    const int maxValue = 30000;

    float retVal = 0.0f;
```

```
// Take absolute value of input
int absValue = input > 0 ? input : -input;
// Ignore input within dead zone
if (absValue > deadZone)
{
   // Compute fractional value between dead zone and max value
   retVal = static_cast<float>(absValue - deadZone) /
      (maxValue - deadZone);

   // Make sure sign matches original value
   retVal = input > 0 ? retVal : -1.0f * retVal;

   // Clamp between -1.0f and 1.0f
   retVal = Math::Clamp(retVal, -1.0f, 1.0f);
}

return retVal;
}
```

使用 Filter1D 函数，在轴线方向上输入值"5000"，函数会返回浮点数 0.0f；在轴线方向上输入值"−19000"，函数则会返回浮点数−0.5f。

如果控制器只需要一个轴线，例如一个扳机，Filter1D 函数可以正常工作。然而，由于模拟摇杆实际上是两个不同的轴线连在一起，因此通常更可取的做法是在两个维度上过滤它们，这将在 8.4.4 节中展开讨论。

现在，可以向 ControllerState 类中添加两个浮点数成员变量，以其分别代表左侧扳机和右侧扳机：

```
float mLeftTrigger;
float mRightTrigger;
```

接下来，在 InputSystem::Update 函数中，代码使用 SDL_GameControllerGetAxis 函数读入两个扳机轴线方向上的输入值，并对其调用执行 Filter1D 函数，将其转换为"0.0"到"1.0"（因为扳机的轴线输入值不能为负）范围内的值。例如，下面代码段可设置 mLeftTrigger 成员数据的取值：

```
mState.Controller.mLeftTrigger =
   Filter1D(SDL_GameControllerGetAxis(mController,
      SDL_CONTROLLER_AXIS_TRIGGERLEFT));
```

然后，在代码中添加 GetLeftTrigger() 和 GetRightTrigger() 函数，用来对两个扳机进行访问读取，例如，以下代码会获取左侧扳机的值：

```
float left = state.Controller.GetLeftTrigger();
```

8.4.4 过滤二维中的模拟摇杆

模拟摇杆的一种常见控制方案是模拟摇杆的移动方向与玩家代表角色的移动方向相一

致，例如，向上和向左按压模拟摇杆会导致屏幕上的角色也朝那一方向移动。要实现这一点，代码应该同时解释 x 轴和 y 轴方向的模拟摇杆移动。

尽管将 Filter1D 函数独立地应用到 x 轴线方向和 y 轴线方向很有诱惑力，但是这样做会引起一个令人关注的问题。如果玩家一直向上移动模拟摇杆，则 Filter1D 函数会将模拟摇杆的移动解释为标准化向量<0.0,1.0>。此外，如果玩家将模拟摇杆一直向上和向右移动，则 Filter1D 函数会将模拟摇杆的移动解释为标准化向量<1.0,1.0>。这两个向量的长度是不同的，如果代码使用长度来解释角色移动的速度，就会存在一个问题：角色沿着对角线移动的速度要比在一个方向上直线移动更快！

虽然代码可以对长度大于 1 的向量进行标准化处理，但是单独解释每个轴线最终仍然意味着代码将死区和最大值解释为正方形。更好解释它们的方法是将它们解释为同心圆，如图 8-3 所示。正方形边线代表原始输入值，内圆代表死区，外圆代表最大值。

代码清单 8.8 给出了 Filter2D 函数的定义。该函数可接收模拟摇杆在 x 轴方向和 y 轴方向的输入数据，并在二维空间上对其进行过滤。函数先根据摇杆位置的二维输入数据，创建模拟摇杆的一个二维向量，然后确定二维向

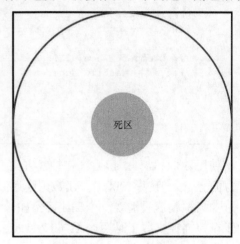

图 8-3　在二维坐标上的过滤

量的长度。二维向量的长度小于死区的长度，生成 Vector2::Zero（二维 0 向量）。二维向量的长度大于死区的长度，函数确定位于死区和最大值之间的具体分数值，并根据二维向量的长度相应缩放此分数值。

代码清单 8.8　InputSystem::Filter2D 函数的实现

```
Vector2 InputSystem::Filter2D(int inputX, int inputY)
{
    const float deadZone = 8000.0f;
    const float maxValue = 30000.0f;

    // Make into 2D vector
    Vector2 dir;
    dir.x = static_cast<float>(inputX);
    dir.y = static_cast<float>(inputY);

    float length = dir.Length();

    // If length < deadZone, should be no input
    if (length < deadZone)
    {
        dir = Vector2::Zero;
    }
    else
```

```
{
    // Calculate fractional value between
    // dead zone and max value circles
    float f = (length - deadZone) / (maxValue - deadZone);
    // Clamp f between 0.0f and 1.0f
    f = Math::Clamp(f, 0.0f, 1.0f);
    // Normalize the vector, and then scale it to the
    // fractional value
    dir *= f / length;
}

return dir;
}
```

接下来，对于左侧模拟摇杆和右侧模拟摇杆，分别向 ControllerState 类中添加两个 Vector2 成员数据。然后，在 InputSystem::Update 函数中添加代码，以获取每个模拟摇杆在两个轴线方向的二维输入数据。最后运行 Filter2D 函数，以获得代码最终所需的模拟摇杆的位置值。例如，下面的代码会过滤左侧模拟摇杆，并将结果值保存在控制器状态中：

```
x = SDL_GameControllerGetAxis(mController,
    SDL_CONTROLLER_AXIS_LEFTX);
y = -SDL_GameControllerGetAxis(mController,
    SDL_CONTROLLER_AXIS_LEFTY);
mState.Controller.mLeftStick = Filter2D(x, y);
```

注意，该段代码对模拟摇杆在 y 轴上的输入值取负数。这是因为 InputSystem::Update 函数是在 SDL 坐标系中报告 y 轴坐标，而在 SDL 坐标系中，$+y$ 是向下的。因此，要在游戏坐标系中获取所期望的值，代码必须对模拟摇杆在 y 轴上的值取负数。

然后，可以通过 InputState 结构体，来访问左侧模拟摇杆的位置值，具体代码如下所示：

```
Vector2 leftStick = state.Controller.GetLeftStick();
```

8.4.5　支持多个控制器

在游戏中，支持多个本地控制器要比支持一个控制器更加复杂。尽管给出的代码段并没有完全实现，本节仍简要地提及了为支持多个控制器所需的不同的代码段。首先，为了在启动游戏时初始化所有已连接的控制器，游戏程序员需要重写控制器检测部分的代码。代码循环遍历所有游戏杆，来查看哪些是控制器。然后，代码可以分别打开每一个控制器，大致代码如下：

```
for (int i = 0; i < SDL_NumJoysticks(); ++i)
{
    // Is this joystick a controller?
```

```
    if (SDL_IsGameController(i))
    {
        // Open this controller for use
        SDL_GameController* controller = SDL_GameControllerOpen(i);
        // Add to vector of SDL_GameController* pointers
    }
}
```

接下来，将 InputState 类更改为包含多个 ControllerState 类的实例，而不仅是一个实例。此外，还要更新 InputSystem 类中的所有函数，以支持每个不同的控制器实例。

为了支持控制器的热插拔（在游戏运行的同时添加/删除控制器），SDL 会生成用于添加控制器和删除控制器两个不同事件：sdl_controllerdeviceadd 事件和 SDL_CONTROLLERDEVICEREMOVED 事件。有关这些事件的更多信息，请参阅维基百科上的 SDL 文档。

8.5 输入映射

按照当前使用 InputState 结构体内的输入数据的方式，程序代码假定特定输入设备和按键直接映射到角色的动作上。例如，如果想让玩家角色在空格键的正沿（按下空格键时）起跳，需要向 ProcessInput 函数中添加下面这样的代码：

```
bool shouldJump = state.Keyboard.GetKeyState(SDL_SCANCODE_SPACE)
                            == Pressed;
```

虽然上述方式是可行的，但在理想情况下，在代码中可能会更愿意定义一个抽象的"起跳"动作。然后，需要某种机制，在该机制的作用下，游戏代码可指定"起跳"动作对应于空格键。为了支持这一点，代码需要在抽象动作和该抽象动作对应的{设备,按键}对之间建立一个映射。（实际上，读者将会在 8.9.2 节中实现这一点。）

可以通过允许向同一抽象动作绑定多个{设备,按键}对，来进一步增强这个输入系统。这意味着代码可以将空格键和控制器上的 A 按键都绑定到"起跳"动作上。

定义这种抽象动作的另一优点是：AI 控制的角色更便于执行相同动作。针对 AI，游戏程序不必执行不同的代码路径，在代码中可以更新 AI 角色，以便当 AI 想要执行"起跳"时，定义的抽象动作就产生"起跳"动作。

对输入系统的另一个优点是：该机制允许定义沿轴线方向上的运动。例如定义 W 按键和 S 按键来对应"ForwardAxis"动作，或者是定义 W 按键和 S 按键来对应控制器中的某一个轴线，然后就可以使用此动作来指定游戏中角色的移动。

最终，由于存在上述的输入映射，游戏程序员可以添加一种途径，以便从文件中加载输入映射信息。通过从文件中加载输入映射信息的方式，设计人员或用户在无须修改代码的情况下，也可轻松配置输入映射。

8.6　游戏项目

本章的游戏项目会将 InputSystem 类的完整实现添加到第 5 章的游戏项目中，其中包括适用于键盘、鼠标和控制器的所有代码。回想一下，第 5 章的游戏项目使用二维平面上的移动（因此表示位置是 Vector2）。本章游戏项目的代码可以从本书的配套资源中找到（位于第 8 章子目录中）。在 Windows 环境下，打开 Chapter08-windows.sln；在 Mac 环境下，打开 Chapter08-mac.xcodeproj。

在本章的游戏项目中，控制器输入设备用于移动宇宙飞船。左侧模拟摇杆用于控制飞船行进的方向，右侧模拟摇杆用于控制飞船的旋转朝向，右侧扳机用于发射激光。这是"双摇杆射击"游戏普遍使用的输入控制方案。

由于输入系统已经能够返回左侧模拟摇杆/右侧模拟摇杆的 2D 轴向的位置值，因此实现双摇杆风格的控制不需要太多代码。首先，在 Ship::ActorInput 函数中，添加以下代码行以获取左右两个摇杆的位置值，并将它们保存在成员变量 mVelocityDir 和 mRotationDir 中：

```
if (state.Controller.GetIsConnected())
{
    mVelocityDir = state.Controller.GetLeftStick();
    if (!Math::NearZero(state.Controller.GetRightStick().Length()))
    {
        mRotationDir = state.Controller.GetRightStick();
    }
}
```

对于右侧模拟摇杆，向代码中添加 NearZero 函数，用以检查确保当游戏玩家完全释放右侧模拟摇杆时，飞船不会迅速返回到飞船的初始"0"角度。

接下来，在 Ship::UpdateActor 函数中添加以下代码，以便角色根据速度的方向、速率和增量时间来进行移动：

```
Vector2 pos = GetPosition();
pos += mVelocityDir * mSpeed * deltaTime;
SetPosition(pos);
```

注意，基于在某个方向上移动左侧模拟摇杆距离的情况，上述代码会相应地降低速率，因为在这种情况下，成员数据 mVelocityDir 的长度可能会小于 1。

最后，使用 atan2 方法，根据成员数据 mRotationDir 的值来添加以下代码（同样是在 UpdateActor 函数中）来旋转飞船：

```
float angle = Math::Atan2(mRotationDir.y, mRotationDir.x);
SetRotation(angle);
```

这段代码同样是需要重新编译的，因为本章游戏项目中的 Actor 类会追溯到使用单个浮点数来表示角度的 2D Actor 类，这不同于 3D 中所使用的四元数旋转。

图 8-4 显示了飞船四处移动时游戏的样子。

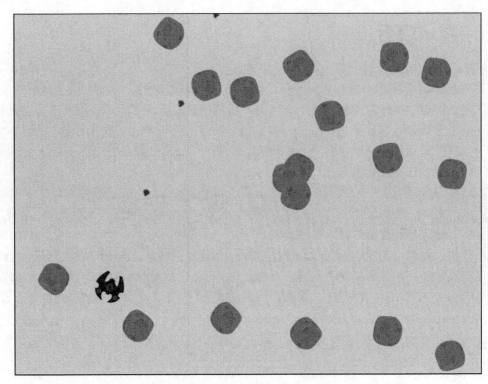

图 8-4   第 8 章游戏项目中的飞船移动

8.7   总结

许多不同的输入设备均可用于游戏。输入设备可以报告单个布尔值,或者一个范围的值。对于报告简单开/关(on/off)状态的按键,考虑按键在当前帧的值与其在前一帧的值之间的差异是很有用的。这样,游戏程序可以检测到对应于"被按下"或"被释放"状态的按键输入的正沿或负沿。

SDL 支持最常见的输入设备,包括键盘、鼠标和控制器。对于这些设备中的每一个,都可以在 InputState 结构体中添加相应的数据,然后将其传递给每个角色的 ProcessInput 函数。这样,角色不仅可以查询设备当前值的输入状态,还可以查询输入的正沿和负沿。

对于可提供一个范围值的输入设备,例如扳机或模拟摇杆,代码通常需要过滤这些数据。这是因为即使设备处于静止状态,也可能发出虚假信号。在本章中实现的过滤部分代码可确保小于某死区的输入值会被忽略,并且还能确保当输入值"几乎"达到最大值时,代码仍可以检测到最大值输入。

本章的游戏项目利用了新的控制器输入功能,对飞船添加了对双摇杆射击游戏风格控制移动的支持。

8.8 补充阅读材料

Bruce Dawson 的书介绍了如何记录游戏设备的输入，以及如何播放该设备的输入。记录及播放设备输入的功能对于游戏的测试非常有用。Oculus SDK 文档介绍了如何与 Oculus VR 触摸控制器进行交互。最后，Mick West 探索了如何测量**输入延迟**（input lag），其中输入延迟是指游戏程序检测控制器输入所需的时间。输入延迟通常不是输入系统程序代码方面的错误，尽管如此，West 探讨的内容仍然很有趣。

- Bruce Dawson. "Game Input Recording and Playback." Game Programming Gems 2, edited by Mark DeLoura. Cengage Learning, 2001.
- Oculus. PC SDK. Accessed November 29, 2017.
- Mick West. "Programming Responsiveness." Gamasutra. Accessed November 29, 2017.

8.9 练习题

在本章的练习题中，读者将要对输入系统进行改进。在第一道练习题中，读者要添加对多个控制器的支持；在第二道练习题中，读者要添加输入映射。

8.9.1 练习题 1

回顾一下，要支持多个控制器，需要拥有 `InputState` 结构体中的多个 `ControllerState` 类的实例。添加代码，用以同时支持最多 4 个控制器。在游戏程序初始化时，更改其代码以检测任何已连接的控制器，并分别启用它们。然后，更改 **Update** 函数的代码，使其更新所有 4 个控制器的状态，而不只是单个控制器的状态。

最后，研究用户在连接/断开控制器时 SDL 所发出的事件，并为动态添加/删除控制器提供支持。

8.9.2 练习题 2

添加针对角色动作的基本输入映射的支持。为此，创建一个文本文件格式，该格式会将动作映射到具体设备及该设备上的按键/按键。例如，在这个文本文件中，指定"开火"动作对应于"控制器上 A 按键"的一个条目可能会表示如下：

```
Fire,Controller,A
```

然后，在 `InputSystem` 类中解析这个数据条目，并将解析后的数据保存到映射中。接下来，向 `InputState` 结构体中添加一个通用的 `GetMappedButtonState` 函数，该函数会接收动作名称，并从恰当的输入设备返回 `ButtonState` 实例。该函数的签名大致如下：

```
ButtonState GetMappedButtonState(const std::string& actionName);
```

第 9 章

相机

相机决定了玩家在 3D 游戏世界中的视角，并且可供选择的相机类型很多。本章介绍了 4 种类型的相机实现：第一人称相机、跟拍相机、轨道相机以及沿路径样条曲线相机。鉴于相机常常决定着角色的移动，本章还介绍了如何修正角色移动相关部分的代码，以便适用于不同类型的相机。

9.1 第一人称相机

第一人称相机是通过角色穿过游戏世界的角度来展示游戏世界的。这种类型的相机在第一人称射击（FPS）游戏中很受欢迎，例如《守望先锋》（《Overwatch》）。但第一人称相机也可用于像《天际》（《Skyrim》）这样的角色扮演（RPG）游戏，或者像《到家》（《Gone Home》）这样基于叙事的游戏。有些设计师认为第一人称相机是电子游戏中最具沉浸感的相机类型。

尽管很容易将相机仅看作一个视角，但相机还具有另一功能，那就是用于告知玩家角色是如何在游戏世界中移动。这意味着相机和移动系统的实现是相互依赖的。PC 上第一人称射击游戏的标准控件使用键盘和鼠标。W/S 键控制角色的前、后移动，A/D 键则控制角色进行左右**旋转**。左、右移动鼠标会令角色围绕着向上轴线（z 轴）进行旋转，而上、下移动鼠标只会令玩家角色的视角倾斜，而不是使角色本身倾斜。

9.1.1 基本的第一人称移动

在代码中，实现移动要比处理视角更容易一些，因此实现移动是一个很好的出发点。可以创建一个可以实现第一人称移动的新角色，并将其命名为 FPSActor。基于在第 6 章中所做的更改，MoveComponent 组件中的向前移动/向后移动代码已经可以应用于 3D 世界中。而要实现 MoveComponent 组件的左右旋转，只需对代码进行几处修改即可。首先，代码要在 Actor 类中创建一个 GetRight 函数。GetRight 函数代码类似于 GetForward 函数代码（只是前者所使用的是 y 轴）：

```
Vector3 Actor::GetRight() const
{
```

```
// Rotate right axis using quaternion rotation
return Vector3::Transform(Vector3::UnitY, mRotation);
}
```

接下来，在 MoveComponent 类中添加一个名为 mStrafeSpeed 的新变量。该变量会影响角色的旋转速度。在 Update 函数中，只需根据旋转速度，使用角色的向右向量来调整角色的位置即可：

```
if (!Math::NearZero(mForwardSpeed) || !Math::NearZero(mStrafeSpeed))
{
    Vector3 pos = mOwner->GetPosition();
    pos += mOwner->GetForward() * mForwardSpeed * deltaTime;
    // Update position based on strafe
    pos += mOwner->GetRight() * mStrafeSpeed * deltaTime;
    mOwner->SetPosition(pos);
}
```

然后，在 FPSActor :: ActorInput 函数中，可以检测 A/D 键，并根据需要调整旋转速度。现在，角色可以使用标准的第一人称 WASD 控制键来控制进行移动。

通过角速度来实现角色向左/向右移动的代码也已经存在于 MoveComponent 类中。因此，接下来的任务是如何将鼠标的向左/向右移动转换为角速度。首先，游戏程序需要通过调用 SDL_RelativeMouseMode 函数来启用相对鼠标模式。回忆一下在第 8 章中，相对鼠标模式报告的是每帧上 (x, y) 值的相对变化，而不是绝对的 (x, y) 坐标值。（请注意，在本章中，代码将直接使用 SDL 输入函数，而不是使用第 8 章中所创建的输入系统。）

将每帧上相对 x 轴线上的移动转换为角速度只需要进行一些计算，如代码清单 9.1 所示。首先，使用 SDL_GetRelativeMouseState 函数来检索鼠标的 (x, y) 移动。常量 maxMouseSpeed 是每一帧内最大可能的相对移动，不过此常量值可能是基于游戏中的设置。同样，常量 maxAngularSpeed 将相对移动转换为每秒产生的最大旋转。使用检索得到的 x 值，除以常量 maxMouseSpeed，然后结果值再乘以常量 maxAngularSpeed。以上的计算过程会生成一个应用于 MoveComponent 组件的角速度。

代码清单 9.1　鼠标的 FPS 角速度计算

```
// Get relative movement from SDL
int x, y;
Uint32 buttons = SDL_GetRelativeMouseState(&x, &y);
// Assume mouse movement is usually between -500 and +500
const int maxMouseSpeed = 500;
// Rotation/sec at maximum speed
const float maxAngularSpeed = Math::Pi * 8;
float angularSpeed = 0.0f;
if (x != 0)
{
    // Convert to approximately [-1.0, 1.0]
    angularSpeed = static_cast<float>(x) / maxMouseSpeed;
    // Multiply by rotation/sec
    angularSpeed *= maxAngularSpeed;
}
mMoveComp->SetAngularSpeed(angularSpeed);
```

9.1.2　无俯仰角度的相机

实现相机功能的第一步是创建一个名为 CameraComponent 的 Component 类的子类。本章中所有不同类型的相机都是 CameraComponent 类的子类，因此任何常见的相机功能都可以放在这个新组件类中。CameraComponent 类的声明类似于任何其他的 Component 子类组件的声明。

目前，CameraComponent 类唯一的新添加函数是一个名为 SetViewMatrix 的受保护函数，该函数的功能只是将视图矩阵参数转发给渲染器（renderer）和音频系统（audio system）：

```
void CameraComponent::SetViewMatrix(const Matrix4& view)
{
    // Pass view matrix to renderer and audio system
    Game* game = mOwner->GetGame();
    game->GetRenderer()->SetViewMatrix(view);
    game->GetAudioSystem()->SetListener(view);
}
```

特定的对于 FPS 相机，创建一个名为 FPSCamera 的类作为 CameraComponent 的子类。FPSCamera 具有可重写的 Update 函数。代码清单 9.2 给出了 Update 函数的代码。目前，Update 函数内使用的代码是与第 6 章中所介绍的基本相机角色相同的逻辑代码——相机位置是其所在角色的位置，目标位置点是其所在角色的向前方向的任意点，向上向量是 z 轴。最后，调用 Matrix4 :: CreateLookAt 函数创建视图矩阵。

代码清单 9.2　FPSCamera :: Update 函数的实现（无俯仰角度）

```
void FPSCamera::Update(float deltaTime)
{
    // Camera position is owner position
    Vector3 cameraPos = mOwner->GetPosition();
    // Target position 100 units in front of owner
    Vector3 target = cameraPos + mOwner->GetForward() * 100.0f;
    // Up is just unit z
    Vector3 up = Vector3::UnitZ;
    // Create look at matrix, set as view
    Matrix4 view = Matrix4::CreateLookAt(cameraPos, target, up);
    SetViewMatrix(view);
}
```

9.1.3　加入俯仰角度的相机

回想一下第 6 章，偏航是围绕向上轴线的旋转，而俯仰是围绕侧向轴线的旋转（当前情况是指向右轴）。为了将俯仰合并到 FPS 相机中，我们需要进行一些更改。首先，具有俯仰角度的相机仍以其所在的角色的向前向量开始，但需再额外应用其他的旋转，来对相机的俯仰角度做出说明。其次，从视角向前导出目标位置点。要实现相机的俯仰功能，游戏程序员要向 FPSCamera 类中添加 3 个新成员变量：

```
// Rotation/sec speed of pitch
float mPitchSpeed;
// Maximum pitch deviation from forward
float mMaxPitch;
// Current pitch
float mPitch;
```

mPitch 变量表示相机当前帧上的（绝对）俯仰，而变量 mPitchSpeed 是指在当前帧上、在俯仰方向上的旋转/秒。最后，mMaxPitch 变量是指俯仰在任一方向上偏离向前向量的最大值。大多数第一人称游戏都限制玩家向上或向下倾斜的总量。这种限制产生的原因是：如果玩家角色面部朝上，则控制看起来会很奇怪。在当前情况下，代码可以将 60°（转换为弧度）作为默认的最大俯仰旋转。

接下来，考虑到俯仰角度，在代码中要修改 FPSCamera::Update 函数，如代码清单 9.3 所示。首先，当前帧上的俯仰角度需要基于俯仰角速度和增量时间来进行更新。其次，限制住更新后的俯仰角度，以确保结果值俯仰角度不超过+/- mMaxPitch 最大俯仰角度。回顾一下，在第 6 章中，四元数可以表示任意旋转。因此，可以构造一个代表该俯仰的四元数。请注意，此旋转是关于相机组件所在角色的向右轴线上的旋转。（而不仅是围绕 y 轴线的旋转，因为俯仰依赖的轴线会根据相机所在角色的偏航而变化。）

接下来，向前视角是由俯仰四元数变换而来的相机所在角色的向前向量。可以使用此向前视角来确定相机"前方"的目标位置。此外，代码还可以通过俯仰四元数来旋转向上向量。然后，通过所有这些向量来构造观察矩阵。相机位置仍然是其相机所在角色的位置。

代码清单 9.3 FPSCamera::Update 函数的实现（添加俯仰角度）

```
void FPSCamera::Update(float deltaTime)
{
    // Call parent update (doesn't do anything right now)
    CameraComponent::Update(deltaTime);
    // Camera position is owner position
    Vector3 cameraPos = mOwner->GetPosition();

    // Update pitch based on pitch speed
    mPitch += mPitchSpeed * deltaTime;
    // Clamp pitch to [-max, +max]
    mPitch = Math::Clamp(mPitch, -mMaxPitch, mMaxPitch);
    // Make a quaternion representing pitch rotation,
    // which is about owner's right vector
    Quaternion q(mOwner->GetRight(), mPitch);

    // Rotate owner forward by pitch quaternion
    Vector3 viewForward = Vector3::Transform(
        mOwner->GetForward(), q);
    // Target position 100 units in front of view forward
```

```
Vector3 target = cameraPos + viewForward * 100.0f;
// Also rotate up by pitch quaternion
Vector3 up = Vector3::Transform(Vector3::UnitZ, q);

// Create look at matrix, set as view
Matrix4 view = Matrix4::CreateLookAt(cameraPos, target, up);
SetViewMatrix(view);
}
```

最后，在 FPSActor 类中，根据鼠标相对 y 轴的移动来更新俯仰角速度。在 ProcessInput
函数中，实现这部分功能的代码与在代码清单 9.1 中相对 x 轴移动更新角速度的代码几乎
相同。有了上述代码的所有实现，现在第一人称相机可以在无须调整其所在角色的情况下
实现俯仰旋转了。

9.1.4 第一人称模型

虽然第一人称模型不是相机的严格组成部分，但大多数第一人称游戏还是采用了第一
人称模型。此模型可能包含动画角色的一部分，例如手臂、脚等。如果玩家角色携带武器，
那么当玩家角色上仰时，武器似乎也会向上瞄准。即使玩家角色保持平躺在地面上，第一
人称游戏也希望武器模型向上倾斜瞄准。

在代码中可以使用单独的角色，例如 FPSActor，来实现第一人称模型。在游戏的每
一帧中，由 FPSActor 类负责更新第一人称模型的位置和旋转。第一人称模型的位置是带
有偏移的 FPSActor 的位置。应用偏移，将第一人称模型的位置放置在角色的右侧。第一
人称模型的旋转从 FPSActor 的旋转开始，但随后对俯仰视角应用了额外的旋转。代码清
单 9.4 给出了这部分的代码。

代码清单 9.4　更新第一人称模型的位置和旋转

```
// Update position of FPS model relative to actor position
const Vector3 modelOffset(Vector3(10.0f, 10.0f, -10.0f));
Vector3 modelPos = GetPosition();
modelPos += GetForward() * modelOffset.x;
modelPos += GetRight() * modelOffset.y;
modelPos.z += modelOffset.z;
mFPSModel->SetPosition(modelPos);

// Initialize rotation to actor rotation
Quaternion q = GetRotation();

// Rotate by pitch from camera
q = Quaternion::Concatenate(q,
    Quaternion(GetRight(), mCameraComp->GetPitch()));
mFPSModel->SetRotation(q);
```

图 9-1 演示了带有第一人称模型的第一人称相机。瞄准标线只是位于屏幕中心的一个
SpriteComponent 组件。

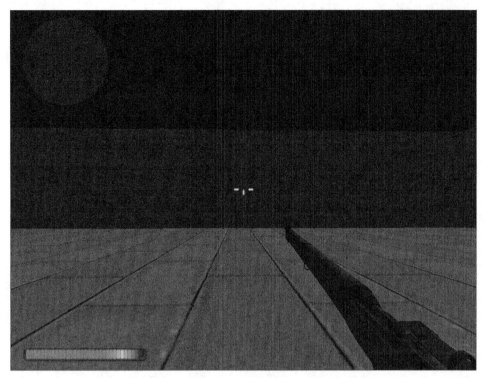

图 9-1 带有第一人称模型的第一人称相机

9.2 跟拍相机

跟拍相机是跟随在目标对象后面的相机。这种类型的相机在许多游戏中都很受欢迎，包括跟随在一辆赛车后面的赛车游戏相机，以及第三人称动作/冒险游戏，如《地平线：黎明时分》（《Horizon Zero Dawn》）中使用的相机。因为跟拍相机可以应用于许多不同类型的游戏中，所以它们的实现分很多种。本节重点介绍跟踪汽车的跟拍相机。

与第一人称角色一样，在代码中将创建一个名为 FollowActor 的新角色的子类，用以对应游戏使用跟拍相机时所使用角色的不同移动方式。移动汽车角色的控制方式是：使用 W/S 键来向前移动汽车，使用 A/D 键来向左/向右旋转汽车。由于标准的 MoveComponent 组件支持这两种类型的移动，因此不需要对 MoveComponent 做任何更改。

9.2.1 基本跟拍相机

使用基本跟拍相机，相机始终跟随在其所在角色的后方和上方的固定位置上。图 9-2 给出了这个基本跟拍相机的侧视图。相机的位置处于汽车后方的一个固定水平距离 HDist，还有处于汽车上方的一个固定的垂直距离 VDist。跟拍相机的目标点不是汽车本身，而是汽车前方的 TargetDist 点。这会使跟拍相机聚焦在汽车前方的一点，而不是直接聚焦在汽车本身。

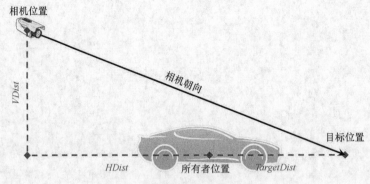

图 9-2　跟踪汽车的基本跟拍相机

要计算跟拍相机位置，需使用向量加法和标量乘法。相机位置位于相机的所有者角色后方 *HDist* 个单位以及所有者角色上方 *VDist* 个单位处，因此生成如下等式：

$$CameraPos = OwnerPos - OwnerForward \cdot HDist + OwnerUp \cdot VDist$$

其中，OwnerForward 和 OwnerUp 分别是相机的所有者角色的向前向量和向上向量。

同样，TargetPos 只是跟拍相机的所有者角色前方的 TargetDist 单位的一个点：

$$TargetPos = OwnerPos + OwnerForward \cdot TargetDist$$

具体实现在代码中，要声明一个名为 FollowCamera 的 CameraComponent 类的新子类。FollowCamera 类具有 3 个成员变量，分别用于表示图 9-2 中的水平距离（mHorzDist）、垂直距离（mVertDist）和目标距离（mTargetDist）。先创建一个计算相机位置的函数（使用前面列出的等式）：

```
Vector3 FollowCamera::ComputeCameraPos() const
{
    // Set camera position behind and above owner
    Vector3 cameraPos = mOwner->GetPosition();
    cameraPos -= mOwner->GetForward() * mHorzDist;
    cameraPos += Vector3::UnitZ * mVertDist;
    return cameraPos;
}
```

接下来，FollowCamera :: Update 函数使用相机位置和计算出的相机目标位置来创建视图矩阵：

```
void FollowCamera::Update(float deltaTime)
{
    CameraComponent::Update(deltaTime);
    // Target is target dist in front of owning actor
    Vector3 target = mOwner->GetPosition() +
        mOwner->GetForward() * mTargetDist;
    // (Up is just UnitZ since we don't flip the camera)
    Matrix4 view = Matrix4::CreateLookAt(GetCameraPos(), target,
```

```
        Vector3::UnitZ);
    SetViewMatrix(view);
}
```

虽然这款基本的跟拍相机能够在汽车穿过游戏世界时成功跟踪汽车，但是它看起来非常僵硬。由于相机与目标之间始终保持一个设定距离，因此玩家很难体会到速度感。此外，当汽车转弯时，看起来并不是汽车在转弯，而几乎是整个游戏世界都在转动。因此，即使基本的跟拍相机是一个很好的起点，但它并不是一个非常完美的解决方案。

改善速度感的一个简单举措就是使得水平跟随距离成为相机所有者角色的速度函数。或许在汽车静止时，相机与汽车之间的水平距离是 350 个单位，但是当汽车以最大速度移动时，该水平距离会增加到 500 个单位。通过将水平距离设置为相机所有者角色的速度函数，玩家会更容易地感知到汽车的速度。然而当汽车在转弯时，跟拍相机看起来仍然显得很僵硬。要解决基本跟拍相机在跟随转弯时出现的僵化问题，可以在代码中为跟拍相机增加弹性。

9.2.2　添加弹簧

可以在绘制几帧的过程中，让跟拍相机逐渐调整到按公式计算所得到位置上，而不是让跟拍相机一下子改变到此位置上。为此，在代码中可以将跟拍相机位置分离为"理想"跟拍相机位置和"实际"跟拍相机位置。理想跟拍相机位置是通过基本跟拍相机方程式所推导出的位置，而实际跟拍相机位置是视图矩阵所使用的位置。

现在，请想象一下有一个连接着理想跟拍相机和实际跟拍相机的弹簧。最初，两台跟拍相机位于同一位置上。随着理想跟拍相机的移动，弹簧会伸展；并且实际跟拍相机也开始移动，但速度较慢。最终，弹簧完全伸展开，实际跟拍相机的移动速度与理想跟拍相机的移动速度变得相同。接下来，当理想跟拍相机停止运动时，弹簧最终压缩回其稳定状态。此时，理想跟拍相机和实际跟拍相机再次处于同一点上。图 9-3 形象地展示了使用弹簧连接理想跟拍相机和实际跟拍相机的这种想法。

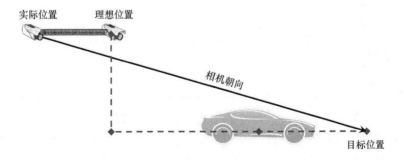

图 9-3　连接理想跟拍相机和实际跟拍相机的弹簧

在 FollowCamera 类中，为了实现弹簧功能，需要添加更多的成员变量。弹簧常数（mSpringConstant）用于表示弹簧的刚度，其值越高，则表示弹簧刚度越大。此外，必须逐帧跟踪跟拍相机的实际位置（mActualPos）和跟拍相机的移动速度（mVelocity），因此，添加两个向量类型的成员变量，用于表示跟拍相机的位置和移动速度。

代码清单 9.5 给出了使用弹簧功能的 FollowCamera :: Update 函数代码。首先，要根据弹簧常数计算弹簧阻尼。其次，跟拍相机的理想位置无非就是通过先前实现的 ComputeCameraPos 函数所计算出的位置。再次，计算跟拍相机的实际位置和理想位置之间的距离，并根据此距离及跟拍相机原有速度的阻尼来计算跟拍相机的加速度。接下来，使用在第 3 章中所引入的欧拉（Euler）积分技术，来计算跟拍相机的速度和加速度。最后，跟拍相机目标位置的计算方式仍然保持不变，但现在 CreateLookAt 函数使用的是跟拍相机的实际位置，而不是理想位置。

代码清单 9.5　FollowCamera :: Update 函数的实现（使用弹簧）

```
void FollowCamera::Update(float deltaTime)
{
    CameraComponent::Update(deltaTime);

    // Compute dampening from spring constant
    float dampening = 2.0f * Math::Sqrt(mSpringConstant);

    // Compute ideal position
    Vector3 idealPos = ComputeCameraPos();

    // Compute difference between actual and ideal
    Vector3 diff = mActualPos - idealPos;
    // Compute acceleration of spring
    Vector3 acel = -mSpringConstant * diff -
        dampening * mVelocity;

    // Update velocity
    mVelocity += acel * deltaTime;
    // Update actual camera position
    mActualPos += mVelocity * deltaTime;

    // Target is target dist in front of owning actor
    Vector3 target = mOwner->GetPosition() +
        mOwner->GetForward() * mTargetDist;

    // Use actual position here, not ideal
    Matrix4 view = Matrix4::CreateLookAt(mActualPos, target,
        Vector3::UnitZ);
    SetViewMatrix(view);
}
```

使用弹簧相机的一大优点是：当弹簧相机所在的对象转弯时，弹簧相机需要花点时间才能赶上转弯动作。这意味着弹簧相机所在对象在转弯时，对象的一侧在玩家的游戏屏幕上是可见的。转弯时可见的对象给了玩家一种更好的感觉：是跟拍相机所跟踪的对象正在转弯，而不是游戏世界在旋转。图 9-4 给出了弹簧跟拍相机的运行情况。

这里所使用的红色跑车模型是由 Willy Decarpentrie 设计的《赛车》（《Racing Car》），该模型在本文中的使用已获得 CC Attribution 许可。

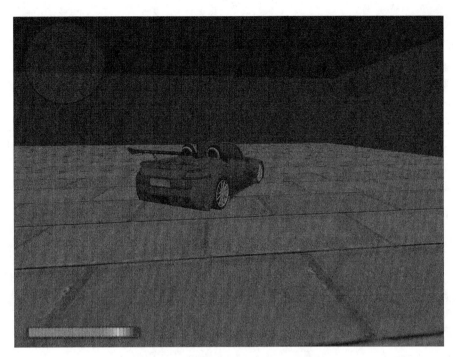

图 9-4　弹簧跟拍相机跟随汽车转弯

最后，在游戏开始时，为了确保弹簧跟拍相机能够正确启动，需要创建一个 SnapToIdeal 函数。在 FollowActor 类对象首次初始化时，SnapToIdeal 函数将会被调用：

```cpp
void FollowCamera::SnapToIdeal()
{
    // Set actual position to ideal
    mActualPos = ComputeCameraPos();
    // Zero velocity
    mVelocity = Vector3::Zero;
    // Compute target and view
    Vector3 target = mOwner->GetPosition() +
        mOwner->GetForward() * mTargetDist;
    Matrix4 view = Matrix4::CreateLookAt(mActualPos, target,
        Vector3::UnitZ);
    SetViewMatrix(view);
}
```

9.3　轨道相机

轨道相机聚焦在目标对象上，并围绕目标对象运动。这种类型的相机可以用在诸如《过山车之星》（《Planet Coaster》）之类的建造者游戏中，因为通过这种类型的相机，玩家可以很容易地看到目标对象周围的区域。轨道相机最简单的实现方式是将相机的位置存储为来自目标对象的**偏移**，而不是将其设置为绝对的世界空间位置。该种实现方式利用了"目标对象的旋转总是围绕目标对象的原点进行旋转"这一事实。因此,如果相机位置是来自目标对象的偏移量,那么任何有关于目标对象的旋转都是有效的。

在本节中,将创建一个 OrbitActor 类和一个 OrbitCamera 类。通过鼠标控制,在对象周围实现偏航旋转和俯仰旋转是轨道相机典型的控制方案。将相对鼠标移动转换为旋转角度的输入控制部分的代码跟 9.1 节中所介绍的代码很像。但在代码中要加入一个限制,即只有当玩家按住鼠标右键时,相机才发生旋转(这是鼠标控制轨道相机旋转的典型方案)。回顾一下,SDL_GetRelativeMouseState 函数返回鼠标按钮的状态。以下条件语句用于测试玩家是否按住了鼠标右键:

```
if (buttons & SDL_BUTTON(SDL_BUTTON_RIGHT))
```

OrbitCamera 类需要以下成员变量:

```
// Offset from target
Vector3 mOffset;
// Up vector of camera
Vector3 mUp;
// Rotation/sec speed of pitch
float mPitchSpeed;
// Rotation/sec speed of yaw
float mYawSpeed;
```

以上代码中的俯仰速度成员变量(mPitchSpeed)和偏航速度成员变量(mYawSpeed),无非是跟踪相机在当前帧上对应于每种旋转类型的旋转速度。根据需要,轨道相机所在的角色可以基于鼠标的旋转速度来对其进行更新。此外,OrbitCamera 类还需要跟踪相机的偏移量(mOffset),以及相机的向上向量(mUp)。由于轨道相机在进行偏航旋转和俯仰旋转时,相机可旋转 360°,因此 OrbitCamera 类需要向上向量。相机可旋转 360° 意味着相机可能会出现倒置,因此代码不能一律地将向量 (0, 0, 1) 作为向上向量,而应该随着相机的旋转来更新向上向量。

OrbitCamera 类的构造函数将变量 mPitchSpeed 和变量 mYawSpeed 初始化为零。mOffset 向量可以初始化为任何值,但是在这里,代码要将它初始化为目标对象后面的 400 个单位 (-400,0,0)。mUp 向上向量初始化为世界空间的向上向量 (0,0,1)。

代码清单 9.6 给出了 OrbitCamera :: Update 函数的实现。首先,创建一个应用于当前帧且用于描述偏航旋转的四元数,该四元数是关于世界空间的向上向量。使用该偏航四元数来变换轨道相机的偏移量和向上向量。其次,根据上一步计算出的轨道相机偏移量计算出轨道相机的向前向量。轨道相机的向前向量和轨道相机的向上向量之间的叉积产生了轨道相机的向右向量。然后,同样,使用轨道相机的向右向量来计算俯仰旋转四元数,并通过该四元数来变换轨道相机偏移量和向上向量。

代码清单 9.6 OrbitCamera :: Update 函数的实现

```
void OrbitCamera::Update(float deltaTime)
{
    CameraComponent::Update(deltaTime);
    // Create a quaternion for yaw about world up
    Quaternion yaw(Vector3::UnitZ, mYawSpeed * deltaTime);
```

```
    // Transform offset and up by yaw
    mOffset = Vector3::Transform(mOffset, yaw);
    mUp = Vector3::Transform(mUp, yaw);

    // Compute camera forward/right from these vectors
    // Forward owner.position - (owner.position + offset)
    // = -offset
    Vector3 forward = -1.0f * mOffset;
    forward.Normalize();
    Vector3 right = Vector3::Cross(mUp, forward);
    right.Normalize();

    // Create quaternion for pitch about camera right
    Quaternion pitch(right, mPitchSpeed * deltaTime);
    // Transform camera offset and up by pitch
    mOffset = Vector3::Transform(mOffset, pitch);
    mUp = Vector3::Transform(mUp, pitch);

    // Compute transform matrix
    Vector3 target = mOwner->GetPosition();
    Vector3 cameraPos = target + mOffset;
    Matrix4 view = Matrix4::CreateLookAt(cameraPos, target, mUp);
    SetViewMatrix(view);
}
```

对于观察矩阵而言，轨道相机的目标位置无非是轨道相机所有者角色的位置，而轨道相机的位置则等于轨道相机所有者角色的位置再加上偏移量，向上向量是轨道相机的向上向量。具有以上设置的观察矩阵便产生了最终的轨道相机。图 9-5 展示了以汽车为目标的轨道相机观察到的场景。

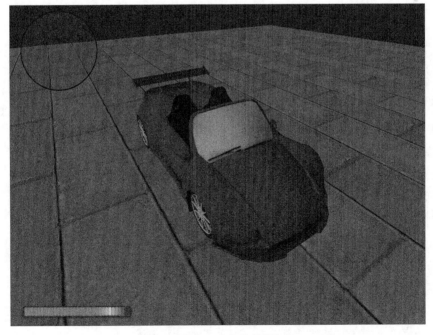

图 9-5　聚焦于汽车的轨道相机

9.4   样条曲线相机

样条曲线是用曲线上的一系列点来说明曲线的一种数学表示法。样条曲线在游戏中很受欢迎,因为它们能够使得对象在一段时间内沿曲线平滑移动。因为样条曲线相机能够沿着预先确定的样条曲线路径移动,所以样条曲线相机对情景动画非常有用。这种类型的相机也被应用于像《战神》(《God of War》)这样的游戏中。当玩家在游戏世界中沿着固定的路线前进时,样条曲线相机也跟着前进。

Catmull-Rom 样条曲线是一种计算相对简单的样条曲线,因此该类样条曲线经常被用于游戏和计算机图形学中。这种类型的样条曲线最少需要 4 个控制点,分别为 P_0、P_1、P_2 和 P_3。实际被相机所使用的曲线段是从 P_1 到 P_2;而 P_0 是曲线前的控制点,P_3 是曲线后的控制点。为了获得最佳效果,读者可以沿曲线大致均匀地间隔开 P_0 到 P_3 控制点——读者可以使用欧几里德距离来粗略估计分隔点。图 9-6 演示了具有 4 个控制点的 Catmull-Rom 样条曲线。

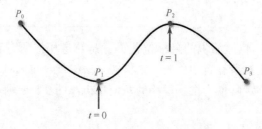

图 9-6   Catmull-Rom 样条曲线

给定这 4 个控制点,可以将 P_1 和 P_2 之间的位置表示为如下参数方程,其中,当 $t = 0$ 时,位于 P_1;当 $t = 1$,位于 P_2:

$$p(t) = 0.5 \cdot (2P_1 + (-P_0 + P_2)t + (2P_0 - 5P_1 + 4P_2 - P_3)t^2 + (-P_0 + 3P_1 - 3P_2 + P_3)t^3)$$

虽然 Catmull-Rom 样条曲线方程只有 4 个控制点,但是可以将样条曲线扩展到任意数量的控制点。扩展到任意数量控制点的前提是:在路径之前和路径之后仍然分别有一个点,因为那些点不是路径的组成部分。换句话说,需要 $n+2$ 个点来表示具有 n 个点的样条曲线。然后,可以采用任意序列的 4 个相邻点,将它们替换应用到样条方程中。

要实现沿着样条曲线路径前进的相机,在代码中首先要创建一个定义样条曲线的结构体。结构体 Spline 需要的唯一成员数据是一个内部元素为曲线控制点的容器:

```
struct Spline
{
    // Control points for spline
    // (Requires n + 2 points where n is number
    // of points in segment)
    std::vector<Vector3> mControlPoints;
    // Given spline segment where startIdx = P1,
    // compute position based on t value
```

```
Vector3 Compute(size_t startIdx, float t) const;
size_t GetNumPoints() const { return mControlPoints.size(); }
};
```

如代码清单 9.7 所示，当给定与 P_1 对应的起始索引和[0.0,1.0]范围内的一个 t 值时，Spline::Compute 函数应用样条方程来进行计算。此外，此函数还执行边界条件检查，以确保变量 startIdx 是一个有效索引。

代码清单 9.7　Spline :: Compute 函数的实现

```
Vector3 Spline::Compute(size_t startIdx, float t) const
{
    // Check if startIdx is out of bounds
    if (startIdx >= mControlPoints.size())
    { return mControlPoints.back(); }
    else if (startIdx == 0)
    { return mControlPoints[startIdx]; }
    else if (startIdx + 2 >= mControlPoints.size())
    { return mControlPoints[startIdx]; }

    // Get p0 through p3
    Vector3 p0 = mControlPoints[startIdx - 1];
    Vector3 p1 = mControlPoints[startIdx];
    Vector3 p2 = mControlPoints[startIdx + 1];
    Vector3 p3 = mControlPoints[startIdx + 2];

    // Compute position according to Catmull-Rom equation
    Vector3 position = 0.5f * ((2.0f * p1) + (-1.0f * p0 + p2) * t +
        (2.0f * p0 - 5.0f * p1 + 4.0f * p2 - p3) * t * t +
        (-1.0f * p0 + 3.0f * p1 - 3.0f * p2 + p3) * t * t * t);
    return position;
}
```

接下来，SplineCamera 类的成员数据中需要用到结构体 Spline。SplineCamera 类还追踪 P_1 对应的当前索引、当前 t 值、t 速度值（每秒 t 的变化量）以及相机是否应该沿着路径移动：

```
// Spline path camera follows
Spline mPath;
// Current control point index and t
size_t mIndex;
float mT;
// Amount t changes/sec
float mSpeed;
// Whether to move the camera along the path
bool mPaused;
```

首先，根据 t 的速度和增量时间，样条曲线相机通过增加 t 值来实现更新。如果更新后的 t 值大于或等于 1.0，则 P_1 前进到路径上的下一个点（假设路径上有足够的点）。此外，要让 P_1 前进到下一个点上，也意味着必须要从 t 值中减去 1.0。如果样条曲线中没有更多的点，样条曲线相机则会停止前进。

对于样条曲线相机的计算，样条相机的位置无非是从样条曲线上所计算的点。要计算样条相机的目标点，要将 t 值增加一个小的增量，以确定样条相机移动的方向。最后，向上向量保持为 (0,0,1)，这个向上向量的取值的假设是基于代码不希望样条曲线相机翻转颠倒。代码清单 9.8 给出了 SplineCamera::Update 函数的代码，图 9-7 显示了样条曲线相机的运行情况。

图 9-7　游戏中的样条曲线相机

代码清单 9.8　SplineCamera :: Update 函数的实现

```
void SplineCamera::Update(float deltaTime)
{
    CameraComponent::Update(deltaTime);
    // Update t value
    if (!mPaused)
    {
        mT += mSpeed * deltaTime;
        // Advance to the next control point if needed.
        // This assumes speed isn't so fast that you jump past
        // multiple control points in one frame.
        if (mT >= 1.0f)
        {
            // Make sure we have enough points to advance the path
            if (mIndex < mPath.GetNumPoints() - 3)
            {
                mIndex++;
                mT = mT - 1.0f;
            }
            else
```

```
    {
        // Path's done, so pause
        mPaused = true;
    }
  }
}

// Camera position is the spline at the current t/index
Vector3 cameraPos = mPath.Compute(mIndex, mT);
// Target point is just a small delta ahead on the spline
Vector3 target = mPath.Compute(mIndex, mT + 0.01f);

// Assume spline doesn't flip upside-down
const Vector3 up = Vector3::UnitZ;
Matrix4 view = Matrix4::CreateLookAt(cameraPos, target, up);
SetViewMatrix(view);
}
```

9.5 逆投影

对于给定世界空间中的一个点，为了将其变换为剪辑空间的一个点，在代码中需进行以下操作：首先，需要将世界空间中的点乘以视图矩阵，然后用乘积的结果再乘以投影矩阵。想象一下，在第一人称射击游戏中，玩家想要根据屏幕上的瞄准标线的位置来发射子弹。在这种情况下，瞄准标线位置是屏幕空间中的坐标，但是想要准确地发射子弹命中目标，玩家需要世界空间中的一个位置。**逆投影**是一种计算方法，用于接收屏幕空间坐标，并将其变换为世界空间坐标。

假设存在一个在第 5 章中所描述的屏幕空间坐标系，其中，屏幕中心为（0,0），屏幕左上角为（−512, 384），屏幕右下角为（512, −384）。计算逆投影的第一步是：将屏幕空间坐标变换为相应的标准化设备坐标，其中 x 分量和 y 分量的取值范围均为[−1,1]：

$$ndcX = screenX / 512$$
$$ndcY = screenY / 384$$

然而，代码存在的问题是任何单个（x, y）坐标都可以对应于[0,1]范围内的任何 z 坐标，其中，取值为 0 的 z 坐标对应于近平面上的一个点（就在相机前面），取值为 1 的 z 坐标对应于远平面上的一个点（观察者通过相机可以看到的最大距离）。因此，要正确执行逆投影，代码还需要[0,1]范围内的 z 分量。然后，代码用奇次坐标来表示上述内容：

$$ndc = (ndcX, ndcY, z, 1)$$

现在，在代码中要构造一个逆投影矩阵，该矩阵无非只是对视图投影矩阵的反转：

$$Unprojection = ((View)(Projection))^{-1}$$

当使用标准化设备坐标（NDC）上的点乘以逆投影矩阵时，w 分量会发生改变。无论如何，都需要通过将每个分量除以 w 分量来重新标准化 w 分量（将其重新设置为 1）。综上所述，执行如下计算后，便会生成世界空间中的点：

$$temp = (ndc)(Unprojection)$$

$$worldPos = \frac{temp}{temp_w}$$

因为 Renderer 类是唯一一个既可以访问视图矩阵，也可以访问投影矩阵的类，所以在 Renderer 类中添加一个应用逆投影的函数。代码清单 9.9 给出了 Unproject 函数的实现。在此代码中，TransformWithPerspDiv 函数被用于执行 w 向量的重新标准化。

代码清单 9.9 Renderer :: Unproject 函数的实现

```
Vector3 Renderer::Unproject(const Vector3& screenPoint) const
{
    // Convert screenPoint to device coordinates (between -1 and +1)
    Vector3 deviceCoord = screenPoint;
    deviceCoord.x /= (mScreenWidth) * 0.5f;
    deviceCoord.y /= (mScreenHeight) * 0.5f;

    // Transform vector by unprojection matrix
    Matrix4 unprojection = mView * mProjection;
    unprojection.Invert();
    return Vector3::TransformWithPerspDiv(deviceCoord, unprojection);
}
```

可以使用 Unproject 函数来计算单个的世界空间位置。但是，在某些情况下，在屏幕空间点的方向上构造向量会更加实用，因为构造向量会为其他的有用功能特征提供可能。其中一个有用的功能特征便是**选取**——即玩家在 3D 世界中通过单击鼠标来选取对象的能力。图 9-8 演示了使用鼠标进行选取的例子。

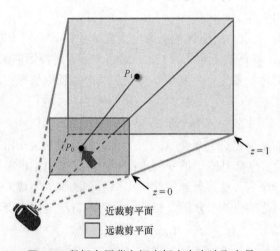

P_1

P_0

$z = 1$

$z = 0$

近裁剪平面

远裁剪平面

图 9-8 鼠标在屏幕空间坐标方向上选取向量

要构建方向向量，代码须两次使用 Unproject 函数：一次用于向量的起点，另一次用于向量的终点。然后使用向量减法，再对减法生成的向量执行标准化操作即可，具体执行过程如代码清单 9.10 中 Renderer::GetScreenDirection 函数的实现。注意，在该函数中，代码是如何计算世界空间中向量的起点和向量方向的。

代码清单 9.10　`Renderer::GetScreenDirection` 函数的实现

```cpp
void Renderer::GetScreenDirection(Vector3& outStart,
    Vector3& outDir) const
{
    // Get start point (in center of screen on near plane)
    Vector3 screenPoint(0.0f, 0.0f, 0.0f);
    outStart = Unproject(screenPoint);

    // Get end point (in center of screen, between near and far)
    screenPoint.z = 0.9f;
    Vector3 end = Unproject(screenPoint);

    // Get direction vector
    outDir = end - outStart;
    outDir.Normalize();
}
```

9.6　游戏项目

本章的游戏项目演示了本章中所讨论的所有不同种类的相机，以及如何计算逆投影的代码。本章的相关代码可以从本书的配套资源中（第 9 章目录中）找到。在 Windows 环境下，打开 Chapter09-windows.sln；在 Mac 环境下，打开 Chapter09-mac.xcodeproj。

游戏项目中的相机以第一人称模式启动。使用 1 键到 4 键来实现不同相机之间的切换：

- 1 键——启用第一人称相机模式；
- 2 键——启用跟拍相机模式；
- 3 键——启用轨道相机模式；
- 4 键——启用样条曲线相机模式，并重新启动样条曲线路径。

根据相机模式，游戏中的角色具有不同的控制方案，总结如下：

- 第一人称相机模式——使用键盘上的 W/S 键来向前、向后移动角色，使用键盘上的 A/D 键来向左、向右偏移角色，使用鼠标来旋转角色；
- 跟随模式——使用键盘上的 W/S 键来向前、向后移动角色，使用键盘上的 A/D 键来旋转（偏航）角色；
- 轨道相机机模式——按住鼠标右键并移动鼠标来旋转角色；
- 样条曲线相机模式——无控制方式（相机自动移动）。

此外，在所有相机模式下，在项目中都可以通过单击鼠标左键来计算逆投影。单击鼠标左键定位两个球体：一个定位在方向向量的"开始"位置；另一个定位在方向向量的"结束"位置。

9.7   总结

本章介绍了如何实现许多不同类型的相机模式。第一人称相机通过角色穿越游戏世界的视觉来呈现游戏世界。典型的第一人称控制方案是：使用 WASD（方向）键来实现角色的前后左右移动，使用鼠标来实现角色相关的旋转。左、右移动鼠标可实现角色的旋转，上、下移动鼠标则可以实现角色观察到的视图的俯仰。此外，代码可以使用第一人称视角来确定第一人称模型的朝向。

基本跟拍相机紧跟在对象后面。但在其所跟踪角色进行旋转时，基本跟拍相机观察到的场景看起来就不够细致了，因为在场景屏幕上，玩家很难辨别究竟是角色在旋转，还是游戏世界在旋转。一种改善办法是在"理想"和"实际"相机位置之间引入弹簧。引入弹簧会增加跟拍相机观察到的场景画面的平滑度，尤其是当角色转动时，场景效果更为明显。

轨道相机通常使用鼠标或游戏杆来实现围绕对象的旋转。要实现轨道运行，代码要将相机位置表示为距离目标对象的偏移量。然后，代码可以通过使用四元数和一些向量数学来计算偏航旋转和俯仰旋转，得以产生最终视图。

样条曲线是由曲线上的点所定义的一条曲线。样条曲线在情景动画相机中很流行。Catmull-Rom 样条曲线至少需要 $n+2$ 个点来表示具有 n 个点的曲线。通过应用 Catmull-Rom 样条曲线方程，代码可以创建沿着该样条曲线路径移动的样条曲线相机。

最后，逆投影有很多用途，例如使用鼠标选择或选取对象。要计算逆投影，在代码中首先要将屏幕空间点变换为标准化设备坐标，然后用上述计算结果乘以逆投影矩阵——逆投影矩阵就是视图投影矩阵的逆矩阵。

9.8   补充阅读材料

专门讨论游戏相机主题的书籍很少。不过，在《银河战士》（《Metroid Prime》）相机系统的主程序员 Mark Haigh-Hutchinson 编写的《Real-Time Cameras》一书里，作者概述了与游戏相机相关的许多不同技术。

- Mark Haigh-Hutchinson. Real-Time Cameras. Burlington: Morgan Kaufmann, 2009.

9.9   练习题

在本章的练习题中，读者需要为某些相机添加功能特性。在第一道练习题中，读者要将鼠标控制支持部分的代码添加到跟拍相机中；在第二道练习题中，读者要向样条曲线相机添加功能特性。

9.9.1　练习题 1

许多跟拍相机都支持用户控制的相机旋转。在本练习题中，读者需在跟拍相机的实现部分中添加代码，以便用户（玩家）可以旋转跟拍相机。当玩家按住鼠标右键时，代码可对跟拍相机应用额外的俯仰旋转和偏航旋转。当玩家释放鼠标右键时，代码将跟拍相机的俯仰/偏航角度旋转归零。

应用于跟拍相机旋转部分的代码与轨道相机旋转部分的代码相像。而且，与轨道相机相同，跟拍相机旋转部分的代码不再假设 z 轴是向上的。当玩家释放鼠标按钮时，由于弹簧的作用，跟拍相机不会立刻快速返回到跟拍相机的原始方向。但是，这种现象在美学上是令人愉悦的，所以无须改变这种行为！

9.9.2　练习题 2

目前，样条曲线相机仅从一个方向进入路径，并在到达终点时会停止移动。请读者修改代码，使其可以在样条相机到达路径终点后，样条相机开始向后移动。

第 10 章

碰撞检测

本章使用碰撞检测来确定游戏世界中的对象是否彼此相交。在前面章节中，我们探讨了应用于检查碰撞的一些基本方法。在本章中，我们会针对这一主题做更加深入的探讨。本章首先介绍游戏中通常使用的基本几何（体）类型，然后讲解这些类型间交叉点的计算，最后就如何将碰撞结合到游戏行为当中展开讨论。

10.1 几何（体）类型

游戏的碰撞检测运用了几何和线性代数中的几个不同概念。本节介绍游戏中常用的一些基本几何（体）类型，例如线段、平面和长方体。在本章游戏项目所包含的头文件 Collision.h 中，有针对这里所讨论的每种几何（体）类型的相应声明。

10.1.1 线段

线段包括起点和终点：

```
struct LineSegment
{
    Vector3 mStart;
    Vector3 mEnd;
};
```

要计算线段上的任意点，可以使用以下参数方程，其中 *Start* 和 *End* 是起点和终点，*t* 是参数：

$$L(t) = Start + (End - Start)t \quad 0 \leqslant t \leqslant 1$$

为方便起见，可以向 LineSegment（线段）结构体添加一个成员函数。该函数返回给定 *t* 值的线段上的点：

```
Vector3 LineSegment::PointOnSegment(float t) const
{
    return mStart + (mEnd - mStart) * t;
}
```

线段的参数化表示可以轻松地扩展到定义射线或一条线。射线遵循上面的等式，但是 t 的取值范围如下：

$$0 \leqslant t \leqslant \infty$$

同样，一条线有着一个无界限的 t 的取值范围：

$$-\infty \leqslant t \leqslant \infty$$

线段和射线是应用于游戏中许多不同类型的碰撞检测的通用基本体。例如，游戏中的角色沿直线射出子弹或测试在地面上着陆均可以使用线段。此外，读者还以使用线段进行瞄准（如第 11 章中所示），使用线段进行声音阻塞测试（如第 7 章中所述）或鼠标选取（如第 9 章中所示）。

另一个有用的运算是找到线段和任意点之间的最小距离。想象一下，线段从 A 点开始，到 B 点结束。给定任意一个 C 点，读者要找到线段与 C 点之间的最小距离。有 3 种不同的情况需要考虑，如图 10-1 所示。

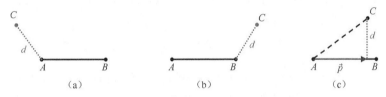

图 10-1 点和线段之间最小距离的 3 种情况

在图 10-1（a）所示的第一种情况下，AB 和 AC 之间的角度大于 90°。读者可以使用点积来测试角度，因为如果两个向量之间的点积结果为负，则意味着它们形成的是钝角；如果 AB 和 AC 之间的角度大于 90° 为真，则点 C 与线段之间的最小距离是向量 AC 的长度。

在图 10-1（b）所示的第二种情况下，BA 和 BC 之间的角度大于 90°。与第一种情况一样，可以使用点积来测试它。如果 BA 和 BC 之间的角度大于 90° 为真，则点 C 与线段之间的最小距离是 BC 的长度。

在图 10-1（c）所示的最后一种情况下，绘制一条从 AB 到 C 的新线段，新线段与 AB 垂直。该新线段的距离是 C 点和线段 AB 之间的最小距离。要计算出这条线段，首先需要计算向量 $\vec{P}$。

读者已经知道 $\vec{P}$ 的方向，因为它与标准化后的 $\overrightarrow{AB}$ 向量的方向相同。要计算出 $\vec{P}$ 的距离，可以应用被称为**标量投影**的点积的属性。给定一个单位向量和一个非单位向量，扩展（或收缩）单位向量，使其与非单位向量形成直角三角形。然后，点积会返回该扩展单位向量的长度。

在此示例中，$\vec{P}$ 的长度是 $\overrightarrow{AC}$ 与标准化后的 $\overrightarrow{AB}$ 之间的点积：

$$\| \vec{p} \| = \overrightarrow{AC} \cdot \frac{\overrightarrow{AB}}{\| \overrightarrow{AB} \|}$$

然后，向量 $\vec{P}$ 是 $\vec{P}$ 的长度和标准化 $\overrightarrow{AB}$ 之间的标量乘法：

$$\vec{p} = \parallel \vec{p} \parallel \frac{\overrightarrow{AB}}{\parallel \overrightarrow{AB} \parallel}$$

使用一些代数操作——并记住向量的长度平方与向量及其自身进行点积后的结果值相同，可以将 $\vec{p}$ 简化如下：

$$\vec{p} = \left(\overrightarrow{AC} \cdot \frac{\overrightarrow{AB}}{\parallel \overrightarrow{AB} \parallel} \right) \frac{\overrightarrow{AB}}{\parallel \overrightarrow{AB} \parallel} = \frac{\overrightarrow{AC} \cdot \overrightarrow{AB}}{\parallel \overrightarrow{AB} \parallel} \frac{\overrightarrow{AB}}{\parallel \overrightarrow{AB} \parallel} = \frac{\overrightarrow{AC} \cdot \overrightarrow{AB}}{\parallel \overrightarrow{AB} \parallel^2} \overrightarrow{AB}$$

$$= \frac{\overrightarrow{AC} \cdot \overrightarrow{AB}}{\overrightarrow{AB} \cdot \overrightarrow{AB}} \overrightarrow{AB}$$

最后，构造从 $\vec{p}$ 到 AC 的向量，该向量的长度是从 AB 到 C 点的最小距离：

$$\vec{d} = \parallel \overrightarrow{AC} - \vec{p} \parallel$$

请记住，因为在这种情况下距离必须为正，所以可以将等式的两边进行平方处理，以得到从 AB 到 C 点的最小距离平方：

$$\vec{d}^2 = \parallel \overrightarrow{AC} - \vec{p} \parallel^2$$

这样就可以避免计算代价昂贵的平方根操作。在本章内容的大多数情况下，读者将计算最短距离的平方，而不是最短距离。代码清单 10.1 给出了这个用于计算最短距离的 MinDistSq 函数的代码。

代码清单 10.1　LineSegment :: MinDistSq 函数的实现

```
float LineSegment::MinDistSq(const Vector3& point) const
{
    // Construct vectors
    Vector3 ab = mEnd - mStart;
    Vector3 ba = -1.0f * ab;
    Vector3 ac = point - mStart;
    Vector3 bc = point - mEnd;
    // Case 1: C projects prior to A
    if (Vector3::Dot(ab, ac) < 0.0f)
    {
        return ac.LengthSq();
    }
    // Case 2: C projects after B
    else if (Vector3::Dot(ba, bc) < 0.0f)
    {
        return bc.LengthSq();
    }
    // Case 3: C projects onto line
    else
    {
        // Compute p
        float scalar = Vector3::Dot(ac, ab)
            / Vector3::Dot(ab, ab);
        Vector3 p = scalar * ab;
```

```
    // Compute length squared of ac - p
    return (ac - p).LengthSq();
  }
}
```

10.1.2　平面

平面是一个可以无限延伸的平坦二维表面，就像一条线是一个可以无限延伸的一维对象一样。在游戏中，读者可以将平面抽象为地面或墙壁。平面的方程式如下：

$$P \cdot \hat{n} + d = 0$$

其中，P 是平面上的任意点，n 是平面的法线，d 是平面和原点之间的有符号最小距离。

在代码中，一个典型的测试是判断某个点是否位于平面上（从而满足平面方程式）。因此，Plane 结构体的定义只存储法线和 d：

```
struct Plane
{
    Vector3 mNormal;
    float mD;
};
```

根据定义，三角形位于单个平面上。因此，给定一个三角形，可以推导出那一平面的方程。读者可以使用叉积计算三角形的法线，其中，该叉积与平面的法线相对应。读者已经知道了平面上的任意点，是因为三角形的所有 3 个顶点都在平面上。给定平面的法线和平面上的点，然后读者能够算出 d，如代码清单 10.2 所示。

代码清单 10.2　由 3 点构造一个平面

```
Plane::Plane(const Vector3& a, const Vector3& b, const Vector3& c)
{
    // Compute vectors from a to b and a to c
    Vector3 ab = b - a;
    Vector3 ac = c - a;
    // Cross product and normalize to get normal
    mNormal = Vector3::Cross(ab, ac);
    mNormal.Normalize();
    // d = -P dot n
    mD = -Vector3::Dot(a, mNormal);
}
```

找到任意点 C 和平面之间的最小距离要比找到任意点到线段的最小距离更加简单，尽管前者也使用点积的标量投影属性。图 10-2 说明了该计算，其中平面是以侧视图进行显示。

已经知道了平面的法线 n 和原点与平面之间的最小距离 d。需要计算点 C 到法线 n 的标量投影，该计算仅仅为点积运算：

$$s = C \cdot \hat{n}$$

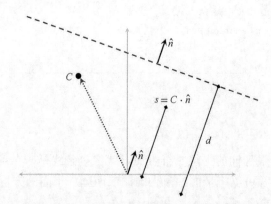

图 10-2　点 C 和平面之间最小距离的计算

然后，d 和这个标量投影之间的差异产生点 C 和平面之间的有符号距离：

$$SignedDist = s - d = C \cdot \hat{n} - d$$

负值表示点 C 低于平面（背离法线），而正值则表示点 C 高于平面。有符号距离的计算转换为以下代码：

```
float Plane::SignedDist(const Vector3& point) const
{
    return Vector3::Dot(point, mNormal) - mD;
}
```

10.1.3　包围体

现代 3D 游戏具有用数千个三角形绘制的角色和对象。在确定两个对象是否发生碰撞时，测试构成该对象的所有三角形的做法效率不高。出于这个原因，游戏使用简化的**包围体**，例如长方体或球体。

在决定两个对象是否相交时，游戏会使用简化碰撞进行计算。这会大大提高效率。

球体

3D 对象边界的最简单表示法是球体。球体的定义只需要球体中心的位置及半径：

```
struct Sphere
{
    Vector3 mCenter;
    float mRadius;
};
```

如图 10-3 所示，包围球体比其他更适合某些对象。例如，环绕人形角色的球体在角色和球体边界之间有很多空的空间。对象具有的松散边界会增加**误报碰撞**的数量。误报碰撞指的是：两个对象的包围体相交碰撞，但对象本身不相交碰撞。例如，如果在第一人称射击游戏中，游戏程序对人形体使用了包围球体，那么玩家便可以朝着角色的身体左侧或右侧射击，并且游戏程序会将其视为击中角色。

图 10-3　不同对象的包围球体

然而，使用包围球体的优点是碰撞相交计算非常有效。此外，旋转对球体没有影响，因此无论潜在的 3D 对象如何旋转，对包围球体的相交检测都起作用。对于某些对象，例如球弹，球体则能够完美地表达其边界。

轴对齐包围框

在 2D 中，**轴对齐包围框**（Axis-Aligned Bounding Box，AABB）是一个矩形，其边与 x 轴或 y 轴平行。类似地，在 3D 中，轴对齐包围框是矩形棱柱，其中棱柱的每个面都平行于一个坐标轴平面。

可以通过两个点定义 AABB 框：最小点和最大点。在 2D 中，最小点对应于左下角点，而最大点则对应于右上角点。换句话说，最小点具有边界框的最小 x 值和 y 值，而最大点具有边界框的最大 x 值和 y 值。这可以直接延伸应用于 3D，其中最小点具有最小的 x 值、y 值和 z 值，而最大值同样具有最大的 x 值、y 值和 z 值。AABB 框的定义可转化为以下结构：

```
struct AABB
{
    Vector3 mMin;
    Vector3 mMax;
};
```

AABB 框的一个有效运算是从一系列点来构建它。例如，在加载模型时，会有一系列顶点，代码可以使用此系列顶点为模型定义 AABB。要做到这一点，可以为 AABB 结构创建一个名为 UpdateMinMax 的新函数，该函数接收一个点，并根据这个点来更新 AABB 结构的最小值和最大值：

```
void AABB::UpdateMinMax(const Vector3& point)
{
    // Update each component separately
    mMin.x = Math::Min(mMin.x, point.x);
    mMin.y = Math::Min(mMin.y, point.y);
    mMin.z = Math::Min(mMin.z, point.z);
    mMax.x = Math::Max(mMax.x, point.x);
    mMax.y = Math::Max(mMax.y, point.y);
    mMax.z = Math::Max(mMax.z, point.z);
}
```

因为不知道新点相对于所有其他点所在位置的 x 值、y 值和 z 值的大小，所以必须单独分别测试新点的每个坐标分量（x 值、y 值和 z 值），以确定 AABB 框的最小值和最大值的哪些坐标分量应该被更新。

然后，给定一个包含点的容器，首先将 AABB 框的最小值 min 和最大值 max 初始化为容器中的第一个点。对于容器内每个剩余的点，只需调用 UpdateMinMax 函数：

```
// Assume points is a std::vector<Vector3>
AABB box(points[0], points[0]);
for (size_t i = 1; i < points.size(); i++)
{
    box.UpdateMinMax(points[i]);
}
```

由于 AABB 必须保持其边与坐标平面的平行，因此旋转对象不会旋转 AABB。相反，它会改变 AABB 的维度，如图 10-4 所示。在某些情况下，可能并不希望计算 AABB 旋转。例如，游戏中的大多数人形角色都仅仅围绕向上轴旋转。如果让应用于角色的 AABB 足够宽，则旋转角色可以在不改变 AABB 的情况下，足以保证角色的旋转（要注意过多旋转角色的动画）。但是，对于其他对象，有必要计算旋转的 AABB。

图 10-4　应用于不同方向角色的 AABB

计算旋转后的 AABB 的一种方法是：首先构造代表 AABB 的角的 8 个点。这些点只是最小和最大 x、y 和 z 分量的所有可能排列。然后，单独旋转每个点，并使用 UpdateMinMax 函数从这些旋转后点创建新的 AABB。请注意，此过程（如代码清单 10.3 所示）不会计算旋转后潜在对象的最小可能 AABB。因此，游戏应保存原始对象空间 AABB，以避免多次旋转后的错误传播。

代码清单 10.3　AABB :: Rotate 的实现

```
void AABB::Rotate(const Quaternion& q)
{
    // Construct the 8 points for the corners of the box
    std::array<Vector3, 8> points;
    // Min point is always a corner
    points[0] = mMin;
    // Permutations with 2 min and 1 max
    points[1] = Vector3(mMax.x, mMin.y, mMin.z);
    points[2] = Vector3(mMin.x, mMax.y, mMin.z);
    points[3] = Vector3(mMin.x, mMin.y, mMax.z);
    // Permutations with 2 max and 1 min
    points[4] = Vector3(mMin.x, mMax.y, mMax.z);
    points[5] = Vector3(mMax.x, mMin.y, mMax.z);
    points[6] = Vector3(mMax.x, mMax.y, mMin.z);
    // Max point corner
    points[7] = Vector3(mMax);

    // Rotate first point
    Vector3 p = Vector3::Transform(points[0], q);
    // Reset min/max to first point rotated
    mMin = p;
    mMax = p;
```

```
   // Update min/max based on remaining points, rotated
   for (size_t i = 1; i < points.size(); i++)
   {
      p = Vector3::Transform(points[i], q);
      UpdateMinMax(p);
   }
}
```

定向包围框

定向包围框（Oriented Bounding Box，OBB）没有 AABB 要平行于坐标轴的限制。这意味着无论底层对象如何旋转，OBB 都会保持其边界的紧密性，如图 10-5 所示。表示 OBB 的一种方法是：使用一个中心点、一个用于表示旋转的四元数和包围框的**范围**（宽度、高度和深度）：

```
struct OBB
{
   Vector3 mCenter;
   Quaternion mRotation;
   Vector3 mExtents;
};
```

虽然使用 OBB 很诱人，但使用它的缺点是：在 OBB 上所需的碰撞计算，比在 AABB 上的碰撞计算代价要昂贵得多。

胶囊体

胶囊体是具有半径的线段：

```
struct Capsule
{
   LineSegment mSegment;
   float mRadius;
};
```

胶囊体常用于表示游戏中的人形角色，如图 10-6 所示。胶囊体也可以表示在设定的时间段内移动的球体，因为球体的运动有起点和终点，同时也具有半径。

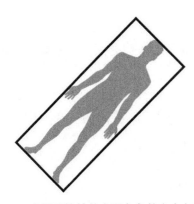

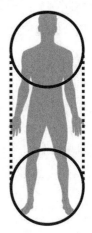

图 10-5 应用于旋转的人形角色的定向包围框　　　　**图 10-6** 应用与人形角色的胶囊体

凸多边形

有时游戏可能需要比上述基本形状更准确的对象边界。对于 2D 游戏，对象可能具有表示为凸多边形的边界。回想一下，如果多边形的所有内角均小于 180°，则该多边形为**凸多边形**。可以将凸多边形表示为顶点集合：

```
struct ConvexPolygon
{
    // Vertices have a clockwise ordering
    std::vector<Vector2> mVertices;
};
```

这些顶点应具有固定的顺序，例如沿多边形边缘的顺时针或逆时针顺序。没有固定顺序，与多边形的相交点就会更加难以计算。

请注意，这种将凸多边形表示为顶点集合的表示法假定开发人员能够正确使用多边形且不需要对其进行测试来确定多边形是凸的，并且该多边形是按顺时针顺序排列的顶点构成的多边形。

10.2　相交测试

一旦游戏使用几何体类型来表示游戏对象，下一步就是要测试这些对象之间的相交。本节将介绍一系列有用的测试。首先，探讨对象是否包含一个点；其次，考虑不同类型的包围体之间的相交；再次，着眼于线段与其他对象之间的相交；最后，本节介绍如何处理动态移动对象。

10.2.1　包含点测试

测试形状模型是否包含点本身就很有用，例如，可以使用此类测试来确定玩家是否在游戏世界的某个区域内。此外，一些形状模型相交算法依赖于找到最接近对象的点，然后确定该点是否在对象内。本节考虑一个由形状模型"包含"的一个点，从技术上讲，该点位于该形状模型的边缘上。

球体包含点测试

要确定球体是否包含点，首先要找到点与球体中心之间的距离。如果此距离小于或等于半径，则球体包含该点。

由于距离和半径都是正值，因此可以通过对不等式的两边进行平方运算来优化此比较。这样，就可以避免代价高昂的平方根操作，并且只须添加一个乘法运算，便可提高效率：

```
bool Sphere::Contains(const Vector3& point) const
{
    // Get distance squared between center and point
    float distSq = (mCenter - point).LengthSq();
    return distSq <= (mRadius * mRadius);
}
```

AABB 包含点测试

给定一个 2D 轴对齐包围框，如果满足以下任何一种情况，则点在框外：该点位于框的左侧，该点位于框的右侧，该点位于框的上方，或者点在框下方。如果这些情况都不成立，那么该框一定包含该点。

可以通过简单地比较给定点的坐标分量与框的最小点和最大点来检查这一点。例如，如果给定点的 x 分量小于框的最小值 min.x，则该给定点位于框的左侧。

上述概念很容易扩展到 3D 轴对齐包围框（AABB）。但不是要进行 4 个检查——针对 2D 轴对齐包围框的每一边的面进行一个检查，而是要对 3D 轴对齐包围框（AABB）进行 6 个检查确认，因为 3D 轴对齐包围框有 6 个面：

```
bool AABB::Contains(const Vector3& point) const
{
    bool outside = point.x < mMin.x ||
        point.y < mMin.y ||
        point.z < mMin.z ||
        point.x > mMax.x ||
        point.y > mMax.y ||
        point.z > mMax.z;
    // If none of these are true, the point is inside the box
    return !outside;
}
```

胶囊体包含点测试

为了测试胶囊体是否包含点，首先要计算点和线段之间最小距离的平方。为此，可以使用已有的先前声明过的 LineSegment :: MinDistSq 函数。读者知道，如果和线段之间最小距离的平方小于或等于胶囊体半径平方，则胶囊体包含该点：

```
bool Capsule::Contains(const Vector3& point) const
{
    // Get minimal dist. sq. between point and line segment
    float distSq = mSegment.MinDistSq(point);
    return distSq <= (mRadius * mRadius);
}
```

凸多边形包含点（2D）测试

有多种方法可供测试 2D 多边形是否包含一个点。最简单的方法之一是：构造从点到每对相邻顶点的向量，然后使用点积和反余弦来找到这些向量所形成的角度。如果所有这些角度的总和接近 360°，则该点在多边形内；否则，该点位于多边形之外。图 10-7 阐述了这个概念。

代码清单 10.4 所示的此类测试的代码依赖于这样一个事实，即两个相邻顶点也位于凸多边形向量中的相邻索引处。

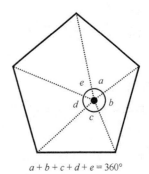

$a + b + c + d + e = 360°$

图 10-7 关于凸多边形是否包含点的角度求和测试

代码清单 10.4　`ConvexPolygon::Contains` 函数的实现

```cpp
bool ConvexPolygon::Contains(const Vector2& point) const
{
    float sum = 0.0f;
    Vector2 a, b;
    for (size_t i = 0; i < mVertices.size() - 1; i++)
    {
        // From point to first vertex
        a = mVertices[i] - point;
        a.Normalize();
        // From point to second vertex
        b = mVertices[i + 1] - point;
        b.Normalize();
        // Add angle to sum
        sum += Math::Acos(Vector2::Dot(a, b));
    }
    // Compute angle for last vertex and first vertex
    a = mVertices.back() - point;
    a.Normalize();
    b = mVertices.front() - point;
    b.Normalize();
    sum += Math::Acos(Vector2::Dot(a, b));
    // Return true if approximately 2pi
    return Math::NearZero(sum - Math::TwoPi);
}
```

　　然而，这种角度求和方法并不是非常有效，因为它需要几个平方根和反余弦计算。其他更加复杂的方法会更加有效。其中一种方法是：从该点开始绘制一条无限延伸射线，然后计算多边形与射线相交的边缘数量。如果射线与多边形奇数个边相交，则该点位于多边形内；否则，该点位于多边形外。此射线方法即适用于凸多边形，也适用于凹多边形。

10.2.2　包围框测试

　　计算不同包围框之间的相交测试是很常见的做法。例如，假设玩家和墙壁都使用轴对齐包围框（AABB）进行碰撞。当玩家尝试向前移动时，代码可以测试玩家的包围框是否与墙壁的包围框相交。如果它们相交，那么代码可以修正玩家的位置，使它们不再相交。（在本章后面将介绍如何实现修正。）本节未涵盖前面所讨论的不同类型包围框之间的所有可能的相交，但本节涉及了其中一些重要的相交。

球体之间的相交测试

　　如果两个球体中心之间的距离小于或等于它们的半径之和，则两个球体相交。与球体包含点测试一样，代码可以使用以下函数来对不等式的两侧进行平方运算，以提高效率：

```cpp
bool Intersect(const Sphere& a, const Sphere& b)
{
    float distSq = (a.mCenter - b.mCenter).LengthSq();
    float sumRadii = a.mRadius + b.mRadius;
```

```
    return distSq <= (sumRadii * sumRadii);
}
```

轴对齐包围框（AABB）之间的相交测试

测试 AABB 相交的逻辑类似于测试 AABB 是否包含某个点的逻辑。读者可以先测试两个 AABB 无法相交的情况。如果这些测试都不成立，那么两个 AABB 一定相交。对于两个 2D AABB（二维的轴对齐包围框），如果框 A 在框 B 的左侧，框 A 在框 B 的右侧，框 A 在框 B 的上方，或框 A 在框 B 的下方，则框 A 和框 B 不相交。就像之前一样，读者可以通过利用 AABB 结构的最小点和最大点来测试这些无法相交情况。例如，如果框 A 的最大值 max.x 小于框 B 最小值 min.x，则框 A 位于框 B 的左侧。图 10-8 说明了 2D AABB 的这些测试。

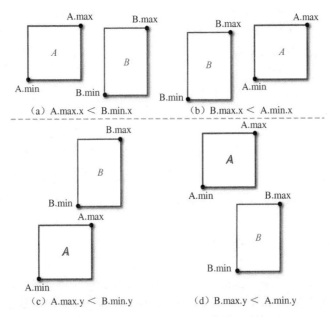

图 10-8　两个 2D AABB 不相交的 4 种情况

和以前一样，要从 2D AABB（二维的轴对齐包围框）切换到 3D AABB（三维的轴对齐包围框），必须再增加两个检查，共需 6 个检查：

```
bool Intersect(const AABB& a, const AABB& b)
{
    bool no = a.mMax.x < b.mMin.x ||
        a.mMax.y < b.mMin.y ||
        a.mMax.z < b.mMin.z ||
        b.mMax.x < a.mMin.x ||
        b.mMax.y < a.mMin.y ||
        b.mMax.z < a.mMin.z;
    // If none of these are true, they must intersect
    return !no;
}
```

这种形式的 AABB 相交测试是**分离轴定理**的一个应用。分离轴定理的表述如下：如果两个凸多边形对象 A 和 B 不相交，那么必定存在一个将对象 A 与对象 B 分开的轴。在上述测试两个 AABB 是否相交的情况下，读者测试 3 个坐标轴，以查看两个凸多边形对象在这些轴的任何一个轴上是否存在分离。如果两个凸多边形对象在任何坐标轴上都有分离，那么根据分离轴定理，它们不能相交。此方法可以扩展到定向包围框，如本章末尾的练习题 3 中所讨论的，事实上，此方法也可以扩展到任何凸多边形对象。

球体与轴对齐包围框（AABB）的相交测试

对于球体与轴对齐包围框（AABB）的相交，首先需要计算球体中心与 AABB 之间的最小距离。用于查找某一点和 AABB 之间最小距离的算法是单独测试该点的坐标分量。对于该点的每个坐标分量，有 3 种情况：该点的分量小于框最小值；该点的分量介于框最小值和最大值之间；该点的分量大于框最大值。在中间情况下，对应于该轴的点与框（体）之间的距离为零。在另外两种情况下，对应于该轴的点与框之间的距离就是点到框最近边缘的距离（最小值或最大值）。

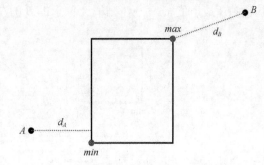

图 10-9 阐明了任意某个点（如 A 或 B）与 2D 轴对齐包围框（AABB）之间最小距离的情况。

图 10-9　某个任意点与 2D AABB 框之间最小距离

可以通过调用多个 Math :: Max 函数来表示上述最小距离。例如，在 x 轴方向的点与 AABB 框之间的最小距离表示如下：

```
float dx = Math::Max(mMin.x - point.x, 0.0f);
dx = Math::Max(dx, point.x - mMax.x);
```

对于 x 轴上的坐标分量，上述计算最小距离的方式是有效的，因为如果“point.x < min.x”（测试点的 x 坐标 < 2D AABB 框的 x 最小值），那么“min.x - point.x”是 3 个值中的最大值，也就是计算所需的 x 轴上距离增量。否则，如果“min.x < point.x < max.x”（2D AABB 框的 x 最小值 < 球体中心点的 x 坐标 < 2D AABB 框的 x 最大值），那么 0 是最大值。最后，如果“point.x > max.x”（球体中心点的 x 坐标 > 2D AABB 框的 x 最大值），则“point.x - max.x”（x 点——x 最大值）才是最大值。一旦获得了所有 3 个轴上的距离增量 delta，就可以使用距离公式来计算该点与 AABB 之间的最终距离：

```
float AABB::MinDistSq(const Vector3& point) const
{
    // Compute differences for each axis
    float dx = Math::Max(mMin.x - point.x, 0.0f);
    dx = Math::Max(dx, point.x - mMax.x);
    float dy = Math::Max(mMin.y - point.y, 0.0f);
    dy = Math::Max(dy, point.y - mMax.y);
    float dz = Math::Max(mMin.z - point.z, 0.0f);
    dz = Math::Max(dy, point.z - mMax.z);
    // Distance squared formula
    return dx * dx + dy * dy + dz * dz;
}
```

一旦有了以上的 MinDistSq 函数，就可以实现球体与 AABB 框的相交测试。读者发现最小距离平方位于球体中心与 AABB 之间。如果该最小距离平方小于或等于球体半径的平方，那么球体和 AABB 框相交：

```
bool Intersect(const Sphere& s, const AABB& box)
{
    float distSq = box.MinDistSq(s.mCenter);
    return distSq <= (s.mRadius * s.mRadius);
}
```

胶囊体与胶囊体的相交测试

两个胶囊体相交在概念上很简单。因为两个胶囊体都是具有半径的线段，所以首先要找到这些线段之间的最小距离平方。如果该距离平方小于或等于两个胶囊体的半径平方之和，那么两个胶囊体相交：

```
bool Intersect(const Capsule& a, const Capsule& b)
{
    float distSq = LineSegment::MinDistSq(a.mSegment,
        b.mSegment);
    float sumRadii = a.mRadius + b.mRadius;
    return distSq <= (sumRadii * sumRadii);
}
```

然而，由于几个边缘情况，计算两个线段之间的最小距离非常复杂。本章内容不涉及计算线段之间最小距离的细节，但本章源代码提供了适用于两个线段最小距离的 MinDistSq 函数的实现。

10.2.3　线段相交测试

如前所述，线段在碰撞检测中是通用的。本章的游戏项目使用线段测试来测试球弹是否会与对象发生碰撞。本节介绍了线段和其他对象之间的几个关键的相交测试。对于这些测试，读者不仅要知道线段是否与对象相交，还要知道线段与对象相交的第一个点。

本节内容在很大程度上依赖于先前定义的线段参数方程：

$$L(t) = Start + (End - Start)t \quad 0 \leqslant t \leqslant 1$$

大多数线段与对象相交测试的方法都是首先将线段视为长度无限的一条线——因为如果无限长度的线不与对象相交，那么线段就不会与对象相交。一旦求解了无限长度线的相交点，就可以验证 t 在[0,1]范围内的线段是否相交。

线段与平面的相交测试

要找到线段和平面之间的相交点，需要查找是否存在参数 t，使得 $L(t)$ 是平面上的点：

$$L(t) \cdot \hat{n} + d = 0$$

可以通过一些代数运算来解决这个问题。首先代换 $L(t)$ 如下：

$$[Start + (End - Start)t] \cdot \hat{n} + d = 0$$

因为点积是可以基于加法进行分配的，所以可以按如下方式重写上述方程式：

$$Start + \hat{n} + (End - Start) \cdot \hat{n}t + d = 0$$

最后，求解 t：

$$Start + \hat{n} + (End - Start) \cdot \hat{n}t + d = 0$$
$$(End - Start) \cdot \hat{n}t = -Start \cdot \hat{n} - d$$
$$t = \frac{-Start \cdot \hat{n} - d}{(End - Start) \cdot \hat{n}}$$

请注意，如果分母中的点积计算结果为零，则可能会存在"被零除"的情况。这种情况仅会发生在直线垂直于平面法线的情况，这意味着直线平行于平面。在这种情况下，只有当直线完全位于平面上时，直线和平面才会相交。

在完成 t 值的计算之后，测试该值是否在线段的边界范围内，如代码清单 10.5 所示。此处的 Intersect 函数通过引用返回 t 值，调用者可以根据需要，使用此值来确定相交点。

代码清单 10.5　线段与平面的相交测试

```
bool Intersect(const LineSegment& l, const Plane& p, float& outT)
{
    // First test if there's a solution for t
    float denom = Vector3::Dot(l.mEnd - l.mStart,
                               p.mNormal);
    if (Math::NearZero(denom))
    {
        // The only way they intersect if start/end are
        // points on the plane (P dot N) == d
        if (Math::NearZero(Vector3::Dot(l.mStart, p.mNormal) - p.mD))
        {
            outT = 0.0f;
            return true;
        }
        else
        { return false; }
    }
    else
    {
        float numer = -Vector3::Dot(l.mStart, p.mNormal) - p.mD;
        outT = numer / denom;
        // Validate t is within bounds of the line segment
        if (outT >= 0.0f && outT <= 1.0f)
        {
            return true;
        }
        else
        {
            return false;
        }
    }
}
```

线段与球体的相交测试

要找到线段和球体之间的相交点，需查找是否存在参数 t 值，从而使得直线与球体 C 的中心之间的距离等于球体 r 的半径：

$$\|L(t) - C\| = r$$
$$\|Start + (End - Start)t - C\| = r$$
$$\|Start - C + (End - Start)t\| = r$$

为简化此等式，引入变量代换，具体如下：

$$X = Start - C$$
$$Y = End - Start$$
$$\|X + Yt\| = r$$

要求解 t，需要一些方法来从长度运算中提取它。为此，读者要对等式的两边进行平方运算，并使用点积来替换长度平方运算：

$$\|X + Yt\|^2 = r^2$$
$$(X + Yt) \cdot (X + Yt) = r^2$$

因为点积对于向量加法是可分配的，所以可以应用 FOIL 分布法则（加法的前 2 项相乘、加法的 2 个外侧项相乘、加法的 2 个内侧项相乘、加法的最后 2 项相乘）计算如下：

$$(X + Yt) \cdot (X + Yt) = r^2$$
$$X \cdot X + 2X \cdot Yt + Y \cdot Yt^2 = r^2$$

然后，以一元二次方程形式改写以上等式：

$$Y \cdot Yt^2 + 2X \cdot Yt + X \cdot X - r^2 = 0$$
$$a = Y \cdot Y$$
$$b = 2X \cdot Y$$
$$c = X \cdot X - r^2$$
$$at^2 + bt + c = 0$$

最后，应用一元二次方程来求解 t：

$$t = \frac{-b \pm \sqrt{b^2 - 4ac}}{2a}$$

二次方程的**判别式**（根数下的值）会断定方程解的数量和类型。负的判别式意味着方程的解是虚数。出于游戏的目的，可以假设没有任何对象具有虚数的位置。因此，读者知道负判别式意味着线段与球体不相交。不然，二次方程就会有一个或两个解。判别式等于零意味着二次方程有一个解，说明该线段与球体相切。大于零的判别式意味着该线段与球体有两个相交点。图 10-10 说明了这 3 种可能性。

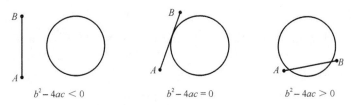

图 10-10　线段与球相交点的可能的判别式的值

　　一旦获得 t 的解，再验证 t 是否在[0,1]范围内。因为存在两个可能的解，所以优先考虑 t 的较低值，较低值代表着第一个相交点。但是，如果线段在球体内部开始，并伸出球体之外，则 t 的较高值表示相交点。代码清单 10.6 给出了线段与球体相交测试的代码。请注意，如果球体完全包含线段，则该函数返回 false。

代码清单 10.6　线段与球体的相交测试

```cpp
bool Intersect(const LineSegment& l, const Sphere& s, float& outT)
{
    // Compute X, Y, a, b, c as per equations
    Vector3 X = l.mStart - s.mCenter;
    Vector3 Y = l.mEnd - l.mStart;
    float a = Vector3::Dot(Y, Y);
    float b = 2.0f * Vector3::Dot(X, Y);
    float c = Vector3::Dot(X, X) - s.mRadius * s.mRadius;
    // Compute discriminant
    float disc = b * b - 4.0f * a * c;
    if (disc < 0.0f)
    {
        return false;
    }
    else
    {
        disc = Math::Sqrt(disc);
        // Compute min and max solutions of t
        float tMin = (-b - disc) / (2.0f * a);
        float tMax = (-b + disc) / (2.0f * a);
        // Check whether either t is within bounds of segment
        if (tMin >= 0.0f && tMin <= 1.0f)
        {
            outT = tMin;
            return true;
        }
        else if (tMax >= 0.0f && tMax <= 1.0f)
        {
            outT = tMax;
            return true;
        }
        else
        {
            return false;
        }
    }
}
```

线段与 AABB 的相交测试

　　测试线段与轴对齐包围框相交的一种方法是：对于长方框（体）的每个边都构造一个平面。在 2D 的轴对齐包围框情况下，这会产生针对于 4 个不同侧面的 4 个平面。因为平面是无限的，所以线段与侧平面的简单相交并不意味着该线段与框相交。在图 10-11（a）中，线段在 P_1 处与顶侧平面相交，在 P_2 处与左侧平面相交。

　　然而由于该 AABB 框（轴对齐包围框）不包含 P_1、P_2 点，因此 P_1、P_2 点均不与 AABB

框相交。但是，在图 10-11（b）中，线段在 P_3 处与左平侧面相交。因为 AABB 框包含 P_3，所以 P_3 是一个相交点。

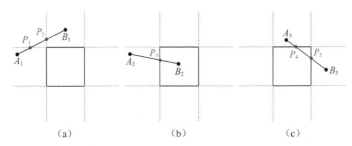

图 10-11 （a）线段与侧平面相交，但没有与 AABB 框相交；
（b）线段与 AABB 框在一点相交；（c）线段与 AABB 框在两点相交

有时，线段与 AABB 框可能存在多个相交点，如图 10-11（c）所示。P_4 和 P_5 都与 AABB 框相交。在这种情况下，相交测试应该返回线段距离其起点最近的点，或者在线段的参数方程中具有最低 t 值的点。

对于每个平面与线段的相交测试，回想一下线段与平面的相交点的如下等式：

$$t = \frac{-Start \cdot \hat{n} - d}{(End - Start) \cdot \hat{n}}$$

但是，因为每个平面都与 2D 中的坐标轴（或 3D 中的坐标平面）平行，所以可以优化此等式——因为每个平面的法线都有始终为零的两个分量，以及一个对应于第 3 个分量的一个值。因此，在 3 个点积运算结果值的分量中，其中两个分量将始终为零。

例如，左侧平面的法线直接指向左侧或右侧，为了相交测试的目的，法线的方向无关紧要。在 2D 中，平面的法线表示如下：

$$\hat{n} = \langle 1, 0 \rangle$$

由于 AABB 框的最小值点位于框的左侧平面上，因此 d 值可表示如下：

$$d = -P \cdot \hat{n} = -min \cdot \langle 1, 0 \rangle = -min_x$$

类似地，线段与平面相交方程中的点积也可以简化为它们 x 分量的点积。这意味着求解线段与左侧平面相交的最终方程如下：

$$t = \frac{-Start \cdot \langle 1, 0 \rangle - d}{(End - Start) \cdot \langle 1, 0 \rangle} = \frac{-Start_x - (-min_x)}{End_x - Start_x} = \frac{-Start_x + min_x}{End_x - Start_x}$$

线段与其他侧平面相交的方程式具有相似的推导。对于 3D，线段总共需要同 6 个平面进行相交测试。代码清单 10.7 显示一个辅助函数，该函数封装了线段与单侧平面的相交测试。请注意，如果线段与平面相交，则函数会将 t 值添加到所提供的 `std::vector` 容器中。然后相交函数使用此 `std::vector` 容器内按顺序排序的所有可能的 t 值，来提供线段最先与 AABB 框相交的点以及最后与 AABB 框相交的点。

代码清单 10.7 线段与 AABB 框相交的辅助函数

```
bool TestSidePlane(float start, float end, float negd,
```

```
        std::vector<float>& out)
{
    float denom = end - start;
    if (Math::NearZero(denom))
    {
        return false;
    }
    else
    {
        float numer = -start + negd;
        float t = numer / denom;
        // Test that t is within bounds
        if (t >= 0.0f && t <= 1.0f)
        {
            out.emplace_back(t);
            return true;
        }
        else
        {
            return false;
        }
    }
}
```

Intersect 函数（如代码清单 10.8 所示）使用 TestSidePlane 函数来测试线段是否与 AABB 框的 6 个不同侧面相交。线段与平面相交的每个点都相应具有存储在 tValues 容器中的 *t* 值。然后，代码按 *t* 值的升序对此容器内的 *t* 值进行排序，并返回线段与 AABB 框相交的第一个相交点。如果 AABB 框不包含这些点（不相交），则该函数返回 false。

代码清单 10.8　线段与 AABB 框的相交测试

```
bool Intersect(const LineSegment& l, const AABB& b, float& outT)
{
    // Vector to save all possible t values
    std::vector<float> tValues;
    // Test the x planes
    TestSidePlane(l.mStart.x, l.mEnd.x, b.mMin.x, tValues);
    TestSidePlane(l.mStart.x, l.mEnd.x, b.mMax.x, tValues);
    // Test the y planes
    TestSidePlane(l.mStart.y, l.mEnd.y, b.mMin.y, tValues);
    TestSidePlane(l.mStart.y, l.mEnd.y, b.mMax.y, tValues);
    // Test the z planes
    TestSidePlane(l.mStart.z, l.mEnd.z, b.mMin.z, tValues);
    TestSidePlane(l.mStart.z, l.mEnd.z, b.mMax.z, tValues);

    // Sort the t values in ascending order
    std::sort(tValues.begin(), tValues.end());
    // Test if the box contains any of these points of intersection
    Vector3 point;
    for (float t : tValues)
    {
        point = l.PointOnSegment(t);
        if (b.Contains(point))
        {
```

```
        outT = t;
        return true;
    }
}

//None of the intersections are within bounds of box
return false;
}
```

通过单独地测试 AABB 框的每一侧面，读者可以修改代码，用以返回 AABB 框的哪一侧面与线段相交。如果一个对象需要从 AABB 框上进行反弹（例如本章游戏项目中球弹的弹跳），AABB 框与线段的相交测试将非常有用。虽然这里没有显示，但为了对象进行反弹，需将对 TestSidePlane 函数的每一次调用与 AABB 框的每一个侧面相关联起来。然后，将该 AABB 框的侧面（或该侧面的法线）添加为 Intersect 函数可以写入的引用参数。

可以使用 **slabs** 方法来优化查找线段与 AABB 框相交点，slabs 是由两个平面界定的无限区域。但是，掌握这种方法需要额外的数学支持。这是 Christer Ericson 的书中所讨论的众多主题之一。该书在 10.6 节中列出。

10.2.4　动态对象

到目前为止，所涵盖的相交测试都是**瞬时**测试。在游戏中，这意味着读者可以测试两个对象是否在当前帧上相交。虽然瞬时测试对于简单游戏来说可能是足够的，但在实际应用中还存在着问题。

考虑一种向一张纸发射子弹的情况。假设对于子弹读者使用一个包围球体，对于纸，读者使用一个包围框。在游戏的每一帧上，读者都可以测试子弹是否与纸相交。因为子弹会快速移动，所以不可能有一个子弹与纸正好相交的特定帧。这意味着瞬时相交测试会错过相交点，如图 10-12 所示。

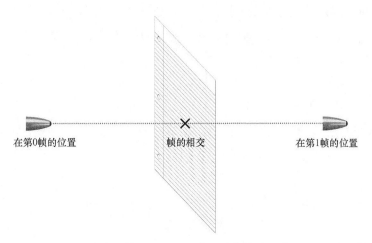

图 10-12　第 0 帧和第 1 帧上的瞬时相交测试会错过子弹和纸之间的碰撞

对于子弹的具体示例，读者可能通过将子弹的运动表示为线段来解决此问题。线段的起点是子弹在上一帧中的位置，而线段的终点是子弹在当前帧中的位置。这样，便可以检测子弹是否会在上一帧与当前帧之间的任何点与纸张相交。但这种方法适用只是因为子弹非常小。对于较大的对象，不能使用线段来表示。

对于某些类型的移动对象，例如两个移动的球体，可以直接求解相交时间点。但求解相交时间点对于诸如在两帧之间循环的框的情况并不适用。对于其他类型的移动对象，读者可能会尝试在帧之间的多个点处对相交测试点进行采样。术语**连续碰撞检测**（CCD）指的是可以直接求解相交时间点，或对相交时间点进行采样。

为了领略如何直接求解相交时间点，应考虑两个移动对象之间相交的情况。这个被称为**"扫掠球体相交点（swept-sphere intersection）"**的相交，也常见于视频游戏公司的面试问题中。

对于每个球体，读者取得球体中心在上一帧和当前帧期间的位置，可以使用适用于线段的相同参数方程来表示这些位置。在线段参数方程中，上一帧的位置是 $t = 0$，当前帧的位置是 $t = 1$。对于球体 P，上一帧的位置是 P_0，当前帧的位置是 P_1。类似地，球体 Q 有相应的上一帧位置 Q_0 和当前帧位置 Q_1。

因此，下面是球体位置 P 和 Q 的参数方程：

$$P(t) = P_0 + (P_1 - P_0)t$$
$$Q(t) = Q_0 + (Q_1 - Q_0)t$$

读者想要求解两个球体之间的距离等于其半径之和的 t 的值：

$$\|P(t) - Q(t)\| = r_p + r_q$$

现在，使用之前用于测试线段与球体相交的类似方式进行运算。对以上等式两边进行平方运算，并用点积替换长度平方：

$$\|P(t) - Q(t)\|^2 = (r_p + r_q)^2$$
$$(P(t) - Q(t)) \cdot (P(t) - Q(t)) = (r_p + r_q)^2$$
$$(P_0 + (P_1 - P_0)t - Q_0 - (Q_1 - Q_0)t) \cdot (P_0 + (P_1 - P_0)t - Q_0 - (Q_1 - Q_0)t) = (r_p + r_q)^2$$

然后，分解等式，并进行变量替换：

$$(P_0 - Q_0 + ((P_1 - P_0) - (Q_1 - Q_0))t) \cdot (P_0 - Q_0 + ((P_1 - P_0) - (Q_1 - Q_0))t) = (r_p + r_q)^2$$
$$X = P_0 - Q_0$$
$$Y = (P_1 - P_0) - (Q_1 - Q_0)$$
$$(X + Yt) \cdot (X + Yt) = (r_p + r_q)^2$$

最后，将点积计算分配到加法运算上，以二次方程形式重写方程式，并求解二次方程：

$$(X + Yt) \cdot (X + Yt) = (r_p + r_q)^2$$
$$a = Y \cdot Y$$
$$b = 2X \cdot Y$$
$$c = X \cdot X - (r_p + r_q)^2$$
$$at^2 + bt + c = 0$$
$$t = \frac{-b \pm \sqrt{b^2 - 4ac}}{2a}$$

如同线段和球体相交测试一样，读者可以使用判别式来确定以上二次方程是否存在任何实数解。但是，对于"扫掠球体相交"，读者只需关心相交的第一个点即可，该点是两个 t 值中较小的一个。和以前一样，必须验证 t 是否在[0,1]范围内。代码清单 10.9 给出了判断"扫掠球体相交"的代码。该函数通过引用返回 t，因此调用者可以使用此 t 值来确定相交时球体的位置。

代码清单 10.9　扫掠球体交叉相交测试

```cpp
bool SweptSphere(const Sphere& P0, const Sphere& P1,
    const Sphere& Q0, const Sphere& Q1, float& outT)
{
    // Compute X, Y, a, b, and c
    Vector3 X = P0.mCenter - Q0.mCenter;
    Vector3 Y = P1.mCenter - P0.mCenter -
        (Q1.mCenter - Q0.mCenter);
    float a = Vector3::Dot(Y, Y);
    float b = 2.0f * Vector3::Dot(X, Y);
    float sumRadii = P0.mRadius + Q0.mRadius;
    float c = Vector3::Dot(X, X) - sumRadii * sumRadii;
    // Solve discriminant
    float disc = b * b - 4.0f * a * c;
    if (disc < 0.0f)
    {
        return false;
    }
    else
    {
        disc = Math::Sqrt(disc);
        // We only care about the smaller solution
        outT = (-b - disc) / (2.0f * a);
        if (outT >= 0.0f && outT <= 0.0f)
        {
            return true;
        }
        else
        {
            return false;
        }
    }
}
```

10.3　向游戏代码添加碰撞

前面几节讨论了应用于碰撞的几何对象，以及如何检测这些对象之间的相交碰撞。本节探讨如何将这些碰撞检测技术融入游戏代码中。新创建的 BoxComponent 类会为对象添加 AABB 框，PhysWorld 类会跟踪 AABB 框，并根据需要检测 AABB 框与其他对象的相交。然后，角色移动和更新的射弹射击代码会利用这种新的碰撞功能。

10.3.1　BoxComponent 类

BoxComponent 类的声明与其他组件类的非常类似。可是，该类不会重写 Update 函数，而会重写 OnUpdateWorldTransform 函数。回想一下，组件类所在的角色在重新计算世界变换时，会调用组件类的 OnUpdateWorldTransform 函数。

BoxComponent 类的成员数据具有两个轴对齐包围框（AABB）结构体实例：一个用于对象空间内的包围框 AABB，另一个用于世界空间内的包围框 AABB。在 BoxComponent 类的实例初始化之后，对象空间内的包围框 AABB 不应该改变，但只要 BoxComponent 类所在的角色的世界变换发生变化，世界空间内的包围框 AABB 就会改变。最后，BoxComponent 类有一个布尔值，表示读者是否希望 BoxComponent 类跟随世界的旋转而进行旋转。这样，读者就可以选择在角色旋转时，角色的 BoxComponent 组件是否一起跟随旋转。代码清单 10.10 显示了 BoxComponent 类的声明。

代码清单 10.10　BoxComponent 类的声明

```
class BoxComponent : public Component
{
public:
    BoxComponent(class Actor* owner);
    ~BoxComponent();
    void OnUpdateWorldTransform() override;
    void SetObjectBox(const AABB& model) { mObjectBox = model; }
    const AABB& GetWorldBox() const { return mWorldBox; }
    void SetShouldRotate(bool value) { mShouldRotate = value; }
private:
    AABB mObjectBox;
    AABB mWorldBox;
    bool mShouldRotate;
};
```

要获取网格文件在对象空间内的包围框，Mesh 类还要在其成员数据中添加轴对齐包围框（AABB）结构体实例。然后，当加载 gpmesh 文件时，Mesh 类会在每个顶点上都调用 AABB::UpdateMinMax 函数，最终产生一个对象空间内的 AABB。然后，使用网格的角色可以获取到网格在对象空间内的包围框 AABB，并将这些对象空间内的包围框传递给角色的 BoxComponent 实例中：

```
Mesh* mesh = GetGame()->GetRenderer()->GetMesh("Assets/Plane.gpmesh");
// Add collision box
BoxComponent* bc = new BoxComponent(this);
bc->SetObjectBox(mesh->GetBox());
```

要从对象空间内的 AABB 包围框变换为世界空间内的 AABB 包围框，需要应用到缩放、旋转和平移。在构建世界变换矩阵时，顺序很重要，因为旋转是围绕原点的。代码清单 10.11 给出了 OnUpdateWorldTransform 函数的代码。要缩放 AABB 框，可以将 AABB 框的最小值和最大值乘以所在角色的比例。要旋转 AABB 框，可以使用先前章节讨论过的 AABB::Rotate 函数，传入组件所在角色的四元数。只有当成员数据 mShouldRotate 为

true（默认值）时，代码才执行此旋转变换。要平移 AABB 框，需将 BoxComponent 组件所属角色的位置添加到 AABB 框的最小值和最大值中。

代码清单 10.11　BoxComponent :: OnUpdateWorldTransform 函数的实现

```
void BoxComponent::OnUpdateWorldTransform()
{
    // Reset to object space box
    mWorldBox = mObjectBox;
    // Scale
    mWorldBox.mMin *= mOwner->GetScale();
    mWorldBox.mMax *= mOwner->GetScale();
    // Rotate
    if (mShouldRotate)
    {
        mWorldBox.Rotate(mOwner->GetRotation());
    }
    // Translate
    mWorldBox.mMin += mOwner->GetPosition();
    mWorldBox.mMax += mOwner->GetPosition();
}
```

10.3.2　PhysWorld 类

就像代码中有单独的 Renderer 类和 AudioSystem 类一样，明智的做法是为物理世界创建一个 PhysWorld 类。代码向 Game 类添加一个 PhysWorld 类的实例指针，并在 Game::Initialize 函数中对此实例进行初始化。

在 PhysWorld 类的声明中，包含有一个元素为 BoxComponent 指针的容器，以及相应的公共 AddBox 函数和 RemoveBox 函数，如代码清单 10.12 中 PhysWorld 类的概略声明所示。然后 BoxComponent 类的构造函数和析构函数可以分别调用 AddBox 函数和 RemoveBox 函数。这样，PhysWorld 类将拥有包含所有 BoxComponent 组件的容器，就像 Renderer 类包含有所有精灵（sprite）组件的容器一样。

代码清单 10.12　PhysWorld 类的概略声明

```
class PhysWorld
{
public:
    PhysWorld(class Game* game);
    // Add/remove box components from world
    void AddBox(class BoxComponent* box);
    void RemoveBox(class BoxComponent* box);
    // Other functions as needed
    // ...
private:
    class Game* mGame;
    std::vector<class BoxComponent*> mBoxes;
};
```

既然 PhysWorld 类跟踪了游戏世界中的所有 BoxComponent 组件，下一步就是为这些组件添加碰撞检测支持。在代码中定义一个名为 SegmentCast 的函数，该函数接收线段为参数，如果参数线段与任一 BoxComponent 组件相交，函数返回 true。另外，该函数通过引用返回关于第一个发生此类碰撞的参考信息：

```
bool SegmentCast(const LineSegment& l, CollisionInfo& outColl);
```

CollisionInfo 结构体包含相交点的位置、相交点的法线，以及发生碰撞的 BoxComponent 类指针和 Actor 类的指针：

```
struct CollisionInfo
{
    // Point of collision
    Vector3 mPoint;
    // Normal at collision
    Vector3 mNormal;
    // Component collided with
    class BoxComponent* mBox;
    // Owning actor of component
    class Actor* mActor;
};
```

由于线段可能会与多个 BoxComponent 组件相交，因此 SegmentCast 函数假定最近的线段与 BoxComponent 组件之间相交点是最重要的相交点。因为 BoxComponent 组件在所属的 PhysWorld 类容器内没有排序，所以 SegmentCast 函数不能简单地在第一个相交点之后就返回。相反，该函数需要将线段与所有 BoxComponent 组件之间进行碰撞测试，并返回具有最低 t 值的相交点，如代码清单 10.13 所示。这段代码之所以能起作用，是因为线段与 BoxComponent 组件具有最低 t 值的相交点是离线段起点最近的相交点。SegmentCast 函数使用前面所讨论过的线段与 AABB 框相交函数，但现在函数被修改为也返回线段与 BoxComponent 组件之间的相交点的法线。

代码清单 10.13　PhysWorld :: SegmentCast 函数的实现

```
bool PhysWorld::SegmentCast(const LineSegment& l, CollisionInfo& outColl)
{
    bool collided = false;
    // Initialize closestT to infinity, so first
    // intersection will always update closestT
    float closestT = Math::Infinity;
    Vector3 norm;
    // Test against all boxes
    for (auto box : mBoxes)
    {
        float t;
        // Does the segment intersect with the box?
        if (Intersect(l, box->GetWorldBox(), t, norm))
        {
            // Is this closer than previous intersection?
            if (t < closestT)
            {
                outColl.mPoint = l.PointOnSegment(t);
                outColl.mNormal = norm;
```

```
            outColl.mBox = box;
            outColl.mActor = box->GetOwner();
            collided = true;
        }
      }
    }
    return collided;
}
```

10.3.3　使用 SegmentCast 函数的球弹碰撞检测

在本章的游戏项目中，代码使用 SegmentCast 函数来确定玩家射出的球弹是否会击中某物。如果击中，代码希望球弹从对象表面沿法线反弹。这意味着一旦子弹击中对象表面，代码必须将其旋转，以面向任意可能的方向。

首先，代码向 Actor 类添加一个辅助函数。该函数使用点积、叉积和四元数来调整 actor 的旋转，以使其面向所需的方向。代码清单 10.14 显示了这个辅助的 RotateToNewForward 函数的实现。

代码清单 10.14　Actor::RotateToNewForward 函数的实现

```
void Actor::RotateToNewForward(const Vector3& forward)
{
   // Figure out difference between original (unit x) and new
   float dot = Vector3::Dot(Vector3::UnitX, forward);
   float angle = Math::Acos(dot);

   // Are we facing down X?
   if (dot > 0.9999f)
   { SetRotation(Quaternion::Identity); }
   // Are we facing down -X?
   else if (dot < -0.9999f)
   { SetRotation(Quaternion(Vector3::UnitZ, Math::Pi)); }
   else
   {
      // Rotate about axis from cross product
      Vector3 axis = Vector3::Cross(Vector3::UnitX, forward);
      axis.Normalize();
      SetRotation(Quaternion(axis, angle));
   }
}
```

其次，在代码中新建一个 BallActor 类，并新建一个名为 BallMove 类的 MoveComponent 类的子类附加到 BallActor 类上。BallMove 类可用于实现针对于 BallActor 类的移动代码。代码清单 10.15 所示的 BallMove::Update 函数首先会在球弹行进的方向上构建一个线段。如果该线段与游戏世界中的任何 BoxComponent 组件相交，则读者会希望它从相交点处的表面反弹。使用 Vector3::Reflect 函数来计算线段与 BoxComponent 组件表面反弹后线段移动方向，然后使用 RoateToNewForward 函数来告诉球弹如何旋转，以朝向这个新方向。

代码清单 10.15　针对球弹移动使用 `SegmentCast` 函数

```
void BallMove::Update(float deltaTime)
{
    // Construct segment in direction of travel
    const float segmentLength = 30.0f;
    Vector3 start = mOwner->GetPosition();
    Vector3 dir = mOwner->GetForward();
    Vector3 end = start + dir * segmentLength;
    LineSegment ls(start, end);

    // Test segment vs world
    PhysWorld* phys = mOwner->GetGame()->GetPhysWorld();
    PhysWorld::CollisionInfo info;
    if (phys->SegmentCast(ls, info))
    {
        // If we collided, reflect the direction about the normal
        dir = Vector3::Reflect(dir, info.mNormal);
        mOwner->RotateToNewForward(dir);
    }

    // Base class update moves based on forward speed
    MoveComponent::Update(deltaTime);
}
```

要注意的一件事情是将 `BoxComponent` 组件附加到玩家身上时会发生什么，正如读者将在本节后面所做的那样。显然，因为是玩家射出的球弹，读者不希望球弹与玩家发生碰撞！幸运的是，读者可以利用这个事实，即来自 `SegmentCast` 函数的 `CollisionInfo` 结构体具有 `BoxComponent` 组件所在的角色的指针。因此，如果读者在某处保存了指向玩家的指针，则可以确保球弹不会与玩家发生碰撞。

10.3.4　在 PhysWorld 类中测试 BoxComponent 组件间碰撞

虽然在本章的游戏项目没有使用，但某些游戏功能可能需要对物理世界中的所有 `BoxComponent` 组件进行碰撞测试。一个简捷的实现是在游戏世界中所有的 `BoxComponent` 组件之间按对执行碰撞测试。代码清单 10.16 所示的这种基本方法使用的代价是 $O(n^2)$ 的算法，因为该算法针对每个 `BoxComponent` 组件，都执行与另一个 `BoxComponent` 组件的碰撞测试。`TestPairwise` 函数接收用户提供的函数 f，并在 `BoxComponent` 组件之间的每个相交点处执行函数 f。

代码清单 10.16　`PhysWorld::TestPairwise` 函数的实现

```
void PhysWorld::TestPairwise(std::function<void(Actor*, Actor*)> f)
{
    // Naive implementation O(n^2)
    for (size_t i = 0; i < mBoxes.size(); i++)
    {
```

```
   // Don't need to test vs. itself and any previous i values
   for (size_t j = i + 1; j < mBoxes.size(); j++)
   {
      BoxComponent* a = mBoxes[i];
      BoxComponent* b = mBoxes[j];
      if (Intersect(a->GetWorldBox(), b->GetWorldBox()))
      {
         // Call supplied function to handle intersection
         f(a->GetOwner(), b->GetOwner());
      }
   }
}
```

尽管 TestPairwise 函数在概念上很简单，但是该函数最终会对 Intersect 函数进行大量不必要的调用。它将离得很远的两个 BoxComponent 组件视为彼此相邻的两个 BoxComponent 组件。在本章的游戏项目中，场景中具有 144 个 BoxComponent 组件。在这 144 个 BoxComponent 组件中，TestPairwise 函数对 Intersect 函数进行了 10000 次以上的调用。

读者通过观察，可以利用如下事实来对碰撞检测进行优化：两个 2D 轴对齐的 AABB 框，除非它们在两个坐标轴上重叠，否则两个 AABB 框不会相交。例如，如果两个 AABB 框相交，则一个框的间隔[min.x, max.x] 必须与另一个框的[min.x, max.x] 间隔重叠。**扫描和修剪方法**（sweep-and-prune）利用这种观察到的事实，来减少 AABB 框之间相交测试的数量。扫描和修剪方法涉及选择轴线，以及测试仅沿该轴线具有重叠间隔的框。

图 10-13 展示了一些 AABB 框，并考虑了 AABB 框沿 x 轴线的间隔。框 A 和框 B 的 x 轴线区间重叠，因此它们可能会相交。同样，框 B 和框 C 的 x 轴线区间重叠，因此它们可能会相交。但是，框 A 和框 C 的 x 轴线区间不重叠，因此它们不会相交。类似地，框 D 的 x 轴线区间与其他框的 x 轴线区间没有重叠，因此框 D 不会与它们中的任何一个相交。在当前例子情况下，扫描和剪枝算法（sweep-and-prune）仅在（A, B）对和（B, C）对上调用 Intersect 函数，

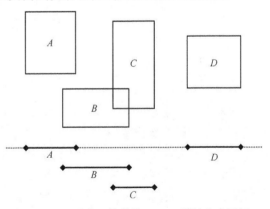

图 10-13 沿着 x 轴线的 AABB 框的多个区间

而不是在 4 个框（框 A、框 B、框 C 和框 D）的所有 6 种可能的组合上都调用 Intersect 函数。

代码清单 10.17 给出了沿 x 轴线的扫描和修剪（sweep-and-prune）算法的代码。首先，按照 AABB 框的最小 x 值 min.x 对其容器内的所有 AABB 框进行排序。其次，对于每个框，获取最大 x 值，并将其保存在 max 变量中。在内部循环中，代码只需考虑框的最小值 min.x 小于最大值 max 的框。一旦内部循环一直进行，直至到达某框，此框的最小值 min.x 大于最大值 max，内部循环的后续所有框就不会再有沿着 x 轴线与外部循环框重叠的。这意味着对于外部循环框，没有其他可能的框与外部循环框产生相交点，因此代码要

中断内部循环，并跳转到外部循环的下一次迭代。

代码清单 10.17　PhysWorld :: TestSweepAndPrune 函数的实现

```cpp
void PhysWorld::TestSweepAndPrune(std::function<void(Actor*, Actor*)> f)
{
    // Sort by min.x
    std::sort(mBoxes.begin(), mBoxes.end(),
        [](BoxComponent* a, BoxComponent* b) {
            return a->GetWorldBox().mMin.x <
                b->GetWorldBox().mMin.x;
    });
    for (size_t i = 0; i < mBoxes.size(); i++)
    {
        // Get max.x for box[i]
        BoxComponent* a = mBoxes[i];
        float max = a->GetWorldBox().mMax.x;
        for (size_t j = i + 1; j < mBoxes.size(); j++)
        {
            BoxComponent* b = mBoxes[j];
            // If box[j] min.x is past the max.x bounds of box[i],
            // then there aren't any other possible intersections
            // against box[i]
            if (b->GetWorldBox().mMin.x > max)
            {
                break;
            }
            else if (Intersect(a->GetWorldBox(), b->GetWorldBox()))
            {
                f(a->GetOwner(), b->GetOwner());
            }
        }
    }
}
```

在本章的游戏项目中，与 TestPairwise 函数相比，TestSweepAndPrune 函数会将测试相交的调用次数减少一半。该算法的平均复杂度为 $O(n \log n)$。即使扫描和修剪算法需要对容器内的框进行排序，该算法通常也会比单纯地成对进行测试更加有效——除非容器内的框的数量很少。扫描和修剪算法的另一些实现会沿着对象所有的 3 个轴线方向进行修剪，如练习题 2 所示。该实现需要维护多个排序好的容器。测试所有 3 个轴线方向的扫描和修剪方法的优点是：在修剪完所有 3 个轴线方向之后，剩余的 BoxComponent 组件集合必定是相交的。

扫描和修剪算法是一种被称为**两步法碰撞检测**技术中的一种。宽阶段碰撞检测试图在**窄阶段碰撞检测**执行单独地测试各个碰撞对之前，消除尽可能多的碰撞检测。其他碰撞检测技术使用网格、单元格或树。

10.3.5　玩家与墙壁的碰撞检测

回想一下，MoveComponent 组件使用 mForwardSpeed 变量来向前或向后移动角色。

但是，当前的角色移动实现允许玩家穿过墙壁。要解决此问题，可以将 BoxComponent 组件添加到每个墙壁上（墙壁由 PlaneActor 类封装），同样也将 BoxComponent 组件添加到玩家身上。因为代码只想测试玩家与每个 PlaneActor 之间的碰撞，所以不使用 TestSweepAndPrune 函数来测试所有 BoxComponent 组件之间的碰撞。相反，读者可以在 Game 类中创建一个元素为 PlaneActor 类指针的容器，并从玩家的代码中访问容器及容器内的所有 PlaneActor 对象。

基本的想法是对于每一帧去测试玩家与每个 PlaneActor 对象之间的碰撞。如果玩家与 PlaneActor 对象的两个 AABB 框相交碰撞，则调整玩家的位置，以使其不再与墙壁发生碰撞。为了理解此计算，在 2D 中对该问题可视化会对理解有所帮助。

图 10-14 显示了与平台 AABB 框发生碰撞的玩家 AABB 框。代码要计算每个轴线方向的两个相差。例如，dx1 是玩家 AABB 框的最大值 max.x 和平台 AABB 框的最小值 min.x 之间的相差。相反地，dx2 是玩家 AABB 框的最小值 min.x 和平台 AABB 框的最大值 max.x 之间的相差。这两个相差中具有最小绝对值的相差是两个 AABB 框之间的**最小重叠**。在图 10-14 中，最小重叠部分是 dy1。随后，如果代码将 dy1 值增加到玩家的 y 轴线方向位置值，那么玩家就会准确地站在平台的顶部。因此，要正确修正角色与平台之间的碰撞，只需调整角色的最小重叠轴线方向的位置即可。

在 3D 中，原理是相同的，除了在 3D 中相差值是 6 个，因为 3D 有 3 个方向的轴线。如代码清单 10.18 所示的 FPSActor :: FixCollisions 函数实现了 3D 中最小重叠碰撞测试。重要的是，因为改变玩家的位置会改变玩家的 BoxComponent 组件，所以在检测每个碰撞相交之间，我们必须重新计算 BoxComponent 组件在世界空间内的包围框。然后，从 UpdateActor 函数中调用此函数，这意味着在每一帧上，读者是在 MoveComponent 组件更新玩家位置之后，再调用 FixCollisions 函数。

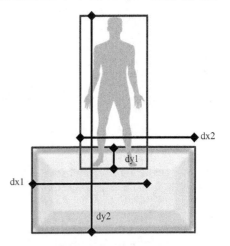

图 10-14　计算 2D 中的最小重叠

代码清单 10.18　FPSActor :: FixCollisions 函数的实现

```
void FPSActor::FixCollisions()
{
    // Need to recompute my world transform to update world box
    ComputeWorldTransform();

    const AABB& playerBox = mBoxComp->GetWorldBox();
    Vector3 pos = GetPosition();

    auto& planes = GetGame()->GetPlanes();
    for (auto pa : planes)
    {
        // Do we collide with this PlaneActor?
        const AABB& planeBox = pa->GetBox()->GetWorldBox();
        if (Intersect(playerBox, planeBox))
```

```
    {
        // Calculate all our differences
        float dx1 = planeBox.mMin.x - playerBox.mMax.x;
        float dx2 = planeBox.mMax.x - playerBox.mMin.x;
        float dy1 = planeBox.mMin.y - playerBox.mMax.y;
        float dy2 = planeBox.mMax.y - playerBox.mMin.y;
        float dz1 = planeBox.mMin.z - playerBox.mMax.z;
        float dz2 = planeBox.mMax.z - playerBox.mMin.z;

        // Set dx to whichever of dx1/dx2 have a lower abs
        float dx = (Math::Abs(dx1) < Math::Abs(dx2)) ? dx1 : dx2;
        // Ditto for dy
        float dy = (Math::Abs(dy1) < Math::Abs(dy2)) ? dy1 : dy2;
        // Ditto for dz
        float dz = (Math::Abs(dz1) < Math::Abs(dz2)) ? dz1 : dz2;

        // Whichever is closest, adjust x/y position
        if (Math::Abs(dx) <= Math::Abs(dy) &&
            Math::Abs(dx) <= Math::Abs(dz))
        {
            pos.x += dx;
        }
        else if (Math::Abs(dy) <= Math::Abs(dx) &&
                 Math::Abs(dy) <= Math::Abs(dz))
        {
            pos.y += dy;
        }
        else
        {
            pos.z += dz;
        }

        // Need to set position and update box component
        SetPosition(pos);
        mBoxComp->OnUpdateWorldTransform();
    }
  }
}
```

因为对于玩家下方的地面，读者同样可以使用 PlaneActor 类的实例来表示地面，所以读者也可以利用此代码进行修改，以测试玩家是否落在平台上。在练习题 1 中，读者将探索如何向玩家添加跳跃动作。

10.4　游戏项目

本章的游戏项目实现了本章中所讨论的所有不同类型的相交碰撞，以及 BoxComponent 组件和 PhysWorld 类。此外，对于枪发出的球弹，游戏项目还使用了 SegmentCast 函数，并实现了玩家与墙壁碰撞后的玩家位置修正。实现上述所有内容，便有了本章的游戏项目：第一人称射击场，如图 10-15 所示。本章的相关代码可以从本书的配套资源中找到（位于第 10 章子目录中）。在 Windows 环境下，打开 Chapter10-windows.sln；在 Mac 环境下，打开 Chapter10-mac.xcodeproj。

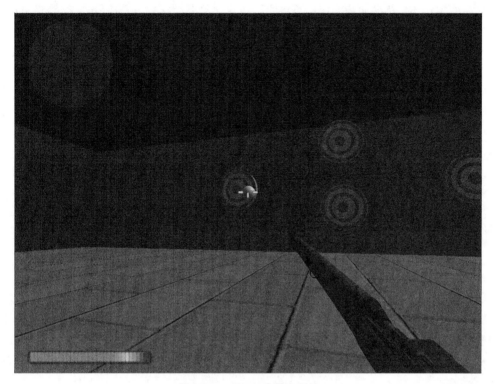

图 10-15　第 10 章游戏项目

此游戏项目的控件使用了第 9 章中所实现的 FPS 样式（第一人称角色移动）控件。回想一下 W/S 键控制角色前后移动，A/D 键控制角色左右转身，鼠标控制角色的旋转。此外，现在单击鼠标左键会向逆投影导出的向量方向上发射球弹（也在第 9 章中做过讨论）。球弹使用了 SegmentCast 函数来测试它是否与墙壁或目标碰撞相交。在任何一种碰撞情况下（球弹与墙壁或目标碰撞），球弹都会根据碰撞对象表面的法线来反射球弹面对的方向。如果球弹击中目标，则游戏会发出叮当声。

10.5　总结

本章深入介绍了游戏中的碰撞检测技术。游戏可能会使用许多不同的几何体类型来进行碰撞检测。线段有起点和终点。平面的表示法是它的法线和屏幕到原点的距离。球体是简单的包围体，但将球体应用于碰撞检测时，可能会对不同形状的角色产生许多碰撞检测的漏报（或误报）。轴对齐包围框 AABB 具有与轴对齐的边，而定向包围框则无此限制。

对于相交测试，本章涵盖了许多不同类型的相交。包含点测试可以判定一个形状是否包含某个点。此外，还可以测试两个包围框（例如两个 AABB 包围框）是否相交。本章还包括线段是否与对象相交的测试，对象类型包括平面、球体和其他框。对于移动对象，读者可能需要使用一种连续碰撞检测形式，来确保游戏不会错过在帧之间发生的碰撞。

最后，本章还包括如何将碰撞检测集成到游戏代码中。BoxComponent 类具有在对象空间上的包围框（从网格类派生的），以及基于所在的角色更新后的世界空间上的包围框。PhysWorld 类跟踪游戏世界中所有 BoxComponent 组件，然后 SegmentCast 函数测试线段与所有 BoxComponent 组件之间的相交。对于成对的 BoxComponent 组件之间的碰撞检测，使用扫描和修剪（sweep-and-prune）算法的宽阶段碰撞检测算法会更有效。扫描和修剪算法利用了这样的事实，即如果两个 BoxComponent 组件沿坐标轴线方向的区间不重叠，则它们不相交。本章介绍了如何使用线段投射和 BoxComponent 组件之间的碰撞来实现某些特定于游戏的功能，例如从对象表面发射的球弹，或是与墙壁发生碰撞的玩家。

10.6   补充阅读材料

对于碰撞检测技术，Christer Ericson 提供了非常详尽的相关内容，涵盖了碰撞检测算法的数学基础以及可用的算法实现。对于碰撞检测算法，Ian Millington 没有做太多阐述，但解释说明了在物理引擎运动的背景下，如何将其结合到碰撞检测中。关于碰撞检测如何应用于物理引擎运动方面，本章未对此进行详细讨论。

- Christer Ericson. Real-time Collision Detection. San Francisco: Morgan Kaufmann, 2005.
- Ian Millington. Game Physics Engine Development, 2nd edition. Boca Raton: CRC Press, 2010.

10.7   练习题

在本章的第一道练习题中，读者将向本章游戏项目添加跳跃动作。在第二道练习题中，读者将改进本章中所介绍的**扫描和修剪**（sweep-and-prune）算法的代码实现。在最后一道练习题中，读者将实现定向包围框之间的碰撞检测。

10.7.1   练习题 1

在本练习题中，对玩家角色增加跳跃动作。地面对象已经具有相应的轴对齐边界框 AABB。要实现角色的跳跃，需从键盘选择一个按键（例如空格键）。当玩家按下"跳跃"按键时，在角色的正 z 轴线方向上设置一个额外的速度。同样地，对减缓角色向上跳跃速度的重力添加负 z 轴方向的加速度。在玩家到达跳跃动作的顶点后，玩家开始下降。当玩家下降时，可以在 `FixCollisions` 函数中检测玩家是否落在地面对象 `PlaneActor` 的顶上（因为读者知道顶部碰撞区间是图 10-14 中的 dz2）。当玩家在地面上时，禁用重力，并将 z 轴线方向速度设置回零。

要使代码模块化，建议使用简单的状态机来表示角色的不同状态，分别为：在地面上状态、起跳状态和下降状态。作为附加功能，尝试将角色从"在地面上状态"状态转变为"下降状态"。在角色处于"在地面上状态"时，代码持续向角色的下方调用 `SegmentCasts` 函数，以检测角色是否已离开平台。如果离开，应将角色从"在地面上状态"切换到"下降状态"。

10.7.2　练习题 2

更改 `SweepAndPrune` 函数，以实现 `BoxComponent` 组件集合在所有 3 个坐标轴线方向上的扫描和修剪。让 `PhysWorld` 类维护 3 个其内部元素为 `BoxComponent` 组件的容器，并更改 `PhysWorld` 类，以便 `AddBox` 函数和 `RemoveBox` 函数对所有 3 个容器内的 `BoxComponent` 组件进行操作。然后，按相应的轴向方向对每个容器内的 `BoxComponent` 组件进行排序。

然后，扫描和修剪操作相应的代码应独立地沿着每个轴线方向对 `BoxComponent` 组件进行测试，并沿该轴线创建重叠的 `BoxComponent` 组件的一个映射。一旦沿着所有 3 个轴线方向都完成重叠检测，代码应该匹配 3 个轴线方向映射内的重叠 `BoxComponent` 组件。沿所有 3 个轴线方向都重叠的 `BoxComponent` 组件才是彼此相交的 `BoxComponent` 组件。

10.7.3　练习题 3

在新创建的 `Intersect` 函数中实现 OBB（定向包围框）与 OBB 相交的测试。与轴对齐包围框（AABB）一样，使用分离轴方法（即确定 OBB 之间如何才能够不相交，然后，逻辑上取反）。然而，虽然对于 AABB 之间的相交只需测试 3 个轴线（x 轴、y 轴和 z 轴），但对于 OBB 间的相交测试，共需要进行 15 个不同轴线方向的测试。

要实现这一点，首先要计算两个 OBB 的 8 个不同的角顶点。每个 OBB 都有与其侧面对应的 3 个局部轴（上下面对应一个局部轴，左右面对应一个局部轴，前后面对应一个局部轴）。可以通过在恰当的点集之间使用向量减法，并对生成向量进行标准化来计算这些局部轴的值。因为每个 OBB 都有 3 个局部轴，所以 2 个 OBB 便会先产生 6 个潜在的分离轴。其他 9 个向量是两个 OBB 局部轴之间的叉积的组合。例如，OBB 定向包围框 A 的向上向量与 OBB 定向包围框 B 的向上、向右和向前向量的叉积。

要确定 OBB 沿轴线方向的区间，应计算该 OBB 的每个角与分离轴的点积。最小的点积结果是区间的最小值，类似地，最大点积结果是区间的最大值。然后确定两个 OBB 的 [min, max] 区间是否沿分离轴线分开。如果两个 OBB 在 15 个分离轴中的任何一个分开，则 OBB 不会相交田；否则，它们一定相交。

用户界面

大多数游戏都有用户界面（UI）元素，例如游戏的菜单系统及游戏运行期可用的平视显示器（HUD）。通过菜单系统，玩家可以执行诸如启动和暂停游戏之类的操作。平视显示器（HUD）包含在游戏运行过程中向玩家提供信息的元素。这些元素包括瞄准标线或雷达等。

本章介绍了实现用户界面所需的核心系统，包括使用字体渲染文本、用户界面（UI）屏幕系统以及不同语言的本地化。此外，本章还探讨了某些平视显示器（HUD）元素的实现。

11.1 字体渲染

在 TrueType 字体版式中，直线段和 Bézier 曲线构成了单个字符（或**字形**）的轮廓。SDL TTF 库支持加载和渲染 TrueType 字体。在完成 SDL TTF 库的初始化之后，加载和渲染 TrueType 字体的基本过程就是以特定的字号大小来加载字体。然后，SDL TTF 库接收字符串，并使用字体中的字形将字符串渲染为纹理。一旦有了纹理，游戏就可以像对任何其他 2D 精灵一样，对其进行渲染。

与其他系统一样，Game 类会在 Game :: Initialize 函数中初始化 SDL TTF 库。如果初始化成功，则 TTF_Init 函数返回 "0"；如果初始化 SDL TTF 库时出现错误，则返回 "–1"。同样，Game :: Shutdown 函数会调用 TTF_Quit 函数来关闭 SDL TTF 库。

接下来，在代码中声明一个 Font 类来封装任何特定于字体的功能，如代码清单 11.1 所示。其中，Load 函数从指定文件加载字体，Unload 函数卸载释放所有字体数据。RenderText 函数接收参数所提供的字符串、颜色和字体大小，并创建包含文本的纹理。

代码清单 11.1 字体声明

```
class Font
{
public:
    Font();
    ~Font();
    // Load/unload from a file
    bool Load(const std::string& fileName);
    void Unload();
```

```
    // Given string and this font, draw to a texture
    class Texture* RenderText(const std::string& text,
                    const Vector3& color = Color::White,
                    int pointSize = 30);
private:
    // Map of point sizes to font data
    std::unordered_map<int, TTF_Font*> mFontData;
};
```

TTF_OpenFont 函数以特定字号大小从.ttf 文件加载字体，并返回指向与该字号大小字体相对应的 TTF_Font 数据的指针。这意味着，要为游戏中不同大小的文字提供支持，在代码中必须要多次调用 TTF_OpenFont 函数。代码清单 11.2 所显示的 Font :: Load 函数首先创建一个游戏期望得到的所有的字号大小的容器，然后循环遍历此容器，针对每个字号大小，调用一次 TTF_OpenFont 函数，并将每个 TTF_Font 数据添加到 mFontData 映射中。

代码清单 11.2　Font :: Load 函数的实现

```
bool Font::Load(const std::string& fileName)
{
    // Support these font sizes
    std::vector<int> fontSizes = {
        8, 9, 10, 11, 12, 14, 16, 18, 20, 22, 24, 26, 28,
        30, 32, 34, 36, 38, 40, 42, 44, 46, 48, 52, 56,
        60, 64, 68, 72
    };
    // Call TTF_OpenFont once per every font size
    for (auto& size : fontSizes)
    {
        TTF_Font* font = TTF_OpenFont(fileName.c_str(), size);
        if (font == nullptr)
        {
            SDL_Log("Failed to load font %s in size %d", fileName.c_str(),
            size);
            return false;
        }
        mFontData.emplace(size, font);
    }
    return true;
}
```

跟其他资源一样，需要在游戏程序的内部记录所加载的字体。在这种情况下，Game 类添加一个映射。在该映射（键-值对应）中，键是字体文件名，值是 Font 类的指针。然后，在代码中添加相应的 GetFont 函数。与 GetTexture 函数和其他类似的函数一样，GetFont 函数首先尝试在映射中查找字体 Font 的数据，如果查找失败，则该函数加载相应的字体文件，并将字体 Font 添加到映射中。

代码清单 11.3 显示了 Font :: RenderText 函数使用适当大小的字体创建给定文本字符串的纹理。首先，将 Vector3 颜色转换为 SDL_Color 对象，其中，SDL_Color 的每个分量范围为 0～255。接下来，查看 mFontData 映射，以查找与所请求字号大小字体相对应的 TTF_Font 数据。

接下来，调用 TTF_RenderText_Blended 函数，该函数接收 TTF_Font *指针类型、要渲染的文本字符串以及颜色为参数。混合后缀 Blended 是指字体将使用阿尔法透明处理来绘制字形。然而，TTF_RenderText_Blended 函数返回指向 SDL_Surface 的指针。OpenGL 无法直接绘制 SDL_Surface 对象。

回想一下，在第 5 章中，我们创建了 Texture 类来封装 OpenGL 所加载的纹理。读者可以向 Texture 类中添加 Texture :: CreateFromSurface 函数，以将 SDL_Surface 对象转换为 Texture 对象。（本章省略了 CreateFromSurface 函数的实现，但读者可以查看本章游戏项目内对应的源代码。）一旦完成 SDL_Surface 对象向 Texture 对象的转换，代码便可以释放 SDL_Surface 对象。

代码清单 11.3　Font :: RenderText 函数的实现

```
Texture* Font::RenderText(const std::string& text,
    const Vector3& color, int pointSize)
{
    Texture* texture = nullptr;
    // Convert to SDL_Color
    SDL_Color sdlColor;
    sdlColor.r = static_cast<Uint8>(color.x * 255);
    sdlColor.g = static_cast<Uint8>(color.y * 255);
    sdlColor.b = static_cast<Uint8>(color.z * 255);
    sdlColor.a = 255;
    // Find the font data for this point size
    auto iter = mFontData.find(pointSize);
    if (iter != mFontData.end())
    {
        TTF_Font* font = iter->second;
        // Draw this to a surface (blended for alpha)
        SDL_Surface* surf = TTF_RenderText_Blended(font, text.c_str(),
                            sdlColor);
        if (surf != nullptr)
        {
            // Convert from surface to texture
            texture = new Texture();
            texture->CreateFromSurface(surf);
            SDL_FreeSurface(surf);
        }
    }
    else
    {
        SDL_Log("Point size %d is unsupported", pointSize);
    }
    return texture;
}
```

由于创建纹理的计算代价有点昂贵，因此用户界面（UI）部分的程序代码不会对每一帧都调用 RenderText 函数。相反，它仅在文本字符串变化时调用 RenderText 函数，并保存生成的字符串纹理。然后在每一帧上，用户界面部分的代码可以绘制包含渲染字符串的纹理。为了获得最大效率，代码甚至可以渲染字母表中的每个字母，以分开生成每个字母的纹理，然后将这些字母纹理拼接在一起来形成单词。

11.2　用户界面屏幕

由于用户界面系统可能会被用于许多地方，包括平视显示器（HUD）和菜单系统，因此用户界面系统的灵活性是一项重要的特征。尽管存在着类似 Adobe Flash 等利用工具的数据驱动系统，但本章重点关注程序代码驱动的用户界面实现。然而，此处所介绍的许多想法仍然适用于更多数据驱动的系统。

将用户界面视为包含不同的层是有帮助的。例如，在游戏过程中，**平视显示器**显示与玩家相关的信息，例如生命值或分数。如果玩家暂停游戏，游戏可能会显示一个菜单，通过该菜单，玩家可以在不同的选项之间进行选择。当游戏显示暂停菜单时，读者可能仍希望在暂停菜单下显示平视显示器元素。

现在假设暂停菜单中的一个选项是"退出游戏"。当玩家选择该选项时，读者可能会希望让游戏程序显示一个"确认退出"对话框，询问玩家是否真的想要退出游戏。在此对话框的下面，玩家可能仍然会在屏幕上看到平视显示器和暂停菜单的部分内容。

在上述的人机（人与游戏程序）交互过程中，玩家通常只能与用户界面的最顶层进行交互。这自然导致使用栈来表示用户界面的不同层的想法。代码可以使用 UIScreen 类来实现单个用户界面层的构思想法。每种类型的用户界面屏幕（例如暂停菜单或平视显示器）都是 UIScreen 类的子类。在游戏程序完成游戏世界的绘制之后，游戏程序以自下而上的顺序绘制栈中的所有用户界面屏幕。在任何时间点，只有用户界面栈顶部的 UIScreen 类对象能收到游戏程序的输入事件。

代码清单 11.4 显示了基础 UIScreen 类的第一次迭代定义。请注意，该类有几个其子类可以重写的虚函数：用于更新用户界面屏幕状态的 Update 函数，用于绘制其自身的 Draw 函数，以及用于处理不同类型输入的两个输入处理函数。此外，读者还可以记录特定用户界面屏幕的状态；UIScreen 类定义中，代码只需要两种状态来判断 UIScreen 对象是处于活动状态、还是关闭状态。

用户界面屏幕也可能有标题，因此成员数据包含有指向 Font 的指针、指向包含被渲染标题的 Texture 指针，以及屏幕上标题的位置。然后 UIScreen 的子类可以调用 SetTitle 函数，该函数使用 Font :: RenderText 函数来设置 mTitle 数据成员。

最后，因为 UIScreen 类不是 Actor 类，所以不能将任意类型的组件附加到 UIScreen 类上。因此，UIScreen 类不使用 SpriteComponent 组件类的绘制功能。相反，在代码中需要一个名为 DrawTexture，可在屏幕上指定位置绘制纹理的辅助函数。然后，每个 UIScreen 对象都可以根据需要调用 DrawTexture 函数。

代码清单 11.4　初始的 UIScreen 类的声明

```
class UIScreen
{
public:
```

```
    UIScreen(class Game* game);
    virtual ~UIScreen();
    // UIScreen subclasses can override these
    virtual void Update(float deltaTime);
    virtual void Draw(class Shader* shader);
    virtual void ProcessInput(const uint8_t* keys);
    virtual void HandleKeyPress(int key);
    // Tracks if the UI is active or closing
    enum UIState { EActive, EClosing };
    // Set state to closing
    void Close();
    // Get state of UI screen
    UIState GetState() const { return mState; }
    // Change the title text
    void SetTitle(const std::string& text,
            const Vector3& color = Color::White,
            int pointSize = 40);
protected:
    // Helper to draw a texture
    void DrawTexture(class Shader* shader, class Texture* texture,
            const Vector2& offset = Vector2::Zero,
            float scale = 1.0f);
    class Game* mGame;
    // For the UI screen's title text
    class Font* mFont;
    class Texture* mTitle;
    Vector2 mTitlePos;
    // State
    UIState mState;
};
```

11.2.1　用户界面屏幕栈

为了将用户界面屏幕栈添加到游戏中，需要在游戏程序代码的多个位置进行关联设置。首先，将以 UIScreen 指针作为元素的 std::vector 容器添加到 Game 类中，用作用户界面屏幕栈。代码在这里没有使用 std::stack 栈类型的原因是：因为代码需要循环遍历整个用户界面屏幕栈，而循环遍历的功能在 std::stack 类型中是不可能实现的。在代码中还要添加几个函数：将新 UIScreen 对象推送到栈中（PushUI 函数），以及一个通过引用方式获取整个用户界面屏幕栈的函数（GetUIStack）：

```
// UI stack for game
std::vector<class UIScreen*> mUIStack;
// Returns entire stack by reference
const std::vector<class UIScreen*>& GetUIStack();
// Push specified UIScreen onto stack
void PushUI(class UIScreen* screen);
```

其次，在 UIScreen 类的构造函数中调用 PushUI 函数，并将 this 指针作为 PushUI 函数的参数。这意味着只需动态分配 UIScreen 类的对象（或 UIScreen 的子类的对象），代码就可以自动将 UIScreen 对象添加到用户界面屏幕栈中。

在更新了游戏世界中所有的角色对象之后，在 UpdateGame 函数中更新用户界面屏幕栈上的用户界面屏幕。更新用户界面屏幕需要遍历整个用户界面屏幕栈，并在任何处于活动状态的屏幕 UIScreen 对象上调用 Update 函数：

```
for (auto ui : mUIStack)
{
    if (ui->GetState() == UIScreen::EActive)
    {
        ui->Update(deltaTime);
    }
}
```

在更新所有用户界面屏幕后，代码还要删除状态为 EClosing 的所有屏幕 UIScreen 对象。

绘制用户界面屏幕一定是在渲染器 Renderer 类中进行的。回想一下，Renderer::Draw 函数首先使用网格着色器（mesh shader）绘制所有 3D 网格组件，然后使用精灵着色器（sprite shader）绘制所有精灵组件。因为用户界面屏幕包含多个纹理，所以游戏程序当然会使用绘制精灵的相同着色器来绘制它们。因此，在绘制完所有精灵组件之后，渲染器 Renderer 类从 Game 类对象获取用户界面屏幕栈，并在每个 UIScreen 对象上调用 Draw 函数：

```
for (auto ui : mGame->GetUIStack())
{
    ui->Draw(mSpriteShader);
}
```

出于测试目的，在代码中可以创建名为平视显示器的 UIScreen 类的子类。可以在 Game :: LoadData 函数中创建一个平视显示器类的实例，并将此实例保存在 Game 类对象的 mHUD 成员变量中：

```
mHUD = new HUD(this);
```

因为平视显示器类的构造函数调用 UIScreen 类的构造函数，所以上述代码段会自动将平视显示器对象添加到游戏的用户界面屏幕栈中。目前，平视显示器类不会在屏幕上绘制任何元素，或者以其他方式重写 UIScreen 类的任何函数。（在本章后面部分，读者将会学习如何向平视显示器类增加不同的功能函数。）

对于用户界面屏幕栈的输入，代码处理起来会有点棘手。在大多数情况下，单击鼠标等特定输入操作会对游戏或用户界面产生影响，但不会同时影响二者。因此，代码首先需要一种方法，来决定要将玩家输入操作路由到游戏中，还是用户界面系统中。

要实现这一点，首先要将成员数据 mGameState 添加到 Game 类中，用以支持 3 种不同的游戏状态，包括游戏运行状态、游戏暂停状态和游戏退出状态。当处于游戏运行状态下，所有输入操作都会路由到游戏世界，这意味着代码会将输入操作传递给每一个角色对象。另一方面，在游戏暂停状态下，所有输入操作都会路由到用户界面屏幕栈顶部的用户界面屏幕对象上。这意味着 Game :: ProcessInput 函数必须在每个角色对象或用户界面屏幕对象上调用 ProcessInput 函数，具体取决于游戏的状态：

```
if (mGameState == EGameplay)
{
   for (auto actor : mActors)
   {
      if (actor->GetState() == Actor::EActive)
      {
         actor->ProcessInput(state);
      }
   }
}
else if (!mUIStack.empty())
{
   mUIStack.back()->ProcessInput(state);
}
```

此外，代码还可以对以上处理输入操作的行为进行扩展，以便屏幕栈顶部的用户界面屏幕可以决定是否要处理输入操作。如果用户界面屏幕决定不想自己处理输入操作，则用户界面屏幕可以将输入操作转发到用户界面屏幕栈上的下一个最顶层的用户界面屏幕上。

同样，在代码响应 SDL_KEYDOWN 和 SDL_MOUSEBUTTON 事件时，代码可以将事件发送到游戏世界，或屏幕栈顶部的用户界面屏幕（通过 HandleKeyPress 函数）。

因为对 Game 类添加了 mGameState 成员数据来跟踪游戏的状态，所以代码还可以对游戏循环部分进行更改。只要游戏不处在 EQuit 状态，游戏循环的条件就更改为保持游戏循环。还可以进一步更新游戏循环，以便当游戏的状态仅为 EGameplay 时，游戏代码才调用游戏世界中的所有角色对象的 Update 函数。这样，在游戏处于暂停状态下，游戏不再会继续更新游戏世界中的角色对象。

11.2.2　暂停菜单

一旦游戏支持暂停状态，在代码中就可以添加暂停菜单。首先，将 PauseMenu 类声明为 UIScreen 类的子类。PauseMenu 类的构造函数将游戏状态设置为“游戏暂停”状态，并设置 UIScreen 对象的标题文本：

```
PauseMenu::PauseMenu(Game* game)
   :UIScreen(game)
{
   mGame->SetState(Game::EPaused);
   SetTitle("PAUSED");
}
```

PauseMenu 类的析构函数将游戏的状态设置回“游戏进行中”状态：

```
PauseMenu::~PauseMenu()
{
   mGame->SetState(Game::EGameplay);
}
```

最后，如果玩家按下了 Esc 键，PauseMenu 类的 HandleKeyPress 函数将关闭暂停菜单的 PauseMenu 对象：

```
void PauseMenu::HandleKeyPress(int key)
{
    UIScreen::HandleKeyPress(key);
    if (key == SDLK_ESCAPE)
    {
        Close();
    }
}
```

这会导致游戏程序删除 PauseMenu 对象实例，进而调用 PauseMenu 类对象的析构函数，而该析构函数则将游戏状态设置为"游戏运行中"状态。

要显示暂停菜单，代码需要构造一个新的 PauseMenu 对象，因为 PauseMenu 类的构造函数会自动将 UIScreen 类对象添加到屏幕栈中。代码可以在 Game :: HandleKeyPress 函数中创建暂停菜单 PauseMenu 实例，以便在玩家按下 Esc 键时，显示该暂停菜单。

使用暂停菜单的整体流程是：在"游戏运行"状态下，玩家可以按 Esc 键来看"暂停菜单"的用户界面。构造 PauseMenu 对象会导致游戏进入"游戏暂停"状态，"游戏暂停"状态意味着角色不会再被更新。然后，如果玩家在"暂停菜单"用户界面中按下 Esc 键，则会删除 PauseMenu 对象，并使得游戏返回到"游戏运行"状态。图 11-1 显示了使用这个简单版本的"暂停菜单"用户界面进行游戏暂停的画面（由于当前"暂停菜单"用户界面上没有按钮，因此它还不是真正的菜单）。

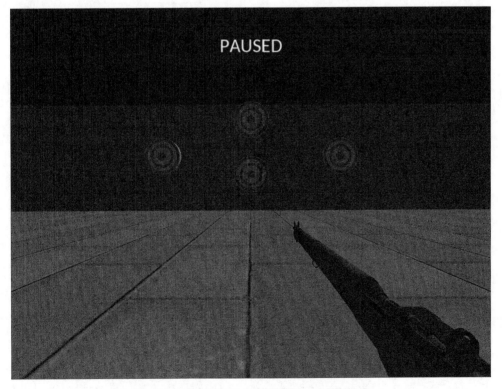

图 11-1　显示基本的"暂停菜单"画面的游戏

11.2.3　按钮

　　游戏中的大多数菜单还具有玩家可以与之交互的按钮。例如，暂停菜单可能包含用于恢复游戏、退出游戏、配置选项等按钮。由于不同的用户界面屏幕可能需要不同的按钮，因此将对按钮的支持添加到基础的 UIScreen 类是有意义的做法。

　　要封装按钮（button），可以声明一个 Button 类，如代码清单 11.5 所示。可以假设每个按钮都有一个文本名称，因此，Button 类还需要一个 Font 类（字体）的指针用于渲染该文本。此外，按钮具有屏幕上的位置，以及按钮的尺寸（宽度和高度）。最后，当玩家单击按钮时，应该会执行一些操作，具体执行的操作内容取决于具体单击的按钮。

　　为了自定义按钮单击时，对应执行的操作动作，Button 类使用 std :: function 类模板封装回调函数。此回调函数可以是独立的函数，也可以是 lambda 表达式。当声明 Button 类对象时，Button 类的构造函数接收此回调函数。然后，当检测到按钮被单击时，便可调用此回调函数。这样，对任意菜单所创建的任意按钮，都可以相应地调用任意函数。

代码清单 11.5　Button 类的声明

```
class Button
{
public:
    // Constructor takes in a name, font,
    // callback function, and position/dimensions of button
    Button(const std::string& name, class Font* font,
        std::function<void()> onClick,
        const Vector2& pos, const Vector2& dims);
    ~Button();
    // Set the name of the button, and generate name texture
    void SetName(const std::string& name);

    // Returns true if the point is within the button's bounds
    bool ContainsPoint(const Vector2& pt) const;
    // Called when button is clicked
    void OnClick();
    // Getters/setters
    // ...
private:
    std::function<void()> mOnClick;
    std::string mName;
    class Texture* mNameTex;
    class Font* mFont;
    Vector2 mPosition;
    Vector2 mDimensions;
    bool mHighlighted;
};
```

　　Button 类有一个名为 ContainsPoint 的成员函数。对于给定的一个点，如果该点位于按钮的 2D 边界内，则该函数会返回 true。该函数使用的是与第 10 章中相同的方法，即测试给定的点不在边界内的 4 种情况。如果相应的 4 种情况都不成立（如下代码判断），那么按钮必定包含给定的点：

```
bool Button::ContainsPoint(const Vector2& pt) const
{
    bool no = pt.x < (mPosition.x - mDimensions.x / 2.0f) ||
        pt.x > (mPosition.x + mDimensions.x / 2.0f) ||
        pt.y < (mPosition.y - mDimensions.y / 2.0f) ||
        pt.y > (mPosition.y + mDimensions.y / 2.0f);
    return !no;
}
```

Button :: SetName 函数使用前面讨论过的 RenderText 函数来为按钮名称创建纹理，并将其存储在成员变量 mNameTex 中。Button 类的 OnClick 函数仅仅是简单调用 mOnClick 处理程序（如果 mOnClick 存在的话）：

```
void Button::OnClick()
{
    if (mOnClick)
    {
        mOnClick();
    }
}
```

然后，可以向 UIScreen 类添加其他成员变量来支持按钮类 Button 的定义：元素为 Button 类指针的容器对象及按钮的两个纹理。一个纹理用于按钮未被选定，另一个纹理用于按钮被选定。具有不同的纹理使得玩家更容易区分选定的和未被选定的按钮。

接下来，向 UIScreen 类中添加一个辅助函数，以便于创建新的按钮：

```
void UIScreen::AddButton(const std::string& name,
    std::function<void()> onClick)
{
    Vector2 dims(static_cast<float>(mButtonOn->GetWidth()),
        static_cast<float>(mButtonOn->GetHeight()));
    Button* b = new Button(name, mFont, onClick, mNextButtonPos, dims);
    mButtons.emplace_back(b);
    // Update position of next button
    // Move down by height of button plus padding
    mNextButtonPos.y -= mButtonOff->GetHeight() + 20.0f;
}
```

通过使用 mNextButtonPos 变量，UIScreen 类可以控制绘制按钮的位置。当然，可以使用更多参数来添加更多定制的按钮，但使用上述所提供的代码是获取垂直按钮列表的一种简单方法。

接下来，在 UIScreen :: DrawScreen 函数中添加代码以绘制按钮。对于每个按钮，首先要绘制按钮纹理（可以是 mButtonOn 纹理或 mButtonOff 纹理，具体取决于是否选中该按钮）。接下来，绘制按钮的文本：

```
for (auto b : mButtons)
{
    // Draw background of button
    Texture* tex = b->GetHighlighted() ? mButtonOn : mButtonOff;
```

```
DrawTexture(shader, tex, b->GetPosition());
// Draw text of button
DrawTexture(shader, b->GetNameTex(), b->GetPosition());
}
```

此外，还希望玩家通过使用鼠标来选择并单击按钮。回想一下，游戏程序使用一种相对鼠标模式，用以通过鼠标的移动来旋转相机。要允许玩家高亮显示并单击按钮，需要禁用相对鼠标模式。可以将禁用鼠标相对模式的职责留给 PauseMenu 类来处理；在 PauseMenu 类的构造函数中，该类禁用相对鼠标模式，然后在 PauseMenu 类的析构函数中重新启用相对鼠标模式。这样，当玩家返回游戏时，鼠标可以能够再次旋转相机。

代码清单 11.6 所示的 UIScreen :: ProcessInput 函数可通过鼠标来处理高亮显示按钮。代码首先获取鼠标的位置，并将其转换成屏幕中心为 (0,0) 的简单屏幕空间坐标。从渲染器对象获取屏幕的宽度和高度。然后循环遍历 mButtons 容器中的所有按钮，并使用 Button 类的 ContainsPoint 函数来确定鼠标光标是否在按钮的范围内。如果按钮包含鼠标光标，则按钮状态将被设置为高亮显示。

代码清单 11.6 UIScreen :: ProcessInput 函数的实现

```
void UIScreen::ProcessInput(const uint8_t* keys)
{
    // Are there buttons?
    if (!mButtons.empty())
    {
        // Get position of mouse
        int x, y;
        SDL_GetMouseState(&x, &y);
        // Convert to (0,0) center coordinates (assume 1024x768)
        Vector2 mousePos(static_cast<float>(x), static_cast<float>(y));
        mousePos.x -= mGame->GetRenderer()->GetScreenWidth() * 0.5f;
        mousePos.y = mGame->GetRenderer()->GetScreenHeight() * 0.5f
                     - mousePos.y;
        // Highlight any buttons
        for (auto b : mButtons)
        {
            if (b->ContainsPoint(mousePos))
            {
                b->SetHighlighted(true);
            }
            else
            {
                b->SetHighlighted(false);
            }
        }
    }
}
```

鼠标的单击事件由 UIScreen::HandleKeyPress 函数进行处理。由于 ProcessInput 函数已经确定鼠标高亮显示了哪个按钮，因此 HandleKeyPress 函数只会在所有高亮显示的按钮上调用 OnClick 函数。

使用以上的所有这些代码，就可以将按钮添加到 PauseMenu 类的界面中。到目前为止，添加了两个按钮——一个用于恢复游戏的按钮，另一个用于退出游戏的按钮：

```
AddButton("Resume", [this]() {
    Close();
});
AddButton("Quit", [this]() {
    mGame->SetState(Game::EQuit);
});
```

传递给 AddButton 函数的 lambda 表达式定义了当玩家单击按钮时会发生什么。当玩家单击"Resume"按钮时，"暂停菜单"UI 界面关闭；当玩家单击"Quit"按钮时，游戏结束。两个 lambda 表达式都捕获了 this 指针，因此，它们都可以访问 PauseMenu 类的成员。图 11-2 显示了带有这些按钮的"暂停菜单"UI 界面。

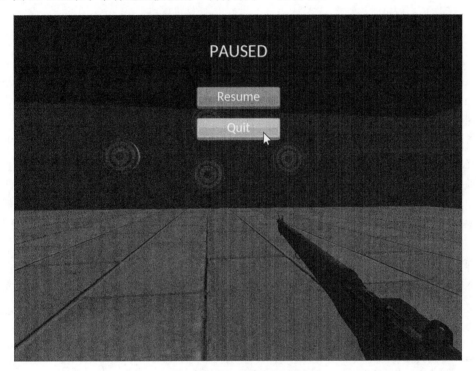

图 11-2　带按钮的暂停菜单

11.2.4　对话框

对于某些菜单操作，例如退出游戏，最好向玩家显示一个确认对话框。这样，如果玩家第一次错误地单击按钮，他或她仍可以纠正错误。使用用户界面屏幕栈可以轻松地将控制从一个用户界面屏幕（例如暂停菜单）转换到对话框。实际上，可以使用所有现有的 UIScreen 类的功能来实现对话框。为此，可以创建一个名为 DialogBox 的 UIScreen 类的新子类。

DialogBox 类的构造函数接收用于显示的文本字符串，以及用户单击"OK"时所要执行的函数：

```
DialogBox::DialogBox(Game* game, const std::string& text,
    std::function<void()> onOK)
    :UIScreen(game)
{
    // Adjust positions for dialog box
    mBGPos = Vector2(0.0f, 0.0f);
    mTitlePos = Vector2(0.0f, 100.0f);
    mNextButtonPos = Vector2(0.0f, 0.0f);
    // Set background texture
    mBackground = mGame->GetRenderer()->GetTexture("Assets/DialogBG.png");
    SetTitle(text, Vector3::Zero, 30);
    // Setup buttons
    AddButton("OK", [onOK]() {
        onOK();
    });
    AddButton("Cancel", [this]() {
        Close();
    });
}
```

DialogBox 类的构造函数首先初始化标题和按钮的一些位置变量。请注意，还使用了 UIScreen 类中新加入的数据成员变量 mBackground，该变量是出现在 UIScreen 类对象后面的背景纹理。在 UIScreen :: Draw 函数中，要在绘制任何其他内容之前，先绘制背景纹理（如果背景纹理存在的话）。

最后，DialogBox 类的构造函数设置 "OK" 和 "Cancel" 按钮。可以向 DialogBox 类增加其他参数，以便用户可以配置按钮的文本以及应用于两个按钮的回调函数。但到目前为止，只使用 "OK" 和 "Cancel" 的按钮文本，并假定 "Cancel" 按钮的对应的回调函数只是用于关闭当前对话框。

因为 DialogBox 类也是一个 UIScreen 类（UIScreen 类的子类），所以可以通过动态分配一个 DialogBox 实例，将 DialogBox 对象添加到用户界面屏幕栈中。在使用暂停菜单的情况下，可以更改 "Quit" 按钮对应的回调函数，以便用户单击 "Quit" 按钮时，创建一个对话框，用以确认用户是否真的要退出游戏：

```
AddButton("Quit", [this]() {
    new DialogBox(mGame, "Do you want to quit?",
        [this]() {
            mGame->SetState(Game::EQuit);
        });
});
```

图 11-3 显示了退出游戏的对话框。

> **注释**
>
> 读者也可以使用此处所描述的用户界面系统来创建主菜单屏幕。但是，由于游戏不再能立即生成游戏世界中的所有对象，创建主菜单屏幕时，读者还需要向 Game 类添加其他游戏状态；反之，程序代码需要等到玩家进入主菜单后，才能根据游戏的状态来生成游戏世界内的各个对象。

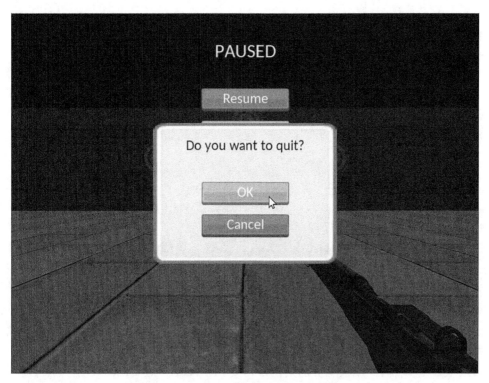

图 11-3 单击"Quit"按钮出现的对话框

11.3 平视显示器元素

平视显示器（HUD）中的元素类型因游戏而异。这些元素包括显示生命值或弹药数、游戏得分数或指向下一个目标的箭头。本节介绍了第一人称游戏中常见的两种元素：十字准线（或**瞄准线**）和显示目标位置的雷达。

11.3.1 添加十字准线

大多数第一人称游戏在屏幕中间都有某种瞄准线（例如十字准线）。当玩家瞄准不同对象时，瞄准线可能会改变其外观形状，即瞄准线有了不同的纹理。例如，如果玩家拿起一个对象，那么该瞄准线可能会变成一只手的样子。对于玩家可进行射击的游戏，瞄准线可能会改变颜色。如果通过更改瞄准线的纹理来实现色彩变化，对于代码来说，拿起物体和更改颜色的这两种行为之间没有本质的区别。

在本案例中（添加瞄准线），当玩家瞄准游戏中的一个目标对象时，实现一个变为红色的瞄准线。要做到这一点，需要向平视显示器类添加用于表示不同颜色纹理的成员变量，以及关于玩家是否正在瞄准着敌人的布尔值：

```
// Textures for crosshair
class Texture* mCrosshair;
class Texture* mCrosshairEnemy;
// Whether crosshair targets an enemy
bool mTargetEnemy;
```

要追踪瞄准的目标是什么，需要创建一个名为 TargetComponent 的新组件类。然后，在平视显示器类实例中创建一个元素为 TargetComponent 指针的容器作为平视显示器类的数据成员：

```
std::vector<class TargetComponent*> mTargetComps;
```

然后可向平视显示器类中添加用于向mTargetComps容器内添加和删除TargetComponent对象的 AddTarget 函数和 RemoveTarget 函数。TargetComponent 类的构造函数和析构函数会分别调用这两个函数。

接下来，创建一个 UpdateCrosshair 函数，如代码清单 11.7 所示。该函数由 HUD::Update 函数调用。在 UpdateCrosshair 函数中，首先将成员数据 mTargetEnemy 重置为 false。接下来，调用在第 9 章中首次描述的 GetScreenDirection 函数。回想一下，此 GetScreenDirection 函数返回游戏世界中的相机朝向方向的一个标准化向量。可以使用此向量和一个常量来构造线段，并使用第 10 章中的 SegmentCast 函数来确定与该线段相交的第一个角色。

接下来，要查看与此线段相交的角色是否具有 TargetComponent 组件。目前阶段用于进行检查的方法是：查找平视显示器类的成员数据 mTargetComps 容器中的任何 TargetComponent 组件所在的角色是否与线段相交碰撞到的角色相同。在实现一个可以确定角色拥有哪些组件的方法后，便可以显著地优化该查找方法；关于"确定角色拥有哪些组件"的查找方法，读者将在第 14 章中接触到。

代码清单 11.7 HUD :: UpdateCrosshair 函数的实现

```
void HUD::UpdateCrosshair(float deltaTime)
{
    // Reset to regular cursor
    mTargetEnemy = false;
    // Make a line segment
    const float cAimDist = 5000.0f;
    Vector3 start, dir;
    mGame->GetRenderer()->GetScreenDirection(start, dir);
    LineSegment l(start, start + dir * cAimDist);
    // Segment cast
    PhysWorld::CollisionInfo info;
    if (mGame->GetPhysWorld()->SegmentCast(l, info))
    {
        // Check if this actor has a target component
        for (auto tc : mTargetComps)
        {
            if (tc->GetOwner() == info.mActor)
            {
                mTargetEnemy = true;
                break;
            }
        }
```

```
            }
        }
    }
```

绘制瞄准线纹理很简单。在 HUD :: Draw 函数中，只需查看 mTargetEnemy 成员数据的值，并根据其值（是否瞄准到敌人）在屏幕中心绘制相应的纹理即可。同样使用常量参数 2.0f 作为纹理的绘制比例，代码如下：

```
Texture* cross = mTargetEnemy ? mCrosshairEnemy : mCrosshair;
DrawTexture(shader, cross, Vector2::Zero, 2.0f);
```

通过上述方式，当玩家移动瞄准线并锁定对象时，瞄准线就会变为红色的瞄准线纹理，如图 11-4 所示。

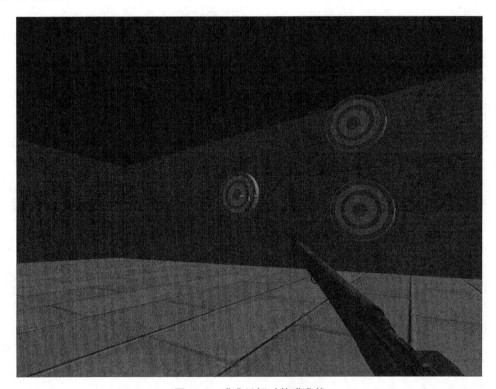

图 11-4　瞄准目标时的瞄准线

11.3.2　添加雷达

游戏应该有一个能够显示位于玩家周边某一半径范围内的敌人（或其他对象）的一个雷达。可以使用光点 blip（在雷达上看起来像点或圆圈）来代表显示在雷达上的这些敌人。通过这种方法，玩家可以知道周围是否有敌人。有些游戏会一直在雷达的搜寻半径上显示敌人，有些游戏则只是在特定条件下显示搜索半径的敌人（例如敌人最近是否进行了射击）。但是，这些情况都只是雷达显示所有敌人的基本方法的一个延伸。

在游戏程序中，代码要实现能够起作用的雷达，实现过程分为两个部分。首先，代码需要跟踪应该出现在雷达上的角色的位置。其次，在每一帧上，必须根据角色相对于玩家的位置，更新显示在雷达上的光点。最基本的方法是使用距离雷达中心的偏移量 Vector2 来表示光点 blip，同时代码也可以添加光点 blip 的其他属性，例如使用不同的纹理。

读者可以利用已有的代码，并假定任何具有 TargetComponent 组件的角色同样应该出现在雷达上。

对于上述要实现的基本雷达，必须要向平视显示器类内添加一些成员数据变量：

```
// 2D offsets of blips relative to radar
std::vector<Vector2> mBlips;
// Adjust range of radar and radius
float mRadarRange;
float mRadarRadius;
```

成员数据变量 mBlips 容器跟踪光点 blip 相对于雷达中心的 2D 偏移量。当更新绘制雷达时，同样要更新绘制 mBlips 容器内的光点。通过这种方式，绘制雷达意味着先绘制雷达背景，然后在所需的光点偏移量处绘制光点纹理。

最后，成员数据变量 mRadarRange 和 mRadarRadius 是雷达的参数。范围 mRadarRange 是雷达在世界空间内所能看到的距离。例如，mRadarRange 取值为 2000 的范围意味着雷达在世界空间中具有 2000 个单位的搜索范围。因此，对处于玩家的 mRadarRange 取值范围内的每个目标，都要在雷达上创建一个光点 blip。半径变量 mRadarRadius 指的是在屏幕上所绘制的 2D 雷达的半径。

假设一款游戏的雷达搜索范围为 50 个单位。现在想象一下，在玩家前方的 25 个单位处有一个目标对象。由于目标对象的位置是以 3D 形式表示的，需要将玩家和目标对象的位置变换为屏幕上雷达的 2D 坐标。在 z 轴向上的世界空间中，转换意味着雷达的作用就像是玩家和目标对象在 x-y 平面上的投影。这意味着代码中的雷达会忽略玩家及其所跟踪的目标对象的 z 分量。

因为在雷达上的向上位置通常表示为对象在世界空间中的向前位置，而代码中的世界空间表示的是+x 向前，因此，雷达只忽略 z 分量是不够的。对于玩家和雷达上的任何角色来说，需要将它们在世界空间中的 (x, y, z) 坐标变换为屏幕上雷达偏移量的 2D 向量 (y, x)。

一旦玩家和目标对象的位置都位于 2D 雷达坐标中，就可以构建一个从玩家到目标对象的向量，为清楚起见，该向量用"$\vec{a}$"表示。$\vec{a}$ 的长度决定了物体是否在雷达的范围内。对于上述的 50 个单位的雷达搜索范围和距离玩家前方 25 个单位的目标对象的示例来说，$\vec{a}$ 的长度小于雷达的最大搜索范围。这意味着目标对象应出现在雷达中心和半径边缘之间的雷达上。可以通过用雷达最大搜索范围值去除 $\vec{a}$，然后再乘以雷达半径的方法，将 $\vec{a}$ 转换为相对于雷达半径的比例位置，并将计算结果保存为新的向量 $\vec{r}$：

$$\vec{r} = RadarRadius(\vec{a} / RadarRange)$$

然而，大部分的雷达都会随着玩家的旋转而旋转，因此在雷达屏幕上的上方位置总是对应于游戏世界中的前方位置。这意味着代码不能直接将 $\vec{r}$ 用作雷达光点的偏移量。相反，代码需要弄清楚玩家的朝向向量的 x-y 平面上的投影同游戏世界中的前方方向（单位 x）之间的角度。因为需要的是在 x-y 平面上的旋转角度，代码可以用 atan2 函数来计算角度 θ，并根据给定的 θ 来构造一个 2D 旋转矩阵。回想一下给定的行向量，2D 旋转矩阵如下所示：

$$Rotation2D(\theta) = \begin{bmatrix} \cos\theta & \sin\theta \\ -\sin\theta & \cos\theta \end{bmatrix}$$

一旦有了旋转矩阵，最终的光点 blip 偏移量就是 $\vec{r}$ 经过该矩阵旋转变换后得到的，如下所示：

$$BlipOffset = \vec{r}\,Rotation2D(\theta)$$

代码清单 11.8 显示了计算所有光点 blip 的位置的代码。代码遍历所有 TargetComponent 目标组件，并测试目标组件所依附的 actor 是否处在雷达的搜索范围内。如果在雷达搜索范围内，则使用前面的公式来计算光点 blip 的偏移量。

代码清单 11.8　HUD :: UpdateRadar 函数的实现

```
void HUD::UpdateRadar(float deltaTime)
{
    // Clear blip positions from last frame
    mBlips.clear();

    // Convert player position to radar coordinates (x forward, z up)
    Vector3 playerPos = mGame->GetPlayer()->GetPosition();
    Vector2 playerPos2D(playerPos.y, playerPos.x);
    // Ditto for player forward
    Vector3 playerForward = mGame->GetPlayer()->GetForward();
    Vector2 playerForward2D(playerForward.x, playerForward.y);

    // Use atan2 to get rotation of radar
    float angle = Math::Atan2(playerForward2D.y, playerForward2D.x);
    // Make a 2D rotation matrix
    Matrix3 rotMat = Matrix3::CreateRotation(angle);

    // Get positions of blips
    for (auto tc : mTargetComps)
    {
        Vector3 targetPos = tc->GetOwner()->GetPosition();
        Vector2 actorPos2D(targetPos.y, targetPos.x);

        // Calculate vector between player and target
        Vector2 playerToTarget = actorPos2D - playerPos2D;

        // See if within range
        if (playerToTarget.LengthSq() <= (mRadarRange * mRadarRange))
        {
            // Convert playerToTarget into an offset from
            // the center of the on-screen radar
            Vector2 blipPos = playerToTarget;
            blipPos *= mRadarRadius/mRadarRange;

            // Rotate blipPos
            blipPos = Vector2::Transform(blipPos, rotMat);
            mBlips.emplace_back(blipPos);
        }
    }
}
```

绘制雷达只需先绘制雷达的背景纹理，然后循环遍历每个光点 blip，并在每个光点 blip 距离雷达中心的偏移量处绘制各个光点 blip：

```
const Vector2 cRadarPos(-390.0f, 275.0f);
DrawTexture(shader, mRadar, cRadarPos, 1.0f);
// Blips
for (const Vector2& blip : mBlips)
{
    DrawTexture(shader, mBlipTex, cRadarPos + blip, 1.0f);
}
```

图 11-5 显示了游戏中的当前雷达。雷达上的每个光点分别对应于游戏世界中的目标角色。雷达中心的箭头只是用于显示玩家位置的一个额外纹理，然而这个箭头总是绘制在雷达的中心。

图 11-5 游戏中的雷达

根据目标敌人是处在玩家的上方位置还是下方位置，雷达的其他扩展可能包括不同样式的光点 blip 的纹理。在这些纹理样式之间进行切换需要考虑玩家和目标对象的 z 分量。

11.4 本地化

本地化是将游戏从一个地区或语言区域转换到另一个地区或语言区域的过程。本地化过程中最常见的项目包括所有画外音对话和屏幕上所显示的所有文字的转换。例如，如果游戏开发商要在中国发布游戏，那么用英语工作的游戏开发人员可能希望将游戏本地化为中文。本地化过程中最大的花费在以下内容部分：必须有人翻译所有文本和对话，而在对话的情况下，不同的角色必须采用不同人说出的语言。

但是，本地化工作的部分职责落在程序员身上。就用户接口情况来说，游戏需要一些方法，将来自不同区域的文本可以很容易地显示在屏幕上。以上描述意味着程序员不能在整个与 UI 相关的代码中硬编码诸如"你想退出吗？"类似的字符串。相反，程序员至少需要一个映射，来实现诸如"QuitText"之类的键和屏幕上所实际显示的文本之间转换。

11.4.1 使用 Unicode

本地化文本的一个问题是每个 ASCII 字符都只有 7 个比特位的信息（尽管在内部每个 ASCII 字符存储为 1 个字节）。只有 7 个比特位信息意味着 ASCII 字符总共有 128 个字符。在这些字符中，52 是字母（大写和小写英文字符），其余字符是数字和其他符号。ASCII 不包含其他语言的任何字形。

为了解决这个问题，由许多不同公司组成的联盟在 20 世纪 80 年代引入了 Unicode 标准。在撰写本文时，当前版本的 Unicode 标准支持超过 100000 多种不同的字形，其中包括许多不同语言的字形和表情符号。

由于单个字节不能表示超过 256 个不同的值，因此 Unicode 必须使用不同的字节编码。有几种不同的字节编码，包括每个字符为 2 个字节或 4 个字节的字节编码。然而，可以说最流行的编码是 UTF-8 编码，其字符串中的每个字符具有 1 到 4 个字节的可变长度。在字符串中，一些字符可能只有 1 个字节长度，其他字符可能是 2~4 个字节长度。

虽然这看起来比每个字符有固定的字节数更为复杂，但 UTF-8 编码的优点在于：它完全向后兼容 ASCII 编码。这意味着 ASCII 字节序列直接对应于相同的 UTF-8 字节序列。将 ASCII 编码视为 UTF-8 编码的一个特例，其中 UTF-8 编码的字符串中的每个字符都是 1 个字节。UTF-8 编码的向后兼容性很可能是其成为万维网的默认编码，以及诸如 JSON 等文件格式的默认编码的原因。

不幸的是，C ++语言没有很好的内置支持 Unicode 编码。例如，C++语言的 std :: string 字符串类仅适用于 ASCII 字符。但是，可以使用 std :: string 字符类来存储 UTF-8 字符串。问题是，如果字符串是以 UTF-8 编码的，则 length 成员函数将不再保证指定字符串中的字形（或字母）数量。相反，length 函数表示的是存储在 string 字符串对象中的字节数。

幸运的是，RapidJSON 库和 SDL TTF 库都支持 UTF-8 编码。同时支持与用 std::string 字符类存储 UTF-8 字符相结合，意味着读者在不需要额外代码的情况下，便可以增加对 UTF-8 字符串的支持。

11.4.2 添加文本映射

在 Game 类中，添加一个名为 mTextMap 的成员变量，该变量是一个带有 std::string

类型的键和 std::string 类型的值的无顺序映射 std :: unordered_map。此映射将
诸如"QuitText"之类的键转换为屏幕上所显示的文本"你想退出吗？"。

可以使用简单的 JSON 文件格式定义该映射，如代码清单 11.9 所示。每种语言都有自
己的 JSON 文件版本，这使得游戏程序在不同语言之间切换变得容易。

代码清单 11.9 English.gptext 文本映射文件

```
{
    "TextMap":{
        "PauseTitle": "PAUSED",
        "ResumeButton": "Resume",
        "QuitButton": "Quit",
        "QuitText": "Do you want to quit?",
        "OKButton": "OK",
        "CancelButton": "Cancel"
    }
}
```

然后，向 Game 类添加一个 LoadText 函数，该函数对 gptext 文件进行解析，并将
解析后的内容填充进 mTextMap 映射内。（LoadText 函数调用各种 RapidJSON 函数来
解析文件，但为了简洁起见，此处省略了对它的实现。）

同样，可在 Game 类中实现 GetText 函数，对于给定的键，该函数返回相关联的文
本。该函数只是对成员变量 mTextMap 映射执行查找操作。

然后，在代码中要对 Font :: RenderText 函数进行两处修改。首先，不是直接渲
染参数指定文本字符串，而是在文本映射中查找要渲染的文本字符串：

```
const std::string& actualText = mGame->GetText(textKey);
```

接下来，不是调用 TTF_RenderText_Blended 函数，而是调用 TTF_RenderUTF8_Blended
函数。后者函数具有和前者函数相同的语法，但是该函数接收的参数是 UTF-8 编码的字符
串，而不是接收 ASCII 编码的字符串：

```
SDL_Surface* surf = TTF_RenderUTF8_Blended(font,
    actualText.c_str(), sdlColor);
```

最后，之前使用硬编码的文本字符串的所有代码都改用文本映射 mTextMap 中的键。
例如，"暂停菜单"界面的标题文本不再是"PAUSED（暂停）"的字符串具体文本，而是
文本映射 mTextMap 中"PauseTitle"字符串键。这样，当最终调用 RenderText 函数时，
正确的文本将从映射中加载。

> **提示**
>
> 如果游戏代码已经确定了英文文本，那么快速破解本地化文本的方法就是使用最终的
> 英文文本作为映射中的文本键。这样，程序员就不必在代码中跟踪每个非本地化的字
> 符串使用情况。但是，如果有人稍后更改了代码中的英文字符串——更改了映射中的
> 文本值部分（但作为映射中的文本键却没有修改），然后此人就认为修改会改变屏幕上
> 的显示文本，这种认知可能会是很危险的！

为了演示上述修改后代码的功能，读者可以创建一个将代码清单 11.9 中的字符串翻译为俄语的 Russian.gptext 文件。图 11-6 显示了俄语版本的"暂停菜单"界面，界面上有"你想退出吗？"的对话框。

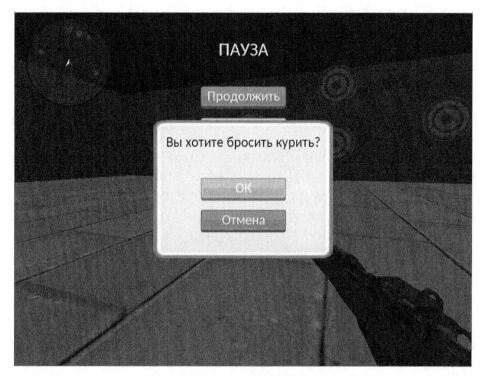

图 11-6　俄语版本的"暂停菜单"界面

11.4.3　其他本地化问题

仅当 TrueType 字体文件支持所有需要的字形时，本节所提供的代码才有效。实际上，字体文件通常只包含字形的子集。某些语言（例如中文）通常具有该语言的专用字体文件。要解决 TrueType 字体文件无法支持某些语言字形的问题，首先可以在 gptext 文件中添加对应语言的字体条目。这样一来，当填充 `mTextMap` 映射时，还是可以加载正确的字体。然后，其余的用户界面（UI）相关的代码需要确保使用这个正确的字体。

本地化相关的一些问题乍一看并不清楚。例如，德语文本通常比同意义的英语文本长 20%。这意味着如果用户界面元素刚刚适合英文文本，则可能不适合德语文本。虽然这通常是显示内容相关问题，但如果 UI 代码假定某些填充内容或文本大小，则可能会出现问题。避免这种情况的一种方法是始终查询渲染字体纹理的大小，并缩小文本的大小（如果它不适合所需的范围）。

最后，在某些情况下，文本或对话之外的内容可能需要本地化过程。一些游戏在中国也有内容相关限制（例如不可以显示血腥、暴力、色情场面）。然而，这种类型的问题通常可以在没有程序员额外帮助的情况下解决，因为艺术家可以简单地为这些对游戏内容有限制的国家（地区）区域创建替代的游戏内容。

11.5　支持多个分辨率

对于 PC 游戏和手机游戏而言，玩家使用不分辨率的屏幕这种情况非常普遍。在 PC 上，常见的显示器分辨率包括 1080p（1920 像素×1080 像素）、1440p（2560 像素×1440 像素）和 4K（3840 像素×2160 像素）。在移动设备平台上，存在数量惊人的不同设备的分辨率。尽管 Renderer 类目前支持在不同的分辨率屏幕上创建窗口，但本章中的用户界面代码假定具有固定的分辨率。

支持多种分辨率的一种方法是避免对用户界面元素使用特定的像素位置或绝对坐标。一个使用绝对坐标的例子是将用户界面元素精确地放置在坐标（1900,1000）处，并且假设该处对应于屏幕的右下角。

相反，读者可以对用户界面元素使用**相对坐标**，其中用户界面元素的坐标相对于屏幕的特定部分，该特定部分被称为锚点。例如，在相对坐标中，读者可以说要将用户界面元素放在相对于屏幕的右下角的（−100，−100）处。这意味着该用户界面元素将出现在 1080p 像素屏幕上的（1820,980）处，而当该用户界面元素出现在 1680×1050 屏幕上时，出现在屏幕上的位置为（1580,950）处（图 11-7）。读者可以将相对坐标表达为相对于屏幕上的关键点（通常是屏幕的角落或中心）的坐标，甚至是相对于其他用户界面元素的坐标。要实现相对坐标的功能，读者需要指定用户界面元素的锚点和相对坐标，然后在游戏程序运行时动态计算绝对坐标。

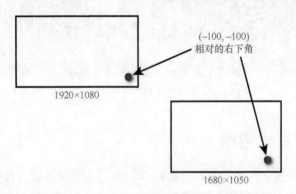

图 11-7　相对于屏幕右下角放置的用户界面元素

对用户界面元素的另一个改进是根据屏幕的分辨率来缩放用户界面元素的大小。这个改进很有用，因为在非常高的屏幕分辨率下，用户界面元素可能会变得太小而且无法使用。在更高的屏幕分辨率下，读者可以按比例扩展用户界面元素的大小，甚至可以让玩家来选择设置用户界面元素的缩放比例。

11.6　游戏项目

本章的游戏项目演示了本章中讨论的所有功能特点，只是没有涉及对多种分辨率的支持。Game 类有一个用户界面屏幕栈，还有一个 UIScreen 类、一个 PauseMenu 类和一个 DialogBox 类。HUD 类演示了瞄准线和雷达。游戏项目代码还实现了游戏的本地化。游戏项目的代码部分可以在本书对应的配套资源中找到。在 Windows 环境下，打开 `Chapter11-windows.sln`，在 Mac 环境下，打开 `Chapter11- mac.xcodeproj`。

在游戏中，使用标准的第一人称控制方式（用 W/A/S/D 键实现前后左右移动，用鼠标实现查看）来进行角色在游戏世界中的移动。玩家使用退出键进入"暂停菜单"界面，使用鼠标来控制并选择单击"暂停菜单"中的按钮。在游戏进行过程中，玩家使用数字"1"和"2"键，来进行屏幕上出现的英语（1）和俄语（2）文本之间的切换。在显示"暂停菜单"界面时，玩家按这些键（1 和 2 键）则不会执行任何动作，因为此时是 UI 屏幕来捕捉针对游戏程序的输入。

11.7　总结

本章概述了在代码中实现用户界面所涉及的挑战。在代码中使用 SDL TTF 库来渲染字体是一种便捷方式，因为 SDL TTF 库可以加载 TrueType 字体，然后将文本渲染为纹理。在用户界面屏幕栈系统中，代码将每个单独的的用户界面屏幕表示为用户界面屏幕栈上的元素。在任何时间点，只有用户界面屏幕栈上最顶层的屏幕可能会收到来自玩家的输入。代码可以扩展此用户界面屏幕系统以支持按钮和对话框。

平视显示器可能包含许多不同的用户界面元素，具体取决于游戏本身。基于瞄准的对象而变化的瞄准线用户界面元素需要使用碰撞检测来确定玩家瞄准的对象。如果玩家瞄准于目标对象，平视显示器可以绘制不同的纹理。对于雷达用户界面元素，代码可以将玩家和所有敌人对象投影到 x/y 平面上，并使用变换后的坐标来确定在雷达上绘制光点 blip 的位置。

最后，在 UI 界面系统中需要编写代码来处理不同语言环境的文本。简单的文本映射可用于在文本键和文本值之间进行转换。利用文本值的 UTF-8 编码可使文本值使用起来相对轻松一些。RapidJSON 库可以加载以 UTF-8 编码的 JSON 文件，SDL TTF 库支持渲染 UTF-8 编码的字符串。

11.8　补充阅读材料

Desi Quintans 的简短文章从设计角度给出了设计良好和糟糕的游戏用户界面的例子。编写过《杀出重围：人类革命》（《Deus Ex：Human Revolution》）游戏的 UI 界面系统程序员 Luis Sempé 编写了唯一一本专门用于编写游戏用户界面的书。（为了全面掌握书内的详细细节，我多年前与作者合作过。）最后，Joel Spolsky 的书总体上是针对 UI 界面设计的，但它提供了如何创建有效用户界面的见解。

- Desi Quintans. "Game UI by Example: A Crash Course in the Good and the Bad." Accessed September 10, 2017.
- Luis Sempé. User Interface Programming for Games. Self-published, 2014.
- Joel Spolsky. User Interface Design for Programmers. Berkeley: Apress, 2001.

11.9　练习题

在本章的练习题中，读者将探索添加游戏程序主菜单以及对游戏的平视显示器界面进行更改。

11.9.1　练习题 1

创建一个游戏程序主菜单。为了支持这一点，Game 类需要新增一个名为 EMainMenu 的游戏状态。游戏程序首先在此状态下启动，并显示一个用户界面屏幕，其中包含菜单选项 "开始" 和 "退出"。如果玩家单击 "开始"，游戏状态应切换到 "游戏进行中" 状态。如果玩家单击 "退出" 按钮，菜单应显示一个确认玩家是否想要退出的对话框。

为了向游戏程序添加更多功能，应考虑仅在首次从主菜单界面进入 "游戏进行中" 状态时生成游戏中的角色。此外，更改暂停菜单，以便用户在单击 "Quit 选项" 退出选项时，代码删除所有角色并返回主菜单界面，而不是立即退出游戏程序。

11.9.2　练习题 2

修改雷达用户界面元素，使其使用不同的光点纹理来表示目标角色。具体使用的纹理取决于角色是位于玩家位置之上，还是位于玩家位置之下。使用练习题中提供的 BlipUp.png 和 BlipDown.png 文件的纹理来显示这些不同的位置状态。测试此功能特性可能需要更改某些目标角色的定位，以便能够更清楚地区分角色在雷达上所处的高度。

11.9.3　练习题 3

实现指向特定角色的屏幕 2D 箭头。创建一个名为 ArrowTarget 的新型角色，并将其放置在游戏世界的某个位置。然后，在平视显示器（HUD）中，计算从玩家到 ArrowTarget 的向量。在 *x-y* 平面上使用此向量与玩家向前向量之间的角度来确定 2D 箭头在屏幕上旋转的角度。最后，添加代码到 UIScreen :: DrawTexture 函数中，以支持纹理的旋转（使用旋转矩阵）。

第 12 章

骨骼动画

为 3D 游戏制作动画角色和为 2D 游戏制作动画角色有着很大不同。本章介绍 3D 游戏中最常用的动画，即骨骼动画。本章首先介绍骨骼动画方法的数学基础，再深入探讨其实现细节。

12.1 骨骼动画的基础

正如第 2 章中所述，对于 2D 动画游戏，游戏使用一系列图像文件来产生动画角色运动的错觉。对于 3D 游戏中的动画角色，产生动画的简单解决方法也是类似的：构建一系列 3D 模型并快速连续地渲染这些不同的模型。虽然这种解决方案在概念上有效，但它并不是一种非常实用的方法。

考虑一个由 15000 个三角形构成的 3D 动画角色模型。15000 是现代动画游戏内的角色模型使用三角形数量的保守数字。假设每个三角形的每个顶点只占用 10 个字节的内存，那么这个模型占用的总内存使用量可能为 50KB 到 100KB。以每秒 30 帧的速度运行两秒动画总共需要 60 种不同的模型。这意味着此单个动画的总内存使用量为 3MB 到 6 MB。现在假设动画游戏使用几种不同的动画和几种不同的动画角色模型。动画模型和动画的内存使用量会很快变得过高。

此外，如果一个 3D 动画游戏中有 20 个不同的人形角色，那么在动画（如跑步）中，有可能这些人形角色的身体运动在很大程度上都是相同的。如果游戏使用刚刚描述的 2D 游戏中的简捷解决方案，则对于这 20 个动画角色中的每一个，游戏为其产生的动画都需要不同的动画模型集。这也意味着对于每个不同的动画角色，动画设计师都需要为其手工地创作不同的模型集和动画。

由于上述这些问题的存在，对于大部分 3D 动画游戏的制作，人们反而从解剖学中获取灵感：脊椎动物（如人类）是有骨骼的。附着在这些骨骼上的有肌肉、皮肤和其他组织。骨骼是僵硬的，其他组织则不是。因此，给定骨骼的位置，可以获得到附着在骨骼上的其他组织的位置。

类似地，在**骨骼动画**中，动画角色具有内部的刚性骨架。这个骨架就是动画设计师用于产生动画的对象。接下来，动画模型中的每个顶点都与骨架中的一个或多个骨骼相关联。

当动画移动骨骼时，在相关骨骼周围的顶点会变形（这就好比人在移动时，皮肤会伸展一样）。以上描述意味着对于一个动画模型来说，无论该动画模型的动画数量有多少，只需要单一的 3D 模型即可。

> **注释**
> 因为骨骼动画具有骨骼以及随着骨骼移动而产生变形的顶点，所以也称这种技术为蒙皮动画。在 3D 动画里，"皮"指的是动画模型的顶点。
> 类似地，术语**骨骼**和**关节**虽然在解剖学的背景下是具有不同含义的，但在骨骼动画的背景下，这两者是可互换的。

骨骼动画的一个优点是相同的骨架可以应用于几个不同的动画角色。例如，在游戏中，所有人形动画角色共享相同的骨架是常见的现象。因此，动画设计师为骨架创建一组动画，然后所有动画角色都可以使用这组动画。

此外，许多流行的 3D 模型创作程序（如 Autodesk Maya 和 Blender）都支持骨骼动画。因此，动画设计师可以使用这些工具来创作应用于角色上的骨架和动画。然后，与 3D 模型一样，动画设计师可以编写导出器插件程序，用以导出适合于动画游戏程序代码的首选格式。与 3D 模型一样，对于骨架和动画的描述，本书使用 JSON 格式的文件。（提醒一下，本书在 GitHub 资源库上的程序代码中，包含一个用于导出到 Epic Games 虚幻引擎的导出器插件程序，该插件程序位于 Exporter 目录中。）

本节的后续内容将介绍驱动骨骼动画产生的高层次概念和数学运算。接下来，我们将深入探讨如何在代码中实现骨骼动画的细节。

12.1.1　骨架和姿势

骨架的通常表示法是**骨骼**的层次结构（或树型结构）。**根骨骼**是骨架层次结构的基础，它没有父骨骼。骨架中的每个其他骨骼都有一个单独的父骨骼。图 12-1 所示的是一个人形角色的简单骨骼层次结构。脊椎骨骼是根骨骼的子骨骼，左右髋骨骼则是脊椎骨骼的子骨骼。

这种骨骼层次结构试图模仿解剖学。例如，如果一个人转动其肩膀，那么手臂的其余部分就会随肩膀的转动而转动。对于游戏中的骨架，读者可以这样描述：肩骨骼是肘骨骼的父骨骼，肘骨骼是腕骨骼的父骨骼，腕骨骼是手指骨骼的父骨骼。

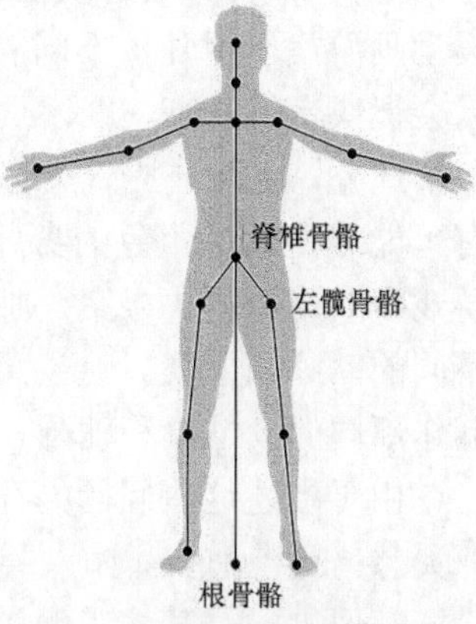

对于给定的骨架，通常用**姿势**来表示该骨架的外形。例如，在动画中，如果有角色挥手打招呼的动作，就会有一个姿势——角色抬起手骨骼并挥手。于是我们可以说，动画只是一段时间内骨架变换姿势的一个序列。

在应用任何动画之前，**绑定姿势**是骨骼的默认姿势。绑

图 12-1　具有基本骨架的角色，其中标记了一些骨骼

定姿势的另一个术语是 **t-姿势**（t-pose），因为在通常情况下，角色的身体在绑定姿势中呈"T"形，如图 12-1 所示。动画设计师要创建角色的 3D 模型，使其看起来像这个绑定姿势外形。

绑定姿势之所以通常看起来像 T 型，是因为 T 型使得骨骼更容易与顶点关联起来。关于这一点，我们会在本章后面部分详细讨论。

除了指定骨架中骨骼的父/子关系外，还必须指定每个骨骼的位置和方向。回想一下，在 3D 模型中，每个顶点都具有相对于模型对象空间原点的位置。对于人形角色来说，通常对象空间原点的位置是处于绑定姿势中角色的双脚之间。人形角色的对象空间原点的位置，与骨架中根骨骼的典型位置相对应的情况并不是偶然情况。

对于骨架中的每个骨骼，可以通过两种方式描述其位置和方向，即全局姿势和局部姿势。骨骼的**全局姿势**相对于对象空间原点；相反，骨骼的**局部姿势**则相对于父骨骼。因为根骨骼没有父骨骼，所以它的局部姿势和全局姿势是相同的。换句话说，根骨骼的位置和方向始终对应于对象空间原点。

假设要存储所有骨骼的局部姿势数据。表示骨骼的位置和方向的一种方法是使用变换矩阵。给定骨骼在坐标空间中的一个点，此局部姿势矩阵会将该点变换为骨骼在其父坐标空间中的一个点。

如果每个骨骼都具有局部姿势矩阵，然后给定骨骼层次结构的父/子关系，就总是可以计算出任何骨骼的全局姿势矩阵。例如，脊椎骨骼的父骨骼是根骨骼，因此脊椎骨骼的局部姿势矩阵是其相对于根骨骼的位置和方向。如上所述，根骨骼的局部姿势矩阵与其全局姿势矩阵相同。因此，将脊椎骨骼的局部姿势矩阵乘以根骨骼的全局姿势矩阵就会产生脊椎骨骼的全局姿势矩阵，如下公式：

$$[SpineGlobal] = [SpineLocal][RootGlobal]$$

有了脊椎骨骼的全局姿势矩阵，给定脊椎骨骼在坐标空间中的一个点，就可以将其转换为对象空间中的一个点。

同样，要计算左髋骨骼的全局姿势矩阵，即脊椎骨骼的子骨骼的全局姿势矩阵，计算方式如下：

$$[HipLGlobal] = [HipLLocal][SpineLocal][RootGlobal]$$
$$[HipLGlobal] = [HipLLocal][SpineGlobal]$$

因为代码总是可以将骨骼的局部姿势变换为骨骼的全局姿势，所以仅存储骨骼的局部姿势似乎是合理的。但是，通过使用骨骼的全局姿势的形式来存储某些信息，可以减少每帧内所需的用于计算全局姿势的次数。

尽管使用矩阵来存储骨骼姿势的方法能够起作用，但就像使用 actor 一样，我们可能希望将骨骼位置和方向分别表示为适用于平移操作的向量和适用于旋转操作的四元数。这样做的主要原因是：在动画播放期间，四元数允许更加准确地插值于骨骼的旋转。可以忽略骨骼的缩放比例，因为缩放骨骼的操作通常仅用于卡通风格动画的角色上。在卡通动画里，角色可以以奇怪的方式伸展缩放。

可以将骨骼的位置和方向组合到以下的 BoneTransform 结构中：

```
struct BoneTransform
{
    Quaternion mRotation;
    Vector3 mTranslation;
    // Convert to matrix
```

```
    Matrix4 ToMatrix() const;
};
```

ToMatrix 函数将 BoneTransform 结构转换为矩阵。该函数只是从结构的成员数据创建旋转矩阵和平移矩阵，并将这些矩阵相乘。该函数是必需的，因为即使许多中间计算直接使用 BoneTransform 结构的旋转四元数变量和平移向量变量，最终的图形代码和着色器程序依然需要矩阵。

要定义整个骨架，需要知道每个骨骼的名称、骨骼的父骨骼名称以及当前骨骼的骨骼变换。就骨骼变换来说，在整体骨架处于绑定姿势时，应特定地存储骨骼的局部姿势（来自于父骨骼的变换）。

存储这些骨骼信息的一种方法是通过一个数组来保存。数组的索引 0 对应于根骨骼，然后每个后续骨骼通过索引号引用其父骨骼。对于表 12-1 中的示例来说，存储在索引 1 中的脊椎骨骼的父骨骼索引为 0，因为根骨骼是脊椎骨骼的父骨骼。类似地，存储在索引 2 中的髋骨骼的父骨骼具有的索引为 1。

表 12-1   表示为骨骼数组的骨架

索引	0	1	2	3	4
骨骼	名称：根骨骼 父骨骼：–1 局部姿势：……	名称：脊椎骨骼 父骨骼：0 局部姿势：……	名称：左髋骨骼 父骨骼：1 局部姿势：……	名称：右髋骨骼 父骨骼：1 局部姿势：……	……

上述数组的使用，引导出以下骨骼 Bone 结构，其中结构包括绑定姿势下局部的骨骼变换、骨骼名称和父骨骼的索引：

```
struct Bone
{
    BoneTransform mLocalBindPose;
    std::string mName;
    int mParent;
};
```

然后，以骨架为基础，定义一个其元素为骨骼 Bone 的 std :: vector 容器。根骨骼将其父骨骼的索引设置为–1。但是除根骨骼之外，每个其他骨骼在容器内都有一个父骨骼索引项。为了简化后续的计算，父骨骼项的索引应该比其子骨骼项的索引更早出现在数组中，例如，因为左髋骨骼是脊椎骨骼的子骨骼，所以不应该出现左髋骨骼的索引先于脊椎骨骼的索引出现的情况。

用于存储骨架数据的 JSON 文件格式直接反映了上述表示形式。代码清单 12.1 给出了一个骨架数据的 JSON 文件的片段，片段内显示了容器内的前两个骨骼：root 骨骼和 pelvis 骨骼。

代码清单 12.1 骨架数据文件的开头部分片段

```
{
    "version":1,
    "bonecount":68,
    "bones":[
        {
            "name":"root",
```

```
        "parent":-1,
        "bindpose":{
           "rot":[0.000000,0.000000,0.000000,1.000000],
           "trans":[0.000000,0.000000,0.000000]
        }
     },
     {
        "name":"pelvis",
        "parent":0,
        "bindpose":{
           "rot":[0.001285,0.707106,-0.001285,-0.707106],
           "trans":[0.000000,-1.056153,96.750603]
        }
     },
     // ...
   ]
}
```

12.1.2　反向绑定姿势矩阵

通过存储在骨架数据文件中的骨骼局部绑定姿势信息，可以使用矩阵乘法轻松计算每个骨骼的全局绑定姿势矩阵，如 12.1.1 节公式所示。给定一个骨骼在坐标空间中的一个点，乘以该骨骼的全局绑定姿势矩阵，就可以将该点变换为对象空间上的一个点。以上变换假设骨架处于绑定姿势状态。

骨骼的**反向绑定姿势矩阵**仅仅是全局绑定姿势矩阵的逆矩阵。给定对象空间中的一个点，将其乘以反向绑定姿势矩阵，就可以将该点变换为骨骼坐标空间中的一个点。骨骼的反向绑定姿势矩阵实际上非常有用，因为 3D 模型的顶点位于对象空间中，并且 3D 模型的顶点处在绑定姿势中。因此，反向绑定姿势矩阵允许代码把来自 3D 模型对象空间内的顶点变换为特定骨骼的坐标空间内的顶点（在绑定姿势下）。

例如，代码可以使用以下方法计算脊椎骨骼的全局绑定姿势矩阵：

$$[SpineBind] = [SpineLocalBind][RootBind]$$

脊椎骨骼的反向绑定姿势矩阵计算方式如下：

$$[SpineInvBind] = [SpineBind]^{-1} = ([SpineLocalBind][RootBind])^{-1}$$

计算反向绑定姿势矩阵的最简单方法需要两个步骤：第一步，使用 12.1.1 节中的乘法过程计算每个骨骼的全局绑定姿势矩阵；第二步，在代码中逆转第一步得到的每个骨骼的全局绑定姿势矩阵，用以获得每个骨骼的反向绑定姿势矩阵。

因为每个骨骼的反向绑定姿势矩阵从不发生改变，所以代码可以在加载骨架数据文件时，计算出这些骨骼的反向绑定姿势矩阵。

12.1.3　动画数据

就像根据每个骨骼的局部姿势来描述整个骨架的绑定姿势一样，也可以描述骨架任意的姿势。更正式地说，骨架的当前姿势只是骨架内每个骨骼当前局部姿势的集合。此外，**动画**仅仅是随时间播放的一系列姿势。与绑定姿势一样，对于每个骨骼，可以根据需要将这些骨骼的局部姿势变换为对应的全局姿势矩阵。

可以使用二维动态数组来存储作为动画数据的骨骼变换。在二维动态数组里，行对应于骨骼，列对应于动画的帧。

以帧为单位存储动画数据的一个问题是动画的帧速率可能与游戏的帧速率不对应。例如，游戏可能是以 60 帧/s 的速度进行更新，但动画可能是以 30 帧/s 的速度更新。如果动画相关的代码能够跟踪动画的持续时间，那么在每个帧上，代码就可以通过更改增量时间值，来实现动画的帧速率与游戏帧速率的对应。然而，有些时候存在游戏需要在两个不同的帧之间显示动画的情况。要支持这一点，可以向 `BoneTransform` 结构中添加静态的 `Interpolate` 插值函数：

```
BoneTransform BoneTransform::Interpolate(const BoneTransform& a,
    const BoneTransform& b, float f)
{
    BoneTransform retVal;
    retVal.mRotation = Quaternion::Slerp(a.mRotation, b.mRotation, f);
    retVal.mTranslation = Vector3::Lerp(a.mTranslation,
    b.mTranslation, f);
    return retVal;
}
```

然后，如果游戏一定要显示在两个不同帧之间的骨骼姿势状态，就可以向每个骨骼的骨骼变换进行插值操作，以获得当前帧上的骨骼局部姿势。

12.1.4　蒙皮

蒙皮涉及将 3D 模型中的顶点与 3D 模型对应骨架中的一个或多个骨骼相关联。（以上蒙皮的定义与非动画上下文中的术语 Skinning 不同。）然后，在绘制 3D 模型顶点时，任何相关骨骼的位置和方向都会**影响**顶点的位置。因为 3D 模型的蒙皮信息在游戏运行期间不会改变，所以蒙皮信息是每个顶点的属性。

在骨架蒙皮的典型实现中，3D 模型中的每个顶点最多可以与 4 个不同的骨骼相关联。这些关联中的每一个骨骼都具有权重，该权重指定了 4 个骨骼中的每一个对顶点的影响程度。相关联骨骼对某个顶点的所有权重总和必须为 1。例如，脊椎骨骼和左髋骨骼可能会影响角色躯干左下角部分的 3D 模型顶点。如果 3D 模型的顶点更接近脊椎骨骼，则脊椎骨骼对 3D 模型顶点的权重可能为 0.7，髋骨骼对 3D 模型顶点的权重可能为 0.3。如果一个 3D 模型顶点只有一个影响着它的骨骼，这种情况是常见的，那么那一个骨骼的权重对此 3D 模型的权重为 1.0。

目前，不要担心如何为顶点添加骨骼和蒙皮权重这些额外的属性。相反，要考虑只有一个骨骼影响 3D 模型顶点的例子。回想一下，存储在顶点缓冲区中的 3D 模型顶点位于对象空间中，而 3D 模型位于绑定姿势中。但是如果想以任意姿势 P 绘制 3D 模型，则一定要将每个顶点从对象空间内的绑定姿势变换为对象空间内的当前姿势 P。

为了使这个例子更加具体化，假设对应顶点 v，唯一对其产生影响的骨骼是脊椎骨骼。从早期的计算中，我们已经知道脊椎骨骼的反向绑定姿势矩阵。此外，根据动画数据，可以计算出处于当前姿势 P 的脊椎骨骼的全局姿势矩阵。要将顶点 v 变换到当前姿势 P 的对象空间中，首先应将顶点变换为绑定姿势中脊椎骨骼的局部坐标空间上的一个点，然后再将顶点变换为当前姿势对象空间上的一个点。数学表达式如下：

$$v_{\text{InCurrentPose}} = v \left([SpineBind]^{-1}[SpineCurrentPose]\right)$$

现在，假设有两个骨骼对顶点 v 产生影响：脊椎骨骼对顶点 v 的影响权重为 0.75，左髋骨骼对顶点 v 的影响权重为 0.25。在这种情况下计算当前姿势中的顶点位置 v，需要分别计算每个骨骼对当前姿势下的顶点 v 位置的影响，然后使用影响权重在计算后的结果之间进行插值计算，如下：

$$v_0 = v([SpineBind]^{-1}[SpineCurrentPose])$$
$$v_1 = v([HipLBind]^{-1}[HipLCurrentPose])$$
$$v_{\text{InCurrentPose}} = 0.75 \cdot v_0 + 0.25 \cdot v_1$$

以此类推，可以扩展地计算出 4 个不同的骨骼对顶点位置产生的影响。

某些骨骼（如脊椎骨骼）会影响角色模型上的数百个顶点。对于每个顶点，重新计算脊椎骨骼的反向绑定姿势矩阵与每个顶点的当前姿势矩阵的乘积是多余的。在动画的每一帧上，上述乘法的计算结果从不会改变。减少计算的解决方案是创建一个称为**矩阵调色板**的矩阵数组。此数组中的每个索引都含有对应骨骼数组索引的骨骼反向绑定姿势矩阵与对应骨骼数组索引的骨骼当前帧姿势矩阵的相乘结果。

例如，如果脊椎骨骼位于骨骼数组中的索引 1 处，则矩阵调色板的索引 1 包含以下内容：

$$MatrixPalette[1] = [SpineBind]^{-1}[SpineCurrentPose]$$

受脊椎骨骼影响的任何顶点都可以使用矩阵调色板中预先计算好的矩阵。对于顶点仅受脊椎骨骼影响的情况，顶点变换后的对象空间位置如下：

$$v_{\text{InCurrentPose}} = v \left(MatrixPalette[1]\right)$$

使用此矩阵调色板可以为每帧节省数千个额外的矩阵乘法运算。

12.2 实现骨骼动画

建立了骨骼动画的数学基础后，现在可以向游戏代码中添加骨骼动画支持。首先，对顶点添加骨骼蒙皮所需的额外属性（对顶点位置产生影响的骨骼及影响权重）的支持，并在骨架的绑定姿势中绘制模型。其次，添加加载骨架数据文件的支持，并计算骨架上每个骨骼的反向绑定姿势矩阵。再次，计算动画的当前姿势矩阵并保存矩阵调色板。以上添加的代码部分允许动画在第一帧中绘制模型。最后，添加基于增量时间来更新动画的支持。

12.2.1　使用带有骨骼蒙皮的顶点属性进行绘制

尽管使用带有不同的顶点属性来绘制模型看起来很简单，但是第 6 章中编写的几段代码假定使用单个顶点布局。回想一下，到目前为止，所有 3D 模型都使用了具有位置、法线和纹理坐标的顶点布局。要添加对文中新出现的骨骼蒙皮顶点属性的支持，需要对已存在的部分进行大量的更改。

首先，要创建一个名为 Skinned.vert 的新顶点着色器程序。回想一下，着色器程序是在 GLSL 语言中而不是在 C++语言中编写的。在当前这种使用骨骼蒙皮的顶点属性情况下，不需要新的片段着色器程序，因为我们仍然希望使用第 6 章中的 Phong 片段着色器程序来照亮像素。最初，Skinned.vert 顶点着色器程序只是 Phong.vert 顶点着色器程序的副本。回想一下，顶点着色器程序必须指定传入的每个顶点的预期顶点布局。因此，必须将 Skinned.vert 顶点着色器程序中的顶点布局声明更改为以下内容：

```
layout(location = 0) in vec3 inPosition;
layout(location = 1) in vec3 inNormal;
layout(location = 2) in uvec4 inSkinBones;
layout(location = 3) in vec4 inSkinWeights;
layout(location = 4) in vec2 inTexCoord;
```

这组声明表示在顶点布局中，有 3 个浮点数用于表示顶点位置，3 个浮点数用于表示顶点位置处的法线，4 个无符号整数用于表示影响顶点的骨骼，4 个浮点数用于表示这些骨骼影响顶点的权重，2 个浮点数用于表示纹理坐标。

先前的顶点布局——包括位置、法线和纹理坐标都使用单精度浮点数（每个单精度浮点数占用 4 个字节空间）来表示顶点属性的所有值。因此，先前旧的顶点布局的大小为 32 字节。如果要为蒙皮权重使用单精度浮点数，为蒙皮骨骼使用完整的 32 位整数，则顶点布局的大小会增加 32 个字节，这会使得内存中的每个顶点属性的大小加倍。

然而，代码可以将模型中的蒙皮骨骼数量限制为 256 个字节以内。这意味着每个影响顶点的蒙皮骨骼的编号只需要 0~255，或者每个蒙皮骨骼的编号只需要用一个字节来表示。这就将 Skinned.vert 顶点着色器程序中的 inSkinBones 变量的大小从 16 个字节减少到 4 个字节。此外，代码可以指定蒙皮骨骼权重也在 0~255 内。然后，OpenGL 可以自动将蒙皮骨骼权重的 0~255 范围的值转换为 0.0~1.0 的标准化浮点数范围的值。这个转换也会将 Skinned.vert 顶点着色器中 inSkinWeights 变量的大小减小到 4 个字节。这意味着，总体来算的话，每个顶点的大小将是原来的 32 个字节，另外加上额外的 8 个字节用于表示蒙皮骨骼和蒙皮骨骼权重。图 12-2 说明了这种布局。

要减少 inSkinBones 属性变量和 inSkinWeights 属性变量对内存的使用，在代码中无须对着色器程序进行任何进一步的更改。相反，在 C++代码中定义顶点数组属性时，代码需要指定这些属性的预期大小。回想一下第 5 章中的内容，顶点数组属性的定义出现在 VertexArray 类的构造函数中。为了支持不同类型的顶点布局，代码可以在 VertexArray 类的头文件 VertexArray.h 声明中，添加新的枚举类型如下：

```
enum Layout
```

```
{
    PosNormTex,
    PosNormSkinTex
};
```

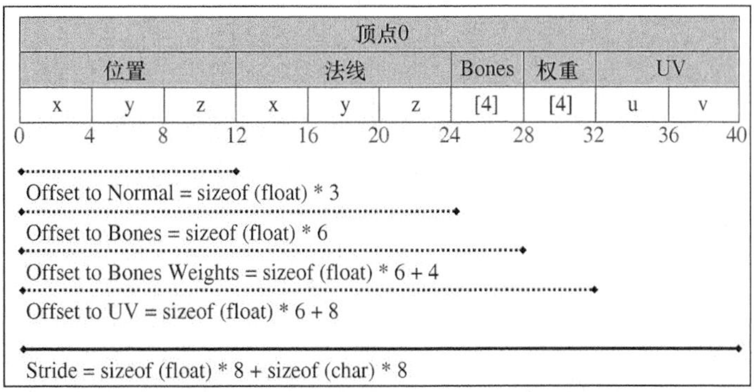

图 12-2 具有蒙皮骨骼和蒙皮权重的顶点布局

然后，修改 VertexArray 类的构造函数，以便该构造函数能够接收 Layout 枚举作为参数。然后，在 VertexArray 类的构造函数的代码中，检查接收的顶点布局输入参数，以确定如何定义顶点数组属性。对于输入参数是 PosNormTex 的情况，使用先前编写的定义顶点属性的代码。否则，如果顶点布局输入参数指的是 PosNormSkinTex，则定义新的顶点属性布局，如代码清单 12.2 所示。

代码清单 12.2　在 VertexArray 类的构造函数中声明顶点属性

```
if (layout == PosNormTex)
{ /* From Chapter 6... */  }
else if (layout == PosNormSkinTex)
{
    // Position is 3 floats
    glEnableVertexAttribArray(0);
    glVertexAttribPointer(0, 3, GL_FLOAT, GL_FALSE, vertexSize, 0);
    // Normal is 3 floats
    glEnableVertexAttribArray(1);
    glVertexAttribPointer(1, 3, GL_FLOAT, GL_FALSE, vertexSize,
        reinterpret_cast<void*>(sizeof(float) * 3));

    // Skinning bones (keep as ints)
    glEnableVertexAttribArray(2);
    glVertexAttribIPointer(2, 4, GL_UNSIGNED_BYTE, vertexSize,
        reinterpret_cast<void*>(sizeof(float) * 6));
    // Skinning weights (convert to floats)
    glEnableVertexAttribArray(3);
    glVertexAttribPointer(3, 4, GL_UNSIGNED_BYTE, GL_TRUE, vertexSize,
        reinterpret_cast<void*>(sizeof(float) * 6 + 4));

    // Texture coordinates
    glEnableVertexAttribArray(4);
    glVertexAttribPointer(4, 2, GL_FLOAT, GL_FALSE, vertexSize,
        reinterpret_cast<void*>(sizeof(float) * 6 + 8));
}
```

前两个属性（位置和法线）的声明部分与在第 6 章中声明的相同。回想一下，glVertexAttribPointer 函数的参数分别是：属性编号、属性中的元素个数、属性的类型（在内存中的）、是否 OpenGL 应规范化该值、每个顶点（或步幅）的大小，以及从顶点的起点到该属性的字节偏移量。因此，对于前两个属性——顶点位置 position 和顶点位置处的法线 normal，每个属性都是使用 3 个浮点数表示的值。

接下来，定义蒙皮骨骼和蒙皮权重的顶点属性。对于蒙皮骨骼属性，使用 glVertexAttribIPointer 函数，该函数适合于表示着色器程序中的整数值。因为着色器程序中的 inSkinBones 变量的定义使用 4 个无符号整数，所以代码里必须使用 AttribI 函数，而不是常规使用的 Attrib 函数。在 glVertexAttribIPointer 函数里，指定每个整数类型是无符号字节类型（取值大小从 0 到 255）。对于蒙皮权重属性，指定存储在内存中的每个权重属性都是无符号字节类型，然而代码需要将这些无符号字节转换为从 0.0 到 1.0 的标准化浮点数值。

最后，关于纹理坐标属性的声明部分，除了它们具有与之前定义的顶点属性布局不同的偏移量之外，其余部分与在第 6 章中声明的顶点布局完全相同。不同的偏移量只是因为现在它们出现在顶点布局中的后面部分里。

一旦定义好了骨骼蒙皮顶点属性，下一步就是更新 Mesh 类内加载带有蒙皮顶点属性的 gpmesh 文件的代码。（为了简洁起见，本章省略了文件加载部分的代码。但是与之前一样，文件加载部分的源代码可以在本章的相应游戏项目中找到。）

接下来，代码声明一个继承自 MeshComponent 类的 SkeletalMeshComponent 类，如代码清单 12.3 所示。目前，该 SkeletalMeshComponent 类不会覆盖其父类 MeshComponent 的任何行为函数。因此，SkeletalMeshComponent 类的 Draw 函数现在只需调用 MeshComponent :: Draw 函数。当游戏开始播放动画时，SkeletalMeshComponent 类需要修改 Draw 函数的定义（重写 Draw 函数）。

代码清单 12.3　SkeletalMeshComponent 类的声明

```
class SkeletalMeshComponent : public MeshComponent
{
public:
    SkeletalMeshComponent(class Actor* owner);
    // Draw this mesh component
    void Draw(class Shader* shader) override;
};
```

然后，需要更改 Renderer 类定义，以区分渲染的是普通网格还是骨骼网格。具体来说，在代码中创建一个单独的、容器内的元素为 SkeletalMeshComponent 指针的 std :: vector 容器。然后，更改 Renderer :: AddMesh 函数和 RemoveMesh 函数的定义，以将参数给定的网格对象添加到普通的 MeshComponent 指针容器里，或者添加到 SkeletalMeshComponent 指针容器内。（为了支持将网格加入到不同容器内，可以向 MeshComponent 类内添加一个 mIsSkeletal 成员变量，该成员变量指定网格是否为骨骼网格。）

接下来，在 Renderer :: LoadShader 函数中，加载蒙皮顶点着色器程序和 Phong

片段着色器程序，并将生成的蒙皮网格着色器程序保存在 mSkinnedShader 成员变量中。

最后，在 Renderer :: Draw 函数中，在绘制完常规网格之后，代码绘制所有骨骼网格。除了使用蒙皮网格着色器程序之外，代码几乎与第 6 章中的常规网格绘制代码相同：

```
// Draw any skinned meshes now
mSkinnedShader->SetActive();
// Update view-projection matrix
mSkinnedShader->SetMatrixUniform("uViewProj", mView * mProjection);
// Update lighting uniforms
SetLightUniforms(mSkinnedShader);
for (auto sk : mSkeletalMeshes)
{
    if (sk->GetVisible())
    {
        sk->Draw(mSkinnedShader);
    }
}
```

有了以上的所有这些代码，现在可以绘制具有蒙皮顶点属性的模型，如图 12-3 所示。本章使用的角色模型是由 Pior Oberson 创建的 Feline Swordsman 模型。模型文件是本章游戏项目 Assets 目录中的 CatWarrior.gpmesh 文件。

图 12-3　在绑定姿势中绘制 Feline Swordsman 模型

角色模型面部朝向右侧，因为模型的绑定姿势是朝向 y 轴正向，而本书的游戏以 x 轴正向作为向前方向，所以动画会将模型都旋转为面向 x 轴正向。因此，一旦开始播放动画，模型将面向正确的方向。

12.2.2 加载骨架数据

既然蒙皮模型可以绘制，下一步就是加载蒙皮骨架。gpskel 文件格式简单地为绑定姿势中的每个骨骼定义了骨骼、父骨骼项和局部姿势变换。要封装加载的骨架数据，可以声明一个 Skeleton 类，如代码清单 12.4 所示。

代码清单 12.4 Skeleton 类的声明

```cpp
class Skeleton
{
public:
    // Definition for each bone in the skeleton
    struct Bone
    {
        BoneTransform mLocalBindPose;
        std::string mName;
        int mParent;
    };

    // Load from a file
    bool Load(const std::string& fileName);

    // Getter functions
    size_t GetNumBones() const { return mBones.size(); }
    const Bone& GetBone(size_t idx) const { return mBones[idx]; }
    const std::vector<Bone>& GetBones() const { return mBones; }
    const std::vector<Matrix4>& GetGlobalInvBindPoses() const
       { return mGlobalInvBindPoses; }
protected:
    // Computes the global inverse bind pose for each bone
    // (Called when loading the skeleton)
    void ComputeGlobalInvBindPose();
private:
    // The bones in the skeleton
    std::vector<Bone> mBones;
    // The global inverse bind poses for each bone
    std::vector<Matrix4> mGlobalInvBindPoses;
};
```

在 Skeleton 类的成员数据中，用 std :: vector 容器存储所有骨骼，用另一个 std :: vector 容器存储全局反向绑定姿势矩阵。Load 函数并没有特别值得注意的地方，因为该函数只是解析在 gpmesh 文件中的内容，并将内容转换为本章前面讨论过的 Bone 结构，然后将所有 Bone 结构保存到 std :: vector 容器中。（与其他 JSON 文件加载部分的代码一样，本章省略了本案例中文件加载部分的代码，但该代码可以从本书配套资源获取。）

如果骨架数据文件被成功加载，则该 Load 函数接下来调用 ComputeGlobalInvBindPose 函数，该函数使用矩阵乘法计算每个骨骼的全局反向绑定姿势矩阵。在代码中可以使用本章前面讨论的两步计算方法来获得每个骨骼的全局反向绑定姿势矩阵：先计算生成每个骨骼的全局绑定姿势矩阵，然后反转生成的矩阵，以生成每个骨骼的反向绑定姿势矩阵。代码清单 12.5 给出了 `ComputeGlobalInvBindPose` 函数的实现。

代码清单 12.5 `ComputeGlobalInvBindPose` 函数的实现

```cpp
void Skeleton::ComputeGlobalInvBindPose()
{
    // Resize to number of bones, which automatically fills identity
    mGlobalInvBindPoses.resize(GetNumBones());

    // Step 1: Compute global bind pose for each bone
    // The global bind pose for root is just the local bind pose
    mGlobalInvBindPoses[0] = mBones[0].mLocalBindPose.ToMatrix();

    // Each remaining bone's global bind pose is its local pose
    // multiplied by the parent's global bind pose
    for (size_t i = 1; i < mGlobalInvBindPoses.size(); i++)
    {
        Matrix4 localMat = mBones[i].mLocalBindPose.ToMatrix();
        mGlobalInvBindPoses[i] = localMat *
            mGlobalInvBindPoses[mBones[i].mParent];
    }

    // Step 2: Invert each matrix
    for (size_t i = 0; i < mGlobalInvBindPoses.size(); i++)
    {
        mGlobalInvBindPoses[i].Invert();
    }
}
```

使用熟悉的模式加载骨架数据文件，编写代码向 Game 类中添加元素为 Skeleton 指针的 `unordered_map` 映射成员变量，将骨架数据信息和从映射中检索骨架数据的代码保存到映射内。

最后，因为每个 SkeletalMeshComponent 组件还需要知道该组件所关联的骨架，所以可以向 SkeletalMeshComponent 的成员数据部分添加一个 Skeleton 对象指针。然后，在创建 SkeletalMeshComponent 对象时，还要为其指定适当的骨架对象。

不幸的是，添加 Skeleton 类并没有使得在绑定姿势中绘制的角色模型出现任何明显的区别。要看到绘制的角色模型出现任何变化，需要做更多的工作。

12.2.3 加载动画数据

本书使用的动画文件格式也是 JSON 格式。动画文件内首先包含一些基本信息，例如动画的帧数和动画持续时间（以秒为单位），以及相关骨架中的骨骼数量。动画文件的其余部分是其模型中骨骼的局部姿势信息。该动画文件将数据组织为**轨道**（track），每个 track 包含每个骨骼在各个帧上的姿势信息。（术语"轨道"来自基于时间的编辑器程序，如视频编辑器和声音编辑器。）如果骨架有 10 个骨骼且动画有 50 帧，则动画文件内就有 10 个轨道，每个轨道有 50 个用于表示该骨骼在每一帧内的姿势。代码清单 12.6 显示了这种 gpanim 数据文件的基本格式内容。

代码清单 12.6 动画数据文件的起始部分

```
{
    "version":1,
    "sequence":{
        "frames":19,
        "duration":0.600000,
        "bonecount":68,
        "tracks":[
            {
                "bone":0,
                "transforms":[
                    {
                        "rot":[-0.500199,0.499801,-0.499801,0.500199],
                        "trans":[0.000000,0.000000,0.000000]
                    },
                    {
                        "rot":[-0.500199,0.499801,-0.499801,0.500199],
                        "trans":[0.000000,0.000000,0.000000]
                    },
                    // Additional transforms up to frame count
                    // ...
                ],
                // Additional tracks for each bone
                // ...
            }
        ]
    }
}
```

此动画数据文件格式不保证每个骨骼都对应有一个轨道，这就是每个轨道以骨骼索引号开头的原因。在某些情况下，诸如手指之类的骨骼不需要应用任何动画。在这种情况下，手指骨骼根本就没有对应的轨道。但是，如果一个骨骼具有轨道，则对动画中的每一帧，该骨骼对应的轨道都具有局部姿势。

此外，每个骨骼轨道的动画数据在末尾处包含一个额外的帧，此额外的帧是第一帧的副本。因此，尽管上面的动画数据文件例子里描述动画有 19 帧，持续时间为 0.6s，但第 19 帧实际上是 0 帧的副本。因此，在这种情况下，实际上动画只有 18 帧，动画的播放速率恰好为 30 FPS（帧/秒）。包含此重复帧是因为它会使得动画循环更容易实现一些。

与骨架数据信息的情况一样，代码声明一个名为 Animation 类的新类来存储加载的动画数据。代码清单 12.7 显示了 Animation 类的声明。Animation 类的成员数据包括骨骼数量、动画中的帧数、动画的持续时间以及包含每个骨骼姿势信息的轨道。与其他基于 JSON 的文件格式加载数据的代码一样，本章省略了从文件中加载数据的代码。但是，存储在 Animation 类中的数据清晰地反映了 gpanim 动画数据文件中的数据。

代码清单 12.7 Animation 类的声明

```
class Animation
{
public:
    bool Load(const std::string& fileName);
```

```
size_t GetNumBones() const { return mNumBones; }
size_t GetNumFrames() const { return mNumFrames; }
float GetDuration() const { return mDuration; }
float GetFrameDuration() const { return mFrameDuration; }

// Fills the provided vector with the global (current) pose matrices
// for each bone at the specified time in the animation.
void GetGlobalPoseAtTime(std::vector<Matrix4>& outPoses,
    const class Skeleton* inSkeleton, float inTime) const;
private:
// Number of bones for the animation
size_t mNumBones;
// Number of frames in the animation
size_t mNumFrames;
// Duration of the animation in seconds
float mDuration;
// Duration of each frame in animation
float mFrameDuration;
// Transform information for each frame on the track
// Each index in the outer vector is a bone, inner vector is a frame
std::vector<std::vector<BoneTransform>> mTracks;
};
```

GetGlobalPoseAtTime 函数的工作是：在指定的时间参数 inTime 上计算骨架中每个骨骼的全局姿势矩阵。该函数将计算出的这些骨骼的全局姿势矩阵写入函数提供的 outPoses std :: matrices 容器内。目前，在代码中可以忽略 inTime 参数，只需对 GetGlobalPoseAtTime 函数进行硬编码，使其只对第 0 帧起作用。这样，在代码可以先让游戏程序正确地绘制动画的第一帧。我们在 12.2.5 节回顾 GetGlobalPoseAtTime 函数，并讨论如何恰当地实现它。

要计算每个骨骼的全局姿势，应遵循前面讨论过的相同方法。首先设置根骨骼的全局姿势，然后各个其他骨骼的全局姿势是其局部姿势乘以其父骨骼的全局姿势。mTracks 的第一个索引对应于骨骼索引，第二个索引对应于动画中的帧。因此，在 GetGlobalPoseAtTime 函数的第一个版本实现上，将 mTracks 成员数据的第二个索引硬编码为 0（表示为动画的第一帧），如代码清单 12.8 所示。

代码清单 12.8 第一版 GetGlobalPoseAtTime 函数的实现（硬编码 mTracks 第二个索引为 0 的版本）

```
void Animation::GetGlobalPoseAtTime(std::vector<Matrix4>& outPoses,
    const Skeleton* inSkeleton, float inTime) const
{
    // Resize the outPoses vector if needed
    if (outPoses.size() != mNumBones)
    {
        outPoses.resize(mNumBones);
    }

    // For now, just compute the pose for every bone at frame 0
    const int frame = 0;
    // Set the pose for the root
    // Does the root have a track?
```

```
if (mTracks[0].size() > 0)
{
    // The global pose for the root is just its local pose
    outPoses[0] = mTracks[0][frame].ToMatrix();
}
else
{
    outPoses[0] = Matrix4::Identity;
}

const std::vector<Skeleton::Bone>& bones = inSkeleton->GetBones();
// Now compute the global pose matrices for every other bone
for (size_t bone = 1; bone < mNumBones; bone++)
{
    Matrix4 localMat; // Defaults to identity
    if (mTracks[bone].size() > 0)
    {
        localMat = mTracks[bone][frame].ToMatrix();
    }

    outPoses[bone] = localMat * outPoses[bones[bone].mParent];
}
}
```

请注意，因为并非每个骨骼都有轨道，所以 GetGlobalPoseAtTim 函数必须首先检查骨骼是否有轨道。如果不是，该骨骼的局部姿势矩阵仍然是单位矩阵。

接下来，使用常见的模式来建立映射，并在映射中缓存动画数据，相应提供获取映射内容的 get 函数。当前映射内包含的数据为 Animation 对象指针，添加代码将映射保存到 Game 类中。

现在，需要向 SkeletalMeshComponent 类添加功能。回想一下，对于每个骨骼，矩阵调色板存储反向绑定姿势矩阵乘以当前姿势矩阵。然后，在计算具有蒙皮属性的顶点位置时，可以使用此调色板。因为 SkeletalMeshComponent 类跟踪动画在当前帧上的播放并且可以访问骨架数据，所以在 SkeletalMeshComponent 类中存储矩阵调色板是有意义的。首先声明一个简单的结构 MatrixPalette，定义如下所示：

```
const size_t MAX_SKELETON_BONES = 96;
struct MatrixPalette
{
    Matrix4 mEntry[MAX_SKELETON_BONES];
};
```

将最大骨骼数量的常量设置为 96 个，但骨骼数量最高可以达到 256 个，因为骨骼索引的范围可以是 0 到 255。

然后，将成员变量添加到 SkeletalMeshComponent 类中，添加的变量包括当前帧上播放的动画、动画的播放速率、动画中的当前时间以及当前帧上使用的矩阵调色板：

```
// Matrix palette
MatrixPalette mPalette;
// Animation currently playing
class Animation* mAnimation;
```

```
// Play rate of animation (1.0 is normal speed)
float mAnimPlayRate;
// Current time in the animation
float mAnimTime;
```

接下来，创建一个 ComputeMatrixPalette 函数，如代码清单 12.9 所示，该函数取得全局反向绑定姿势矩阵，以及在当前帧上的全局姿势矩阵。然后，对于每个骨骼，该函数将当前骨骼对应的这些矩阵相乘，得到当前骨骼在矩阵调色板内条目。

代码清单 12.9　ComputeMatrixPalette 函数的实现

```
void SkeletalMeshComponent::ComputeMatrixPalette()
{
    const std::vector<Matrix4>& globalInvBindPoses =
        mSkeleton->GetGlobalInvBindPoses();
    std::vector<Matrix4> currentPoses;
    mAnimation->GetGlobalPoseAtTime(currentPoses, mSkeleton,
        mAnimTime);

    // Setup the palette for each bone
    for (size_t i = 0; i < mSkeleton->GetNumBones(); i++)
    {
        // Global inverse bind pose matrix times current pose matrix
        mPalette.mEntry[i] = globalInvBindPoses[i] * currentPoses[i];
    }
}
```

最后，在 SkeletalMeshComponent 类上创建一个名为 PlayAnimation 的函数，该函数接收 Animation 指针和动画的播放速率。该函数接收输入参数，来设置 SkeletalMeshComponent 类内新加入的成员变量的值，并调用 ComputeMatrixPalette 函数以返回动画的持续时间：

```
float SkeletalMeshComponent::PlayAnimation(const Animation* anim,
                                           float playRate)
{
    mAnimation = anim;
    mAnimTime = 0.0f;
    mAnimPlayRate = playRate;

    if (!mAnimation) { return 0.0f; }
    ComputeMatrixPalette();

    return mAnimation->GetDuration();
}
```

现在，可以加载动画数据，计算动画中第 0 帧的姿势矩阵，并计算矩阵调色板。但是，动画中的当前姿势仍然不会显示在屏幕上，因为顶点着色器程序还需要修改。

12.2.4　蒙皮顶点着色器程序

回忆一下第 5 章，顶点着色器程序的职责是将顶点从对象空间变换为剪辑空间。因此，对于骨骼动画，必须更新顶点着色器程序，以便解释骨骼对顶点的影响以及当前帧上的骨架姿势。首先，向 Skinned.vert 顶点着色器程序内添加矩阵调色板的 uniform 声明：

```
uniform mat4 uMatrixPalette[96];
```

一旦顶点着色器程序有了矩阵调色板，就可以应用本章前面讨论过的骨骼蒙皮计算。回想一下，因为每个顶点最多受 4 个不同骨骼的影响，所以必须计算 4 个不同的顶点位置，并根据每个骨骼的权重在 4 个位置之间进行混合插值运算。在将顶点变换为世界空间之前执行此混合操作，因为此时的蒙皮顶点仍处在对象空间中（只是没有处在绑定姿势中而已）。

代码清单 12.10 显示了蒙皮顶点着色器程序的主函数 main()。回想一下，变量 inSkinBones 和变量 inSkinWeights 指的是 4 个骨骼的索引以及 4 个骨骼的权重。主函数中的 x、y 等访问器只是用于表示访问第一个骨骼、第二个骨骼，以此类推。一旦程序计算出插值后骨骼蒙皮顶点的位置，着色器程序就会将骨骼蒙皮顶点变换为世界空间内的点，然后变换为投影空间内的点。

代码清单 12.10　Skinned.vert 蒙皮顶点着色器程序的主函数 main()

```
void main()
{
    // Convert position to homogeneous coordinates
    vec4 pos = vec4(inPosition, 1.0);

    // Skin the position
    vec4 skinnedPos = (pos * uMatrixPalette[inSkinBones.x]) *
inSkinWeights.x;
    skinnedPos += (pos * uMatrixPalette[inSkinBones.y]) * inSkinWeights.y;
    skinnedPos += (pos * uMatrixPalette[inSkinBones.z]) * inSkinWeights.z;
    skinnedPos += (pos * uMatrixPalette[inSkinBones.w]) * inSkinWeights.w;

    // Transform position to world space
    skinnedPos = skinnedPos * uWorldTransform;
    // Save world position
    fragWorldPos = skinnedPos.xyz;
    // Transform to clip space
    gl_Position = skinnedPos * uViewProj;

    // Skin the vertex normal
    vec4 skinnedNormal = vec4(inNormal, 0.0f);
    skinnedNormal =
        (skinnedNormal * uMatrixPalette[inSkinBones.x]) * inSkinWeights.x
      + (skinnedNormal * uMatrixPalette[inSkinBones.y]) * inSkinWeights.y
      + (skinnedNormal * uMatrixPalette[inSkinBones.z]) * inSkinWeights.z
      + (skinnedNormal * uMatrixPalette[inSkinBones.w]) * inSkinWeights.w;
    // Transform normal into world space (w = 0)
    fragNormal = (skinnedNormal * uWorldTransform).xyz;
    // Pass along the texture coordinate to frag shader
    fragTexCoord = inTexCoord;
}
```

同样，着色器程序还需要对顶点法线进行骨骼蒙皮运算；如果不这样做，那么当播放角色动画时，光照看起来就不正确。

然后，返回到 C++程序内的 SkeletalMeshComponent :: Draw 函数代码中，函数代码需要确保 SkeletalMeshComponent 类使用以下代码内容将矩阵调色板上的数据复制到 GPU 上：

```
shader->SetMatrixUniforms("uMatrixPalette", &mPalette.mEntry[0],
        MAX_SKELETON_BONES);
```

着色器对象上的 SetMatrixUniforms 函数接收矩阵调色板的 uniform 名称、指向 Matrix4 的矩阵调色板指针以及要上载的最大骨骼数量为参数。

现在代码拥有了绘制动画第一帧的所有内容。图 12-4 显示了 CatActionIdle.gpanim 动画的第一帧。本章中的这个动画和其他动画也都是由 Pior Oberson 提供的。

图 12-4　"空闲动作"动画的第一帧中的角色

12.2.5　更新动画

要获得可行的骨骼动画系统，最后一步便是根据增量时间来更新每帧上的动画。在代码中需要更改 Animation 类，以便根据动画中的时间来正确获取骨骼姿势，并且代码还需要向 SkeletalMeshComponent 类添加 Update 函数。

对于代码清单 12.11 中的 GetGlobalPoseAtTime 函数，不能再将该函数硬编码为仅使用动画中的第 0 帧。相反，根据每帧的持续时间和动画的当前时间，函数可以计算出当前时间的帧（frame）和当前时间之后的帧（nextFrame）。然后函数计算出一个从 0.0 到 1.0 的值，该值指定在两帧（当前时间的帧 frame 和下一帧 nextFrame）之间的确切位置（pct）。通过这种方式，函数就可以兼顾动画帧的速率和游戏帧速率的不同。获得两帧之间确切位置的小数后，函数大部分使用同以前一样的方式来计算骨骼的全局姿势。但是，对于帧来说，函数现在不是直接使用帧的骨骼变换 BoneTransform，而是计算出在当前帧 frame 和下一帧 nextFrame 的骨骼变换之间的插值，以找出正确的骨骼在两帧之间的全局姿势。

代码清单 12.11　GetGlobalPoseAtTime 函数的最终版本

```
void Animation::GetGlobalPoseAtTime(std::vector<Matrix4>& outPoses,
   const Skeleton* inSkeleton, float inTime) const
{
   if (outPoses.size() != mNumBones)
   {
      outPoses.resize(mNumBones);
   }

   // Figure out the current frame index and next frame
   // (This assumes inTime is bounded by [0, AnimDuration]
   size_t frame = static_cast<size_t>(inTime / mFrameDuration);
   size_t nextFrame = frame + 1;
   // Calculate fractional value between frame and next frame
   float pct = inTime / mFrameDuration - frame;

   // Setup the pose for the root
   if (mTracks[0].size() > 0)
   {
      // Interpolate between the current frame's pose and the next frame
      BoneTransform interp = BoneTransform::Interpolate(mTracks[0][frame],
         mTracks[0][nextFrame], pct);
      outPoses[0] = interp.ToMatrix();
   }
   else
   {
      outPoses[0] = Matrix4::Identity;
   }

   const std::vector<Skeleton::Bone>& bones = inSkeleton->GetBones();
   // Now setup the poses for the rest
   for (size_t bone = 1; bone < mNumBones; bone++)
   {
      Matrix4 localMat; // (Defaults to identity)
      if (mTracks[bone].size() > 0)
      {
         BoneTransform interp =
            BoneTransform::Interpolate(mTracks[bone][frame],
               mTracks[bone][nextFrame], pct);
         localMat = interp.ToMatrix();
      }
```

```
        outPoses[bone] = localMat * outPoses[bones[bone].mParent];
    }
}
```

然后，在 SkeletalMeshComponent 类中，添加 Update 函数：

```
void SkeletalMeshComponent::Update(float deltaTime)
{
    if (mAnimation && mSkeleton)
    {
        mAnimTime += deltaTime * mAnimPlayRate;
        // Wrap around anim time if past duration
        while (mAnimTime > mAnimation->GetDuration())
        { mAnimTime -= mAnimation->GetDuration(); }

        // Recompute matrix palette
        ComputeMatrixPalette();
    }
}
```

在这个 Update 函数内，所做的只是根据增量时间和动画播放速率来更新成员数据 mAnimTime 的值。当动画循环播放时，还会重置 mAnimTime 的值。mAnimTime 的值被重置，使得当动画从最后一帧过渡到第一帧时，函数也能正常工作。因为如前所述，动画数据会将骨骼轨道上的第一帧复制到最后一帧上（即动画中的最后一帧内容与第一帧内容完全一样）。

最后，Update 函数调用 ComputeMatrixPalette 函数。此 ComputeMatrixPalette 函数使用 GetGlobalPoseAtTime 函数来计算当前帧上的新的矩阵调色板。

因为 SkeletalMeshComponent 类是一个组件，所以该组件所依附的角色会在每帧上调用 Update 函数。然后在游戏循环的"生成输出"阶段，SkeletalMeshComponent 组件会像往常一样使用这个新计算出的矩阵调色板来绘制骨架网格，所有这些都意味着现在动画在屏幕上在更新！

12.3　游戏项目

本章的游戏项目实现了本章内所描述的骨骼动画。游戏项目包括 SkeletalMeshComponent 类、Animation 类、Skeleton 类，以及蒙皮顶点着色器程序。本章的游戏项目代码可以在本书对应的配套资源中找到（位于第 12 子目录中）。在 Windows 环境下，打开 Chapter12-windows.sln；在 Mac 环境下，打开 Chapter12-mac.xcodeproj。

本章的游戏项目可追溯到第 9 章中讨论的跟拍相机，通过该相机可使游戏中的角色变得可见。项目中的 FollowActor 类有一个 SkeletalMeshComponent 组件，因此 FollowActor 类使用动画有关的代码。在项目游戏中，玩家可以使用 W/A/S/D 键来移动角色。当动画中的角色静止不动时，播放空闲动画。当玩家移动角色时，会播放角色正在运行的动画（图 12-5）。目前，两个动画之间的过渡并不平滑，但读者将在练习题 2 中改变这种情况。

图 12-5   在游戏世界中四处奔跑的角色

12.4   总结

本章给出了骨骼动画的全面概述。在骨骼动画中，角色具有可产生动画的刚性骨架，3D 模型的顶点就像一个随着这个骨架变形的皮肤。骨架包含骨骼的层次结构，除根骨骼之外的每个骨骼都有一个父骨骼。

绑定姿势是生成任何动画之前骨架的初始姿势。对于每个骨骼，可以在绑定姿势中存储骨骼的局部变换，该局部变换描述的是骨骼相对于其父骨骼的位置和方向。相反，骨骼的全局变换描述了骨骼相对于对象空间的位置和方向。可以通过将当前骨骼的局部姿势乘以其父骨骼的全局姿势，将当前骨骼的局部变换转换为当前骨骼的全局变换。根骨骼的局部姿势和全局姿势是相同的。

反向绑定姿势矩阵是每个骨骼的全局绑定姿势矩阵的逆矩阵。此矩阵将骨骼处于绑定姿势下的对象空间中的点变换为在绑定姿势下骨骼的坐标空间上的点。

一部动画是一系列随时间播放的姿势。与绑定姿势一样，可以为每个骨骼在当前帧上的姿势构建全局姿势矩阵。这些当前帧上的姿势矩阵可以变换绑定姿势下骨骼坐标空间中的点为当前姿势下的对象空间中的点。

矩阵调色板存储每个骨骼的反向绑定姿势矩阵和骨骼在当前帧上骨骼的姿势矩阵的乘积结果。当计算蒙皮顶点在对象空间上的位置时，对于影响 3D 模型顶点的任何骨骼，需要使用矩阵调色板中的对应条目。

12.5　补充阅读材料

Jason Gregory 深入研究了动画系统中更高级的主题，例如混合动画、压缩动画数据以及反向运动学。

- Jason Gregory. Game Engine Architecture, 2nd edition. Boca Raton: CRC Press, 2014.

12.6　练习题

在本章的练习题中，读者将为动画系统添加功能。在练习题 1 中，读者需添加支持以便获取处在当前帧上骨骼姿势的位置；在练习题 2 中，要添加在两个动画之间进行过渡时需要的图像混合。

12.6.1　练习题 1

对于动画游戏来说，在动画播放时获取骨骼的位置非常有用。例如，如果一个角色手里拿着一个物品，读者需要知道在动画画面改变时手骨骼的位置。否则，角色就不能正确地拿到该物品！

因为 SkeletalMeshComponent 组件类知道动画播放的进度，所以有关获取骨骼位置这部分的代码需要在 SkeletalMeshComponent 处实现。首先，向 SkeletalMeshComponent 组件类添加一个 std :: vector 容器作为成员变量，该变量用于存储当前帧上的骨骼姿势矩阵。其次，当代码调用 GetGlobalPoseAtTime 函数时，需将当前帧上的骨骼姿势矩阵保存到成员变量 std:vector 容器中。

接下来，向 SkeletalMeshComponent 组件类添加一个名为 GetBonePosition 的函数，该函数接收骨骼的名称为参数，返回当前姿势下骨骼在对象空间中的位置。GetBonePosition 函数的实现比听起来更容易，因为如果将零向量乘以骨骼的当前姿势矩阵，则可以获得该骨骼在当前姿势中的对象空间位置。这种实现方法是有效的，因为此处的零向量意味着骨骼正好位于骨骼局部空间的原点，接下来骨骼的当前姿势矩阵会将骨骼变换回对象空间内。

12.6.2　练习题 2

目前情况下，SkeletalMeshComponent :: PlayAnimation 函数会立即切换到新的动画。这种切换会导致动画画面看起来不太光滑，代码可以通过向动画画面添加混合来解决该问题。首先，将可选的混合时间参数添加到 PlayAnimation 函数中，用于表示混合画面的持续时间。要在多个动画之间进行混合，必须分别跟踪每两个动画及动画的时间。如果将混合仅限制为在两个动画之间，则只需在 SkeletalMeshComponent 类中复制已有的成员变量即可。

　　然后，为了要在动画之间进行混合，当调用 GetGlobalPoseAtTime 函数时，对于两个活动动画，代码都需要执行以下操作：对于每个动画，需要获取每个骨骼的骨骼变换，然后对于两个动画内的相同骨骼，插值骨骼变换以获得最终的骨骼变换，然后将这些最终的骨骼变换转换为姿势矩阵，以获得混合后的当前姿势。

第 13 章

中间图形

游戏中会使用大量不同的图形技术，这就是市面上存在着关于该主题完整的书卷系列的原因。本章探讨了一些中间图形概念，包括如何提高纹理质量、渲染纹理，以及与本书前面内容介绍的用于照亮场景的不同方法——延迟着色。

13.1 提高纹理质量

回想一下，在第 5 章中，双线性过滤技术可以提高纹理在屏幕上放大时的视觉质量。比如，假设墙面上有纹理。随着玩家角色靠近墙壁，墙壁纹理的大小在屏幕上变大。如果没有使用双线性过滤技术，墙壁纹理看起来将有些像素化。但是，使用双线性过滤技术却能使图像看起来更平滑（虽然稍微有些模糊）。

再回想一下，在第 5 章中，图像只是像素的 2D 网格，这些“纹理像素”中的每一个都被称为**纹素**。查看纹素放大效果的另一种方法是：随着墙壁纹理在屏幕上变大，每个纹素的大小在屏幕上也变大。换句话说，来自纹理的纹素与屏幕上的像素之间的比例减小。

例如，如果每 1 个纹素对应屏幕上的 2 个像素，则该比例为 1∶2。纹素密度是屏幕上的像素和纹素之间的比例。理想情况下，读者希望纹素密度尽可能接近 1∶1。随着纹素密度降低，图像质量下降。最终，屏幕上的纹理看起来过于像素化（如果使用的是最近邻滤波技术）或过于模糊（如果使用的是双线性过滤技术）。

如果纹素密度变得太高，就意味着屏幕上的每个像素对应纹理中的多个纹素。例如，10∶1 纹素密度意味着屏幕上的每个像素对应 10 个纹素。最终，这些屏幕上的像素中的每一个纹素都需要选择单一颜色来显示。这意味着在读者查看屏幕时，纹理看起来似乎已经丢失了一些纹素；这种从多个纹素中选择一个纹素作为屏幕像素颜色的方法称为**采样遗物**。在图形学中，术语**遗物**是指执行图形算法运算后，图像上所出现的小故障（瑕疵）。

图 13-1 显示了不同的纹素密度所引起的不同图像遗物。图 13-1（a）显示了纹素密度约为 1∶1 的星形纹理，纹素密度为 1∶1 意味着在屏幕上显示的纹理有着与原始图像文件完全相同的比例。图 13-1（b）显示了纹素密度为 1∶5 的星形纹理的部分图形，1∶5 的比例使得星形纹理的边缘看起来有些模糊。最后，图 13-1（c）显示纹理密度为 5∶1 的纹理，5∶1 的比例使得星形纹理的边缘部分消失。为了使得星形纹理的图像更容易被观察到，图 13-1

所示的图像比它的实际尺寸要大。

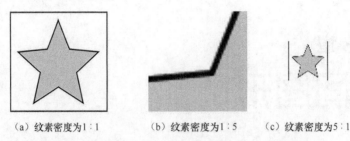

　　（a）纹素密度为1∶1　　　　（b）纹素密度为1∶5　　（c）纹素密度为5∶1

图 13-1　带有不同纹素密度的双线性滤波后的星形纹理

13.1.1　纹理采样、再访

　　要理解为什么纹理的高纹素密度会导致纹素缺失，读者需要更仔细地观察纹理采样的工作原理。回想一下，纹理使用的是 UV 坐标（也被称为纹理坐标），坐标的左上角为（0,0），右下角为（1,1）。假设读者的纹理是 4×4 正方形的纹素，在这种情况下，纹理左上角纹素中心的 UV 坐标是（0.125,0.125）。同样，整个纹理的正中心对应 UV 坐标的（0.5,0.5），如图 13-2（a）所示。

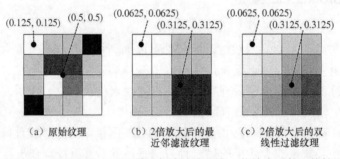

　　（a）原始纹理　　　（b）2倍放大后的最　　（c）2倍放大后的双
　　　　　　　　　　　　　　近邻滤波纹理　　　　　线性过滤纹理

图 13-2　原始纹理、2 倍放大后的最近邻滤波纹理和 2 倍放大后的双线性过滤纹理

　　现在假设要绘制的像素的纹素密度为 1∶2，并绘制从（0,0）到（0.5,0.5）的纹理区域。根据纹素密度的值，上述绘制意味着纹理顶部 1/4 的区域出现在两倍大小的屏幕区域上。在片段着色器中绘制纹理像素时，每个片段（像素）都会获得 UV 坐标，该 UV 坐标对应于像素的中心。例如，图 13-2（b）中的左上角像素是从纹理中采样得来的，对应纹理的 UV 坐标为（0.0625,0.0625）。但是，在纹理的原始图像中，没有纹素的中心直接对应于此 UV 坐标。这就是图形过滤算法的用武之地：图形过滤算法有助于为这些中间的 UV 坐标选择绘制的颜色。

　　在最近邻滤波算法中，只需选择纹素中心最接近该 UV 坐标的纹素。因为屏幕左上角处的 UV 坐标（0.0625,0.0625）最接近原始纹理元素（0.125,0.125）处的白色纹素，所以最近邻过滤算法为该像素选择白色。结果是每个纹素都与纹素密度成比例地调整大小，如图 13-2（b）所示。更明显的是，在最近邻滤波算法中，增加屏幕上显示纹理的大小会增加每个纹素被感知的大小，使图像看起来更像素化。

　　在双线性过滤算法中，算法可以找到最接近 UV 坐标的原始纹理的 4 个纹素中心，UV 坐标处采样后的颜色是这 4 个最接近的纹素之间的加权平均值。当原始纹理图像被放大时，双线性过滤算法会使颜色产生更平滑的过渡。但如果原始图像被放大太多，图像将显得模糊。图 13-2（c）演示了双线性滤波效果。可以观察到，图像中很少有相邻像素具有相同的颜色，反而多数像素具有的是多种颜色混合在一起的颜色。

为了理解如何计算双线性过滤中的加权平均值，我们还记得可以将颜色视为 3D 值，并可以使用插值的方式在颜色值之间插值。接下来，算法将双线性插值分解为两个单独轴线方向的插值。考虑一个最接近 4 个纹素 A、B、C 和 D 的点 P，如图 13-3 所示。首先，算法计算 u 方向上的点 A 和点 B 之间的颜色插值。同样，计算 u 方向上 C 和 D 之间的颜色插值。上述插值操作分别产生了 R 和 S 两点处的颜色值，如图 13-3 所示。最后，算法在 v 方向上插入 R 点和 S 点处之间的颜色值，从而在 P 点处产生最终颜色值。

给定点 A、B、C、D 和 P 处的纹理坐标，算法可以使用以下方程组计算 P 处的双线性插值：

$$uFactor = 1 - \frac{P.u - A.u}{B.u - A.u}$$

$$R_{color} = uFactor * A_{color} + (1 - uFactor) * B_{color}$$

$$S_{color} = uFactor * C_{color} + (1 - uFactor) * D_{color}$$

$$vFactor = 1 - \frac{P.u - A.u}{C.u - A.u}$$

$$P_{color} = vFactor * R_{color} + (1 - vFactor) * S_{color}$$

在这些等式中，uFactor 确定 u 方向上的权重，vFactor 确定 v 方向上的权重。然后算法使用这些权重首先计算 R 处和 S 处的颜色，最后计算 P 处的颜色。

如果纹理启用了双线性过滤，则这些双线性过滤计算会在图形卡上自动进行。虽然双线性过滤算法需要对进行纹理采样的每个片段（像素）进行大量计算，但现代图形硬件在每秒内可以快速执行数百万次这样的计算。

正如在上述算法中所观察到的那样，根据具体所使用的技术，过度地放大纹理会导致屏幕图像出现像素化或图像模糊。缩小纹理大小的问题在于没有足够的纹理样本来维护纹理中存储的所有信息。回到示例中的纹理，如果将纹理图像的大小减小一倍，那么过滤算法的使用会使得纹理中的细节丢失，如图 13-4 所示。对图 13-4（b）用过滤算法后，在屏幕图像中不再能看到原始纹理图像所具有的边界。这个例子特别引人注目，因为原始纹理图像在缩小尺寸后，屏幕图像上只剩下 4 个像素。

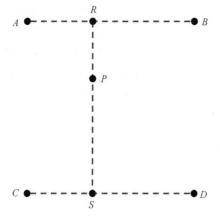

图 13-3　相对于纹素 A、纹素 B、纹素 C 和纹素 D 的点 P 处的双线性插值

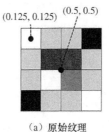

（a）原始纹理　　（b）使用双线性过滤缩小到一半大小的纹理

图 13-4　原始纹理和使用双线性过滤缩小到一半大小的纹理

13.1.2   纹理分级细化

在**纹理分级细化**技术中，生成的不只是单一的纹理，还会生成一系列附加的纹理（图像的一系列纹理被称为**纹理分级细化**）。生成的一系列纹理的分辨率低于原始图像纹理的分辨率。例如，如果原始图像纹理的分辨率为 256 像素×256 像素，那么就可以生成 128 像素×128 像素、64 像素×64 像素和 32 像素×32 像素的分级细化后的纹理。然后，当需要在屏幕上绘制纹理时，图形硬件可以选择最接近于 1∶1 纹素密度的细化纹理。当遇到需要将纹理放大到高于源图像纹理原始分辨率的情况时，纹理分级细化技术不会改善纹理质量，但是当需要缩小源纹理大小时，纹理分级细化技术会大大提高质量。

纹理质量改进的主要原因是：在加载图像文件生成纹理时，只需一次生成分级细化后的纹理。这意味着代码可以使用计算代价更高的算法（例如使用盒式过滤）来生成高质量的分级细化后的纹理。因此，从这些高质量的、分级细化后且纹素密度接近于 1∶1 的纹理中进行采样要比从具有更高纹素密度（例如 4∶1）的原始纹理中采样更好。

图 13-5 所示的是星形纹理采用纹理分级细化技术后的示例。其中最高分辨率纹理是原始纹理为 256 像素×256 像素的纹理，其余纹理是采用纹理分级细化技术自动生成的细化后的纹理。需注意到的是，即使是最小的分级细化后的纹理也能保持纹理的边界，而之前以低纹素密度从 256 像素×256 像素的原始纹理中进行直接采样时，纹理的边界是丢失看不到的。

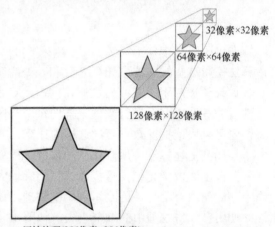

就像纹理采样可以使用最近邻过滤技术或双线性过滤技术一样，应用纹理分级细化技术也有两种不同的方法。在最近邻纹理分级细化技术中，代码只需选择最接近 1∶1 的纹素密度的纹理分级细化。虽然最近邻纹理分级细化技术在许多情况下效果很好，但在某些情况下（例如带有地板的纹理），它

图 13-5   具有 3 个纹理分级细化后的星形纹理

可能会导致分级细化后的纹理在纹理分级变化的边界处出现条带。在**三线性过滤技术**中，代码可以分别采样最接近 1∶1 纹素密度的两个分级级别（使用双线性过滤），最终的颜色是这两个采样样本之间的混合插值。该技术被称为是“三线性”是因为该技术采样用三个维度的方式进行混合——一个纹理样本的 UV 坐标以及两个分级细化后的纹理的混合。

在 OpenGL 中，对于纹理启用纹理分级细化非常简单。在使用第 5 章中的代码加载纹理文件后，只需添加对 glGenerateMipmap 函数的调用即可：

```
glGenerateMipmap(GL_TEXTURE_2D);
```

以上函数将使用高质量的过滤算法自动生成适当的纹理分级细化级别。

在设置纹理参数时，可以设置纹理的最小化过滤（当纹理在屏幕上变小时）和纹理的放大过滤（当纹理在屏幕上变大时）。这就是 GL_TEXTURE_MIN_FILTER 参数和 GL_TEXTURE_MAG_FILTER 参数所表示的内容。

在生成纹理分级细化之后，接下来更改最小化过滤的纹理参数以使用纹理分级细化。要进行三线性过滤，须使用以下纹理参数：

```
glTexParameteri(GL_TEXTURE_2D, GL_TEXTURE_MIN_FILTER,
    GL_LINEAR_MIPMAP_LINEAR);
glTexParameteri(GL_TEXTURE_2D, GL_TEXTURE_MAG_FILTER,
    GL_LINEAR);
```

请注意，这里仍然使用 GL_LINEAR 参数作为放大的过滤函数，因为纹理分级细化对纹素密度低于 1∶1 的纹理没有帮助。相反，为了使用最近邻纹理分级细化进行缩小，将 GL_LINEAR_MIPMAP_NEAREST 作为最终参数，以传递给 GL_TEXTURE_MIN_FILTER 进行调用。

纹理分级细化的另一个优点是：由于纹理缓存的工作方式，纹理分级细化可以提高纹理渲染性能。与 CPU 缓存非常相似，显卡的内存也有缓存。占用空间小的纹理分级细化非常适合缓存，缓存中的分级细化意味着整体的渲染性能会得到提高。

13.1.3　各向异性过滤

虽然在大多数情况下，纹理分级细化会大大减少采样遗物，但相对于相机来说，以倾斜角度观察到的纹理看起来会非常模糊。地板上纹理的模糊情况尤其明显，如图 13-6（b）所示。各向异性过滤技术通过在倾斜角度观察纹理时对纹理进行采样来减轻这种模糊的影响，例如，16 倍的各向异性过滤意味着纹素颜色有 16 个不同的样本。

图形硬件使用一系列数学函数来执行各向异性过滤计算。本章不涉及这些函数，但读者可以在 13.6 节查阅 OpenGL Extensions Registry 以获取更多信息。

尽管 OpenGL 的最新规范包含着作为默认特征的各向异性过滤，但各向异性过滤是 OpenGL 3.3 的扩展。这意味着代码在启用该功能之前，应验证图形硬件是否支持各向异性。在大多数情况下，验证图形硬件是否支持只是学术性的，因为在过去十年中制造的每个显卡都支持各向异性过滤。但总的来说，在使用所述的扩展技术之前，测试 OpenGL 扩展的技术是否可用是个好主意。

要打开各向异性过滤，应将纹理设置为使用纹理分级细化，然后添加以下代码行：

```
if (GLEW_EXT_texture_filter_anisotropic)
{
    // Get the maximum anisotropy value
    GLfloat largest;
    glGetFloatv(GL_MAX_TEXTURE_MAX_ANISOTROPY_EXT, &largest);
    // Enable it
    glTexParameterf(GL_TEXTURE_2D, GL_TEXTURE_MAX_ANISOTROPY_EXT,
    largest);
}
```

此代码测试硬件上的各向异性过滤技术是否可用，如果可用，则代码向 OpenGL 询问最大的各向异性过滤值，然后设置纹理参数以使用各向异性过滤。

图 13-6 显示了本章游戏项目中使用不同过滤技术设置的地面。图 13-6（a）显示了仅

使用双线性过滤技术设置的地面，注意，地面在砖块边缘上有着许多采样遗物。图 13-6（b）显示了启用的三线性过滤技术设置地面。相对于图 13-6（a）来说，图 13-6（b）显示了一个改善的情况，但远处的地面看上去是模糊的。最后，图 13-6（c）显示了启用三线性过滤技术和各向异性过滤技术设置的地面，这样的设置生成了上述 3 种技术中的最佳视觉质量。

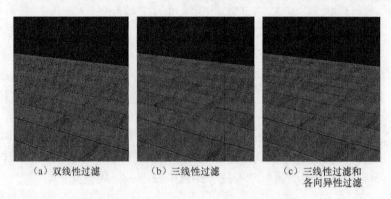

(a) 双线性过滤　　　　　(b) 三线性过滤　　　　　(c) 三线性过滤和
　　　　　　　　　　　　　　　　　　　　　　　　　　各向异性过滤

图 13-6　使用不同的过滤方法观察到的地面

13.2　向纹理进行渲染

到目前为止，我们始终是将多边形直接绘制到颜色缓冲区。但是，这里的颜色缓冲区并没有什么特别，只是一个代码在特定坐标处写入颜色而产生的 2D 图像。事实证明，还可以将场景绘制到任意纹理上，或叫作**渲染到纹理**。虽然看起来似乎没必要渲染到纹理，但是有着很多需要将场景渲染到纹理的原因。

例如，赛车游戏可能有一辆带后视镜的汽车。如果希望游戏里的后视镜看起来逼真，就可以从后视镜的角度渲染游戏世界到一个纹理上，然后在场景中的后视镜上绘制该纹理。此外，一些图形技术在计算输出到颜色缓冲区的最终输出之前，用纹理作为临时存储。

本节探讨如何将场景渲染到纹理，然后在屏幕上显示该纹理的技术。使用这项技术必须要对整个渲染部分的代码做一些更改，因为先前渲染部分的代码假设的是：渲染的所有内容都直接写入颜色缓冲区。本节还需要向代码内添加从不同的相机角度来渲染场景的支持。

> **注释**
>
> 对于高质量反射，例如对于一面大镜子，必须从物体表面的角度渲染场景。但是，如果游戏场景包含着许多需要低质量反射的物体表面，那么从每个物体表面的角度来渲染场景的话，计算代码的代价则太过昂贵。在这种情况下，可以生成反映整个场景的单个**反射贴图**。然后，对于场景中每个低质量反射的物体表面，可以从上述生成的反射贴图中进行采样，来获得低质量反射的物体表面的错觉。虽然采样后的反射质量明显低于从反射物体表面的角度渲染生成的质量，但对于仅需要低质量反射的物体表面来说，采样后的反射质量就足够了。
>
> 本书未介绍如何实现反射贴图，但读者可以参考 13.6 节，来获取有关该主题的更多信息。

13.2.1　创建纹理

要将场景渲染到纹理上，首先需要创建纹理。可以向 Texture 类添加新函数，用以支持创建要用来渲染的纹理。代码清单 13.1 显示的用于创建纹理的代码类似于第 5 章中创建纹理的代码。但是，没有假设该函数需要的是 RGBA 格式（在 RGBA 格式下，每个组件占 8 位，每像素占 32 位），而是使用参数来指定格式。其次，用来渲染的纹理没有初始数据，这就是 glTexImage2D 函数的最后一个参数是 nullptr 的原因。如果 glTexImage2D 函数的最后一个参数是 nullptr，函数代码就会忽略第二个和倒数第三个参数。最后，故意不对纹理启用纹理分级细化或双线性过滤。我们希望纹理中的采样数据与实际输出纹理精确匹配。

代码清单 13.1　创建用于渲染的纹理

```
void Texture::CreateForRendering(int width, int height,
                                 unsigned int format)
{
    mWidth = width;
    mHeight = height;
    // Create the texture id
    glGenTextures(1, &mTextureID);
    glBindTexture(GL_TEXTURE_2D, mTextureID);
    // Set the image width/height with null initial data
    glTexImage2D(GL_TEXTURE_2D, 0, format, mWidth, mHeight, 0, GL_RGB,
        GL_FLOAT, nullptr);

    // For a texture we'll render to, just use nearest neighbor
    glTexParameteri(GL_TEXTURE_2D, GL_TEXTURE_MIN_FILTER, GL_NEAREST);
    glTexParameteri(GL_TEXTURE_2D, GL_TEXTURE_MAG_FILTER, GL_NEAREST);
}
```

13.2.2　创建一个 Framebuffer 对象

就像 OpenGL 使用顶点数组对象来包含有关顶点的所有信息（包括顶点缓冲区、顶点格式和索引缓冲区）的方式一样，**帧缓冲区对象**（FBO）包含有关帧缓冲区的所有信息。FBO 包括与帧缓冲区相关联的所有纹理、关联的深度缓冲区（如果存在）以及其他参数。然后，可以选择要用于渲染的帧缓冲区。OpenGL 提供了一个 ID 为 0 的默认帧缓冲对象，它就是代码到目前为止所绘制的帧缓冲区。但是，代码还可以根据需要创建其他帧缓冲区并切换到其他帧缓冲区上。

目前，我们将使用自定义的帧缓冲对象，用于在 HUD 屏幕上显示的后视镜。首先，必须向 Renderer 类添加两个新的成员变量，代码如下：

```
// Framebuffer object for the mirror
unsigned int mMirrorBuffer;
// Texture for the mirror
class Texture* mMirrorTexture;
```

在变量 mMirrorBuffer 中存储创建的帧缓冲区对象的 ID，在 mMirrorTexture 变量中存储与帧缓冲区关联的纹理对象。

接下来，需要一个用于创建和配置后视镜帧缓冲对象的函数，如代码清单 13.2 所示。函数里需要进行如下几个步骤。首先，调用 glGenFrameBuffers 函数创建帧缓冲区对象，并将帧缓冲区对象 ID 存储在 mMirrorBuffer 中。其次，调用 glBindFrameBuffer 函数将此帧缓冲区设置为活动状态。接下来，CreateMirrorTexture 函数内的几行代码会创建一个深度缓冲区，并将其附加到当前的 framebuffer 对象上。这样，在将场景渲染到后视镜纹理时，代码里仍然有一个深度缓冲区，以确保更多的对象出现在更近的对象后面。

然后创建后视镜纹理，使纹理的宽度和高度为屏幕大小的 1/4。不使用全屏大小的原因是希望后视镜仅占用屏幕的一部分。为创建的纹理设置 **GL_RGB** 格式，因为创建的后视镜纹理上将包含来自于后视镜角度的场景的颜色输出。

接下来，调用 glFramebufferTexture 函数，将后视镜纹理与帧缓冲区对象相关联。要注意代码如何将 GL_COLOR_ATTACHMENT0 指定为第二个参数。这表示后视镜纹理对应于片段着色器的第一个颜色输出。现在，片段着色器只写一个输出，但正如读者将在本章后面看到的那样，我们可以从片段着色器中写出多个输出。

然后，调用 glDrawBuffers 函数来表示：对于这个帧缓冲区对象，我们希望能够将场景绘制到 GL_COLOR_ATTACHMENT0 槽中的纹理上（后视镜纹理）。最后，代码调用 glCheckFrameBuffer 状态函数来验证一切正常。如果出现问题，则代码删除帧缓冲区对象和后视镜纹理，并返回 false。

代码清单 13.2　创建后视镜的帧缓冲区

```
bool Renderer::CreateMirrorTarget()
{
    int width = static_cast<int>(mScreenWidth) / 4;
    int height = static_cast<int>(mScreenHeight) / 4;

    // Generate a framebuffer for the mirror texture
    glGenFramebuffers(1, &mMirrorBuffer);
    glBindFramebuffer(GL_FRAMEBUFFER, mMirrorBuffer);

    // Create the texture we'll use for rendering
    mMirrorTexture = new Texture();
    mMirrorTexture->CreateForRendering(width, height, GL_RGB);

    // Add a depth buffer to this target
    GLuint depthBuffer;
    glGenRenderbuffers(1, &depthBuffer);
    glBindRenderbuffer(GL_RENDERBUFFER, depthBuffer);
    glRenderbufferStorage(GL_RENDERBUFFER, GL_DEPTH_COMPONENT, width,
    height);
    glFramebufferRenderbuffer(GL_FRAMEBUFFER, GL_DEPTH_ATTACHMENT,
                              GL_RENDERBUFFER, depthBuffer);

    // Attach mirror texture as the output target for the framebuffer
    glFramebufferTexture(GL_FRAMEBUFFER, GL_COLOR_ATTACHMENT0,
```

```
        mMirrorTexture->GetTextureID(), 0);

    // Set the list of buffers to draw to for this framebuffer
    GLenum drawBuffers[] = { GL_COLOR_ATTACHMENT0 };
    glDrawBuffers(1, drawBuffers);

    // Make sure everything worked
    if (glCheckFramebufferStatus(GL_FRAMEBUFFER) != GL_FRAMEBUFFER_COMPLETE)
    {
        // If it didn't work, delete the framebuffer,
        // unload/delete the texture and return false
        glDeleteFramebuffers(1, &mMirrorBuffer);
        mMirrorTexture->Unload();
        delete mMirrorTexture;
        mMirrorTexture = nullptr;
        return false;
    }
    return true;
}
```

在 Renderer :: Initialize 函数中，添加对 CreateMirrorTarget 函数的调用，并验证函数调用是否返回 true。类似地，在 Renderer :: Shutdown 函数中，删除后视镜帧缓冲区和后视镜纹理（使用类似在 glCheckFrameBuffer 函数调用时，表示帧缓冲区未正常完成时运行的相同代码）。

13.2.3 渲染到 Framebuffer 对象

要支持游戏中的后视镜，需要对 3D 场景渲染两次：一次是从后视镜的角度；另一次是从普通相机的角度。在代码中每次对场景的渲染都被称为渲染**通道**。为了协助多次绘制 3D 场景，可以创建 Draw3DScene 函数，该函数的框架在代码清单 13.3 中。

Draw3DScene 函数接收帧缓冲区的 ID、视图矩阵、投影矩阵和视窗的比例作为参数。OpenGL 的视窗大小参数使得它知道正在写入的帧缓冲区目标的实际大小。因此，需要一个视窗比例参数，以便正常的帧缓冲区使用全屏的宽度和高度，但后视镜只使用全屏的 1/4 大小。调用 glViewport 函数，以便根据屏幕的宽度/高度和比例将视窗设置为正确的大小。

在 Draw3DScene 函数中，绘制普通网格部分的代码与第 6 章中的代码相同，绘制蒙皮网格部分的代码与第 12 章中的代码相同。除了视窗代码之外，其他唯一的区别是在绘制任何内容之前，调用 glBindFramebuffer 函数将活动帧缓冲区设置为所请求的帧缓冲区。

代码清单 13.3 Renderer :: Draw3DScene 辅助函数

```
void Renderer::Draw3DScene(unsigned int framebuffer,
    const Matrix4& view, const Matrix4& proj,
    float viewportScale)
{
    // Set the current framebuffer
    glBindFramebuffer(GL_FRAMEBUFFER, framebuffer);

    // Set viewport size based on scale
```

```
glViewport(0, 0,
    static_cast<int>(mScreenWidth * viewPortScale),
    static_cast<int>(mScreenHeight * viewPortScale)
);

// Clear color buffer/depth buffer
glClearColor(0.0f, 0.0f, 0.0f, 1.0f);
glClear(GL_COLOR_BUFFER_BIT | GL_DEPTH_BUFFER_BIT);

// Draw mesh components
// (Same code as Chapter 6)
// ...

// Draw any skinned meshes now
// (Same code as Chapter 12)
// ...
}
```

然后，修改 Renderer :: Draw 函数中的代码，以调用 Draw3DScene 函数两次，如代码清单 13.4 所示。首先，使用后视镜的视图并渲染到后视镜的帧缓冲区；其次，使用普通相机的视图，并渲染到默认的帧缓冲区；最后，使用第 6 章和第 12 章中的代码来绘制精灵以及 UI 屏幕元素。

代码清单 13.4　已更新为渲染后视镜帧缓冲区通道和渲染默认帧缓冲区通道的 Renderer :: Draw 函数

```
void Renderer::Draw()
{
    // Draw to the mirror texture first (viewport scale of 0.25)
    Draw3DScene(mMirrorBuffer, mMirrorView, mProjection, 0.25f);
    // Now draw the normal 3D scene to the default framebuffer
    Draw3DScene(0, mView, mProjection);

    // Draw all sprite components
    // (Same code as Chapter 6)
    // ...

    // Draw any UI screens
    // (Same code as Chapter 12)
    // ...

    // Swap the buffers
    SDL_GL_SwapWindow(mWindow);
}
```

上述代码中的 mMirrorView 是应用于后视镜的单独的视图矩阵。后视镜视图矩阵的细节不是什么新出现的部分。我们可以创建一个使用基本跟随相机的 MirrorCamera 类，如在第 9 章中介绍的那样。但是，此处的后视镜的跟随相机位于角色前面，向后面朝向角色。然后，将 MirrorCamera 附加到玩家 actor 上，并跟随玩家 actor 的位置来更新 mMirrorView 变量。

13.2.4　在 HUD 中绘制后视镜纹理

既然绘图代码写入后视镜纹理，我们就可以像使用任何其他纹理一样来使用后视镜纹理，并可以把它绘制在屏幕上。因为当前情况下后视镜只是一个 HUD 元素，所以代码可以利用 UIScreen 类中现有的 DrawTexture 函数。

但是，使用现有 DrawTexture 函数代码来绘制，会产生一个与预期 y 轴方向相反的后视镜。这是因为，在 OpenGL 内部，OpenGL 将 UV 原点定位在图像的左下角而不是左上角（左上角更具有代表性）。幸运的是，这个问题很容易解决：在绘制纹理时，我们已经创建了一个比例矩阵。如果逆反此比例矩阵的 y 轴的值，在 y 轴方向上翻转纹理。为了实现这一点，在 UIScreen :: DrawTexture 函数中添加一个新的 flipY 布尔值作为可选参数，如代码清单 13.5 所示。默认将 flipY 设置为 false，因为现有的 UI 纹理不需要翻转 y 轴。

代码清单 13.5　向 UIScreen :: DrawTexture 函数添加一个 flipY 布尔值参数项

```
void UIScreen::DrawTexture(class Shader* shader, class Texture* texture,
    const Vector2& offset, float scale, bool flipY)
{
    // Scale the quad by the width/height of texture
    // and flip the y if we need to
    float yScale = static_cast<float>(texture->GetHeight()) * scale;
    if (flipY) { yScale *= -1.0f; }

    Matrix4 scaleMat = Matrix4::CreateScale(
        static_cast<float>(texture->GetWidth()) * scale,
        yScale,
        1.0f);



    // Translate to position on screen
    Matrix4 transMat = Matrix4::CreateTranslation(
        Vector3(offset.x, offset.y, 0.0f));

    // Set world transform
    Matrix4 world = scaleMat * transMat;
    shader->SetMatrixUniform("uWorldTransform", world);
    // Set current texture
    texture->SetActive();
    // Draw quad
    glDrawElements(GL_TRIANGLES, 6, GL_UNSIGNED_INT, nullptr);
}
```

最后，在 HUD :: Draw 函数中添加两行，用以在屏幕的左下角处显示缩放比例为 1.0，并将参数 flipY 设置为 true 的后视镜纹理：

```
Texture* mirror = mGame->GetRenderer()->GetMirrorTexture();
DrawTexture(shader, mirror, Vector2(-350.0f, -250.0f), 1.0f, true);
```

图 13-7 显示了角色处在活动状态中的后视镜。请注意，屏幕的主视图显示的是正常的视角，也就是 Feline Swordsman 角色面向的方向，但屏幕左下角的后视镜内的场景则呈现

相反的方向。

图 13-7　左下角带有后视镜的游戏画面

13.3　延迟着色

回想一下，在第 6 章实现的 Phong 光照模型中，绘制网格时，我们对每个片段（像素）执行光照计算。此类光照模型计算的伪代码如下：

```
foreach Mesh m in Scene
    foreach Pixel p to draw from m
        if p passes depth test
            foreach Light li that effects p
                color = Compute lighting equation(li, p)
                Write color to framebuffer
```

采用此类光照计算的方法（称为**前向渲染**）适用于场景中存在少量灯光的环境。例如，当前的游戏场景中只有一个定向灯，因此前向渲染的光照计算产生的效果非常好。但是，请考虑一下在城市中夜间的游戏场景。对于这样场景下的游戏，单个定向灯不会产生令人信服的夜景。相反，城市中夜间的场景会希望使用几十盏灯来表示路灯、汽车前灯、建筑物内的灯等的光照环境。不幸的是，在这种具有很多灯的光照环境情况下，前向渲染技术不能很好地进行扩展。在光照的前向渲染技术下，需要按照 $O(m \cdot p \cdot li)$ 的顺序计算光照方程，这意味着添加更多的灯光会显著增加光照方程的计算量。

另一种计算光照的方法是创建一系列纹理——统称为 **G 缓冲区**，用以存储有关场景中物体的可见表面的信息。G 缓冲区可能包含有场景中的漫反射颜色（反照率）、镜面反射率和可见物体表面的法线。然后，通过两个阶段来渲染场景：在第一阶段，遍历每个网格并将网格表面的属性渲染到 G 缓冲区中；在第二阶段中，遍历每个光照，并根据这些光照以及 G 缓冲区中的内容来计算光照方程。用于实现该方法的伪代码如下：

```
foreach Mesh m in Scene
    foreach Pixel p1 to draw from m
        if p passes depth test
            Write surface properties of p1 to G-buffer

foreach Light li in the scene
    foreach Pixel p2 affected by li
        s = surface properties from the G-buffer at p2
        color = Compute lighting equation (l, s)
        Write color to framebuffer
```

值得注意的是，上述这种计算光照的两阶段渲染方法的复杂度是 $O(m \cdot p_1 + li \cdot p_2)$。这意味着相比使用光照的前向渲染技术而言，场景中现在可以支持更多的灯光。因为该方法具有两个阶段，并且在第二阶段之前，不会在屏幕上显示像素片段的着色，所以此项技术被称为**延迟着色技术**（或延迟渲染技术）。

实施延迟着色需要几个步骤。首先，必须设置一个支持多个输出纹理的帧缓冲对象。其次，必须创建将物体表面属性写入 G 缓冲区的片段着色器程序。再次，绘制覆盖整个屏幕的四边形，并且从 G 缓冲区中进行取样，用以生成在全局光照下的计算结果场景（例如定向光光照和环境光光照）。最后，计算场景中的每个非全局光照（例如点光源光照或聚光灯光照）。

13.3.1 创建 G-Buffer 类

因为应用于 G 缓冲区的帧缓冲对象比 13.2 节中的后视反射镜的帧缓冲对象复杂得多，所以将 FBO 及其所有相关纹理封装到新的 GBuffer 类中是有意义的。代码清单 13.6 显示了 GBuffer 类的声明，其中声明了一个枚举类型，用于定义存储在不同 G 缓冲区纹理中的数据类型。本章中的 G 缓冲区用于存储物体表面网格的漫反射颜色、法线和世界空间位置。

> **注释**
> 将像素的世界空间位置存储在 G 缓冲区中会使得代码以后的计算更简单，但代价是增加的内存消耗以及渲染带宽使用。
>
> 可以通过深度缓冲区和视图投影矩阵来重建像素的世界空间位置，这样就消除了 G 缓冲区中的世界空间位置的必要性。请参阅 Phil Djonov 的文章（见 13.6 节），了解如何进行计算世界空间位置的计算。

G 缓冲区中缺少的一个物体表面特性是镜面反射率。这意味着目前无法计算 Phong 反射模型中的镜面反射部分。在练习题 1 中，读者将解决这个问题。

在 GBuffer 类的成员数据中，有一个存储 framebuffer 对象 ID，以及一个用作渲染目标的元素为纹理的容器。

代码清单 13.6　GBuffer 类的声明

```
class GBuffer
{
public:
    // Different types of data stored in the G-buffer
    enum Type
    {
        EDiffuse = 0,
        ENormal,
        EWorldPos,
        NUM_GBUFFER_TEXTURES
    };

    GBuffer();
    ~GBuffer();

    // Create/destroy the G-buffer
    bool Create(int width, int height);
    void Destroy();

    // Get the texture for a specific type of data
    class Texture* GetTexture(Type type);
    // Get the framebuffer object ID
    unsigned int GetBufferID() const { return mBufferID; }
    // Setup all the G-buffer textures for sampling
    void SetTexturesActive();
private:
    // Textures associated with G-buffer
    std::vector<class Texture*> mTextures;
    // Framebuffer object ID
    unsigned int mBufferID;
};
```

对于 GBuffer 的成员函数来说，函数执行的大部分代码出现在 Create 函数中。该函数创建指定宽度和高度的 G 缓冲区。代码清单 13.7 给出了 Create 函数的删减后的部分代码。Create 函数首先创建一个 framebuffer 对象，并添加一个深度缓冲区目标，如代码清单 13.7 所示。

代码清单 13.7　GBuffer :: Create 函数的实现（删减后的部分代码段）

```
bool GBuffer::Create(int width, int height)
{
    // Create the framebuffer object and save in mBufferID
    // ...
    // Add a depth buffer to this target
    // ...

    // Create textures for each output in the G-buffer
    for (int i = 0; i < NUM_GBUFFER_TEXTURES; i++)
    {
        Texture* tex = new Texture();
        // We want three 32-bit float components for each texture
```

```
    tex->CreateForRendering(width, height, GL_RGB32F);
    mTextures.emplace_back(tex);
    // Attach this texture to a color output
    glFramebufferTexture(GL_FRAMEBUFFER, GL_COLOR_ATTACHMENT0 + i,
                tex->GetTextureID(), 0);
}

// Create a vector of the color attachments
std::vector<GLenum> attachments;
for (int i = 0; i < NUM_GBUFFER_TEXTURES; i++)
{
    attachments.emplace_back(GL_COLOR_ATTACHMENT0 + i);
}
// Set the list of buffers to draw to
glDrawBuffers(static_cast<GLsizei>(attachments.size()),
        attachments.data());

// Make sure everything worked
if (glCheckFramebufferStatus(GL_FRAMEBUFFER) !=
GL_FRAMEBUFFER_COMPLETE)
{
    Destroy();
    return false;
}
return true;
}
```

接下来，循环遍历 G 缓冲区中所需的每种类型的纹理，并为每种类型的数据创建一个 Texture 实例（因为 Texture 实例是单独的渲染目标）。请注意，是为每个纹理都请求 GL_RGB32F 的数据格式。这意味着 Texture 实例中的每个纹素都有 R（红色）、G（绿色）和 B（蓝色）3 个分量，并且每个分量都是使用 32 位的单精度浮点值来表示。然后调用 glFramebufferTexture 函数将每个 Texture 实例附加到相应的颜色附件槽中。代码利用了"颜色附件的 OpenGL 定义是连续数字"这一事实。

> **注释**
>
> 尽管对 G 缓冲区中的值使用 GL_RGB32F 产生了很高的数据精度，但代价是 G 缓冲区占用了大量的图形内存。3 个 GL_RGB32F 精度的纹理，在分辨率为 1024 像素×768 像素（屏幕分辨率）的屏幕上，需在 GPU 上占用 27 MB 的内存。为了减少 GPU 上的内存使用量，许多游戏改用 GL_RGB16F 类型（使用 3 个半精度浮点数的纹理），该项更改会将 GPU 内存的使用量减少一半。
>
> 可以使用其他技巧进一步优化内存使用。例如，因为法线是单位长度，给定 x 和 y 分量以及 z 分量的符号，可以求解 z 分量。这意味着可以将法线存储为 GL_RG16F 格式（两个半精度浮点数），然后推导出 z 分量。为了简化起见，本章没有实现这些优化，但很多商业游戏都用到了这些技巧。

然后创建一个包含所有不同颜色附件的容器，并调用 glDrawBuffers 函数来设置应用于 G 缓冲区的纹理附件。最后，验证创建 G 缓冲区是否成功。如果没有成功，则调用 Destroy 函数删除所有关联的纹理，并销毁 framebuffer 对象。

接下来，向 Renderer 类的成员数据部分添加一个 GBuffer 指针：

```
class GBuffer* mGBuffer;
```

然后在 Renderer :: Initialize 函数中创建 GBuffer 对象，并将其设置为屏幕的宽度/高度：

```
mGBuffer = new GBuffer();
int width = static_cast<int>(mScreenWidth);
int height = static_cast<int>(mScreenHeight);
if (!mGBuffer->Create(width, height))
{
    SDL_Log("Failed to create G-buffer.");
    return false;
}
```

在 Renderer :: Shutdown 函数中，加入在 mGBuffer 对象上调用 GBuffer 类的 Destroy 成员函数的代码。

13.3.2　写入 G 缓冲区

既然已经有了一个 G 缓冲区，就需要将数据写入其中。回想一下，当前的网格渲染使用 Phong 片段着色器程序将最终（完全照亮）的颜色写入默认的帧缓冲区。但是，当前的网格渲染使用的 Phong 片段着色器程序的着色方法与延迟着色的方法是对立的。在延迟着色技术中，需要创建一个新的片段着色器程序。该着色器程序用于将物体表面属性写入 G 缓冲区。

另一个区别是先前的每个片段着色器程序只写出单一输出值。但是，在延迟着色技术中，片段着色器程序可以具有多个输出值或**多个渲染目标**。这意味向 G 缓冲区中的每个纹理的写入只是写入每个正确的输出目标上。实际上，与读者在本书前面部分看到的片段着色器程序代码相比，延迟着色的片段着色器程序的 main 函数的 GLSL 代码相对简单。可以从纹理中采样漫反射颜色，然后直接将法线和世界空间位置传递给 G 缓冲区。

代码清单 13.8 给出了 GBufferWrite.frag 片段着色器程序的完整 GLSL 代码。注意，这里为 G 缓冲区中 3 个不同的纹理声明了 3 个不同的输出值。对于每个输出值，还指定了布局位置。这些布局位置数字对应于创建 G 缓冲区时指定的颜色附件索引。

代码清单 13.8　GBufferWrite.frag 着色器程序

```
#version 330
// Inputs from vertex shader
in vec2 fragTexCoord; // Tex coord
in vec3 fragNormal;   // Normal (in world space)
in vec3 fragWorldPos; // Position (in world space)

// This corresponds to the outputs to the G-buffer
layout(location = 0) out vec3 outDiffuse;
layout(location = 1) out vec3 outNormal;
layout(location = 2) out vec3 outWorldPos;
```

```
// Diffuse texture sampler
uniform sampler2D uTexture;

void main()
{
    // Diffuse color is from texture
    outDiffuse = texture(uTexture, fragTexCoord).xyz;
    // Pass normal/world position directly along
    outNormal = fragNormal;
    outWorldPos = fragWorldPos;
}
```

　　然后，在 Renderer 类中，更改应用于成员变量 mMeshShader 和成员变量 mSkinnedShader 的着色器程序加载部分的代码，用以使用 GBufferWrite.frag 着色器程序作为片段着色器，而不是使用之前的 Phong.frag 片段着色器程序。

　　最后，在 Renderer :: Draw 中函数，删除对 Draw3DScene 函数的调用，因为该函数调用绘制到默认的帧缓冲区中。现在我们想要绘制到 G 缓冲区中，如下代码段所示：

```
Draw3DScene(mGBuffer->GetBufferID(), mView, mProjection, 1.0f, false);
```

　　其中 Draw3DScene 函数的最后一个布尔类型参数是新加入的参数，该参数指定 Draw3DScene 函数不应在网格着色器上设置任何光照常数。这是有道理的，因为 GBufferWrite.frag 片段着色器程序一开始就没有要设置的任何光照常量！

　　此时运行游戏，界面上将出现除 UI 元素之外完全呈黑色的窗口。这是因为虽然代码已将物体表面特性写入 G 缓冲区，但是没有根据这些物体表面特性向默认帧缓冲区内绘制任何内容。但是，通过使用类似 RenderDoc 软件等类似的图形软件调试器（请参阅"图形软件调试器"的解释），读者可以查看 G 缓冲区中不同纹理的输出。图 13-8 显示了 G 缓冲区不同组件输出的可视化界面，其中包括深度缓冲区。

漫反射颜色

法线

世界空间位置

深度

图 13-8　输出到 G 缓冲区的不同组件界面

图形软件调试器

要编写越来越复杂的图形代码，所面临的难点之一便是它比普通的 C ++代码更难调试。使用 C ++代码时，如果存在问题，程序员可以放置断点并逐步执行代码。但是，如果游戏没有显示正确的图形输出，则可能是几个问题中的一个所导致的。可能是代码正在调用错误的 **OpenGL** 函数，也可能是传递给着色器的数据是错误的，还有可能是 GLSL 着色器代码程序有错误。

为了确定图形显示出现问题的根源，图形软件调试器应运而生。市面上有几种图形软件调试器可用，其中一些专用于特定类型的图形硬件或控制台上。在最低限度，这些调试器允许程序员捕获一帧图形数据并逐步执行命令，用以查看帧缓冲区的输出数据如何变化。调试器还允许程序员查看发送到 GPU 的所有数据，包括顶点数据、纹理和着色器常量。有些调试器甚至允许程序员逐步执行顶点着色器或像素着色器，以查看着色器程序出错的位置。

在 Windows 环境和 Linux 环境下，支持 OpenGL 的最佳图形软件调试器是 RenderDoc。该调试器是一个由 Baldur Karlsson 创建的开源工具。除了 OpenGL 之外，该调试器还支持在 Vulkan，并支持在 Microsoft Direct3D 11 和 12（后两者仅运行在 Windows 上）上进行调试。在写本书时，RenderDoc 调试器尚没有支持 macOS 的版本。

对于 macOS 用户，英特尔图形性能分析器（GPA）是一个很好的选择。

13.3.3　全局光照

既然游戏代码已经可以将物体表面特性写入 G 缓冲区，接下来就可以用这些属性来显示完全照亮的场景。本节重点介绍全局光照，包括环境光光照和全局定向光光照。基本前提是要将屏幕大小的四边形绘制到默认的帧缓冲区。对于此四边形中的每个片段（像素），可以从 G 缓冲区中的表面特性进行采样。然后，通过使用这些物体表面特性，可以计算与第 6 章中相同的 Phong 光照方程式，并点亮片段（像素）。

首先，在 GLSL 语言中，创建一个顶点着色器程序和片段着色器程序，用于从 G 缓冲区进行全局光照。因为代码最终将四边形绘制到屏幕上，所以顶点着色器程序与第 5 章中的精灵顶点着色器程序相同。全局光照片段着色器程序（如代码清单 13.9 所示）与 Phong 片段着色器程序之间存在一些差异，例如，它接收来自顶点着色器程序的唯一输入值是纹理坐标。这是因为片段（像素）的法线位置和世界空间位置都已处在 G 缓冲区中。其次，为 G 缓冲区中的 3 种不同纹理添加 3 个 sampler2D 类型的 uniform 变量（分别代表漫反射颜色、法线和世界空间位置）。在片段着色器程序的主函数 main()中，可以在 G 缓冲区纹理中对漫反射颜色、法线和世界空间位置进行采样。

上述信息与定向光 uniform 变量（如第 6 章）相结合，给出了带有环境光分量和漫射光分量，并应用 Phong 反射模型来照亮片段所需的所有信息。我们无法计算镜面反射分量，因为镜面反射分量取决于每个物体表面的镜面反射率，并且目前代码没有将镜面反射信息存储在 G 缓冲区中。（在练习题 1 中，读者将探索添加镜面反射分量的功能。）

计算 Phong 反射模型下的环境光分量和漫反射光分量后，将物体表面的漫反射颜色（从 G 缓冲区获取到）与之相乘，以计算出像素处的最终颜色。

代码清单 13.9　GBufferGlobal.frag 片段着色器

```
#version 330
// Inputs from vertex shader
in vec2 fragTexCoord; // Tex coord

layout(location = 0) out vec4 outColor;

// Different textures from G-buffer
uniform sampler2D uGDiffuse;
uniform sampler2D uGNormal;
uniform sampler2D uGWorldPos;

// Lighting uniforms (as in Chapter 6)
// ...

void main()
{
    // Sample diffuse color, normal, world position from G-buffer
    vec3 gbufferDiffuse = texture(uGDiffuse, fragTexCoord).xyz;
    vec3 gbufferNorm = texture(uGNormal, fragTexCoord).xyz;
    vec3 gbufferWorldPos = texture(uGWorldPos, fragTexCoord).xyz;

    // Calculate Phong lighting (as in Chapter 6, minus specular)
    // ...

    // Final color is diffuse color times phong light
    outColor = vec4(gbufferDiffuse * Phong, 1.0);
}
```

编写完全局光照下顶点着色器程序和片段着色器程序代码后，下一步是在 Renderer 类中加载这些着色器程序。在 Renderer 类中创建一个名为 mGGlobalShader 的 Shader * 成员变量，并在 Renderer 类的 LoadShader 函数中实例化 mGGlobalShader。如代码清单 13.10 所示，首先加载顶点着色器程序和片段着色器程序文件，然后为最终的着色器设置一些 uniform 变量。

在 LoadShader 函数中，调用 SetIntUniform 函数将片段着色器程序中的 3 个 sampler2D 类型的 uniform 变量中的每一个与特定的纹理索引相关联。第一个调用的 SetMatrixUniform 函数将视图投影矩阵设置为与精灵的视图投影矩阵相同的矩阵（因为代码正在绘制四边形）；第二个调用的 SetMatrixUniform 函数设置世界变换，用以将四边形缩放到整个屏幕并反转 y 轴（翻转以解决反向的 y 轴问题，就像将反射镜纹理绘制到屏幕时一样）。

代码清单 13.10　加载 G-buffer 全局光照着色器

```
mGGlobalShader = new Shader();
if (!mGGlobalShader->Load("Shaders/GBufferGlobal.vert",
    "Shaders/GBufferGlobal.frag"))
{
    return false;
}
// For the GBuffer, we need to associate each sampler with an index
```

```
mGGlobalShader->SetActive();
mGGlobalShader->SetIntUniform("uGDiffuse", 0);
mGGlobalShader->SetIntUniform("uGNormal", 1);
mGGlobalShader->SetIntUniform("uGWorldPos", 2);

// The view projection is just the sprite one
mGGlobalShader->SetMatrixUniform("uViewProj", spriteViewProj);
// The world transform scales to the screen and flips y
Matrix4 gbufferWorld = Matrix4::CreateScale(mScreenWidth,
    -mScreenHeight, 1.0f);
mGGlobalShader->SetMatrixUniform("uWorldTransform", gbufferWorld);
```

接下来，向 GBuffer 类添加一个函数。该函数将 G 缓冲区中的每个 Texture 实例绑
定到相应的纹理索引上：

```
void GBuffer::SetTexturesActive()
{
    for (int i = 0; i < NUM_GBUFFER_TEXTURES; i++)
    {
        mTextures[i]->SetActive(i);
    }
}
```

此处，在每个 Texture 实例上调用的 SetActive 函数都接收一个索引参数。该索引
参数对应于 GLSL 代码中 sampler2D 类型 uniform 变量上设置的索引。

最后一步是向 Renderer 类添加一个函数。该函数使用全局光照着色器程序来绘
制 G 缓冲区四边形。创建一个新的 DrawFromGBuffer 函数，如代码清单 13.11 所示。
现在因为 Renderer :: Draw 函数的第一步是将场景绘制到 G 缓冲区中，所以
DrawFromGBuffer 函数是第一个绘制到默认帧缓冲区的代码。要禁用四边形的深度测
试，因为我们不希望深度测试影响到深度缓冲区。然后，设置应用 G 缓冲区的着色器程
序和精灵四边形顶点为活动状态，并调用 SetTexturesActive 函数以激活所有 G 缓
冲区关联的纹理。然后利用第 6 章中创建的 SetLightUniforms 函数在使用 G 缓冲
区的着色器程序中设置所有的定向光 uniform 变量。最后，绘制四边形，对于屏幕上
的每个片段，调用应用 G 缓冲区的片段着色器程序。

代码清单 13.11　Renderer :: DrawFromGBuffer 函数的实现

```
void Renderer::DrawFromGBuffer()
{
    // Disable depth testing for the global lighting pass
    glDisable(GL_DEPTH_TEST);
    // Activate global G-buffer shader
    mGGlobalShader->SetActive();
    // Activate sprite verts quad
    mSpriteVerts->SetActive();
    // Set the G-buffer textures to sample
    mGBuffer->SetTexturesActive();
    // Set the lighting uniforms
    SetLightUniforms(mGGlobalShader, mView);
```

```
    // Draw the triangles for the quad
    glDrawElements(GL_TRIANGLES, 6, GL_UNSIGNED_INT, nullptr);
}
```

接下来，在 Renderer :: Draw 函数的开始处更改代码。先将 3D 场景绘制到 G 缓冲区，再将帧缓冲区更改为默认值，最后调用 DrawFromGBuffer 函数。在此之后，像以前一样渲染精灵和 UI 屏幕元素：

```
// Draw the 3D scene to the G-buffer
Draw3DScene(mGBuffer->GetBufferID(), mView, mProjection, false);
// Set the framebuffer back to zero (screen's framebuffer)
glBindFramebuffer(GL_FRAMEBUFFER, 0);
// Draw from the GBuffer
DrawFromGBuffer();
// Draw Sprite/UI as before
// ...
```

随着全局光照着色器程序代码的就位，渲染部分的程序代码现在再次将整个场景完全照亮。场景输出。请注意如图 13-9 所示，因为不再计算 Phong 光照方程中的镜面反射分量，所以场景看起来比以前更暗一些——虽然存在着环境光值略高于之前的情况。但是，除了看上去有些暗之外，读者仍然可以看到整个场景——看起来就像是同使用前向渲染技术的场景一样。此外，请注意，后视镜仍然可以正常工作，即使代码对于后视镜仍然使用前向渲染技术（而且由于环境光值较高，后视镜看起来比以前更亮）。

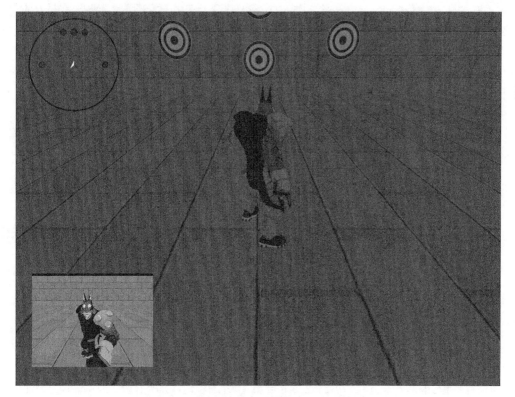

图 13-9 通过延迟着色计算的全局光照的场景

13.3.4　添加点光源

回想一下，使用延迟着色技术的一个主要原因是：随着场景中灯光数量的增加，延迟着色技术的扩展性非常好。本节讨论如何向环境中添加许多非全局光照的支持。

假设游戏中有 100 个不同的点光源，可以在着色器程序中创建一个 uniform 的数组，用于存储有关这些点光源的所有信息包括位置、颜色、半径等，然后可以在 GBufferGlobal.frag 着色器程序代码中遍历这些点光源。通过使用在 G 缓冲区中采样的世界空间位置，可以确定片段（像素）是否在点光源的照射范围内，如果在范围内，则计算 Phong 光照方程式。

虽然上述这种方法可行，但它存在一些问题。针对每个点光源，都需要逐个测试每个片段，即使对于片段附近的光源，也需要进行这样的测试。以上描述的测试意味着着色器代码中存在着大量条件判断。从计算代价的角度来说，这些条件判断是昂贵的。

针对上述问题，替代解决方案是使用**光几何体**或代表光照的网格。由于点光源有半径，因此其对应的光几何体是放置在世界空间中的球体。那么对于此球体进行的绘制，将触发球体接触到的、球体上每个片段上的片段着色器程序的调用。通过使用来自 G 缓冲区的世界空间位置信息，可以计算点光源到片段的光强度。

添加 `PointLightComponent` 类

对于点光源，可以创建一个组件，以便轻松将该组件关联到任何角色，进而达到可移动光源的目的。首先，声明 PointLightComponent 类，如代码清单 13.12 所示。为简单起见，将 PointLightComponent 类的成员变量设为公共访问属性。漫反射颜色成员变量仅仅是点光源的漫反射颜色。内半径变量和外半径变量用于确定点光源的影响区域：**外半径**是点光源影响物体的最大距离，**内半径**是点光源应用其全光强度的半径。点光源内半径内的任何区域都具有完整强度的漫反射颜色，而当区域接近外半径时，漫反射颜色强度会下降。点光源不会影响到超出点光源外半径的任何物体。

代码清单 13.12　PointLightComponent 类的声明

```
class PointLightComponent
{
public:
    PointLightComponent(class Actor* owner);
    ~PointLightComponent();

    // Draw this point light as geometry
    void Draw(class Shader* shader, class Mesh* mesh);

    // Diffuse color
    Vector3 mDiffuseColor;
    // Radius of light
    float mInnerRadius;
    float mOuterRadius;
};
```

然后，将元素为 PointLightComponent 指针的容器添加到变量名为 mPointLights 的 Renderer 类的定义中。PointLightComponent 类的构造函数将点光源添加到

mPointLights 容器中，PointLightComponent 类的析构函数从容器中移除点光源。

点光源片段着色器

下一步是创建 GBufferPointLight.frag 点光源片段着色器程序文件。与 GBufferGlobal.frag 片段着色器程序一样，GBufferPointLight.frag 着色器程序需要为 3 种不同的 G 缓冲区纹理声明 3 种不同的 sampler2D 类型的 uniform 变量。但是，与全局光照片段着色器程序 GBufferGlobal.frag 不同的是，点光源着色器程序 GBufferPointLight.frag 代码中需要存储有关特定点光源的信息。需要在 GBufferPointLight.frag 代码内声明一个 PointLight 结构，并为此结构添加一个 uPointLight uniform 变量。还需要添加一个名称为 uScreenDimensionsuniform 变量。该变量用于存储屏幕的宽度/高度：

```
// Additional uniforms for GBufferPointLight.frag
struct PointLight
{
    // Position of light
    vec3 mWorldPos;
    // Diffuse color
    vec3 mDiffuseColor;
    // Radius of the light
    float mInnerRadius;
    float mOuterRadius;
};
uniform PointLight uPointLight;
// Stores width/height of screen
uniform vec2 uScreenDimensions;
```

如代码清单 13.13 所示，点光源片段着色器程序的主函数在几个方面与全局光照片段着色器程序的主函数存在着不同。在全局光照着色器程序中，使用四边形绘制全局光照，主函数代码可以简单地使用四边形的纹理坐标正确地采样到 G 缓冲区。但是，使用来自点光源球体网格的纹理坐标，不会产生正确的 UV 坐标并采样到 G 缓冲区中。相反，点光源片段着色器程序的主函数代码可以使用 gl_FragCoord——它是一个内置的 GLSL 变量，包含片段在屏幕空间中的位置。在使用 gl_FragCoord 情况下，我们只关心片段位置处的 x 和 y 坐标。但是，由于 UV 坐标被限制在[0,1]范围内，因此需要将屏幕空间坐标除以屏幕尺寸。在当前情况下，除法运算符基于各个分量的除法运算。

一旦代码获得片段的正确的 UV 坐标，就可以用它们来从 G 缓冲区中采样漫反射分量、法线分量和世界空间位置分量。接下来，计算 N 向量和 L 向量，就像在之前的 Phong 片段着色器程序中计算的方法一样。

代码清单 13.13　GBufferPointLight.frag 片段着色器的主函数

```
void main()
{
    // Calculate the coordinate to sample into the G-buffer
    vec2 gbufferCoord = gl_FragCoord.xy / uScreenDimensions;

    // Sample from G-buffer
    vec3 gbufferDiffuse = texture(uGDiffuse, gbufferCoord).xyz;
```

```
vec3 gbufferNorm = texture(uGNormal, gbufferCoord).xyz;
vec3 gbufferWorldPos = texture(uGWorldPos, gbufferCoord).xyz;

// Calculate normal and vector from surface to light
vec3 N = normalize(gbufferNorm);
vec3 L = normalize(uPointLight.mWorldPos - gbufferWorldPos);

// Compute Phong diffuse component for the light
vec3 Phong = vec3(0.0, 0.0, 0.0);
float NdotL = dot(N, L);
if (NdotL > 0)
{
    // Get the distance between the light and the world pos
    float dist = distance(uPointLight.mWorldPos, gbufferWorldPos);
    // Use smoothstep to compute value in range [0,1]

    // between inner/outer radius
    float intensity = smoothstep(uPointLight.mInnerRadius,
                          uPointLight.mOuterRadius, dist);
    // The diffuse color of the light depends on intensity
    vec3 DiffuseColor = mix(uPointLight.mDiffuseColor,
                       vec3(0.0, 0.0, 0.0), intensity);
    Phong = DiffuseColor * NdotL;
}
// Final color is texture color times phong light
outColor = vec4(gbufferDiffuse * Phong, 1.0);
}
```

但是，在计算漫反射颜色时，首先要计算点光源中心与片段的世界空间位置之间的距离。然后，根据距离值，smoothstep 函数计算出范围[0,1]中的值。对于小于或等于内半径的距离，smoothstep 函数返回 0；对于大于或等于外半径的距离，smoothstep 函数返回 1。介于内半径和外半径两者之间的距离，smoothstep 函数则在 0 和 1 之间生成一个值。smoothstep 函数使用 Hermite 函数（一种多项式）来计算这个介于 0 和 1 之间的值。函数 smoothstep 计算的结果值对应于漫反射光颜色的强度值：结果值 0 表示漫反射的全强度，因为片段在点光源内半径内；结果值 1 表示点光源不应影响片段处的颜色强度。

然后，可以根据漫反射强度值计算要用到的 DiffuseColor 值。此处，mix 函数在点光源的漫反射颜色和纯黑色之间执行线性插值操作。回想一下，此处不计算 Phong 反射的镜面反射分量，因为当前无法访问 G 缓冲区中的镜面反射率。

重要的是要理解，因为点光源渲染发生在全局光照的 G 缓冲区计算之后，所以帧缓冲区中的每个片段都已经有了颜色。我们不希望点光源着色器覆盖片段上已存在的颜色。例如，如果片段的世界空间位置表示该片段超出了点光源的光照范围，则点光源着色器将返回黑色；如果只是将片段设置为黑色，则会丢失全局光照阶段中已生成存在的所有颜色。

相反，我们希望将点光源着色器的输出添加到已存在的任何颜色上去。一方面，向已有颜色添加黑色不会更改任何已有颜色的 RGB 值，这意味着会保留片段上的原有光照值。另一方面，如果向片段的已有光照值添加绿色值，则添加绿色值的计算会使得片段看上去更绿。要将点光源的着色器的输出颜色添加到现有颜色上，不需要对点光源片段着色器代码本身进行任何更改，而可以在 C ++代码方面做到这一点。

绘制点光源

为了绘制点光源，需要在 Renderer 类和 PointLightComponent 类中添加一些粘连代码，然后才能在 DrawFromGBuffer 函数中绘制点光源。首先向 Renderer 类中添加一个名为 mGPointLightShader 的新的点光源着色器程序成员变量，然后在 Renderer 类的 LoadShaders 函数中加载此点光源着色器程序。对于顶点着色器程序，使用第 6 章中的 BasicMesh.vert 顶点着色器程序，因为点光源的球体网格不需要任何特殊的行为。对于片段着色器程序，使用 GBufferPointLight.frag 片段着色器程序。

与全局光照着色器一样，需要为不同的采样器设置 uniform，以将它们绑定到特定的 G 缓冲区纹理上。还需要将 uniform 变量 uScreenDimensions 设置为屏幕的宽度和高度。

还要向 Renderer 类添加一个名为 mPointLightMesh 成员变量。该变量简单地指向应用于点光源的网格。在初始化渲染器 Renderer 对象时，需要加载点光源网格并将其保存在 mPointLightMesh 变量中。这里谈到的网格是一个点光源球体。

现在，其他额外代码要加入 DrawFromGBuffer 函数中，如代码清单 13.14 所示。该部分代码在执行完绘制应用到全局光照的全屏四边形的所有代码之后运行。该代码的第一部分将深度缓冲区从 G 缓冲区复制到默认帧缓冲区的深度缓冲区。因为正在将 3D 场景绘制到 G 缓冲区，所以 G 缓冲区的深度缓冲区包含每个片段的实际深度信息。因为要深度测试点光源球体，所以需要将此深度信息复制到默认帧缓冲区的深度缓冲区中。

代码清单 13.14　在 Renderer :: DrawFromGBuffer 函数中的绘制点光源

```
// Copy depth buffer from G-buffer to default framebuffer
glBindFramebuffer(GL_READ_FRAMEBUFFER, mGBuffer->GetBufferID());
int width = static_cast<int>(mScreenWidth);
int height = static_cast<int>(mScreenHeight);
glBlitFramebuffer(0, 0, width, height,
    0, 0, width, height,
    GL_DEPTH_BUFFER_BIT, GL_NEAREST);

// Enable depth test, but disable writes to depth buffer
glEnable(GL_DEPTH_TEST);
glDepthMask(GL_FALSE);

// Set the point light shader and mesh as active
mGPointLightShader->SetActive();
mPointLightMesh->GetVertexArray()->SetActive();
// Set the view-projection matrix
mGPointLightShader->SetMatrixUniform("uViewProj",
    mView * mProjection);
// Set the G-buffer textures for sampling
mGBuffer->SetTexturesActive();

// The point light color should add to existing color
glEnable(GL_BLEND);
glBlendFunc(GL_ONE, GL_ONE);

// Draw the point lights
for (PointLightComponent* p : mPointLights)
{
```

```
    p->Draw(mGPointLightShader, mPointLightMesh);
}
```

接下来，重新启用深度测试（因为在绘制全局光照的全屏四边形时禁用了它），但是却要禁用深度掩码。这意味着在尝试为每个点光源的球体绘制片段时，片段需要通过深度测试，但这些片段不会将新的深度值写入深度缓冲区内。这就确保了点光源球体网格不会干扰现有的深度缓冲值。因为在此处禁用深度缓冲区写入，所以需要在 Draw3DScene 函数的开头添加相应的调用，以便代码可以重新写入深度缓冲区。（否则，代码无法清除深度缓冲区内的内容！）

然后，激活应用于点光源的着色器以及相应的点光源网格球体。需要设置视图投影矩阵，就像在世界空间中渲染任何其他的物体一样，以确保点光源在屏幕上具有正确的位置。还需要将 G 缓冲区纹理绑定到相应的的 GL_COLOR_ATTACHMENT 插槽上。

因为要向颜色缓冲区中已有的颜色值进行添加，所以启用混合。将 GL_ONE 用作 glBlendFunc 混合函数的两个参数，其表示的意思是函数只想直接添加两种颜色，而不考虑 alpha 值或任何其他参数。

最后，循环遍历所有点光源并在每个点光源上调用 **Draw** 函数。PointLightComponent::Draw 函数的代码（如代码清单 13.15 所示）与绘制任何其他网格的代码看起来并没有太大差别。对于点光源的世界变换矩阵，需要根据点光源的外半径进行缩放。之所以要除以点光源网格的半径，因为点光源网格没有所需的单位半径。平移只是基于点光源的位置，而位置来源于点光源所在的角色。

此外，需要为这个具体的的点光源设置不同的 uniform，该设置操作与之前设置 uniform 的方式没有什么不同。最后，调用 glDrawElements 函数绘制点光源的光几何体，即球体网格物体。不需要将点光源网格的顶点数组设置为活动，因为 Renderer 在调用 Draw 函数之前已执行此操作。

一旦绘制所有点光源网格后，就可以针对每个片段计算点光源对片段颜色的贡献值。然后，将此附加的光照颜色值添加到在全局光照过程中已存在的颜色中去。

代码清单 13.15　PointLightComponent :: Draw 函数的实现

```cpp
void PointLightComponent::Draw(Shader* shader, Mesh* mesh)
{
    // Scale world transform to the outer radius (divided by
    // the mesh radius) and positioned to the world position
    Matrix4 scale = Matrix4::CreateScale(mOwner->GetScale() *
        mOuterRadius / mesh->GetRadius());
    Matrix4 trans = Matrix4::CreateTranslation(mOwner->GetPosition());
    Matrix4 worldTransform = scale * trans;
    shader->SetMatrixUniform("uWorldTransform", worldTransform);

    // Set point light shader constants
    shader->SetVectorUniform("uPointLight.mWorldPos",
    mOwner->GetPosition());
    shader->SetVectorUniform("uPointLight.mDiffuseColor", mDiffuseColor);
    shader->SetFloatUniform("uPointLight.mInnerRadius", mInnerRadius);
    shader->SetFloatUniform("uPointLight.mOuterRadius", mOuterRadius);
```

```
// Draw the sphere
glDrawElements(GL_TRIANGLES, mesh->GetVertexArray()->GetNumIndices(),
    GL_UNSIGNED_INT, nullptr);
}
```

为了演示点光源渲染，本章的游戏项目在地板上创建了几种不同颜色的点光源。图 13-10 显示了使用了延迟着色技术的光照画面。

图 13-10　游戏项目中的众多点光源

13.3.5　改进和问题

虽然延迟着色技术是许多现代游戏使用的非常强大的渲染技术，但它并不完美。有个问题就是它无法处理部分透明的物体，如窗户。由于 G 缓冲区只能存储单个物体表面的属性，因此将此类物体绘制到 G 缓冲区中会覆盖其后面的物体。对于这种情况的解决方案是在绘制场景的其余部分后，在其他单独的阶段中绘制透明物体。

此外，对于某些类型的游戏，设置 G 缓冲区和渲染到多个目标的开销是不值得的。如果游戏主要在白天进行或者环境中的灯光数量非常少，则在每帧上设置延迟着色方法的成本可能高于前向渲染方法的成本。由于这个原因，许多需要非常高帧速率的虚拟现实游戏使用了前向渲染技术。

另一个问题是光几何体存在许多需要考虑和修复的边缘情况。例如，如果点光源球体部分与墙壁相交，在使用延迟渲染方法下，点光源将影响墙壁的两个侧面。此外，如果创建一个非常大的点光源并将相机放在点光源内部，那么将看不到该点光源产生的效果。

要修复上述这些光几何体产生的问题，需要用到模板缓冲区——一种不同类型的输出缓冲区。

13.4 游戏项目

本章的游戏项目给出了延迟着色技术的完整实现，并使用贴图分级细化技术和各向异性技术的混叠来改善纹理质量。该项目还包括使用前向渲染技术生成的镜子纹理。本章代码可以在本书对应的配套资源中找到（位于第 13 子目录中）。在 Windows 环境下，打开 Chapter13-windows.sln；在 Mac 环境下，打开 Chapter13-mac.xcodeproj。

对于本章游戏中游戏角色的控制，与第 12 章中的控制方式相同。玩家仍然使用 WASD 键移动角色。为了演示点光源，在 Game :: LoadData 函数中，给出了几个点光源球体。

13.5 总结

本章介绍了一些中间图形技术。首先，本章着眼于纹理过滤是如何工作的——包括最近邻过滤技术和双线性过滤技术。在减小纹理大小时，因为贴图分级细化技术会生成几个较低分辨率的纹理，所以可以减少采样遗物。但是，对于具有倾斜表面的物体，贴图分级细化技术可能会使物体表面显得模糊。在这种情况下，通过各向异性过滤技术可以提高纹理的质量。

本章介绍的另一种强大的技术是将场景渲染到纹理上。OpenGL 允许创建与纹理相关联的任意帧缓冲对象。然后，读者可以选择将 3D 场景绘制到此纹理上。这种技术的一个用途是绘制高质量的反射物体，例如镜子。

最后，本章探讨了延迟着色技术，这是一种两阶段光照方法。在第一阶段中，将物体的表面属性（例如漫反射颜色、法线和世界空间位置）写入 G 缓冲区。在第二阶段中，从 G 缓冲区读取物体的表面属性，以计算光照方程。对于光照范围有限的光照物体（例如点光源），可以渲染光照几何体，以确保光线仅影响范围内的片段。尽管延迟着色技术存在一些问题——例如无法处理部分透明的物体，但是当场景中有许多光照物体时，延迟着色技术是一种很好的方法。

13.6 补充阅读材料

正如在第 6 章中所提到的，Thomas Akenine-Moller 等人所著的《实时渲染》是学习渲染技术和游戏的首选图书。Jason Zink 等人所著图书尽管侧重于 Direct3D 11 而不是

OpenGL，但还是对许多技术进行了很好的概述，其中包括延迟着色技术。Matt Pharr 等人所著图书涉及了基于物理的渲染技术，该技术是一种较新的游戏技术，被用于实现更逼真的光照效果。Wolfgang Engel 所著图书始终处于视频游戏行业图形程序员正在使用的技术的最前沿。Phil Djonov 讨论了如何在 G 缓冲区中消除对于物体的世界空间位置的要求。最后，当偶尔需要了解各种 OpenGL 扩展技术的工作原理时，读者可以参考 OpenGL 的官方注册功能表。

- Thomas Akenine-Moller, Eric Haines, and Naty Hoffman. Real-Time Rendering, 3rd edition.
- Natick: A K Peters, 2008.
- Phil Djonov. "Deferred Shading Tricks." Shiny Pixels. Accessed November 26, 2017.
- Wolfgang Engel, ed. GPU Zen: Advanced Rendering Techniques. Encinitas: Black Cat
- Publishing, 2017.
- Khronos Group. OpenGL Extensions Registry. Accessed October 16, 2017.
- Matt Pharr, Wenzel Jakob, and Greg Humphreys. Physically Based Rendering: From Theory to Implementation, 3rd edition. Cambridge: Elsevier, 2017.
- Jason Zink, Matt Pettineo, and Jack Hoxley. Practical Rendering and Computation with Direct3D 11.
- Boca Raton: CRC Press, 2012.

13.7　练习题

在本章的练习题中，读者将探索改进本章后半部分所涉及的延迟着色技术。

13.7.1　练习题 1

向全局 G 缓冲区光照（定向光源）和点光源中添加物体镜面反射分量的支持。要实现这一点，首先要在 G 缓冲区中使用一个新的纹理，以存储物体表面的高光强度，然后添加对于这个新的纹理的处理（在 C ++语言和 GLSL 语言中都要加入对于此新纹理的处理）。

接下来，更改 PointLightComponent 类的定义、PointLightComponent :: Draw 函数的实现、以及点光源和全局光照的着色器代码。对于点光源，用强度来插值高光颜色，就像漫反射颜色所做的那样。像以前一样，根据 Phong 方程计算高光反射分量。

13.7.2　练习题 2

为将新类型的光照添加到延迟着色技术中，需要用到新类型的光几何体。请添加对于

聚光灯的支持。为此，在延迟着色使用点光源照亮之后，需要创建 `SpotLightComponent`
组件类以及相应的着色器程序，用以绘制这些新的光几何体。

本练习题用所提供的 `SpotLight.gpmesh` 网格文件（锥形）作为聚光灯的网格。聚
光灯应具有类似点光源类似的参数，但它还需要一个聚光灯照射角度的变量。为了能够改
变聚光灯照射角度，聚光灯网格也需要进行非均匀地缩放。默认的聚光灯网格具有 30° 的
角度的一半。

第 14 章

级别文件和二进制数据

本章将探讨如何加载和保存用于表示游戏世界、基于 JSON 格式的级别文件。这些级别文件用于存储全局属性，以及存储游戏中的所有角色和组件的属性。

此外，本章还将探讨使用基于文本的文件格式与使用二进制文件格式之间的权衡取舍。作为示例，本章讨论了二进制格式网格文件的实现。

14.1 级别文件加载

关于这一点，本书并没有使用数据驱动方法来放置游戏世界的对象，而是采用 Game::LoadData 函数代码指定游戏中的角色、组件以及游戏中的全局属性（如环境光属性）。当前使用的方法有几个缺点，最显著的是：即使很小的改变，如在一个级别中放置一个立方体，源代码也需要重新进行编译。若要更改游戏中对象的位置，游戏设计师应无须修改 C ++源代码。

上述问题的解决方案是为这一级别创建单独的数据文件。该数据文件应该能够指定这一级别包含哪些角色以及哪些属性，并且可以选择性地调整这些角色的组件。此外，此级别文件还应包括游戏所需的任何全局属性。

对于 2D 游戏而言，使用基本的文本文件就非常有效。在代码中可以简单地为游戏世界中的不同对象定义不同的 ASCII 角色，并创建这些对象的文本网格。这个方法使级别文件看起来像在应用 ASCII 技术。遗憾的是，对于 3D 游戏来说，这种方法不能很好地发挥作用，因为 3D 游戏世界中的每个对象都可能处于某个任意 3D 坐标上。此外，在本书中使用的游戏对象模型中，角色可以包含组件，因此可能还需要保存角色的每个附加组件的属性。

由于上面列出的种种原因，我们需要一种更加结构化的文件格式。与本书的其余部分一样，本节将再次用到基于文本的 JSON 格式的数据。不过，本节还探讨了所有文本格式各自的利弊，以及应用二进制格式文件所需的技术。

本节探讨了如何构建 JSON 级别文件格式。我们从游戏的全局属性开始，然后慢慢地向级别文件添加其他特性，这样使得 Game :: LoadData 函数内除了对于需要加载的级别文件作出详细说明的函数调用之外，几乎没有任何其他代码。与前面的章节不同，本章探讨了使用 RapidJSON 库来解析 JSON 文件的方法。

14.1.1　加载游戏的全局属性

游戏世界真正拥有的唯一全局属性是光照属性——环境光照属性和全局定向光照属性。使用如此有限数量的全局属性，是定义 JSON 格式的级别文件的良好开端。代码清单 14.1 展示了如何在级别文件中指定全局光照属性。

代码清单 14.1　具有全局光照属性的级别（`Level0.gplevel`）

```
{
    "version": 1,
    "globalProperties": {
        "ambientLight": [0.2, 0.2, 0.2],
        "directionalLight": {
            "direction": [0.0, -0.707, -0.707],
            "color": [0.78, 0.88, 1.0]
        }
    }
}
```

代码清单 14.1 显示了在级别文件中经常使用的几种结构。首先，JSON 文档的核心是一个被称为 **JSON 对象**的键/值对（或**属性**）的字典。键名放置在引号内，该键对应的值放置在冒号后面。值可以有几种类型。值的基本类型包括字符串、数字和布尔值，值的复杂类型包括数组和 JSON 对象。对于当前文件，`globalProperties` 键对应于一个 JSON 对象。这个 JSON 对象有两个键：一个用于环境光，另一个用于定向光。`ambientLight` 键对应于由 3 个数字组成的数组。同样，`directionalLight` 键对应于另一个 JSON 对象，对应于该 JSON 对象的还有另外两个键。

这种 JSON 对象和属性的嵌套驱动着解析代码的实现。具体来说，在代码中可以看到以下常见的操作：在给定 JSON 对象和键名称的情况下，希望读取到对应的值。在 C ++代码中，C++代码拥有的类型要比 JSON 格式更加多样化，因此应该添加 C++代码，以帮助解析 JSON 格式的文件。

要在 C++代码中解析这些全局属性，首先要声明一个 `LevelLoader` 类。因为从级别文件加载级别会影响游戏的状态，而不影响级别文件加载器本身的状态，所以会将 `LoadLevel` 函数声明为静态函数，如下所示：

```
class LevelLoader
{
public:
    // Load the level -- returns true if successful
    static bool LoadLevel(class Game* game, const std::string& fileName);
};
```

请注意，除文件名作为参数外，`LoadLevel` 函数还接收指向 Game 对象的指针作为参数。Game 对象的指针作为参数是必要的，因为创建或修改任何游戏内容都需要访问 Game 类。

`LoadLevel` 函数执行的第一步是将级别文件加载并解析为 `rapidjson::Document` 对象。代码执行最有效的方法是首先将整个级别文件加载到内存中，然后将此内存缓冲区传递给 Document 对象的 **Parse** 成员函数。因为将 JSON 格式文件加载到 Document 对象中是一种常见操作，所以创建一个辅助函数是有意义的。这样一来，gpmesh 文件、gpanim 文件和其他需要加载到 JSON 格式文件中的任何数据类型也可以重用此函数。

代码清单 14.2 显示了 LoadJSON 函数的实现。该 LoadJSON 函数也是一个静态函数。该函数接收文件名以及输出文档的引用作为参数。函数的第一步是将文件加载到 ifstream 输入文件流上。请注意，使用二进制模式加载文件，而不是使用文本模式加载文件。使用二进制加载是为了提高加载效率，因为需要做的就是将整个文件内容加载到字符缓冲区（数组）中，并将该缓冲区直接传递给 RapidJSON 对象。还需要使用 `std::ios::ate` 标志，以指定输入文件流应该从文件末尾开始加载。

如果文件加载成功，则使用 tellg 函数来获取文件流的当前位置。因为流位于文件的末尾处，所以 tellg 函数的返回值对应于整个级别文件的大小。接下来，调用 seekg 函数将流设置回级别文件的开头。然后在代码中创建一个具有足够空间的数组空间，用以装载整个级别文件的内容以及一个内容为空的终止符。接下来调用 read 函数将该级别文件内容读入所创建的数组空间内。最后，代码在 outDoc 对象上调用 Parse 函数，用来解析 JSON 格式的文件。

代码清单 14.2 LevelLoader :: LoadJSON 函数的实现

```cpp
bool LevelLoader::LoadJSON(const std::string& fileName,
                           rapidjson::Document& outDoc)
{
   // Load the file from disk into an ifstream in binary mode,
   // loaded with stream buffer at the end (ate)
   std::ifstream file(fileName, std::ios::in |
                      std::ios::binary | std::ios::ate);
   if (!file.is_open())
   {
      SDL_Log("File %s not found", fileName.c_str());
      return false;
   }

   // Get the size of the file
   std::ifstream::pos_type fileSize = file.tellg();
   // Seek back to start of file
   file.seekg(0, std::ios::beg);

   // Create a vector of size + 1 (for null terminator)
   std::vector<char> bytes(static_cast<size_t>(fileSize) + 1);
   // Read in bytes into vector
   file.read(bytes.data(), static_cast<size_t>(fileSize));

   // Load raw data into RapidJSON document
   outDoc.Parse(bytes.data());
   if (!outDoc.IsObject())
   {
      SDL_Log("File %s is not valid JSON", fileName.c_str());
      return false;
   }
```

```
    return true;
}
```

然后，在 LoadLevel 函数的开头部分调用 LoadJSON 函数：

```
rapidjson::Document doc;
if (!LoadJSON(fileName, doc))
{
    SDL_Log("Failed to load level %s", fileName.c_str());
    return false;
}
```

给定一个 JSON 对象，需要读入键并提取其相应的值。由于不应该假设给定的键始终存在于 JSON 对象中，因此应首先验证键是否存在，并验证其对应的值的类型是否与预期的值类型匹配。如果经验证键存在，并且与预期类型匹配，则读入键对应的值。可以在另一个类名为 JsonHelper 并带有静态函数类中实现此行为。代码清单 14.3 给出了 JsonHelper::GetInt 函数的实现。该函数用于查找属性值，并验证属性值是否与预期值的类型匹配。如果成功查找到该属性值，则该函数返回 true。

代码清单 14.3   JsonHelper :: GetInt 函数的实现

```
bool JsonHelper::GetInt(const rapidjson::Value& inObject,
                        const char* inProperty, int& outInt)
{
    // Check if this property exists
    auto itr = inObject.FindMember(inProperty);
    if (itr == inObject.MemberEnd())
    {
        return false;
    }

    // Get the value type, and check it's an integer
    auto& property = itr->value;
    if (!property.IsInt())
    {
        return false;
    }

    // We have the property
    outInt = property.GetInt();
    return true;
}
```

可以在 LoadLevel 函数体中使用 GetInt 函数来验证加载的级别文件的版本是否与预期的版本相匹配：

```
int version = 0;
if (!JsonHelper::GetInt(doc, "version", version) ||
    version != LevelVersion)
{
    SDL_Log("Incorrect level file version for %s", fileName.c_str());
    return false;
}
```

在上述代码中，所讨论的 JSON 对象指的是整个文档（根 JSON 对象）。应首先确保 GetInt 函数返回一个值，如果确实返回了值，则再检查返回的值是否与期望值（名为 LevelVersion 的 const 常量）匹配。

在代码中，还可以向 JsonHelper 类添加类似的提取函数，用以提取其他基本类型的值，例如：GetFloat 函数用于提取浮点数值，GetBool 函数用于提取布尔类型值，GetString 函数用于提取字符串类型值。然而，让这种函数范例真正变得强大的用法是用于提取非基本类型的值。具体来说，游戏程序中的许多属性都是 Vector3 类型（如 ambientLight 的值），因此对于这个游戏程序来说，具备 GetVector3 函数将非常有用。该 GetVector3 函数的整体结构仍然与 GetInt 函数基本相同，只是需要验证该 Vector3 属性是一个包含 3 个浮点数成员的数组。可以在代码中类似地声明 GetQuaternion 函数用于提取四元数。

环境光照和顶线光照

一旦辅助函数就位，就可以创建函数来加载全局属性。由于全局属性各不相同，并且可能不一定需要相同的类类型，因此编程人员必须手动地查询所需的特定属性。代码清单 14.4 所示的 LoadGlobalProperties 函数的实现演示了如何加载环境光照属性和定向光照属性。请注意，在大多数情况下，可以调用针对这些属性而创建的辅助函数。

请注意，通过运算符 [] 直接访问属性 rapidjson::Value& 的值。dirObj ["directionalLight"] 函数使用 directionalLight 键名来获取值，然后，IsObject() 函数验证值的类型是否为 JSON 对象。

对于定向光照属性，另一个令人关注的模式是直接访问代码想要设置的属性变量。在这种情况下，无须在 GetVector3 函数的调用上添加任何条件检查。这是因为如果 GetVector3 函数所请求的属性不存在，则 Get 函数确保不会更改所提取的属性变量。如果可以直接访问属性变量而不关心该属性变量是否被复位，那么这种模式会减少相应的代码量。

代码清单 14.4 LevelLoader :: LoadGlobalProperties 函数的实现

```cpp
void LevelLoader::LoadGlobalProperties(Game* game,
   const rapidjson::Value& inObject)
{
   // Get ambient light
   Vector3 ambient;
   if (JsonHelper::GetVector3(inObject, "ambientLight", ambient))
   {
      game->GetRenderer()->SetAmbientLight(ambient);
   }

   // Get directional light
   const rapidjson::Value& dirObj = inObject["directionalLight"];
   if (dirObj.IsObject())
   {
      DirectionalLight& light = game->GetRenderer()->GetDirectionalLight();
      // Set direction/color, if they exist
      JsonHelper::GetVector3(dirObj, "direction", light.mDirection);
      JsonHelper::GetVector3(dirObj, "color", light.mDiffuseColor);
   }
}
```

　　然后，在执行完验证级别文件版本的代码之后，立即在 LoadLevel 函数内添加对 LoadGlobalProperties 函数的调用：

```
// Handle any global properties
const rapidjson::Value& globals = doc["globalProperties"];
if (globals.IsObject())
{
    LoadGlobalProperties(game, globals);
}
```

　　然后，可以在 Game :: LoadData 函数中添加对 LoadLevel 函数的调用。添加的 LoadLevel 函数将加载 Level0.gplevel 级别文件：

```
LevelLoader::LoadLevel(this, "Assets/Level0.gplevel");
```

　　因为现在代码能够从级别文件中加载光照属性，所以在 LoadData 函数中，同样可以删除对环境光照属性和定向光光照属性进行硬编码部分的代码。

14.1.2　加载角色

　　加载角色意味着 JSON 文件内需要包含大量的角色，并且每个角色都有对应于该角色的属性信息。但是，需要应用某种方式来指定所需的 Actor 类型（因为 Actor 类具有子类）。此外，还希望避免在级别文件加载过程中，使用一长串的条件检查来确定要分配的 Actor 子类。

　　和以前一样，首先形象化数据——研究数据看上去是什么样是有帮助的。代码清单 14.5 显示了一种在 JSON 文件中指定角色的方法。代码清单 14.5 中的示例仅显示了 TargetActor 子类型的角色，但该类型可以容易地替换为任何其他类型的 Actor 子类。请注意，除了角色的类型之外，还要为该角色指定任何其他的属性。在代码清单 14.5 显示的示例里，仅有的属性集合包括位置和朝向，但是这些属性可以是所能想到的角色的任何属性。

代码清单 14.5　带有 Actors 的级别文件（Level1.gplevel）

```
{
    // Version and global properties
    // ...

    "actors": [
        {
            "type": "TargetActor",
            "properties": {
                "position": [1450.0, 0.0, 100.0]
            }
        },
        {
            "type": "TargetActor",
            "properties": {
                "position": [0.0, -1450.0, 200.0],
```

```
            "rotation": [0.0, 0.0, 0.7071, 0.7071]
        }
    },
    {
        "type": "TargetActor",
        "properties": {
            "position": [0.0, 1450.0, 200.0],
            "rotation": [0.0, 0.0, -0.7071, 0.7071]
        }
    }
  ]
}
```

暂时假设代码中有一个方法，可用于构造特定类型的角色，那么还需要能够为角色加载其属性。要为角色加载其属性，最简单的方法是在基类 Actor 类中创建一个虚 LoadProperties 函数，如代码清单 14.6 所示。

代码清单 14.6 Actor :: LoadProperties 函数

```cpp
void Actor::LoadProperties(const rapidjson::Value& inObj)
{
    // Use strings for different states
    std::string state;
    if (JsonHelper::GetString(inObj, "state", state))
    {
        if (state == "active")
        {
            SetState(EActive);
        }
        else if (state == "paused")
        {
            SetState(EPaused);
        }
        else if (state == "dead")
        {
            SetState(EDead);
        }
    }
    // Load position, rotation, and scale, and compute transform
    JsonHelper::GetVector3(inObj, "position", mPosition);
    JsonHelper::GetQuaternion(inObj, "rotation", mRotation);
    JsonHelper::GetFloat(inObj, "scale", mScale);
    ComputeWorldTransform();
}
```

然后，对于 Actor 的某个特定子类，可以根据需要重写 LoadProperties 函数，用于加载子类所需的任何其他属性，如下所示：

```cpp
void SomeActor::LoadProperties(const rapidjson::Value& inObj)
{
    // Load base actor properties
    Actor::LoadProperties(inObj);
```

```
// Load any of my custom properties
// ...
}
```

既然有了加载角色属性的方法，下一步需要考虑的问题是如何构造正确类型的角色。其中一种方法是创建一个映射，映射中的键是角色类型的字符串名称，映射中的值是可以动态分配该角色类型的函数。映射中的键是明确的，因为它只是一个字符串。对于映射中的值，可以创建一个能动态分配特定角色类型的静态函数。为了避免在 Actor 的每个子类中都要声明一个单独的函数，可以在基类 Actor 中创建如下所示的模板函数：

```
template <typename T>
static Actor* Create(class Game* game, const rapidjson::Value& inObj)
{
    // Dynamically allocate actor of type T
    T* t = new T(game);
    // Call LoadProperties on new actor
    t->LoadProperties(inObj);
    return t;
}
```

因为上述模板函数是在 Actor 类型上实现模板化，所以该模板函数可以动态地分配指定类型的对象，然后根据需要，模板函数调用 LoadProperties 函数来设置 actor 类型的任何参数。

然后，回到 LevelLoader 函数中，需要创建 map 映射。其中映射中的键的类型是 std::string 字符串，但是对于映射中的值，需要一个与 Actor::Create 函数的签名相匹配的函数。为此，可以再次使用 std::function 辅助类来定义签名。

首先，使用**别名声明**（类似于 typedef）来创建 ActorFunc 类型说明符：

```
using ActorFunc = std::function<
    class Actor*(class Game*, const rapidjson::Value&)
>;
```

std::function 的模板参数指定函数的返回值为 Actor *，并且指定该函数接收两个参数：Game *和 rapidjson::Value&。

接下来，在 LevelLoader 函数中，将 map 映射声明为静态变量：

```
static std::unordered_map<std::string, ActorFunc> sActorFactoryMap;
```

然后，在 LevelLoader.cpp 中构造 sActorFactoryMap 静态变量中的值，用于填充游戏程序能够创建的不同类型的角色：

```
std::unordered_map<std::string, ActorFunc> LevelLoader::sActorFactoryMap
{
    { "Actor", &Actor::Create<Actor> },
    { "BallActor", &Actor::Create<BallActor> },
    { "FollowActor", &Actor::Create<FollowActor> },
    { "PlaneActor", &Actor::Create<PlaneActor> },
    { "TargetActor", &Actor::Create<TargetActor> },
};
```

　　上述初始化语法用于在映射中设置记录，也就是说，将映射中每个记录的键作为指定的 Actor 类型字符串名称，映射中每个记录的值作为 Actor::Create 函数的地址，该函数已被模板化用以创建特定类型的 Actor 子类。请注意，没有在此处实际调用各种 Actor 类型的 create 函数，而只是获取并保存其内存地址以供以后使用。

　　设置完映射内的记录后，现在可以创建一个 LoadActors 函数，如代码清单 14.7 所示。在 LoadActors 函数中，遍历来自 JSON 文件中的 actors 数组，并获取每个角色的类型字符串。在每个循环中，用获取到的类型字符串在 sActorFactoryMap 变量中进行查找。如果查找到相应的类型，则调用存储在 sActorFactoryMap 映射中的 actor 类型记录键相对应的记录值的函数（iter->second），亦即调用 Actor::Create 函数对应于该角色类型的正确版本。如果在 sActorFactoryMap 映射中找不到当前角色的类型，则代码会输出一个有用的调试日志消息。

代码清单 14.7　LevelLoader :: LoadActors 函数的实现

```
void LevelLoader::LoadActors(Game* game, const rapidjson::Value& inArray)
{
   // Loop through array of actors
   for (rapidjson::SizeType i = 0; i < inArray.Size(); i++)
   {
      const rapidjson::Value& actorObj = inArray[i];
      if (actorObj.IsObject())
      {
         // Get the type
         std::string type;
         if (JsonHelper::GetString(actorObj, "type", type))
         {
            // Is this type in the map?
            auto iter = sActorFactoryMap.find(type);
            if (iter != sActorFactoryMap.end())
            {
               // Construct with function stored in map
               Actor* actor = iter->second(game, actorObj["properties"]);
            }
            else
            {
               SDL_Log("Unknown actor type %s", type.c_str());
            }
         }
      }
   }
}
```

　　在加载完游戏的全局属性之后，立即在 LoadLevel 函数内添加对 LoadActors 函数的调用：

```
const rapidjson::Value& actors = doc["actors"];
if (actors.IsArray())
{
   LoadActors(game, actors);
}
```

使用以上这些代码，就能够加载角色并设置它们的属性。但是，目前还无法调整组件的属性，也无法在级别文件中添加其他组件。

14.1.3　加载组件

应用于组件的数据加载包括与应用于角色的数据加载相同的许多模式，但是它们之间有一个关键的区别。代码清单 14.8 显示了两个不同类型的角色的声明片段及每个角色各自对应的 components 属性集。基本的 Actor 类型的角色没有附加任何既有的组件。因此，在这种情况下，MeshComponent 类型意味着必须要为基本类型的角色构造一个新的 MeshComponent 组件。然而，TargetActor 类型的角色已经有一个 MeshComponent 组件，因为该组件是在 TargetActor 的构造函数中创建的。在这种情况下，指定属性 MeshComponent，意味着应更新现有的 MeshComponent 组件，而不是创建新的组件。以上所描述的加载组件数据与加载角色数据的区别意味着加载组件的代码需要处理上述这两种情况。

代码清单 14.8　JSON 文件中带有组件的角色（摘自完整的 JSON 文件）

```
"actors": [
    {
        "type": "Actor",
        "properties": {
            "position": [0.0, 0.0, 0.0],
            "scale": 5.0
        },
        "components": [
            {
                "type": "MeshComponent",
                "properties": { "meshFile": "Assets/Sphere.gpmesh" }
            }
        ]
    },
    {
        "type": "TargetActor",
        "properties": { "position": [1450.0, 0.0, 100.0] },
        "components": [
            {
                "type": "MeshComponent",
                "properties": { "meshFile": "Assets/Sphere.gpmesh" }
            }
        ]
    }
]
```

要确定 Actor 是否已具有特定类型的组件，需要在代码中采用一个按组件类型搜索角色带有的组件数组的方法。虽然可以在 C++中使用内置类型信息，但使用组件自身的类型信息（并禁用 C++内置类型功能）更为常见。这主要是因为内置的 C ++运行类型信息（RTTI）具有如下显著缺陷：RTTI 不遵守“你仅为你使用的东西付费”的规则。

有很多方法可以实现组件自身的类型信息，本章介绍一种简单的方法。先在 Component 类中声明一个 TypeID 枚举类型，如下所示：

```
enum TypeID
{
    TComponent = 0,
    TAudioComponent,
    TBallMove,
    // Other types omitted
    // ...
    NUM_COMPONENT_TYPES
};
```

然后，向 Component 类添加一个名为 GetType 的虚函数。该函数只返回基于其所在组件的恰当的 TypeID 枚举类型。例如，MeshComponent::GetType 函数的实现如下：

```
TypeID GetType() const override { return TMeshComponent; }
```

接下来，向 Actor 类添加一个 GetComponentOfType 函数。该函数遍历 actor 的 mComponents 数组成员，并返回与该类型参数相匹配的第一个组件：

```
Component* GetComponentOfType(Component::TypeID type)
{
    Component* comp = nullptr;
    for (Component* c : mComponents)
    {
        if (c->GetType() == type)
        {
            comp = c;
            break;
        }
    }
    return comp;
}
```

上述方法的缺点是在每次创建新的 Component 子类时，都必须要记住在 TypeID 枚举中添加一个条目，并实现 GetType 函数。可以通过使用宏或模板来自动执行此操作，但此处为了代码更便于阅读和理解，并没有采用宏或模板来自动执行。

请注意，当前游戏还假定在代码中不会将多个相同类型的组件附加到同一个角色上。如果要让一个角色有多个相同类型的组件，那么 GetComponentOfType 函数可能必须要返回组件集合，而不仅是单个组件指针。

此外，组件的类型信息不提供有关组件类继承方面的信息。在代码中无法得出"SkeletalMeshComponent 是 MeshComponent 类的子类"这一继承情况，因为 SkeletalMeshComponent 类的 GetType 函数只返回 TSkeletalMeshComponent 枚举。若要支持获得类的继承信息，还需要一种方法来保存一些类层次结构信息。

组件的基本类型系统就位后，就可以转向进行更加常见的步骤。与 Actor 类一样，需要在基础的 Component 类中创建虚 LoadProperties 函数，然后根据需要为所有 Component 类的子类重写该函数。Component 类的各种子类的 LoadProperties 函数的实现不一定是直接的。代码清单 14.9 显示了 MeshComponent 子类的 LoadProperties

函数的实现。回想一下，MeshComponent 类中有一个 mMesh 成员变量，该成员变量是指向要绘制的顶点数据的指针。在代码中不希望直接在 JSON 文件中指定顶点数据，而是希望引用 gpmesh 网格文件。代码首先检查 meshFile 属性，然后从渲染器对象中获取相应的网格信息。

代码清单 14.9 MeshComponent :: LoadProperties 函数的实现

```
void MeshComponent::LoadProperties(const rapidjson::Value& inObj)
{
    Component::LoadProperties(inObj);

    std::string meshFile;
    if (JsonHelper::GetString(inObj, "meshFile", meshFile))
    {
        SetMesh(mOwner->GetGame()->GetRenderer()->GetMesh(meshFile));
    }

    int idx;
    if (JsonHelper::GetInt(inObj, "textureIndex", idx))
    {
        mTextureIndex = static_cast<size_t>(idx);
    }

    JsonHelper::GetBool(inObj, "visible", mVisible);
    JsonHelper::GetBool(inObj, "isSkeletal", mIsSkeletal);
}
```

下一步是为 Component 组件添加一个静态的模板化的 Create 函数，该函数与 Actor 类中的 Create 函数非常相似，只是它们的参数有所不同（Component 组件的 Create 函数是将 Actor*作为第一个参数，而不是将 Game*作为第一个参数）。

然后，需要在 LevelLoader 类中创建一个新映射。在代码中再次使用 std :: function 辅助类来创建一个名为 ComponentFunc 的类型说明符：

```
using ComponentFunc = std::function<
    class Component*(class Actor*, const rapidjson::Value&)
>;
```

接下来，在代码中声明映射。与 LevelLoader 类中仅有单个映射值的 sActorFactoryMap 映射不同，在 LevelLoader 类中的组件情况下，这里需要有一对映射值。该映射值对中的第一个元素是对应于组件的 TypeID 整数，第二个元素是 ComponentFunc 类型说明符：

```
static std::unordered_map<std::string,
    std::pair<int, ComponentFunc>> sComponentFactoryMap;
```

然后，在源文件 LevelLoader.cpp 中实例化 sComponentFactoryMap：

```
std::unordered_map<std::string, std::pair<int, ComponentFunc>>
LevelLoader::sComponentFactoryMap
{
    { "AudioComponent",
        { Component::TAudioComponent, &Component::Create<AudioComponent>}
    },
```

```
      { "BallMove",
        { Component::TBallMove, &Component::Create<BallMove> }
      },
      // Other components omitted
      // ...
};
```

在 LevelLoader 类中实现 LoadComponents 辅助函数，如代码清单 14.10 所示。
与 LoadActors 函数相同，LoadComponents 函数接收一个元素为组件的数组来进行组件数据加载，并循环遍历此组件数组。然后使用 sComponentFactoryMap 映射来查找数组内的组件类型。如果找到，则检查 actor 是否已具有该类型的组件。iter-> second.first 访问映射值对的第一个元素，它对应于组件类型 ID。如果角色还没有所请求类型的组件，则使用存储在映射值对的第二个元素中的函数（iter-> second.second）来创建一个所请求类型的组件，如果角色所请求类型的组件已存在，则可以直接在组件上调用 LoadProperties 函数。

代码清单 14.10　LevelLoader :: LoadComponents 函数的实现

```
void LevelLoader::LoadComponents(Actor* actor,
   const rapidjson::Value& inArray)
{
   // Loop through array of components
   for (rapidjson::SizeType i = 0; i < inArray.Size(); i++)
   {
      const rapidjson::Value& compObj = inArray[i];
      if (compObj.IsObject())
      {
         // Get the type
         std::string type;
         if (JsonHelper::GetString(compObj, "type", type))
         {
            auto iter = sComponentFactoryMap.find(type);
            if (iter != sComponentFactoryMap.end())
            {
               // Get the typeid of component
               Component::TypeID tid = static_cast<Component::TypeID>
                  (iter->second.first);
               // Does the actor already have a component of this type?
               Component* comp = actor->GetComponentOfType(tid);
               if (comp == nullptr)
               {
                  // It's a new component, call function from map
                  comp = iter->second.second(actor, compObj["properties"]);
               }
               else
               {
                  // It already exists, just load properties
                  comp->LoadProperties(compObj["properties"]);
               }
            }
            else
            {
               SDL_Log("Unknown component type %s", type.c_str());
```

```
                }
            }
        }
    }
}
```

最后，在 LoadActors 函数中添加访问组件属性的代码（如果存在组件属性的话），并在 LoadActors 函数中调用 LoadComponents 函数：

```
// Construct with function stored in map
Actor* actor = iter->second(game, actorObj["properties"]);
// Get the actor's components
if (actorObj.HasMember("components"))
{
    const rapidjson::Value& components = actorObj["components"];
    if (components.IsArray())
    {
        LoadComponents(actor, components);
    }
}
```

随着上述所有代码的就位，现在可以从文件中加载整个级别信息，其中包括全局属性、角色、以及与每个角色相关联的任何组件。

14.2   保存级别文件

在概念上，将数据保存到级别文件上要比从级别文件上进行数据加载要更加简单一些。首先，在代码中写入级别文件的全局属性。然后，循环遍历动画游戏中的每个角色以及附加到其上的每个组件。对于其中的每一个角色和组件，都需要向文件内写入其相关的属性。

保存级别文件的实现细节却有点麻烦，因为对于 RapidJSON 接口来说，创建 JSON 文件要比读取 JSON 文件稍微复杂一些。但是，总体而言，创建 JSON 文件的相关代码能够使用从级别文件进行数据加载的技术。

首先，在 JsonHelper 类中创建辅助 Add 函数，以便可以快速地向现有的 JSON 对象添加额外的属性。例如，AddInt 函数具有以下语法：

```
void JsonHelper::AddInt(rapidjson::Document::AllocatorType& alloc,
    rapidjson::Value& inObject, const char* name, int value)
{
    rapidjson::Value v(value);
    inObject.AddMember(rapidjson::StringRef(name), v, alloc);
}
```

AddInt 函数的最后 3 个参数与 GetInt 函数的参数相同，但 Value 类型的参数现在不是 const 常量。AddInt 函数的第一个参数是 RapidJSON 对象在需要分配内存时使用的分配器。每次调用 AddMember 函数都需要一个分配器，因此在代码中必须传入一个分配器。可以从 Document 对象获得一个默认的分配器，但如果需要，可以根据需要使用不同的分配器。然后在代码中创建一个 `Value` 类型对象来封装整数，并使用 `AddMember` 函数将具有指定名称的值添加到 `inObject` 对象中。

有关 **Add** 函数的其余部分函数都与 `AddInt` 函数类似，除了 `AddVector3` 函数和 `AddQuaternion` 函数之外。对于这两个函数，必须首先创建一个数组，然后向该数组添加浮点值（在查看游戏的全局属性时，读者将领会有关数组的语法）。

然后，为 `LevelLoader::SaveLevel` 函数创建一个框架，如代码清单 14.11 所示。首先，创建 RapidJSON 文档，并通过调用 `SetObject` 函数为其文档根创建一个对象。接下来，在代码中添加级别文件版本号。然后，使用 `StringBuffer` 对象和 `PrettyWriter` 对象来创建 JSON 文件的打印输出字符串。最后，使用标准的 `std::ofstream` 文件输出流将字符串写到文件中。

代码清单 14.11 `LevelLoader :: SaveLevel` 函数的实现

```cpp
void LevelLoader::SaveLevel(Game* game,
    const std::string& fileName)
{
    // Create the document and root object
    rapidjson::Document doc;
    doc.SetObject();

    // Write the version
    JsonHelper::AddInt(doc.GetAllocator(), doc, "version", LevelVersion);

    // Create the rest of the file (TODO)
    // ...

    // Save JSON to string buffer
    rapidjson::StringBuffer buffer;
    // Use PrettyWriter for pretty output (otherwise use Writer)
    rapidjson::PrettyWriter<rapidjson::StringBuffer> writer(buffer);
    doc.Accept(writer);
    const char* output = buffer.GetString();

    // Write output to file
    std::ofstream outFile(fileName);
    if (outFile.is_open())
    {
        outFile << output;
    }
}
```

目前，此 `LevelLoader::SaveLevel` 函数仅将版本号写入级别输出文件中。但是，通过使用此概要代码，在代码中能够开始添加级别文件的剩余输出。

14.2.1　保存级别文件的全局属性

接下来，需要将 `SaveGlobalProperties` 函数添加到 `LevelLoader` 类中。我们省略了 `SaveGlobalProperties` 函数的实现，因为该函数实现与迄今为止编写的其他函数非常相似，只需添加环境光对象和定向光对象的属性即可。

完成此函数的实现后，就将此函数集成到 SaveLevel 函数中，如下所示：

```
rapidjson::Value globals(rapidjson::kObjectType);
SaveGlobalProperties(doc.GetAllocator(), game, globals);
doc.AddMember("globalProperties", globals, doc.GetAllocator());
```

14.2.2　保存级别文件的角色和组件

为了能够将角色和组件保存到级别文件中，对于给定的 Actor 或 Component 指针，需要一种方法来获取 Actor 类或 Component 类的字符串名称。对于组件，由于有了 TypeID，要获取组件的相应的字符串名称，因此只需要在 Component 类中声明不同组件名称的常量数组。在 Component.h 中声明此数组，如下所示：

```
static const char* TypeNames[NUM_COMPONENT_TYPES];
```

然后，在源程序 Component.cpp 中填入组件名称的常量数组。保持组件名称数组内组件名称的顺序与 TypeID 枚举相同，这一点非常重要，如下所示：

```
const char* Component::TypeNames[NUM_COMPONENT_TYPES] = {
    "Component",
    "AudioComponent",
    "BallMove",
    // Rest omitted
    // ...
};
```

通过保持相同的排序，在给定组件类型条件下，就可以使用如下代码段来轻松获取组件的名称：

```
Component* comp = /* points to something */;
const char* name = Component::TypeNames[comp->GetType()];
```

为了在代码中对 Actor 类及其子类执行相同的操作，还需要向 Actor 类添加 TypeID 枚举。向 Actor 类添加 TypeID 枚举这部分的代码与本章前面所描述组件中的 TypeID 的代码基本相同，因此我们在此省略它的具体实现。

然后，代码需要在 Actor 类和 Component 类中创建 SaveProperties 虚函数，再在需要执行此函数操作的每个子类中覆盖此虚函数。该虚函数的用法最终与在加载级别文件时写入 LoadProperties 函数的用法非常相似，例如，代码清单 14.12 所示为 Actor::SaveProperties 函数的实现。请注意，在代码中可以自由地使用 LevelLoader 类中的有关的 Add 函数，并且在使用时传入 allocator 分配器，因为所有 Add 函数都需要它。

代码清单 14.12　Actor :: SaveProperties 函数的实现

```
void Actor::SaveProperties(rapidjson::Document::AllocatorType& alloc,
    rapidjson::Value& inObj) const
{
    std::string state = "active";
```

```
if (mState == EPaused)
{
    state = "paused";
}
else if (mState == EDead)
{
    state = "dead";
}

JsonHelper::AddString(alloc, inObj, "state", state);
JsonHelper::AddVector3(alloc, inObj, "position", mPosition);
JsonHelper::AddQuaternion(alloc, inObj, "rotation", mRotation);
JsonHelper::AddFloat(alloc, inObj, "scale", mScale);
}
```

随着所有这些代码段的就位，接下来就可以将 SaveActors 函数和 SaveComponents 函数添加到 LevelLoader 类中。代码清单 14.13 显示了 SaveActors 函数的实现。首先，通过 const 引用从游戏对象中获取角色的数组；再次，遍历数组内的每个角色，并为每个角色创建一个新的 JSON 对象；再次，通过使用 TypeID 枚举和 TypeNames 数组的功能，为该角色类型添加角色名称字符串；接下来，为角色的属性创建 JSON 对象，并调用角色的 SaveProperties 函数；然后，在 SaveActors 函数调用 SaveComponents 函数之前，为角色的组件创建一个数组；最后，将角色的 JSON 对象添加到元素为角色的 JSON 数组中。

代码清单 14.13　LevelLoader :: SaveActors 函数的实现

```
void LevelLoader::SaveActors(rapidjson::Document::AllocatorType& alloc,
    Game* game, rapidjson::Value& inArray)
{
    const auto& actors = game->GetActors();
    for (const Actor* actor : actors)
    {
        // Make a JSON object
        rapidjson::Value obj(rapidjson::kObjectType);
        // Add type
        AddString(alloc, obj, "type", Actor::TypeNames[actor->GetType()]);
        // Make object for properties
        rapidjson::Value props(rapidjson::kObjectType);
        // Save properties
        actor->SaveProperties(alloc, props);
        // Add the properties to the JSON object
        obj.AddMember("properties", props, alloc);

        // Save components
        rapidjson::Value components(rapidjson::kArrayType);
        SaveComponents(alloc, actor, components);
        obj.AddMember("components", components, alloc);

        // Add actor to inArray
        inArray.PushBack(obj, alloc);
    }
}
```

通过与 SaveActors 函数类似的方式，实现 SaveComponents 函数。SaveActor 函数和 SaveComponents 函数都实现之后，就可以将所有角色及其相关组件保存到文件中。出于测试目的，在本章的游戏项目中，通过按 R 键将游戏信息保存到 Assets/Save.gplevel 级别文件中。

> **注释**
>
> 通过一些处理，就可以创建一个用于加载属性和保存属性的单一函数。因此，当每次向角色或组件添加新属性时，就可以避免更新两个不同的函数（一个用于加载属性，另一个用于保存属性）。

虽然以上保存级别文件部分的代码几乎可以保存游戏中的所有内容，但它并不能完全捕获特定时间点上的游戏状态。例如，它不保存任何活动的 FMOD 声音事件的状态。要实现保存任何活动的 FMOD 声音事件的状态，就需要向 FMOD 请求声音事件的当前时间戳，然后在从级别文件中加载游戏时，需要使用这些时间戳来重新启动声音事件。从保存级别文件到可用作玩家的保存文件，在代码中还需要一些额外的工作。

14.3　二进制数据

本书使用过 JSON 格式的文件包括：网格文件、动画文件、骨架文件、文本本地化文件，以及本章的级别文件。使用基于文本格式的文件优点很多。文本文件很容易让人查看并查找文件中的错误，并且（如果需要）可以手动编辑。文本文件也可以很好地与源代码控制系统（如 Git）一起使用，因为源代码控制系统可以很容易看到两个文件版本之间的更改。在开发期间，如果文件是文本格式的，则对其进行调试及加载也更加容易。

但是，使用基于文本的文件格式的缺点是它们在磁盘和内存使用方面以及在游戏运行时的性能方面都是低效的。诸如 JSON 或 XML 之类的文件格式会占用磁盘上的大量空间，原因很简单，因为它们使用了格式化字符，如大括号和引号。除此之外，即使在代码中使用 RapidJSON 等高性能解析库，在运行时解析基于文本格式的文件也很慢。例如，在笔者的计算机上，在调试版本状态下，加载 CatWarrior.gpmesh 网格文件大约需要 3s。显然，对于较大型的游戏来说，运行时解析文本格式文件会导致游戏的加载时间变得更长。

为了达到两全其美的效果，读者可能希望在游戏开发期间使用文本格式的文件（至少对于团队的某些成员而言），然后在优化构建阶段中使用二进制格式文件。本节将探讨如何创建二进制的网格文件格式。为了简单起见，在加载 gpmesh 网格的 JSON 格式文件的代码中，将首先检查相应的网格的 gpmesh.bin 二进制格式文件是否存在。如果存在，则将加载二进制文件，而不是加载 JSON 格式的文本文件。如果网格的 gpmesh.bin 二进制格式文件不存在，则将创建网格的 gpmesh.bin 二进制版本文件，以便在玩家下次运行游戏时，可以加载网格的二进制版本文件而不是加载网格的文本格式版本。

请注意，上述方法的一个潜在缺点是：该方法可能导致游戏程序仅在使用二进制格式的网格文件时出错，而不是在使用网格的文本格式文件时。为避免出现这种情况，在整个开发过程中，在代码中同时使用这两种格式的文件就显得非常重要。假如两种格式中的其中一种变得不再有效时，那么该格式文件就更可能停止工作。

14.3.1 保存二进制文件

在游戏中使用任何二进制格式文件时，重要的一步是确定二进制格式文件的布局。大多数二进制格式文件以某种**文件头**开始，该文件头定义二进制文件的内容，以及用于读取二进制文件中的其余部分所需的任何特定大小的信息。就网格文件格式而言，希望文件头存储相关的版本信息、顶点数目和索引数等信息。代码清单 14.14 显示了定义文件头布局的 **MeshBinHeader** 结构。在这个示例中，文件头没有**被压缩**（尽可能地减小文件头大小），但是该示例代码中给出了希望在文件头中存储内容信息的总体思路。

代码清单 14.14 MeshBinHeader 结构体

```
struct MeshBinHeader
{
    // Signature for file type
    char mSignature[4] = { 'G', 'M', 'S', 'H' };
    // Version
    uint32_t mVersion = BinaryVersion;
    // Vertex layout type
    VertexArray::Layout mLayout = VertexArray::PosNormTex;
    // Info about how many of each you have
    uint32_t mNumTextures = 0;
    uint32_t mNumVerts = 0;
    uint32_t mNumIndices = 0;
    // Box/radius of mesh, used for collision
    AABB mBox{ Vector3::Zero, Vector3::Zero };
    float mRadius = 0.0f;
};
```

mSignature 域是一个特殊的 4 字节的幻数，该字段用于指定该二进制文件的类型。大部分流行的二进制文件类型都具有某种签名。这种签名可帮助文件使用者仅从文件的前几个字节中就弄清文件的类型，而不需要知道文件内除签名之外的任何内容。文件头内的其他数据是用于告知文件使用者如何从文件中重建网格数据所需的信息。

文件头之后的内容是文件的主要数据部分。在当前网格文件示例下，文件数据部分主要保存 3 个方面的内容：网格关联的纹理文件名、顶点缓冲区数据和索引缓冲区数据。

在确定二进制文件格式之后，接下来在代码中可以创建 SaveBinary 函数，如代码清单 14.15 所示。该函数接收很多参数，因为创建二进制网格文件需要很多信息。总之，需要用到二进制网格文件名、一个指向顶点缓冲区的指针、顶点的数量、顶点的布局、指向索引缓冲区的指针、索引的数量、纹理名称的数组、网格的边界框以及网格的半径。有了所有这些参数，就可以保存所需的网格文件。

代码清单 14.15 Mesh :: SaveBinary 函数的实现

```
void Mesh::SaveBinary(const std::string& fileName, const void* verts,
```

```
    uint32_t numVerts, VertexArray::Layout,
    const uint32_t* indices, uint32_t numIndices,
    const std::vector<std::string>& textureNames,
    const AABB& box, float radius)
{
    // Create header struct
    MeshBinHeader header;
    header.mLayout = layout;
    header.mNumTextures =
        static_cast<unsigned>(textureNames.size());
    header.mNumVerts = numVerts;
    header.mNumIndices = numIndices;
    header.mBox = box;
    header.mRadius = radius;

    // Open binary file for writing
    std::ofstream outFile(fileName, std::ios::out
        | std::ios::binary);
    if (outFile.is_open())
    {
        // Write the header
        outFile.write(reinterpret_cast<char*>(&header), sizeof(header));
        // For each texture, we need to write the size of the name,
        // followed by the string, followed by a null terminator
        for (const auto& tex : textureNames)
        {
            uint16_t nameSize = static_cast<uint16_t>(tex.length()) + 1;
            outFile.write(reinterpret_cast<char*>(&nameSize),
                sizeof(nameSize));
            outFile.write(tex.c_str(), nameSize - 1);
            outFile.write("\0", 1);
        }

        // Figure out number of bytes for each vertex, based on layout
        unsigned vertexSize = VertexArray::GetVertexSize(layout);
        // Write vertices
        outFile.write(reinterpret_cast<const char*>(verts),
            numVerts * vertexSize);
        // Write indices
        outFile.write(reinterpret_cast<const char*>(indices),
            numIndices * sizeof(uint32_t));
    }
}
```

代码清单 14.15 所示的代码的作用如下。首先，创建 MeshBinHeader 结构体的实例，并填充结构体的所有成员；其次，创建一个文件用于输出，并以二进制模式打开该文件。如果该文件成功打开，就可以写入该文件。

接下来，调用 write 函数向二进制网格文件内写入文件头信息。write 函数的第一个参数是一个 char 指针，因此在很多情况下，需要将不同类型的指针强制转换为 char *。因为 MeshBinHeader *指针不能直接转换为 char *指针，这时就需要用到 reinterpret_cast 函数。write 函数的第二个参数是要写入文件的字节数。这里使用 sizeof 来指定与

MeshBinHeader 结构体大小相对应的字节数。也就是说，正在从 header 的内存地址位置开始写入 sizeof（文件头大小）的字节。这是一次快速写入整个文件头结构的方法。

> **警告**
>
> **注意字节序** 在 CPU 上保存大于 1 个字节的值的顺序称为字节序。如果写出 gpmesh.bin 文件的 CPU 的字节顺序与读取 gpmesh.bin 文件的 CPU 的字节顺序不同，则此处用于读写 MeshBinHeader 文件头的方法将不适用。
>
> 虽然当今的大多数 CPU 都是小端字节序，但对于这种结构体风格的代码，字节序仍然是一个潜在的问题。

然后，遍历纹理数组内所有纹理名称，并将其中的每一个纹理都写到二进制文件中。对于每个纹理文件名，代码首先要写入文件名字符串的字符数（再加上一个空的字符串终止符），然后再写文件名字符串本身。请注意，此处假定纹理文件名大小不能大于 64 KB，这个大小应该是一个安全的假设。在代码中要写入纹理文件名的字符数和纹理文件名的名称是为了后续加载纹理文件。二进制文件头仅存储有纹理文件的数量，而没有保存每个纹理文件名字符串的大小。如果不存储纹理文件名的字符数，那么在加载纹理文件时，就无法知道要从二进制文件中读取多少个字节用作纹理文件名。

在写完所有纹理文件名后，然后将所有顶点缓冲区数据和索引缓冲区数据直接写入二进制文件中。此处不需要包含要写入的顶点缓冲区数据和索引缓冲区数据的大小，因为它们已经出现在文件头中。对于顶点数据，其表示大小的字节数是顶点数乘以每个顶点的大小。幸运的是，根据顶点布局，可以使用 VertexArray 辅助函数获取每个顶点的大小。对于索引数据，程序将其设置为固定大小（32 位索引），因此对于索引数据，更容易计算其占用的总字节数。

在 Mesh::Load 函数中，如果网格的二进制格式文件不存在，则将加载网格的 JSON 文件，并创建相应的网格二进制格式文件。

14.3.2 加载二进制的网格文件

加载二进制的网格文件的代码与写入二进制的网格文件类似，但处理过程刚好相反。加载二进制的网格文件的步骤是：先加载文件头，检查文件头的有效性，然后加载纹理文件、加载顶点和索引数据，最后创建实际的 VertexArray 顶点数组（顶点数组会通过 OpenGL 库将数据上传到 GPU 上）。代码清单 14.16 显示了 Mesh::LoadBinary 函数的代码概要。

代码清单 14.16 Mesh::LoadBinary 函数的代码概要

```
void Mesh::LoadBinary(const std::string& filename,
    Renderer* renderer)
{
    std::ifstream inFile(fileName, /* in/binary flags ... */);
    if (inFile.is_open())
    {
        MeshBinHeader header;
```

```
inFile.read(reinterpret_cast<char*>(&header), sizeof(header));

// Validate the header signature and version
char* sig = header.mSignature;
if (sig[0] != 'G' || sig[1] != 'M' || sig[2] != 'S' ||
    sig[3] != 'H' || header.mVersion != BinaryVersion)
{
    return false;
}

// Read in the texture file names (omitted)
// ...
// Read in vertices/indices
unsigned vertexSize = VertexArray::GetVertexSize(header.mLayout);
char* verts = new char[header.mNumVerts * vertexSize];
uint32_t* indices = new uint32_t[header.mNumIndices];
inFile.read(verts, header.mNumVerts * vertexSize);
inFile.read(reinterpret_cast<char*>(indices),
    header.mNumIndices * sizeof(uint32_t));

// Now create the vertex array
mVertexArray = new VertexArray(verts, header.mNumVerts,
    header.mLayout, indices, header.mNumIndices);

// Delete verts/indices
delete[] verts;
delete[] indices;

mBox = header.mBox;
mRadius = header.mRadius;

return true;
}

return false;
}
```

首先，以二进制模式打开文件以便读取文件内容。其次，通过 read 函数读取文件头。与 write 函数一样，read 函数接收 char*作为参数，以获取要从二进制文件中读取的字节数以及写入的文件头变量位置。最后，验证文件头中的签名和版本信息是否符合预期，如果不符合，则不加载该文件。

在此之后，读入所有纹理文件名并加载纹理文件，虽然囿于篇幅，代码清单 14.16 中省略了相关的加载纹理文件部分的代码。接下来，在代码中分配内存来存储顶点缓冲区和索引缓冲区，并使用 read 函数来从文件中获取顶点数据和索引数据。获得顶点数据和索引数据后，就可以构造 VertexArray 对象，并传入 VertexArray 对象所需的所有信息。此外，需要确保清理不再使用的内存空间，并在函数返回之前设置好 mBox 成员和 mRadius 成员的值。

请注意，如果网格的二级制文件加载失败，LoadBinary 函数将返回 false。在这种情况下，Mesh::Load 函数首先尝试加载二进制网格文件，如果加载成功，就使用二进制网格文件内容，否则，可以使用之前描述的 JSON 格式的网格文件的解析代码继续进行加载网格文件加载工作：

```
bool Mesh::Load(const std::string& fileName, Renderer* renderer)
{
    mFileName = fileName;
    // Try loading the binary file first
    if (LoadBinary(fileName + ".bin", renderer))
    {
        return true;
    }
    // ...
```

通过切换到使用二进制格式的网格文件加载，在调试模式下运行的游戏程序的性能取得了显著提高。此时的二进制的网格文件 CatWarrior.gpmesh.bin 的加载时间仅为 1s，不是之前的 3s——这意味着加载二进制版本的网格文件的性能要比 JSON 版本的网格文件的性能提高了 3 倍！这是巨大的进步——因为游戏程序员将花费大部分的开发时间用于在调试模式下运行游戏程序。

但是，在游戏程序优化后的构建版本中，加载 JSON 文本格式的网格文件和加载二进制格式的网格文件的性能几乎相同。这种情况可能是由几个因素造成的，包括 RapidJSON 库已被最大限度地进行了优化，或游戏程序的其他方面才是性能的主要开销，例如，将数据传输到 GPU 或加载纹理文件，等等。

在占用磁盘空间方面，二进制版本的网格文件可以节省空间。JSON 版本的 Feline Swordsman 文网格文件在磁盘上占用大约 6.5MB 字节空间，而二进制版本的网格文件则仅需占用 2.5MB 空间。

14.4　游戏项目

本章的游戏项目用于实现本章讨论的游戏级别文件以及二进制数据系统。游戏程序的所有级别内容都从 gplevel 文件中进行加载，并在玩家按下 R 键时，程序将游戏世界的当前状态保存到 Assets/Saved.gp level 文件中。该游戏项目还实现了使用二进制格式的网格文件.gpmesh.bin 的保存和加载。本章的游戏项目代码可以在本书的配套资源中找到（位于第 14 子目录中）。在 Windows 环境下，打开 Chapter14-windows.sln；在 Mac 环境下，打开 Chapter14-mac.xcodeproj。

图 14-1 所示为运行中的游戏项目界面。请注意，该运行画面看起来与第 13 章中的游戏项目完全相同。但是，现在的游戏世界的所有内容都是直接从 Assets/Level3.gplevel 级别文件中加载而来的，而该级别文件又是通过保存游戏的级别文件创建的。游戏第一次运行时，会为每个加载的网格创建一个二进制的网格文件。在后续的游戏项目运行时，会直接从所创建的二进制网格文件进行加载，而不是通过 JSON 格式文件进行加载。

图 14-1   本章游戏项目运行界面

14.5   总结

本章内容探讨了如何使用 JSON 文本格式来创建游戏程序的级别文件。游戏程序需要多个系统来支持从文件中加载级别文件。首先，应创建包含 RapidJSON 库功能的辅助函数，以便能够轻松地将游戏中的各种数据类型编写为 JSON 格式。其次，添加代码用以设置游戏程序的全局属性、加载角色以及加载与角色关联的组件。为此，需要向组件添加一些类型名称信息，并添加将该类型名称与可以动态分配该类型的函数相关联的映射。此外，还需要在 Component 类和 Actor 类中创建 LoadProperties 虚函数。

此外，还需要创建代码用以将游戏世界保存为 JSON 格式的文本文件，并创建辅助函数用以协助此 JSON 格式文件的保存过程。在代码的高层次级别上，保存游戏程序的级别文件，首先需要保存所有的游戏程序全局属性，然后循环遍历所有角色和组件，向级别文件写入角色的属性以及组件的属性。与从级别文件加载相同，必须在 Component 类和 Actor 类中创建 SaveProperties 虚函数。

最后，本章讨论了使用基于文本格式的文件，而不是使用二进制格式文件所涉及的取舍权衡得失利弊。虽然文本格式文件通常在开发中使用起来更方便一些，但使用文本格式文件的方便性通常需要以牺牲游戏程序的性能和磁盘文件低下的使用效率为代价。本章探讨了如何为游戏程序中使用的网格文件来设计二进制的文件格式，其中包括网格文件的二进制模式写入和读取二进制的网格文件。

14.6　补充阅读材料

目前市面上还没有专门用于详细描述游戏程序级别文件或级别文件的二进制格式数据的图书。不过，在经典的"Game Programming Gems"系列中，有一些关于这个主题的文章。Bruno Sousa 的文章讨论了如何使用游戏程序的资源文件，其中提到，资源文件是将多个级别文件合并为一个游戏程序使用的文件。Martin Brownlow 的文章讨论了如何创建一个可随处存储的系统。最后，David Koenig 的文章探讨了如何提高加载级别文件过程的游戏性能。

- Martin Brownlow. "Save Me Now!" Game Programming Gems 3. Ed. Dante Treglia.
- Hingham: Charles River Media, 2002.
- David L Koenig. "Faster File Loading with Access Based File Reordering." Game Programming Gems 6. Ed. Mike Dickheiser. Rockland: Charles River Media, 2006.
- Bruno Sousa. "File Management Using Resource Files." Game Programming Gems 2.
- Ed. Mark DeLoura. Hingham: Charles River Media, 2001.

14.7　练习题

在本章的练习题 1 中，需要缩小 SaveLevel 函数创建的 JSON 文件的大小。在练习题 2 中，要将文本格式的动画文件转换为二进制格式的动画文件。

14.7.1　练习题 1

SaveLevel 函数代码存在的一个问题是，函数需要为每个角色及其所有的组件编写相应的属性信息。但是，对于像 TargetActor 类这样的特定子类，在其对应的类对象构造完毕之后，很少有属于其的任何属性或者其包含的组件发生更改。

为了解决此问题，在保存游戏程序放大级别文件时，可以使用常规的级别文件写入技术来创建临时的 TargetActor 对象，并为该 TargetActor 创建可写入到级别文件的 JSON 对象。因为此 JSON 对象最初生成时是源自于 TargetActor 对象，所以 JSON 对象可用作模板。然后，对于每个要在级别文件中保存的当前的 TargetActor 对象，将当前的 TargetActor 对象对应的 JSON 对象与模板的 JSON 对象进行比较，并仅向文件写入具有不同的属性和组件的 TargetActor 对象。

然后，可以将上述描述的基于模板的处理方式应用于角色的所有不同类型的属性及组件中。为了帮助解决这个问题，RapidJSON 库提供了重载的比较运算符。两个 rapidjson::Values

值只有在它们具有相同的类型和内容时才相等。通过使用这种比较运算符，可以至少消除大多数的用于设置不同角色类型的属性及组件上的操作（因为角色的大多数类型的属性和组件不会更改）。然而，为了使用这种基于模板的 actor 类型的比较方式，代码需要在粒度级别上（基于每个角色的属性）执行更多的工作。

14.7.2　练习题 2

请应用与网格文件相同的二进制文件技术，为动画文件创建二进制格式的文件。由于动画文件中骨骼变换的所有轨迹的数据大小相同（具有相同数量的骨骼变换数目），因此可以使用如下的动画文件的二进制格式：在写入动画文件的文件头后，针对每个轨迹，将轨迹 ID 写入文件，然后写入整个轨迹信息。有关动画文件格式的更新，参见第 12 章的相关内容。

附录 A

中级 C++回顾

本附录简要回顾了本书用到的中级 C++语言概念。如果读者对 C++语言感到生疏，可以多花些时间来复习这些概念。

引用、指针和数组

尽管引用、指针和数组可能看起来像是单独的概念，但它们是密切相关的。此外，因为指针往往是学习 C++语言的难点，所以花些时间来复习是值得的。

引用

引用是一个变量，该变量用来关联另一个已经存在的变量。若要将变量表示为引用，则应在变量类型后面添加&。例如，以下例子是用来表示如何将变量 r 声明为对已存在的整数变量 i 的引用：

```
int i = 20;
int& r = i; // r refers to i
```

在默认情况下，函数按值传递参数（**按值传递**），这意味着在代码中调用函数时，参数值将复制到新变量中。函数中的参数按值传递时，函数中对参数的修改不会超出函数的调用范围。例如，以下代码段是交换两个整数的 Swap 函数的（不正确）实现：

```
void Swap(int a, int b)
{
    int temp = a;
    a = b;
    b = temp;
}
```

Swap 函数的问题是变量 a 和变量 b 是函数参数的副本，这意味着 Swap 函数无法根据需要真正交换参数。要解决此问题，应该将 Swap 函数的参数声明为对整数的引用，如下所示：

```
void Swap(int& a, int& b)
{
    // (The body of the function is identical to the previous)
}
```

当通过引用传递参数（**按引用传递**）时，函数中对该参数所做的任何更改都将在函数运行结束后继续保留。

需要注意的是，因为引用变量 a 和引用变量 b 现在是对整数的引用，所以它们必须引用已有变量。在代码中不能对上述 Swap 函数的参数传入临时值。例如，Swap(50,100) 是无效的，因为 50 和 100 不是声明的变量。

> **警告**
>
> **按值传递**（PASS-BY-VALUE）是通过默认确定的默认值，在 C++中，函数中的所有参数（甚至是对象参数）都是按值传递的。相比之下，Java 语言和 C# 等语言默认是通过引用来传递对象的。

指针

要理解指针，首先要记住计算机在内存中存储变量的方式。在程序执行期间，进入函数时会在被称为**栈**的内存段中自动为局部变量分配内存空间。这意味着函数中的所有局部变量都具有 C++程序已知的内存地址。

表 A.1 显示了代码片段及其变量在内存中的可能位置。请注意，每个变量都有一个关联的内存地址。其中用十六进制数显示内存地址，因为这是内存地址的典型表示方式。

表 A.1   变量储存

代码	变量	内存地址	值
int x = 50;	x	0xC230	50
int y = 100;	y	0xC234	100
int z = 200;	z	0xC238	200

地址运算符（即 &）用于查询变量的地址。要获取变量的地址，请在变量前面放置一个 &。例如，给定表 A.1 中的代码，以下代码段输出值 0xC234：

```
std::cout << &y;
```

指针是存储对应于内存地址的整数值的变量。以下代码行声明了指针 p，该指针存储着变量 y 的内存地址：

```
int* p = &y;
```

类型后面的 * 代表指针。表 A.2 显示了指针 p 的使用情况。请注意，与任何其他变量一样，指针 p 同时具有内存地址和值。但因为 p 是一个指针，所以它的值对应于 y 的内存地址。

表 A.2　　　　　　　　　　　　变量储存（带有指针）

代码	变量	内存地址	值
int x = 50;	x	0xC230	50
int y = 100;	y	0xC234	100
int z = 200;	z	0xC238	200
int * p = &y;	p	0xC23C	0xC234

　　*运算符也可用于间接引用指针。间接引用指针可访问指针"指向"的内存。例如，表 A.3 中的最后一行将变量 y 的值更改为 42。这是因为间接引用指针 p 会指向内存地址为 0xC234 的内容，它对应于内存中变量 y 的位置。因此，将值 42 写入该内存地址会覆盖变量 y 的值。

表 A.3　　　　　　　　　　　　变量储存（带有指针的间接引用）

代码	变量	内存地址	值
int x = 50;	x	0xC230	50
int y = 100;	y	0xC234	42
int z = 200;	z	0xC238	200
int * p = &y;	p	0xC23C	0xC234
*p = 42;			

　　与必须指向某些变量的引用变量不同，指针变量可以不指向任何变量。指向空的指针是空指针。若要将指针初始化为 null，则需使用 nullptr 关键字，如下面的代码所示：

```
char* ptr = nullptr;
```

　　间接引用空指针会使程序崩溃。崩溃时产生错误消息因操作系统而异，但在间接引用空指针时通常会出现"访问冲突"或"分段错误"。

数组

　　数组是同一类型的多个元素的集合。下面的代码声明了一个名为 a 的具有 10 个整数的数组，然后代码将数组中的第一个元素（索引 0 元素）设置为 50：

```
int a[10];
a[0] = 50;
```

　　在默认情况下，数组中的元素未被初始化。虽然可以手动初始化数组中的每个元素，但使用数组初始化语法或循环来进行初始化会更方便。数组初始化语法使用大括号，如下所示：

```
int fib[5] = { 0, 1, 1, 2, 3 };
```

　　或者，可以使用循环来初始化数组。下面代码段将数组中的 50 个元素的每一个都初始化为 0：

```
int array[50];
for (int i = 0; i < 50; i++)
```

```
    {
        array[i] = 0;
    }
```

警告

数组不进行边界约束性检查   请求无效索引的数组内容可能会导致内存段损坏和其他错误。有几种工具可以帮助查找不良内存访问，如 Xcode 中提供的 AddressSanitizer 工具等。

在 C++语言中，数组被连续地存储在内存中。这意味着索引 0 的数据紧邻索引 1 的数据，索引 1 的数据紧邻索引 2 的数据，以此类推。表 A.4 显示了内存中具有 5 个元素的数组示例。请记住，变量 array（没有下标）引用索引 0 的内存地址（在本例中为 0xF2E0）。因此，可以通过指针将一维数组传递给函数。

表 A.4   内存中的数组

代码	变量	内存地址	值

`int array [5] = {`
`2, 4, 6, 8, 10`
`};`
	array [0]	0xF2E0	2

	array [1]	0xF2E4	4
	array [2]	0xF2E8	6
	array [3]	0xF2EC	8
	array [4]	0xF2F0	10

有关指针的其他方面……

C 编程语言（C++语言的前身）不支持引用，因此，C 语言中不存在通过引用传递参数的概念。在 C 语言中，程序员必须使用指针而不是使用引用。例如，在 C 语言中，Swap 函数将编写为如下形式：

```
void Swap(int* a, int* b)
{
    int temp = *a;
    *a = *b;
    *b = temp;
}
```

然后，调用该版本的 Swap 函数时，需要使用地址运算符：

```
int x = 20;
int y = 37;
Swap(&x, &y);
```

在程序执行时，引用和指针的工作方式并没有区别。但是，请记住，在引用时，必须引用某些内容，而指针可以是空指针 nullptr。

在 C++程序中，许多开发人员更喜欢通过引用传递而不是通过指针传递。这是因为通过指针传递意味着 nullptr 是一个有效的参数。但是，出于文体（代码风格）方面的原因，即使在通过引用传递参数也可行的情况下，本书通常会通过指针来传递动态分配的对象。

在 C++语言中还可以声明多维数组，例如，以下代码创建一个包含四行四列的浮点数构成的 2 维数组：

```
float matrix[4][4];
```

若要将多维数组传递给函数，则必须显式地指定数组的尺寸规模，如下所示：

```
void InvertMatrix(float m[4][4])
{
    // Code here...
}
```

动态内存分配

如前所述，在 C++语言中，局部变量的内存分配是自动进行的。这些变量最终存在于称为栈的内存段中。自动分配机制对于临时变量和函数参数非常有用。但是，有些时候只使用局部变量是不够的。

首先，栈空间只具有有限的可用内存量——通常比一般程序可能要使用的内存量少得多。例如，Microsoft Visual C++编译器的默认栈大小为 1 MB。除了最简单的游戏程序外，这么少的栈内存对于其他所有游戏程序来说都是不够的。

其次，局部变量具有固定的生命周期。它们仅可在局部变量的声明处到其作用域的结束点范围内可用。此范围通常在函数内——因为全局变量的使用在文体（即代码风格）上是不受欢迎的。

在**动态内存分配**中，程序员控制内存中变量的分配和释放。动态分配的变量进入**堆**——内存中的一个独立部分。与栈空间相比，堆空间要大得多（在当前配置的计算机上，程序的堆空间可达数 G 字节），并且在堆上的分配的数据会一直存在——直到程序员删除该数据或程序运行结束时为止。

回想一下，在 C++语言中，new 运算符和 delete 运算符分别用于在堆空间上分配内存空间和释放内存空间。new 运算符为请求的变量类型分配内存空间，对于类和结构，new 运算符调用构造函数。delete 运算符则执行相反的操作：它调用类和结构类型的析构函数，并释放类和解构变量占用的内存。

例如，下面的代码为单个 int 变量动态分配内存：

```
int* dynamicInt = new int;
```

如需释放动态分配的变量占用的内存，则可以使用 delete 运算符：

```
delete dynamicInt;
```

若忘记删除动态分配的变量则会导致**内存泄漏**，这意味着泄漏的内存在程序的剩余生命周期内无法使用。对于运行很长时间的程序来说，小的内存泄漏会随着时间的推移而累积，并最终导致堆空间耗尽内存。如果堆内存不足，程序将很快崩溃。

当然，动态分配一个整数不会利用堆上的所有可用内存。还可以动态分配数组如下：

```
char* dynArray = new char[4*1024*1024];
dynArray[0] = 32; // Set the first element to 32
```

请注意，在动态分配数组时，请在类型后面加方括号，并在方括号中指定数组的大小。与静态分配的数组不同，使用动态分配的数组时，程序员可以在程序运行时指定其大小。

要删除动态分配的数组，请使用 delete[]：

```
delete[] dynArray;
```

各式各样的 C++语言课程主题

回想一下，C++语言通过类来支持面向对象的编程。本节假设读者熟悉 C++语言中的类的基础知识，即类与对象、如何使用成员变量和函数声明类、类的构造函数以及类的继承和多态。本节侧重于向读者介绍在 C++语言中使用类时可能引起一些问题的某些主题。

引用、const 和类

按值将对象传递给函数效率很低。这是因为复制对象的操作可能在计算代价上很高昂，特别是当对象拥有大量数据时更是如此。因此，在 C++语言中，最佳实践是通过引用来传递对象。

但是，通过引用来传递参数对象带来的一个问题是引用允许函数修改参数。例如，假设一个测试相交的 Intersects 函数接收两个 Circle 对象作为参数，该函数返回这两个 Circle 对象是否相交。如果 Intersects 函数通过引用来接收这两个 Circle 参数对象，那么这个 Intersects 函数则可以决定修改 Circle 对象的中心或半径。

在 C++语言中，对于上述问题的解决方案是使用常量引用（const 引用）。const 引用保证函数只能从引用变量中读取，而不能写入引用变量。因此，更正确的使用 const 引用的 Intersects 函数的声明如下：

```
bool Intersects(const Circle& a, const Circle& b);
```

还可以将成员函数标记为 const 成员函数，以保证成员函数不会修改成员数据。例如，Circle 类的 GetRadius 函数不应该修改成员数据，这意味着它应该是 const 成员函数。若要表示成员函数是 const 成员函数，则需在函数声明的右括号后立即添加 const 关键字，如代码清单 A.1 所示。

代码清单 A.1　带有 const 成员函数的 Circle 类

```
class Circle
{
public:
    float GetRadius() const { return mRadius }
    // Other functions omitted
    // ...
```

```
private:
   Point mCenter;
   float mRadius;
};
```

总而言之，引用、const 和类的最佳实践如下：

- 通过引用、const 引用或指针来传递非基本类型数据，以免进行复制；
- 当函数不需要修改引用参数时，通过 const 引用进行传递；
- 将不修改数据的成员函数标记为 const 成员函数。

动态分配类对象

与任何其他类型相同，可以动态分配类对象。代码清单 A.2 显示了一个 Complex 类的声明，该类封装了一个实部和一个虚部。

代码清单 A.2　一个 Complex 类

```
class Complex
{
public:
   Complex(float real, float imaginary)
     : mReal(real)
     , mImaginary(imaginary)
   { }
private:
   float mReal;
   float mImaginary;
};
```

需要注意 Complex 类的构造函数是如何接收两个参数的。若要动态分配 Complex 类的实例，则必须传入以下参数：

```
Complex* c = new Complex(1.0f, 2.0f);
```

与其他类型的动态分配相同，new 运算符返回指向动态分配对象的指针。给定指向对象的指针，->运算符可访问任何公共成员。例如，如果 Complex 类具有不带参数的公共 Negate 成员函数，则以下代码将调用对象 c 上的 Negate 函数：

```
c->Negate();
```

程序员还可以动态分配对象数组。仅当类具有默认构造函数（不带参数的构造函数）时，动态分配对象数组才有效。这是因为在动态分配数组时，类无法指定构造函数的参数。如果在 C++代码中没有为类定义任何的构造函数，C++语言会自动创建默认构造函数。但是，如果为类声明了一个接受参数的构造函数，那么 C++语言将不会为类自动创建默认构造函数。在这种情况下，如果需要类的默认构造函数，则类代码中必须自己声明它。在上述的 Complex 类的例子中，因为声明了非默认构造函数，所以 Complex 类中没有默认构造函数。

析构函数

假设在整个程序运行过程中需要多次动态分配整数数组。与其手工重复编写相关代码，不如将此功能封装在 DynamicArray 类中可能更有意义，如代码清单 A.3 所示。

代码清单 A.3   一个基本的 DynamicArray 类的声明

```
class DynamicArray
{
public:
    // Constructor takes in size of element
    DynamicArray(int size)
        : mSize(size)
        , mArray(nullptr)
    {
        mArray = new int[mSize];
    }
    // At function used to access an index
    int& At(int index) { return mArray[index]; }
private:
    int* mArray;
    int mSize;
};
```

根据上述代码段中的 DynamicArray 类的定义，可以使用以下代码行来创建一个包含 50 个元素的动态数组对象：

```
DynamicArray scores(50);
```

但是，如前所述，在代码中每次调用 new 运算符都必须具有匹配的 delete 运算符的调用。在上面的例子中，DynamicArray 类在其构造函数中动态分配数组，但在 DynamicArray 类定义任何地方，都没有相匹配的 delete[] 的调用。这意味着当 scores 对象超出作用域范围时，代码中存在着内存泄漏。

对上述问题的解决方案是使用另一个称为**析构函数**的特殊成员函数。析构函数是一个成员函数，在销毁类对象时自动运行。对于在栈上分配的对象，当对象超出作用域范围时析构函数会自动运行。对于动态分配的对象，在对象上调用 delete 运算符时，也会调用析构函数。

类的析构函数总是与类具有相同的名称，但前缀为波浪号（～）。所以对于 DynamicArray 类，析构函数如下：

```
DynamicArray::~DynamicArray()
{
    delete[] mArray;
}
```

如果向 DynamicArray 类中添加此析构函数，则当类对象 scores 超出范围时，析构函数将释放 mArrays 数组空间，从而消除内存泄漏。

复制构造函数

复制构造函数是一个特殊的构造函数，用于将对象创建为相同类型的另一个对象的副本。例如，假设代码中声明以下 Complex 对象：

```
Complex c1 = Complex(5.0f, 3.5f);
```

则可以将 Complex 类的第二个实例初始化为 c1 实例的副本：

```
Complex c2(c1);
```

在大多数情况下，如果没有声明类的复制构造函数，那么 C++语言将自动为类提供一个复制构造函数的实现。此默认复制构造函数直接将原始对象中的所有成员数据复制到新对象上。对于 Complex 类，默认的复制构造函数非常实用，例如，Complex 类的默认的复制构造函数将 c2 对象的 c2.mReal 和 c2.mImaginary 成员直接从 c1 对象的相应成员来进行复制。

但是，对于具有指向数据的指针的类，如 DynamicArray 类，直接复制成员数据不会产生代码所期望的结果。假设运行以下代码：

```
DynamicArray array(50);
DynamicArray otherArray(array);
```

使用 DynamicArray 类默认的复制构造函数，上述代码将直接复制 mArray 指针，而不是复制底层的动态分配的数组。这意味着如果程序员接下来修改 otherArray 对象，那么也就是同时在修改 array 对象！图 A.1 说明了这种有问题的复制行为，这种复制方式被称为**浅层复制**。

如果某个类默认的复制构造函数不能满足要求，就像 DynamicArray 类中所表现出的那样，那么必须在类中声明自定义的复制构造函数：

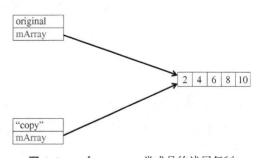

图 A.1 一个 mArray 类成员的浅层复制

```
DynamicArray(const DynamicArray& other)
  : mSize(other.mSize)
  , mArray(nullptr)
{
  // Dynamically allocate my own data
  mArray = new int[mSize];
  // Copy from other's data
  for (int i = 0; i < mSize; i++)
  {
    mArray[i] = other.mArray[i];
  }
}
```

请注意，复制构造函数的唯一参数是对该类的另一个实例的 const 引用。在上面的例子代码中，DynamicArray 类的复制构造函数动态分配一个新数组 mArray，然后从其他

DynamicArray 类对象引用中复制 mArray 数据。这种复制方式被称为**深层复制**，因为现在这两个对象具有底层的各自独立的动态分配的数组。

通常，动态分配数据的类应实现以下成员函数：

- 用于释放动态分配内存数据的析构函数；
- 用于实现深层复制的复制构造函数；
- 赋值运算符，也用于实现深层复制。

如果有必要实现上述这三个函数中的任何一个，就应该实现所有的三个函数。这个问题在 C++程序中很常见，开发人员创造了"三规则"来记住它。

> **注释**
>
> 在 C++ 11 标准中，"三规则"扩展为"五规则"，因为新加入了两个额外的特殊函数（移动构造函数和移动赋值运算符）。虽然本书确实使用了一些 C++ 11 特性，但并没有使用这些额外的特殊函数。

运算符重载

C++语言赋予程序员为自定义类型指定内置运算符的行为。例如，程序员可以定义适用于 Complex 类的算术运算符。对加法运算符来说，程序员可以声明 + 运算符，如下所示：

```
friend Complex operator+(const Complex& a, const Complex& b)
{
    return Complex(a.mReal + b.mReal,
                   a.mImaginary + b.mImaginary);
}
```

上述代码中的 friend 关键字表示 operator+是一个独立的函数，可以访问 Complex 类的私有数据。这是二元运算符的典型声明签名。

在重载了+运算符之后，可以使用该运算符来对两个 Complex 对象进行相加操作，如下所示：

```
Complex result = c1 + c2;
```

还可以重载二元比较运算符。唯一的区别是二元比较运算符返回了一个 bool 值。以下代码段用于重载==运算符：

```
friend bool operator==(const Complex& a, const Complex& b)
{
    return (a.mReal == b.mReal) &&
        (a.mImaginary == b.mImaginary);
}
```

还可以重载=运算符（或赋值运算符）。与复制构造函数一样，如果类定义中未指定赋值运算符，C++语言将自动提供一个执行浅层复制的默认赋值运算符。因此，程序员通常只需要在"三规则"的情况下，重载类的赋值运算符。

类的赋值运算符和类的复制构造函数之间有一个很大的区别：使用复制构造函数时，

程序员将构建一个新对象作为现有对象的副本；而使用赋值运算符时，程序员将覆盖已存在的对象实例。例如，在以下代码段中，因为先前在第一行已构造了 a1 对象，所以在第三行中调用 DynamicArray 类的赋值运算符，如下所示：

```
DynamicArray a1(50);
DynamicArray a2(75);
a1 = a2;
```

由于赋值运算符使用新值覆盖已存在的实例，因此需要释放任何先前动态分配的数据。如下代码段给出的是 DynamicArray 类的赋值运算符的正确实现：

```
DynamicArray& operator=(const DynamicArray& other)
{
    // Delete existing data
    delete[] mArray;
    // Copy from other
    mSize = other.mSize;
    mArray = new int[mSize];
    for (int i = 0; i < mSize; i++)
    {
        mArray[i] = other.mArray[i];
    }
    // By convention, return *this
    return *this;
}
```

请注意，赋值运算符是类的成员函数，而不是独立的友元函数。此外，按照惯例，赋值运算符返回重新分配的对象的引用。赋值运算符的这种特性使得可编写链式赋值语句代码（尽管是"丑陋"的代码），如下所示：

```
a = b = c;
```

程序员几乎可以重载 C++语言中的每个运算符，包括下标[]运算符、new 运算符和 delete 运算符。然而，能力越大意味着责任越大。程序员只有在清楚运算符具体如何工作时，才应尝试进行运算符重载。将+运算符定义为加法是有意义的，但是程序员应该避免重新指定运算符的含义。

例如，即使|运算符和^运算符是用于整数类型的按位或（OR）和按位异或（XOR）操作，一些数学函数库仍重载了|和^运算符，并将其用于点积和叉积运算。以这种方式过度使用运算符重载会导致生成的代码难以理解。有趣的是，C++语言库本身打破了这种最佳实践：C++语言里的 Stream 类重载了输入运算符>>和输出运算符<<（对于整数类型而言，>>和<<是位移操作符）。

集合

集合提供了一种存储数据元素的方法。C++标准库（STL）提供了许多不同种类的集合，因此了解何时使用哪些集合是非常重要的。本节将讨论 C++语言中最常用的集合。

Big-O 表示法

Big-O 表示法用于描述算法随着问题规模的扩展而相应扩展的速率。该速率也称为算法的**时间复杂度**。程序员可以使用 Big-O 来理解集合上有关算法的相对扩展性的特定操作。例如，具有 O(1)时间复杂度的操作，意味着无论集合中的元素数量有多少，操作将始终花费相同的时间。另一方面，具有 O(n)时间复杂度，则意味着时间复杂度是元素数量的线性函数。

表 A.5 列出了最常见的从最快到最慢的时间复杂度。具有指数或更慢的时间复杂度的算法太慢，以至于除了在非常小的问题之外，无法看到这些算法的实际使用。

表 A.5   Big-O 表示法中的常见时间复杂度（从最快到最慢）

Big-O 表示法	用 来 描 述	具体应用实例
$O(1)$	Constant 常量时间复杂度	插入链表的前端，提取数组内某个元素
$O(\log n)$	Logarithmic 对数时间复杂度	二分查找（给定已排序的集合）
$O(n)$	Linear 线性时间复杂度	线性查找
$O(n \log n)$	"$n \log n$"时间复杂度	归并排序，快速排序（平均情况下）
$O(n^2)$	Quadratic 二次方时间复杂度	插入排序，冒泡排序
$O(2^n)$	Exponential 指数时间复杂度	整数分解
$O(n!)$	Factorial 阶乘时间复杂度	强制推销员旅行问题

虽然 Big-O 表示法用于表示算法的扩展情况，但对于某些规模的问题，具有更差时间复杂度的算法可能表现得更好。例如，快速排序算法的平均时间复杂度为 O($n \log n$)，而插入排序算法的时间复杂度为 O(n^2)。但是，对于小问题集来说（如集合中的个数为 n，其中 $n < 20$），插入排序算法却比快速排序算法具有更快的执行时间，因为插入排序不使用递归运算。因此，根据特定的具体用例，考虑所选算法的实际执行情况同样也很重要。

向量

向量是一个动态数组集合，它根据集合中的元素数自动调整数组大小。若要将元素插入向量，则可使用 push_back（或 emplace_back）成员函数。上述两个函数在向量的末端（后端）添加一个元素。例如，以下代码声明了一个元素为浮点数的向量，然后在向量的末尾处添加了 3 个元素：

```
// #include <vector> to use std::vector
std::vector<float> vecOfFloats;
vecOfFloats.push_back(5.0f); // Contents: { 5.0f }
vecOfFloats.push_back(7.5f); // Contents: { 5.0f, 7.5f }
vecOfFloats.push_back(10.0f); // Contents: { 5.0f, 7.5f, 10.0f }
```

一旦向量具有元素，就可以使用数组下标表示法来访问向量中的特定元素。因此，对于前面代码片段中给定的向量，vecOfFloats[2]访问向量中的第三个元素，得到浮点数 10.0f。

从长远来看，向向量后端插入元素算法的平均时间复杂度为 O(1)。但是，因为向量存在于一个连续的内存块中，如图 A.2 所示，向向量中任意位置插入元素算法的平均时间复杂度为 O(n)。基于上述原因，程序员应该避免随意向向量中插入元素。但是这种向量所具有的连续内存布局的一个优点是访问索引处的元素的时间复杂度为 O(1)。

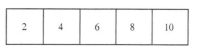

图 A.2 向量的内部存储布局是连续的，与数组一样

链表

链表是一个集合，它将集合内每个元素存储在内存中的各自位置中，并使用指针将它们链接在一起。std::list 集合允许向链表中的前端和后端进行插入操作。使用 push_front（或 emplace_front）函数向链表前端插入元素，使用 push_back（或 emplace_back）函数向链表后端插入元素。以下代码段创建一个其元素为整数的链表，并插入一些整数元素：

```
// #include <list> to use std::list
std::list<int> myList;
myList.push_back(4);
myList.push_back(6);
myList.push_back(8);
myList.push_back(10);
myList.push_front(2);
```

图 A.3 所示为完成所有插入操作后的 myList 链表。请注意，根据定义，链表中的元素在内存中并不相邻。链表的一个优点是向链表的任意一端进行插入元素操作的时间复杂度都是 O(1)。如果程序员拥有一个指向列表中元素的指针，他就可以在时间复杂度为 O(1)的时间内，在该元素前端或其后端插入新元素。

图 A.3 插入元素的 myList 链表

但是，链表的一个缺点是访问列表的第 n 个元素的时间复杂度是 O(n)。因此，std::list 链表的实现中不允许通过数组下标索引元素。

哪个更有效率：链表还是向量？

如果集合中的每个单独元素所占用空间都很小（小于 64 字节），则向量几乎总是优于链表。这是由 CPU 访问内存的方式造成的。

对于 CPU 来说，从内存中读取数据是非常慢的操作，因此当 CPU 需要从内存中读取数据时，它还会将所读取数据的相邻数据也加载到 CPU 的高速缓存中。因为向量中的元素在内存中是连续的，所以访问向量集合中特定索引处的元素也会将其相邻索引的元素加载到高速缓存中。

但是，由于链表中的元素不是连续的，因此加载链表中一个元素也会将与该元素不相关的内存内容加载到高速缓存中。因此，对于向量而言，诸如在整个集合上进行的循环操作要比链表更加有效——即使对于向量和链表来说，两个集合上的循环操作都具有 O(n)的时间复杂度。

队列

队列集合表现出**先进先出**（FIFO）的特点，就像人们在商店排队等待结账一样。使用队列时，程序员无法以任意顺序删除队列中元素。对于队列，程序员必须按照元素添加进入队列的顺序来删除元素。尽管许多书籍使用 enqueue 来表示插入元素队列，并使用 dequeue 来表示将元素从队列中删除，但 std::queue 的队列实现却使用 push 函数（或 emplace 函数）来进行插入元素操作，并使用 pop 函数来对队列元素进行删除操作。若要访问队列中前端的元素，则需使用 front 函数。

以下代码段可实现将 3 个元素插入队列中，然后从队列中删除每个元素，并输出值：

```
// #include <queue> to use std::queue
std::queue<int> myQueue;
myQueue.push(10);
myQueue.push(20);
myQueue.push(30);
for (int i = 0; i < 3; i++)
{
    std::cout << myQueue.front() << ' ';
    myQueue.pop();
}
```

由于队列以 FIFO 方式运行，因此上述代码段输出以下内容：

```
10 20 30
```

std::queue 队列的实现保证了插入元素操作、访问前端队列元素操作和删除元素操作的 O(1)的时间复杂度。

栈

栈集合表现出**后进先出**（LIFO）的特点。例如，如果将元素 A、B 和 C 添加到栈中，则只能按 C、B、A 的顺序删除它们。程序员可以使用 push 函数（或 emplace 函数）将元素添加到栈中，再使用 pop 函数从栈中删除元素。top 函数访问"栈顶"上的元素。以下代码展示了 std::stack 栈的运行情况：

```
// Include <stack> to use std::stack
std::stack<int> myStack;
myStack.push(10);
myStack.push(20);
myStack.push(30);
for (int i = 0; i < 3; i++)
{
    std::cout << myStack.top() << ' ';
    myStack.pop();
}
```

由于栈的后进先出（LIFO）行为，以上代码的输出如下：

```
30 20 10
```

与队列相同，std::stack 栈的主要操作都具有恒定的时间复杂度 $O(1)$。

映射

映射是按键排序的{键，值}对的有序集合。映射中的每个键都必须是唯一的。由于映射同时具有键类型和值类型，因此在声明映射时必须分别指定这两种类型。向映射中添加元素的推荐方法是使用 emplace 函数——该函数接受键和值作为参数。例如，以下代码段创建一个有关月份的 std::map 映射，其中，键是月份的编号，值是月份的字符串名称：

```
// #include <map> to use std::map
std::map<int, std::string> months;
months.emplace(1, "January");
months.emplace(2, "February");
months.emplace(3, "March");
// ...
```

在映射中访问元素的最简单方法是使用[]运算符并传入键。例如，以下代码行将输出 February：

```
std::cout << months[2];
```

但是，仅当键位于映射中时，上述访问元素的语法才能按预期工作。若要确定键是否存在于映射中，则需使用 find 函数。如果使用 find 函数找到键对应的键值对，则该函数返回元素的迭代器（关于迭代器，我们马上就会介绍）。

std::map 映射的内部实现使用的是平衡的二叉搜索树。这意味着 std::map 映射可以在 O（log n）（对数）的时间复杂度内根据键找到对应的元素。向映射中进行插入元素操作，以及从映射中进行删除元素操作的时间复杂度也是对数关系。此外，由于映射内部使用了二叉搜索树，循环映射中内容是按键的升序排列的。

散列映射

虽然常规映射维持键的升序，但散列映射是无序的。**散列映射**作为对其缺乏排序的补偿，其插入操作、删除操作和搜索操作的时间复杂度都是 $O(1)$。因此，在需要映射但不需要排序的情况下，散列映射比常规映射能产生更好的性能。

C++语言中的散列映射类 std::unordered_map 具有与常规映射 std::map 类相同的功能，只是映射中的元素没有了任何有保证的顺序。若要使用散列映射类，则需使用#include <unordered_map>。

迭代器、**Auto** 和基于范围的 **For** 循环

对于向量中所有元素的循环遍历，可以使用同循环遍历数组相同的语法。但是，许多其他 C++语言标准库 STL 集合（例如 list 和 map）并不支持上述遍历数组的语法。

循环遍历这些其他容器内（除向量和数组外）元素的一种方法是使用**迭代器**——一个帮助遍历集合的对象。每个 C++语言标准库 STL 集合都支持迭代器。STL 标准库的每种集合都有一个 begin 函数——返回指向第一个元素的迭代器；一个 end 函数——返回指向最后一个元素的迭代器。迭代器的类型是集合的类型后面再跟上::iterator。例如，以下代码会创建一个列表，然后使用迭代器循环遍历列表中的每个元素：

```cpp
std::list<int> numbers;
numbers.emplace_back(2);
numbers.emplace_back(4);
numbers.emplace_back(6);
for (std::list<int>::iterator iter = numbers.begin();
    iter != numbers.end();
    ++iter)
{
    std::cout << *iter << std::endl;
}
```

请注意，迭代器使用*进行间接引用，与指针间接引用的方式相同。使用迭代器循环遍历其他集合内元素的语法与上述例子中的列表类似。

就迭代器在映射集合中的使用而言，迭代器实际上指向 std::pair。因此，给定指向映射中元素的迭代器，必须分别使用 first 和 second 来访问迭代器指向元素的键和值。回到之前的 months 映射例子中，可以获得元素的迭代器，并使用以下代码输出其数据：

```cpp
// Get an iterator to the element with the key 2
std::map<int, std::string> iter = months.find(2);
if (iter != months.end()) // This is only true if found
{
    std::cout << iter->first << std::endl; // Outputs 2
    std::cout << iter->second << std::endl; // Outputs February
}
```

为迭代器输入冗长的类型名称十分烦琐。C++ 11 提供了 auto 关键字来帮助人们减轻这种痛苦。auto 告诉编译器根据指定的值来推导出迭代器变量的类型。例如，因为 begin 函数返回一个完全的特定类型的迭代器，所以 auto 关键字可以推导出迭代器的正确类型。尽管有些程序员发现代码更难理解，但使用 auto，并不会使程序产生性能损失。

通过 auto 关键字，可以按如下方式重写列表循环：

```cpp
// auto is deduced to be std::list<int>::iterator
for (auto iter = numbers.begin();
    iter != numbers.end();
    ++iter)
{
    std::cout << *iter << std::endl;
}
```

本书中的代码仅在其提实现可读性便利时才使用 auto 关键字。

即便使用 auto 关键字，通过迭代器来进行循环的代码也显得很笨重。许多其他编程语言提供了用于循环集合元素的 foreach 构造。C++ 11 有一个类似的结构，称为**基于范围的 for 循环**。若要使用基于范围的 for 循环来遍历 numbers 列表，则需使用以下语法：

```
for (int i : numbers)
{
    // i stores the element for the current loop iteration
    std::cout << i << std::endl;
}
```

上述循环在进行迭代时，可对列表中的每个元素进行复制。但是，如果要修改集合中的元素，则也可以通过引用来进行传递。同样，程序员可以使用 const 引用。

在编写基于范围的 for 循环时，还可以使用 auto 作为类型。但是，与使用显式类型一样，使用 auto 作为类型会生成每个元素的副本。不过，如果需要，还可以将 const 和 &，同 auto 一起使用。

基于范围的 for 循环的一个缺点是在循环执行期间，程序员无法添加或删除集合中的元素。因此，如果需要添加或删除集合中元素的行为，则必须使用其他类型的循环。

补充阅读材料

互联网上有很多优秀的资源可以帮助读者学习和练习 C++语言的基础知识，读者可自行查找和学习。如果读者更喜欢纸质图书，则应该看看斯蒂芬·普拉塔（Stephen Prata）的书，其中涵盖了 C++语言的基础知识。埃里克·罗伯茨（Eric Roberts）的书涵盖了 C++语言的基础知识和相关的数据结构。

斯科特·迈尔斯（Scott Meyers）的两本书都是 C++语言最佳实践的重要资源。这两本书写作风格简洁，其中给出了许多关于如何使用 C++代码实现最大效率的技巧。

C++标准库也提供了 C++语言的大量信息。C++语言的创建者本贾尼·斯特劳斯特卢普（Bjarne Stroustrup）在他的书中用大量篇幅讲述 C++集合的实现。

- Meyers Scott. Effective C++, 3rd edition. Boston: Addison-Wesley, 2005.
- Meyers Scott. Effective Modern C++. Sebastopol: O'Reilly Media, 2014.
- Prata Stephen. C++ Primer Plus, 6th edition. Upper Saddle River: Addison-Wesley, 2012.
- Roberts Eric. Programming Abstractions in C++. Boston: Pearson, 2014.
- Stroustrup Bjarne. The C++ Programming Language, 4th edition. Upper Saddle River: Pearson, 2013.